U0523397

HOW
BIOLOGY
WORKS

"万物的运转"百科丛书 精品书目

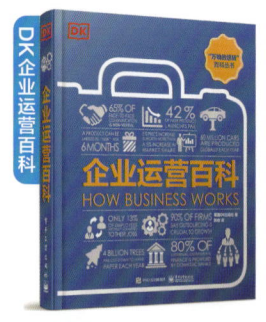

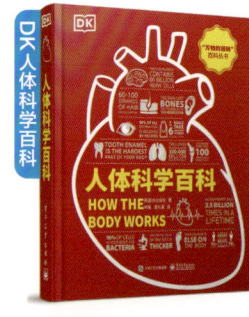

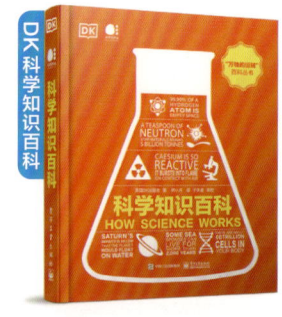

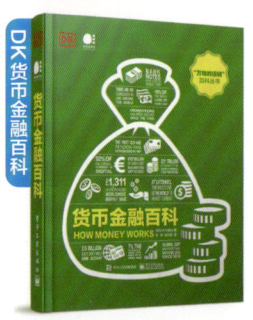

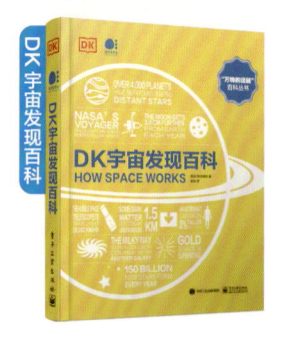

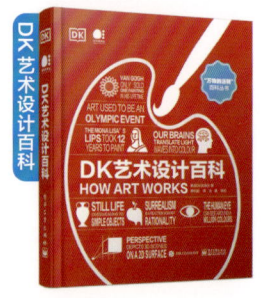

- DK企业运营百科
- DK人体科学百科
- DK人类食物百科
- DK科学知识百科
- DK心理生活百科
- DK货币金融百科
- DK哲学思想百科
- DK大脑探索百科
- DK科学技术百科
- DK企业管理百科
- DK创业经营百科
- DK宇宙发现百科
- DK艺术设计百科
- DK生物运转百科

更多精品图书陆续出版，敬请期待！

DK

"万物的运转"百科丛书

DK生物运转百科

HOW BIOLOGY WORKS

英国DK出版社 著
尹 烨 译

电子工业出版社
Publishing House of Electronics Industry
北京·BEIJING

Original Title: How Biology Works: The Facts Visually Explained
Copyright © Dorling Kindersley Limited, 2023
A Penguin Random House Company

本书中文简体版专有出版权由Dorling Kindersley Limited授予电子工业出版社。未经许可，不得以任何方式复制或抄袭本书的任何部分。

版权贸易合同登记号　图字：01-2023-4571

图书在版编目（CIP）数据

DK生物运转百科 / 英国DK出版社著；尹烨译.
北京：电子工业出版社, 2025. 7. --（"万物的运转"百科丛书）. -- ISBN 978-7-121-50022-0
Ⅰ. Q-49
中国国家版本馆CIP数据核字第2025DZ4043号

审图号：GS京（2025）0909号
本书插图系原文地图。

责任编辑：郭景瑶　张　冉
文字编辑：刘　晓
印　　刷：鸿博昊天科技有限公司
装　　订：鸿博昊天科技有限公司
出版发行：电子工业出版社
　　　　　北京市海淀区万寿路173信箱　邮编：100036
开　　本：850×1168　1/16　印张：14　字数：448千字
版　　次：2025年7月第1版
印　　次：2025年7月第1次印刷
定　　价：128.00元

凡所购买电子工业出版社图书有缺损问题，请向购买书店调换。若书店售缺，请与本社发行部联系，联系及邮购电话：（010）88254888，88258888。
质量投诉请发邮件至zlts@phei.com.cn，盗版侵权举报请发邮件至dbqq@phei.com.cn。
本书咨询联系方式：（010）88254210，influence@phei.com.cn，微信号：yingxianglibook。

www.dk.com

目录

1 生命是什么

生命特征	10
体内稳态	12
生命王国	14
病毒	16
生物圈	18
养分循环	20
极端环境中的生物	22
生命起源	24
外星生命	26

2
生命的化学

新陈代谢	30
碳水化合物	32
脂类	34
核酸	37
蛋白质	38
酶	40
结构材料	42
微量营养物	45
光合作用	46
呼吸作用	48

3
细胞如何运作

研究细胞	52
细胞组分	54
细胞膜	56
细胞核	58
能源工厂	60
细胞骨架和液泡	62
细胞运输	64
细胞运动	66
细胞分裂	68
神经细胞	70
肌肉细胞	72
血细胞	74
从组织到生物体	76

4
生殖与遗传

无性生殖	80
减数分裂	82
有性生殖	84
动物繁殖模式	86
干细胞	88
读取基因	90
基因组	92
遗传	94
突变	96
性染色体	98
雌雄同体	100

5 演化

适应和自然选择	104
物种形成	106
性选择	108
协同演化	110
微演化	112
灭绝	114
生物大灭绝	116

6 生命之树

生物是如何分类的	120
原核生物	122
真核生物	124
原生生物	126
真菌	128
藻类	130
植物	132
无脊椎动物	134
脊椎动物	136

7 植物如何运转

种子	140
根	142
茎	144
叶子	146
植物内运输	149
花	150
果实	152

8 动物如何运转

支撑与运动	156
呼吸	158
循环系统	160
消化系统	162
神经系统	164
视觉	166
听觉	168
化学传感	170
触觉	172
特殊传感器	174
威胁响应	177
防御疾病	178

9 生态

生态系统	182
生物群区	184
食物网	186
育种策略	188
社会生活	190
生态破坏	192

10 生物技术

选择性育种	196
制造食物	198
制药	200
疫苗	202
DNA检测	204
基因工程	206
基因治疗	208
克隆	211
抗衰老	212
身体修复	214
合成生物学	216

索引	**218**
致谢	**224**

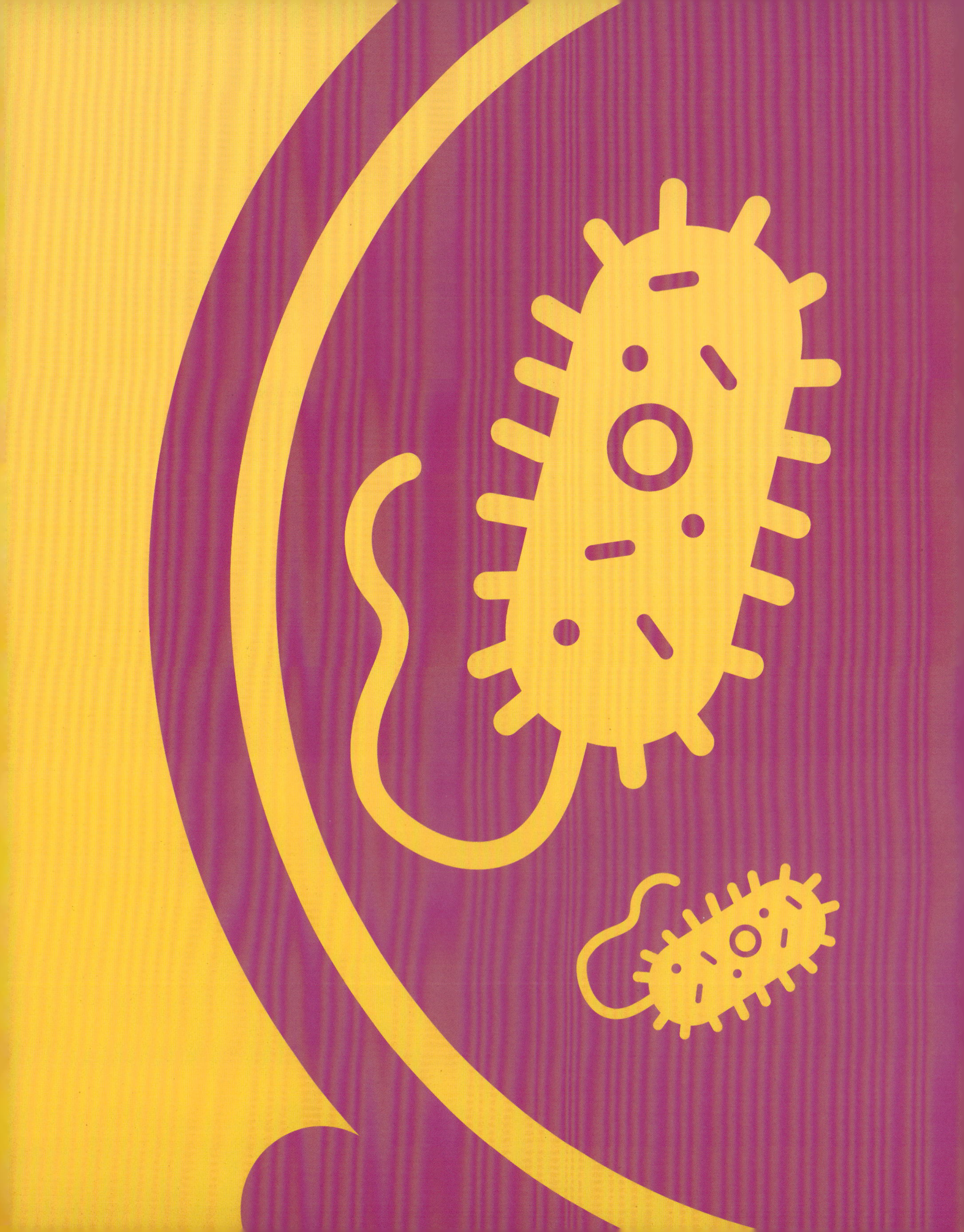

1 生命是什么

生命特征

生命意味着什么？生物的种类和形式多种多样，生存和繁衍策略千差万别，不过生物体拥有共同的基本特征，使其与非生物体区分开来。

繁殖

生物体是在一系列DNA（基因）的指导下产生的。其"目的"是复制产生新的DNA，并创造出携带DNA的新机体，继而将新的DNA传递给下一代。

生长

所有生物的体形都会变大。复杂的生物体，如哺乳动物和树木，从单个细胞逐渐发育成具有诸多不同部分的复杂多细胞体。单细胞生物也会生长，它们先变大，之后会一分为二。

获取营养

生物需要营养物质，以提供构建和维持机体所需的原料和能量。植物从土壤、水和空气中获取这些营养物质；而动物和真菌则通过消耗其他生物体的尸体或排泄物来达到此目的。

生物体

所有生物均具有基本生命过程（至少在生命的某个阶段）。锥囊藻这种微小的淡水藻类（如上图所示）非同寻常，因为它有两种获取营养的方法，一种是通过光合作用，另一种是通过吞食细菌。

生命的基本过程

生物体纷繁复杂。然而，这种复杂性的背后是七个基本过程，它们共同作用产生生命。非生物体或许具有其中某些过程，例如，晶体能生长，发动机可从燃料中释放能量，能移动并清除自身废物，但只有生物体才会集所有过程于一身。

敏感

生物对周围环境的变化很敏感，并会对此做出反应。反应有的很简单，如细菌在干燥条件下形成保护性囊泡；有的很复杂，如哺乳动物的"战斗或逃跑"反应。

呼吸

维持生命所需的能量来自呼吸，这是发生在每个活细胞内的化学过程。此过程将糖等化学燃料分解成更简单的物质，释放出可供细胞使用的能量。

生命是什么
生命特征 10 / 11

据估计，当今地球上共有870万种生物

细胞与生命

细胞是所有生物（包括动物、植物和微生物）的基本结构和功能单位。每个细胞均含有DNA——控制细胞功能并产生新细胞的遗传信息。生物学的基本原理之一是细胞学说。这一学说是科学家在19世纪30年代首次通过显微镜清楚地观察到细胞的详细结构后提出的。该学说指出，生命以细胞为基础，每个生物体由至少一个细胞构成，每个新细胞只能源自旧细胞。

为何说生命基于碳？

碳原子可与自身及其他诸多类型的原子结合，形成大量可为生命所用的复杂化合物。

充满细胞的机体
所有生物体都始于一个细胞（受精卵），而这个细胞是由成熟的生物体创造的。该细胞会分裂并分化为各种不同类型的细胞，继而形成生物体。

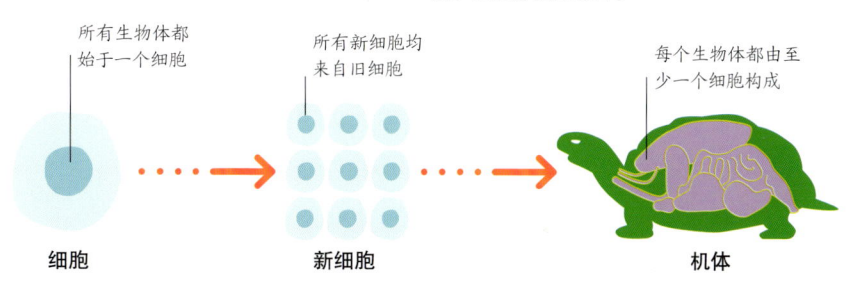

所有生物体都始于一个细胞 → 所有新细胞均来自旧细胞 → 每个生物体都由至少一个细胞构成

细胞　　　新细胞　　　机体

排泄
生命过程会产生废物，这些废物需要被排出体外。例如，动植物呼吸作用所产生的二氧化碳。此外，动物也会产生含有毒化学物质的尿液，并将其排出体外。

移动
从某种意义上讲，所有生物都可以移动，动物的移动能力最强，植物可以通过开闭气孔或趋光性来显示其移动。许多单细胞生物可以靠拍打纤毛或鞭毛来移动。

重要过程
生命具有一系列维持自身形态和功能的至关重要的过程，这些过程会持续一定时间并足以使生物体实现繁衍。

熵与生命

生命过程以无序的原料合成有序的结构，如细胞和身体。这一有秩序的创造过程似乎违反了自然界中的系统总是熵增（变得更加无序）这一热力学定律。然而，生命的新陈代谢过程也会分解一些大分子并产生热量，从而增加整个系统的熵。

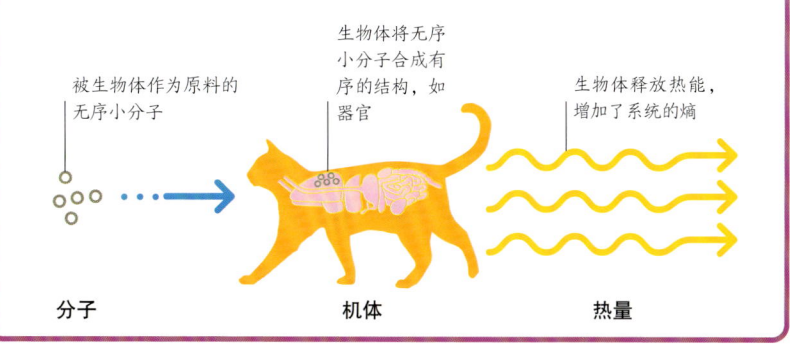

被生物体作为原料的无序小分子 → 生物体将无序小分子合成有序的结构，如器官 → 生物体释放热能，增加了系统的熵

分子　　　机体　　　热量

体内稳态

生物通过维持稳定的内环境来确保正常的生理功能。这一过程称为体内稳态。

这涉及体温、水分和体液化学平衡等多种内部因素之间的联调机制。

反馈回路

体内稳态依赖负反馈调节系统来响应体内生理条件的变化,这包含多个步骤,通过抵消体内受体所检测到的状态变化来将内环境调节到平衡状态。

身体的内环境处于平衡状态。

身体内外部刺激会使稳态失衡。

感受器检测到内环境变化并向控制中心发送信号。

控制中心(通常位于脑)接收到表示条件已发生变化的信号。

控制中心向效应器发送信号以抵消这种变化。

效应器将内环境调回平衡状态。

保持稳态
生命可以自我调节,这得益于感受环境变化的感受器和应对这些变化的效应器。感受器通常是神经元;效应器可以是物理、化学或特定行为机制。

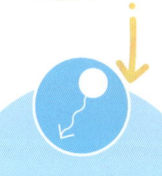

水分平衡

水是所有生物体的主要成分,控制水分(被称为渗透调节)至关重要。水通过渗透作用,可以从低盐浓度区域移动到高盐浓度区域。渗透调节的目的是使细胞质和其他体液中的化学物质浓度保持在平衡状态,确保代谢过程高效进行。特定生理过程会大量消耗水分,如通过产生尿液排出毒素,以及通过出汗来调节体温。

淡水
- 盐分
- 水通过渗透作用进入体内
- 体内盐浓度较高
- 水分
- 降低水中的盐浓度
- 大量尿液

鲤鱼
淡水动物体内的盐浓度高于周围水环境的盐浓度,因此水分会进入动物体内,动物必须将其排出以维持体内的水平衡。

不同生境下的水分平衡
生物体如何维持水分平衡取决于生物体吸收和排出水分的方式,这在很大程度上受其所处生境的影响。

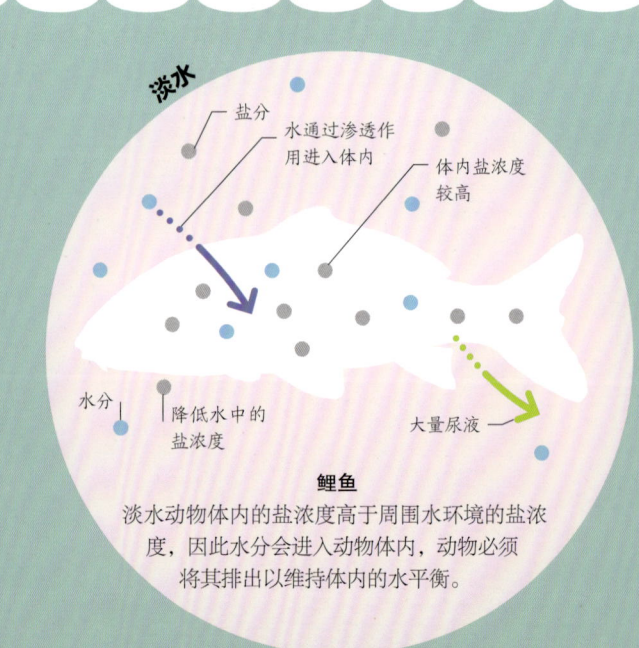

生命是什么
体内稳态 12/13

调节体温

动物调节体温的方式有两种。恒温动物通过出汗或发抖主动控制体温；变温动物依靠外部热量变化来调节体温。因此，恒温动物可以在较冷的条件下保持活跃并扩展其生境。

一些恐龙有羽毛，这表明它们可能是恒温动物

	保暖	维冷
恒温动物	身体隔热层（如毛皮、羽毛或脂肪）可减少热量损失。 骨骼肌通过打寒战将热量释放到身体的其他部位。 皮肤中的血管收缩以减少血液与环境的热交换。	出汗和喘气使汗液或唾液蒸发，从而使身体降温。 皮肤中的血管扩张，加强血液与环境的热交换。
变温动物	晒太阳或处于较热的环境中。	在阴凉处休息。

植物内稳态

当水势较低时，植物会关闭其气孔，防止水分蒸发（参见第147页）。气孔孔隙位于两个保卫细胞之间，随着水分进出液泡，保卫细胞的形状会发生变化，以实现孔隙开闭。

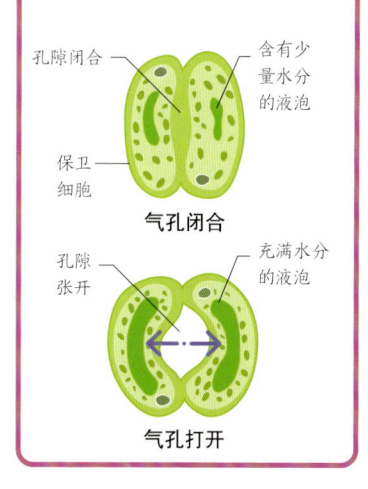

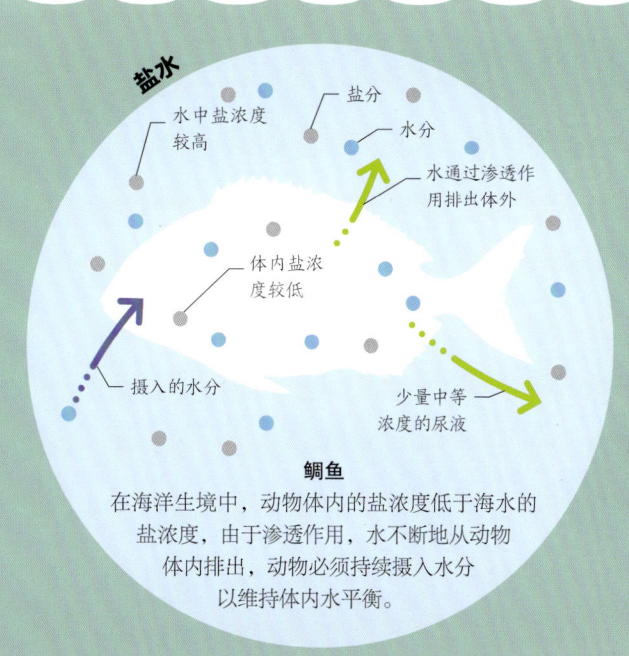

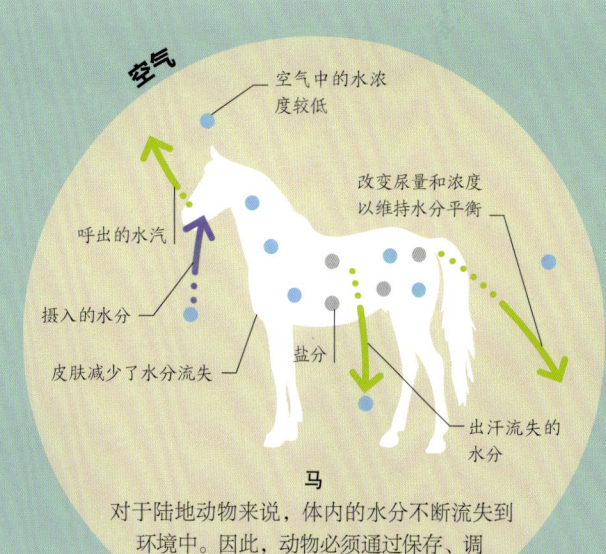

- 孔隙闭合
- 含有少量水分的液泡
- 保卫细胞

气孔闭合

- 孔隙张开
- 充满水分的液泡

气孔打开

盐水

- 水中盐浓度较高
- 盐分
- 水分
- 水通过渗透作用排出体外
- 体内盐浓度较低
- 摄入的水分
- 少量中等浓度的尿液

鲷鱼
在海洋生境中，动物体内的盐浓度低于海水的盐浓度，由于渗透作用，水不断地从动物体内排出，动物必须持续摄入水分以维持体内水平衡。

空气

- 空气中的水浓度较低
- 改变尿量和浓度以维持水分平衡
- 呼出的水汽
- 摄入的水分
- 皮肤减少了水分流失
- 盐分
- 出汗流失的水分

马
对于陆地动物来说，体内的水分不断流失到环境中。因此，动物必须通过保存、调节和摄取水分来维持体内水平衡。

生命王国

为理解生命的多样性，科学家将生物按不同的特征划分成分类单元。这些分类单元从大到小排列，先是域，然后是界。

五界

曾经使用最广泛的分类系统是由瑞典分类学家卡尔·林奈（Carl Linnaeus）创建的，他将生命分为两界：动物界和植物界。然而，微生物的发现和细胞生物学的发展表明，生命可被分为五界。虽然不同界之间具有许多明显不同的特征，但大多数决定性特征是在细胞水平上区分的。

三域

1977年，美国微生物学家卡尔·乌斯（Carl Woese）发现，生命形式根据其细胞结构和rRNA（核糖体RNA，细胞内的蛋白质制造分子）形式可被分为三域。真核生物是细胞中具有细胞核的生物。古菌和细菌的细胞中都没有细胞核，并且每一个类群都具有不同的细胞膜结构。

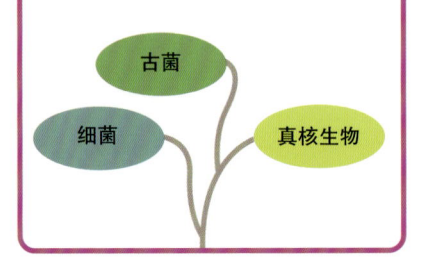

古菌

细菌　　　　真核生物

原核生物界

此界包括细菌和古菌（另一类原始生物）。原核生物是单细胞微生物。相较其他界的生物，它们的细胞要更小些，并且大部外形单一。它们的细胞不含细胞核或其他有膜结构，且DNA仅存在于一条染色体中。

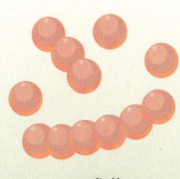

球菌 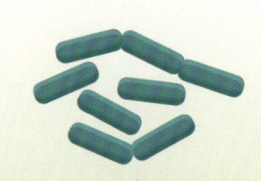　　　　杆菌 　　　　螺旋菌

原生生物界

这些形式各异的生物体或有细胞壁，或有可移动的纤毛或鞭毛，或身披壳状物。所有原生生物的细胞中都有一个细胞核，核中有染色体，染色体中含有DNA；此外还有一些细胞器。一些原生动物，如变形虫，就像动物一样，会摄取食物；其他的原生生物，如硅藻，是类植物的藻类，通过光合作用获取能量。

鞭毛虫　　　　变形虫 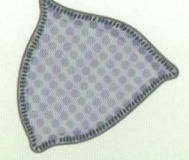　　　　硅藻

植物界

植物是多细胞生物，通过光合作用获取能量。植物包括简单的苔藓和蕨类植物，以及更大、更复杂的种子植物，如针叶树和被子植物（开花植物）。植物细胞均具有细胞壁（通常由纤维素组成）和细胞核，以及叶绿体等细胞器。

树 　　　　蕨类植物 　　　　开花植物

色藻界

有些科学家认为存在第六个界，即色藻界。色藻界包括原生生物当中的单细胞生物，以及目前尚属于植物界的多细胞海藻，如海带。这些生物的细胞中包含具有某种叶绿素的细胞器或从中演化而来的结构；因此，色藻界还包括疟疾寄生虫——疟原虫。

叶子含有用于光合作用的叶绿素

叶柄支撑叶子

固着器将海带固定在基质上

岩石基质

海带

生物命名

物种使用双名法进行分类：由属名（整个群体）和种加名（特定物种）组合而成的学名。这种形式的学名不会与其俗名相混淆。例如，欧洲和北美都有所谓的知更鸟，但两者是不同的物种，分类也是不同的。

欧洲知更鸟（欧亚鸲） 　　美国知更鸟（旅鸫）

真菌界

真菌的细胞大多使用壳多糖来构建其细胞壁，该化学物质也被无脊椎动物广泛使用。真菌是腐生生物，这意味着它们腐生于其食物上，通常以几乎不可见的丝状物网的形式生长，并通过分泌酶来消化食物以获取营养。蘑菇是传播孢子的临时子实体。

蘑菇　　酵母　　霉菌

动物界

动物是高度复杂的多细胞生物，依靠捕食其他生物获取能量。其细胞有细胞核和细胞器（如线粒体），但没有坚硬的细胞壁。许多动物能在其生命的某些阶段自由移动，并且大多数动物需要氧气来进行新陈代谢（细胞中维持生命的化学过程）。

环节动物 　　爬行动物

鱼类 　　鸟类　　哺乳动物 　　刺胞动物 　　昆虫

病毒

病毒的遗传物质是寄生的DNA或RNA。寄生虫以窃取宿主的资源为生，而病毒主要通过接管宿主的细胞器来复制自身。在此过程中，它们通常会导致宿主患病。

病毒是有生命的吗？

病毒通常被认为是没有生命的，因为病毒无法自行完成前文提到的所有基本生命过程，如繁殖和进食。

病毒的结构

病毒不同于细胞，它们没有完成生命过程所需的细胞结构。病毒从结构上看非常简单，仅有的遗传物质（DNA或RNA）包裹于蛋白质外壳内。与人体细胞相比，大多数病毒很小——通常仅为人体细胞的五十分之一左右。

表面或"刺突"蛋白可帮助病毒锚定宿主细胞表面的蛋白质

病毒的遗传物质

宿主细胞的DNA

病毒

宿主细胞

1 病毒攻击宿主细胞
病毒进入人体并锚定宿主细胞。病毒的表面蛋白会与特定细胞表面的受体相匹配。

大多数病毒的外膜由脂类和蛋白质组成

衣壳包裹（保护）着遗传物质

含有病毒遗传物质的单链RNA或双链DNA

壳体蛋白构成衣壳；病毒携带编码壳体蛋白和其他病毒蛋白的基因

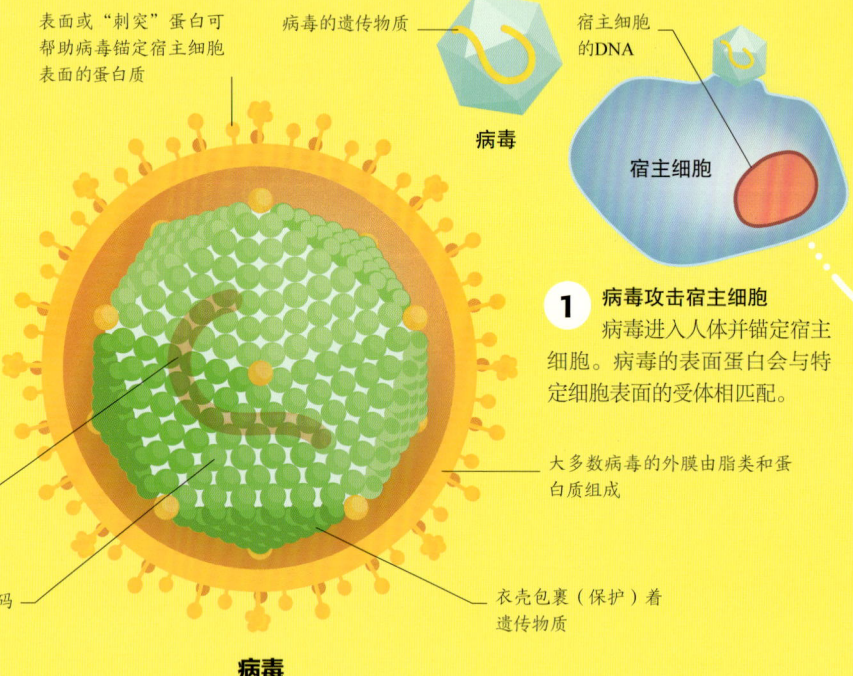

病毒

病毒形状

病毒的大小和形状千差万别，数量未知。仅在哺乳动物、鸟类和植物中就已发现数千种病毒，或许还有数百万种侵染其他生物的病毒有待进一步研究。

1升（两品脱）海水中的病毒数量比地球上的人口数量还多

弹状
这种菱形或弹状结构仅限于一类RNA病毒，其中包括导致狂犬病的病毒。

复合型
最典型的是噬菌体——因会侵染细菌而得名，它在注入其DNA之前用"腿"站立于细菌上。

螺旋杆状
具有此形状的病毒倾向于侵染植物。其DNA或RNA和蛋白质衣壳呈螺旋状盘绕。

球形
许多常见的人类病毒具有此形状。这些病毒的外膜是球形的，但内部的衣壳通常是螺旋状的。

丝状
螺旋状病毒形成细长的链，如人类埃博拉病毒。

多面体
这些病毒的外膜有很多面，最常见的是20个面，如腺病毒。

生命是什么
病毒

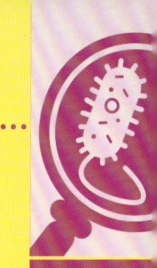

16 / 17

8 新病毒颗粒被释放
细胞破裂并释放新病毒；一些病毒在离开时会带走部分细胞膜。

宿主细胞爆裂

7 新的病毒颗粒形成
病毒各部分被组装成能够攻击新宿主细胞的新病毒颗粒。

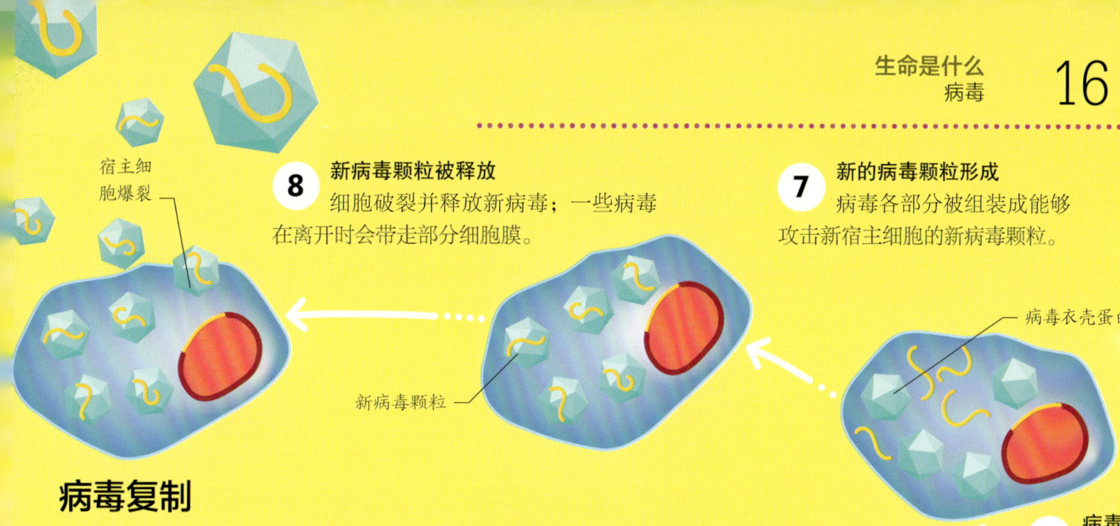

病毒衣壳蛋白

新病毒颗粒

6 病毒衣壳产生
病毒遗传物质控制细胞产生蛋白质，新病毒颗粒利用这些蛋白质在其遗传物质周围形成衣壳。

病毒复制

病毒无法自行复制。要做到这一点，它必须接管宿主细胞并利用该细胞来复制自己的遗传物质。在此过程中，宿主细胞会被操控复制大量病毒，最终宿主细胞不堪重负而爆裂。这种细胞破坏是流感和新型冠状病毒感染（COVID-19）等疾病产生的原因。

5 宿主细胞复制病毒遗传物质
在病毒进行自我复制的情况下，宿主细胞会在细胞质内生成许多病毒遗传物质拷贝。

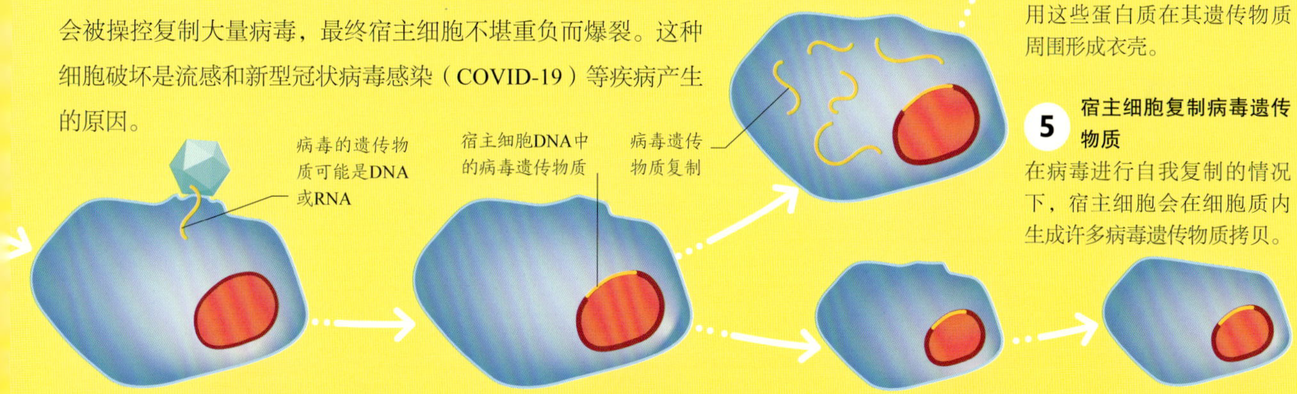

病毒的遗传物质可能是DNA或RNA

宿主细胞DNA中的病毒遗传物质

病毒遗传物质复制

2 病毒的遗传物质被注入宿主细胞
病毒外膜留在宿主细胞外，但病毒的遗传物质通常与衣壳一起，透过细胞膜被注入宿主细胞。

3 病毒遗传物质与宿主细胞DNA结合
在某些情况下，病毒遗传物质被加到细胞的遗传物质当中以实现复制。在其他情况下，病毒遗传物质会利用细胞质中的物质进行自我复制。

4 宿主细胞分裂和DNA复制
在病毒遗传物质被加到细胞遗传物质中的情况下，当细胞分裂时，病毒遗传物质与宿主细胞DNA一同复制。新细胞携带病毒遗传物质并不断复制。

可致病病毒

腺病毒 一种多面体病毒，可导致多种人类疾病，包括某些类型的普通感冒。	**人类免疫缺陷病毒（艾滋病病毒）** 一种能破坏人体免疫系统或导致其他严重感染的球形病毒。
冠状病毒 一种可影响人类呼吸道的冠状球形病毒。引发的疾病包括新型冠状病毒感染（COVID-19）和一些感冒。	**狂犬病病毒** 一种侵袭人类和许多其他哺乳动物中枢神经系统的弹状病毒，不及时治疗会致死。
水痘-带状疱疹病毒 一种多面体病毒，可引起人类水痘和带状疱疹。类似的病毒会引发溃疡和疱疹。	**埃博拉病毒** 一种丝状病毒，可影响人类和其他一些哺乳动物，导致严重的内出血，往往可致命。
人乳头状瘤病毒 一种多面体病毒，其中的一些类型会致疣或引发某些癌症，如宫颈癌。	**烟草花叶病毒** 一种侵染烟草的螺旋杆状病毒，是19世纪后期首个被发现的病毒。

生物圈

生物圈是地球表面或接近地球表面的区域，生命可在此生存。根据定义，地球上的所有生命都生活在生物圈内，只有人类曾设法跨越生物圈。

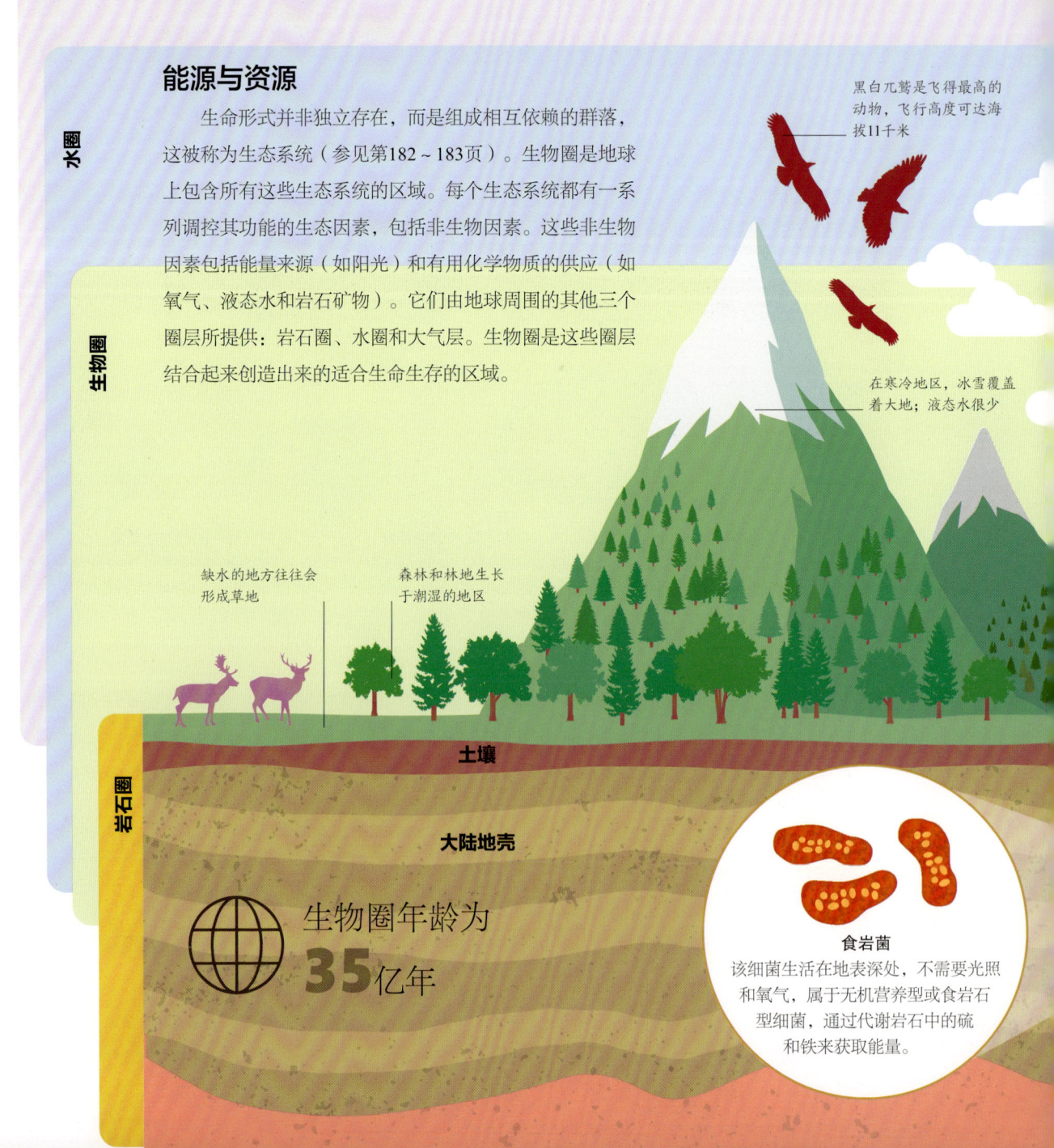

大气层

能源与资源

生命形式并非独立存在，而是组成相互依赖的群落，这被称为生态系统（参见第182~183页）。生物圈是地球上包含所有这些生态系统的区域。每个生态系统都有一系列调控其功能的生态因素，包括非生物因素。这些非生物因素包括能量来源（如阳光）和有用化学物质的供应（如氧气、液态水和岩石矿物）。它们由地球周围的其他三个圈层所提供：岩石圈、水圈和大气层。生物圈是这些圈层结合起来创出来的适合生命生存的区域。

水圈

生物圈

岩石圈

黑白兀鹫是飞得最高的动物，飞行高度可达海拔11千米

在寒冷地区，冰雪覆盖着大地；液态水很少

缺水的地方往往会形成草地

森林和林地生长于潮湿的地区

土壤

大陆地壳

生物圈年龄为 **35亿年**

食岩菌
该细菌生活在地表深处，不需要光照和氧气，属于无机营养型或食岩石型细菌，通过代谢岩石中的硫和铁来获取能量。

生命是什么
生物圈

18 / 19

生物圈的边界

生物圈的边界主要取决于能量和养分的供应。其他关键因素包括氧气水平和温度。在海拔约6千米以上的地方，大气过于稀薄，大多数动物无法正常呼吸。下限则取决于温度，温度随着深度的增加而上升。一旦深层岩石达到约120℃（250°F），即便是能存活于极端环境的细菌也无法生存。

大气层
除了含氧和二氧化碳，大气层也是氮的主要来源，氮用于蛋白质和其他重要的生命化学物质的合成。

水圈
该层主要含有液态水，某些条件下，水也会冻结成冰或蒸发为水蒸气。除了填充海洋的水，水圈还包括大量存在于岩石里的地下水。

生物圈
生物圈最拥挤的部分是陆地。这为森林等密集生态系统的生长提供了坚实的表面。海洋约占生物圈可生存空间的97%，但由于海洋中大部分水域缺乏足够的营养物质，所以海洋容纳的生物总量仅为陆地的10%。

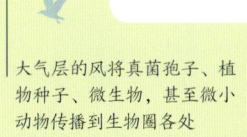

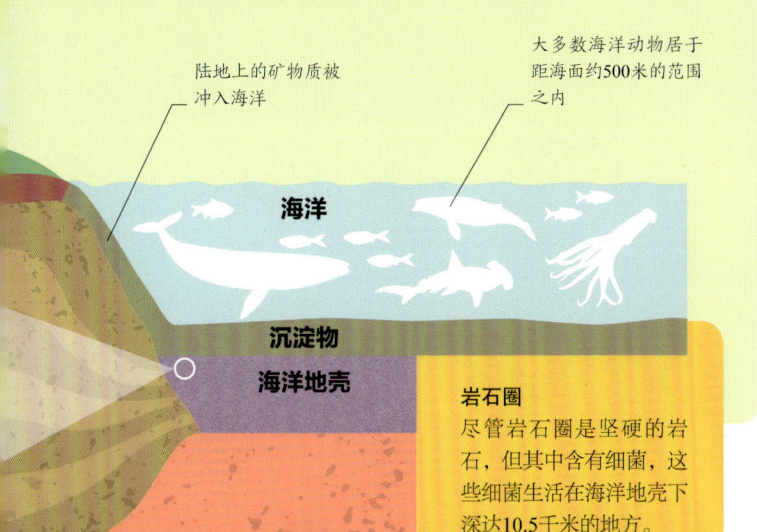

岩石圈
尽管岩石圈是坚硬的岩石，但其中含有细菌，这些细菌生活在海洋地壳下深达10.5千米的地方。

大气层的风将真菌孢子、植物种子、微生物，甚至微小动物传播到生物圈各处

陆地上的矿物质被冲入海洋

大多数海洋动物居于距海面约500米的范围之内

海洋
沉淀物
海洋地壳
上地幔

生物圈有多大？

生物圈的确切大小尚不确定，但通常认为其体积约为地球上所有海洋的两倍。

人造生物圈

如果人类想要远离地球长期生活，就要发展人造生物圈。这种环境需提供可呼吸的大气及其他必需品，如食物和水。至关重要的是，它要能实现自给自足。20世纪90年代，人们在美国西南部的亚利桑那州沙漠中建了一个实验性的人造生物圈（被称为生物圈2号）。实际上，生物圈2号的大部分是一个巨大的温室，里面有一系列栖息地。该项目还研究了人类如何应对长期隔离。然而，十多年过去了，该项目以未能证明人工环境具备可行性而告终。

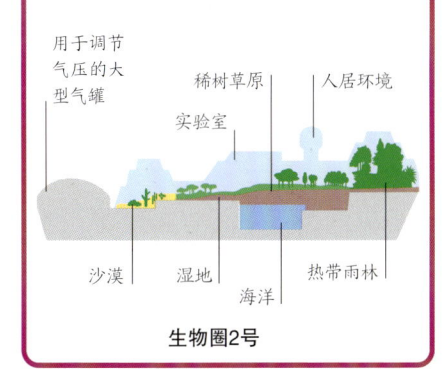

用于调节气压的大型气罐　稀树草原　人居环境
实验室
沙漠　湿地　海洋　热带雨林

生物圈2号

养分循环

生物体的约95%由四种元素构成：氢、氧、碳和氮。这些物质不断地在生物圈中循环。氢和氧结合生成水，在很大程度上，水循环是一个物理过程。相反，碳和氮的循环是由生物作用驱动的。

符号说明
部分碳循环发生于我们的有生之年，而另一部分需数百万年之久。
— 缓慢（数百万年）
— 快速，自然（有生之年内）
— 快速，人工（有生之年内）

碳循环

生物体的约20%由碳组成，但碳仅占天然非生物物质的0.2%左右。生命主要通过光合作用从环境中获取碳，并将其储存在体内。在生物呼吸和死亡时，碳从生物体内释放出来，然后返回天然碳库，如大气、岩石中。然而，自然界碳循环正被人类活动破坏。

人类活动

有机物（包括化石燃料）燃烧时，会释放热量、灰烬和二氧化碳。人类燃烧化石燃料以获取能量，使碳从地下碳库转移到大气中。大气中碳含量的增加会导致气候变化。

火山爆发
人为燃烧

生物化学过程

几乎所有生物都能通过呼吸产生二氧化碳，呼吸是从食物中获取能量的生化过程。生物残骸中的碳由腐生的细菌和其他分解者所释放。

呼吸与分解

化石燃料

由生物化石形成的地下碳库中的碳被提取出来用作燃料。

岩石

石灰石和煤是由富含碳的生物残骸形成的沉积岩。形成火山岩（如玄武岩）的岩浆，在喷发时向空气中释放大量二氧化碳。

活着的生物和死去的生物

所有生物体内都含碳。死去的生物也是如此。

植物　动物
死去的生物　单细胞藻类

矿物置换

由于被埋在低氧环境中，生物的遗体不会被完全分解，所以遗体里的碳会保留在地下。数百万年后，曾经的有机体转化为固态的煤、液态的石油以及天然气，如甲烷。

石化　**地质作用**　**风化作用**

经过数百万年，死去的生物在海底所形成的富含碳的沉积物转变为岩石。与此同时，弱酸性海水侵蚀岩石，释放出更多溶解的碳，这一过程被称为风化。

沉积作用

生命是什么
养分循环

20/21

大气
二氧化碳仅占大气体积的0.04%左右，但在许多生命过程中起着至关重要的作用，并对全球气候有着重大影响。

氮循环

氮是蛋白质的重要组成部分，对生命至关重要。氮气是大气中最丰富的气体，但它并不活跃。大多数生物依靠细菌吸收或"固定"空气中的氮，并将其转化为硝酸盐以供其他生物使用。

35亿人依靠合成硝酸盐肥料种植粮食

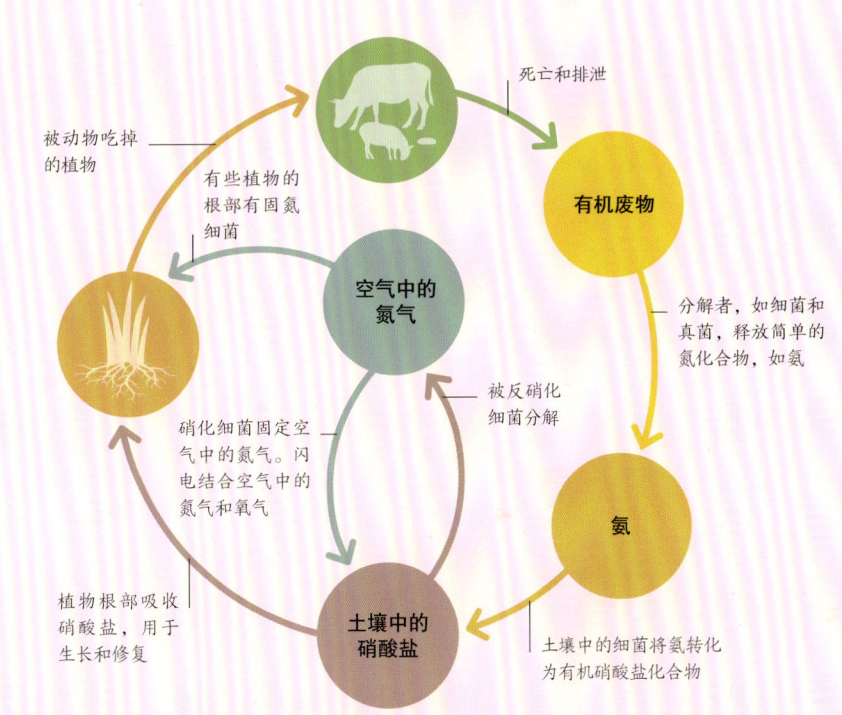

吸收二氧化碳

陆地上的植物利用阳光中的能量将二氧化碳合成更大、更复杂的分子，如糖。单细胞藻类在海洋表层水域也有类似的作用。接着，有机碳沿食物链继续传递。

光合作用

二氧化碳交换

大气海洋气体交换

大气中的二氧化碳很容易溶解于海洋。这个过程是可逆的，因此空气和水之间存在缓慢、均等的交换。海洋生物利用溶解的碳制造碳酸盐外壳，这些外壳最终沉降在海床上，形成造岩沉积物。

海洋
碳以二氧化碳、碳酸、碳酸氢盐和碳酸盐的形式储存在海水中。

氮循环图

- 被动物吃掉的植物
- 死亡和排泄
- 有机废物
- 分解者，如细菌和真菌，释放简单的氮化合物，如氨
- 有些植物的根部有固氮细菌
- 空气中的氮气
- 氨
- 硝化细菌固定空气中的氮气。闪电结合空气中的氮气和氧气
- 被反硝化细菌分解
- 植物根部吸收硝酸盐，用于生长和修复
- 土壤中的硝酸盐
- 土壤中的细菌将氨转化为有机硝酸盐化合物

人类对碳循环的影响

在过去的两个世纪里，人类燃烧化石燃料，已将数十亿吨碳从地下碳库转移到大气中。空气中不断增多的碳会吸收热量，从而改变全球气候并造成极端天气。

全球二氧化碳排放量

二氧化碳排放量（十亿吨）：0, 5, 10, 15, 20, 25, 30, 35, 40

年份：1860, 1880, 1900, 1920, 1940, 1960, 1980, 2000, 2020

极端环境中的生物

目前地球表面的平均气温为14℃，海洋表面平均温度为20℃。这样的条件适于大多数生物生存。然而，一些生物能够在严寒或高温等极端环境中生存，有些甚至能够耐受有害化学物质；它们被称为极端生物。

极端生物

"极端生物"这个名字的意思是"适于生存在极端环境中的生物"。它们大多是细菌和古菌，其演化可追溯至生存环境更加恶劣的地球历史早期，同时包括一些青蛙、鱼类、昆虫和甲壳类动物。极端生物适应特定的极端环境。有些能够生存在温度很高的环境中，而这样的温度足以使普通生物的酶失活；有些能够忍受极低的温度，而在此温度下，正常细胞的新陈代谢将会停止；其他一些生物可应对高浓度化学物质，而这通常会破坏生物调节其正常功能的能力。

在放射环境中存活

放射性会破坏细胞的化学成分，特别是当细胞准备分裂时，放射性会对细胞产生破坏。危险的放射性主要是人为原因造成的；自然界中的放射水平相对较低。然而，一些生物对放射性有更强的抵抗能力。例如，放射性对昆虫的影响较小，因为它们的细胞分裂频率低于哺乳动物细胞；后者每天会产生数十亿个新细胞。

耐放射性奇异球菌是已知最顽强的微生物之一；它甚至可以在太空中生存

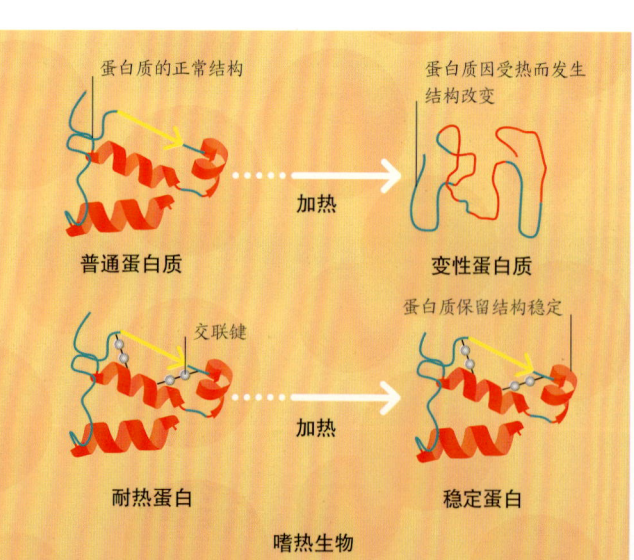

嗜热生物

嗜热生物可在40~80℃的水中生存。通常情况下，酶等蛋白质在高温下会变性；它们会失去正常的结构和功能。嗜热生物具有通过交联键增强的耐热蛋白，因此可保持结构稳定并在高温下继续发挥功能。

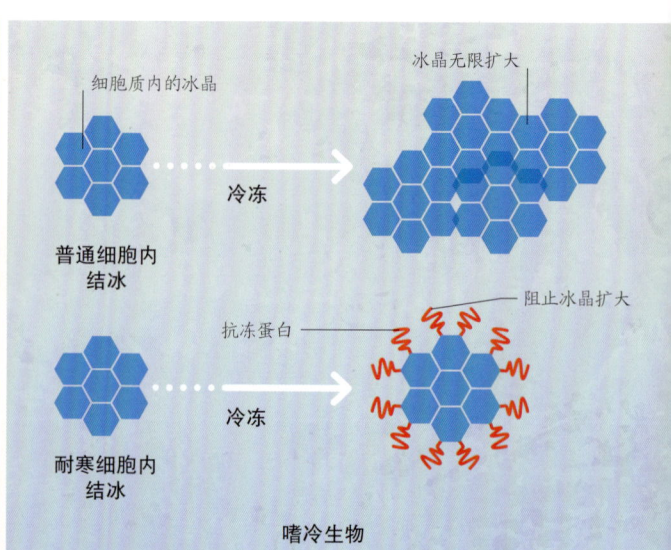

嗜冷生物

嗜冷生物适应冷冻环境，例如可在冰冻河水中过冬的青蛙。冰冻条件之下，普通细胞的细胞质中会形成大冰晶（参见第54页），从而遭到破坏。相较之下，嗜冷生物的细胞质含有冷冻保护剂或抗冻蛋白，只会形成微小的冰晶。

生命是什么
极端环境中的生物   22 / 23

水熊虫

　　这些微小的动物可在沸水、-200℃（-328℉）的极端环境甚至外太空中生存。水熊虫通常生活在土壤、海洋或淡水沉积物等潮湿环境中。然而，在干燥、缺氧或其他极端条件下，一些物种会进入休眠状态，可以存活数年甚至数百年。

活跃状态
在有利的条件下，水熊虫活力十足，能进食、移动、生长和繁殖。

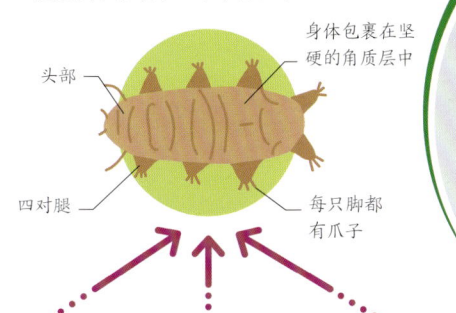

- 头部
- 身体包裹在坚硬的角质层中
- 四对腿
- 每只脚都有爪子

极端生物有用吗？
来自嗜热菌的耐热酶用于聚合酶链反应（PCR，参见第204页），其中DNA会被加热以供分析。PCR可用于检测感染。

Tun状态
在极冷、含盐或干燥的条件下，水熊虫的生命活动会暂停。水熊虫的身体变干、蜷缩；此状态被称为"Tun状态"。

- 干瘪的身体

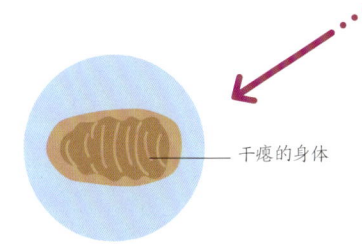

休眠状态
低氧条件会导致水熊虫的身体吸收更多的水，变得肿胀、僵硬并无法移动。水熊虫进入休眠状态。

- 僵硬的身体遇水膨胀

包囊状态
为了应对缓慢变化（如季节性变化），水熊虫会形成额外的角质层。其身体收缩进变硬、变厚的角质层内，形成包囊。

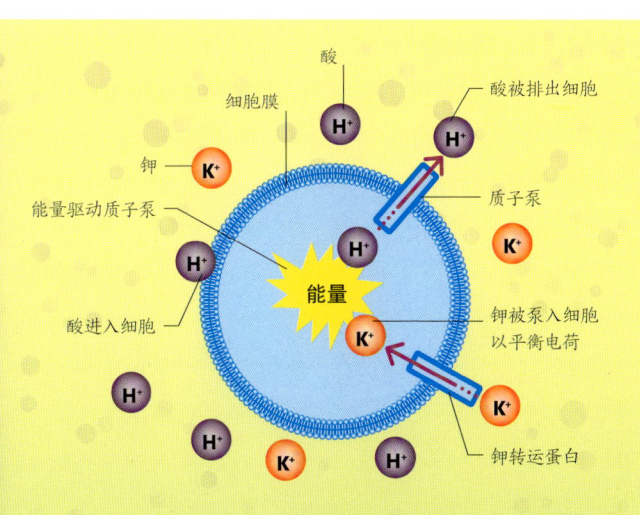

- 多层角质层
- 干瘪的身体

嗜酸生物

- 酸
- 细胞膜
- 钾
- 酸被排出细胞
- 能量驱动质子泵
- 质子泵
- 能量
- 酸进入细胞
- 钾被泵入细胞以平衡电荷
- 钾转运蛋白

酸是一种化学物质，与水混合时，会增加带正电荷的氢离子（H^+）的浓度。这会在大多数细胞内部造成损伤，但嗜酸生物有一个"质子泵"，它可以排出氢离子，从而保持其细胞内部pH为中性。为防止细胞带负电荷并吸引更多的氢离子，钾离子（K^+）会被泵入细胞。

嗜盐生物

- 植物通过叶子的蒸腾作用失去水分
- 肉质叶
- 叶细胞
- 盐分
- 盐分储存在细胞液泡中
- 充满盐分的叶子脱落
- 植物通过根吸收盐分和水
- 盐草

嗜盐生物大多生活在海水蒸发盐分浓度较高的地方。例如，盐草是生长在海岸附近的植物，那里的盐分对其他植物来说太高了，但盐草可以吸收盐水并将盐分隔离在液泡中（参见第63页）。较老的叶子含有更多的盐分，因此会脱落以去除多余盐分。

生命起源

地球上的生命被认为起源于约37亿年前，那时地球仅形成几亿年。第一个生命从非生命物质中产生的过程，被称为自然发生，具体发生机制尚不清楚，但已有多种理论被提出。

无机成分

二氧化碳
氨
甲烷
氧
水

1 早期的地球大气层充满了火山活动所释放的富含碳和氮的简单化合物。它们溶解于海洋之中。

来自地热和闪电的能量

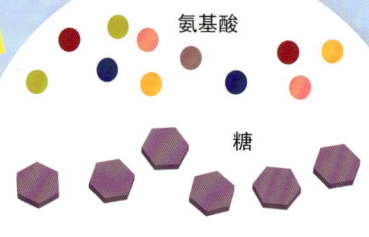

简单的有机分子

氨基酸
糖

2 闪电、火山爆发、阳光等因素导致化合物结合在一起形成简单的有机物，如糖和氨基酸。

氧气对最早的生命而言是有毒的

复杂的有机分子

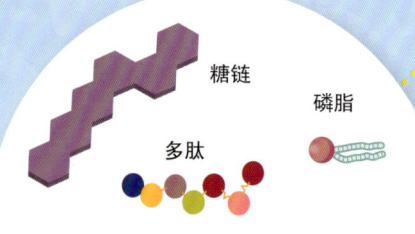

糖链
磷脂
多肽

3 创造更复杂有机分子的过程持续进行，简单的有机分子形成聚合物（由小单元链组成的长链分子），产生原始蛋白质（肽）、碳水化合物（糖）和脂类（脂肪）。

原始汤

第一个关于生命起源的重大科学理论——"原始汤"理论，在20世纪初被提出。该理论认为早期的海洋中含有形成生命的原料，通过长时间的随机化学作用，复杂的化学结构得以形成，如DNA和蛋白质。

新的生命形式仍在演化吗？

是的，新物种不断形成，现有物种，甚至人类，也在不断演化，尽管演化的速度可能很慢。

海底烟囱

海底烟囱是由源自地壳中富含化学物质的热水中的矿物质沉积形成的

生命是什么
生命起源

24 / 25

可复制的分子

RNA

4 人们认为某些聚合物可以自动催化，这意味着一个分子可充当模板来合成第二个分子。这些可以复制的化学物质相互竞争原料并通过自然选择演化出RNA。

细胞

早期细胞

5 第一个原始细胞可能只是包裹在膜状囊泡里的复制聚合物，它们能够储存复制自身的原料和参与反应链的化学物质——这是最早的新陈代谢形式。

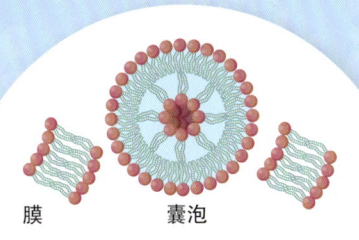

膜

膜 囊泡

4 某些有机分子的一端排斥水而另一端亲水。在水中，这些分子可聚集成膜，亲水端作为外层。一些膜可形成囊泡。

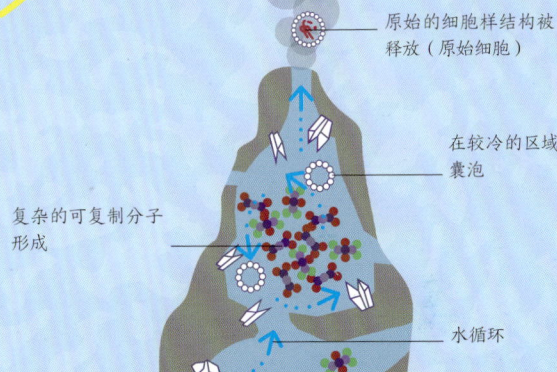

深海热泉

深海热泉理论认为生命起源于深海热泉，其位于热量和矿物质从地壳内部喷涌而出的深海海床。热量和压力为复杂物质的产生提供了合适的条件，然后这些物质可以结合形成原始细胞。丰富的化学物质和无机催化剂或许为原始细胞中的化学反应提供了动力。

- 原始的细胞样结构被释放（原始细胞）
- 在较冷的区域形成囊泡
- 复杂的可复制分子形成
- 水循环
- 矿物晶体作为催化剂形成复杂分子
- 地球内部形成的矿物质冷却并凝固形成海底烟囱
- 地壳内部水中的简单分子
- 富含化学物质的水，通过岩浆加热，经地壳裂缝涌出
- 来自海洋的冷水混入

深海热泉喷口

外星生命

天体生物学旨在寻找生存于地球之外的生物。这门学科的重点是寻找可能具备孕育生命条件的行星、卫星和恒星周围的区域。

宜居带

恒星周围水可以液态形式存在的区域称为宜居带。假设外星生命同样需要水，那么有液态水的行星或卫星将更有利于生命生存。地球位于太阳系的宜居带。其他恒星的宜居带取决于恒星的大小和温度。宇宙中的大多数恒星是红矮星，它们比太阳更冷、更小，因此这些恒星与其宜居带的距离比太阳与地球的距离近得多。

我们能造访外星人吗？

最近的可能宜居的行星距离地球超过4光年。即使乘坐如今最快的航天器也需73000年才能抵达。

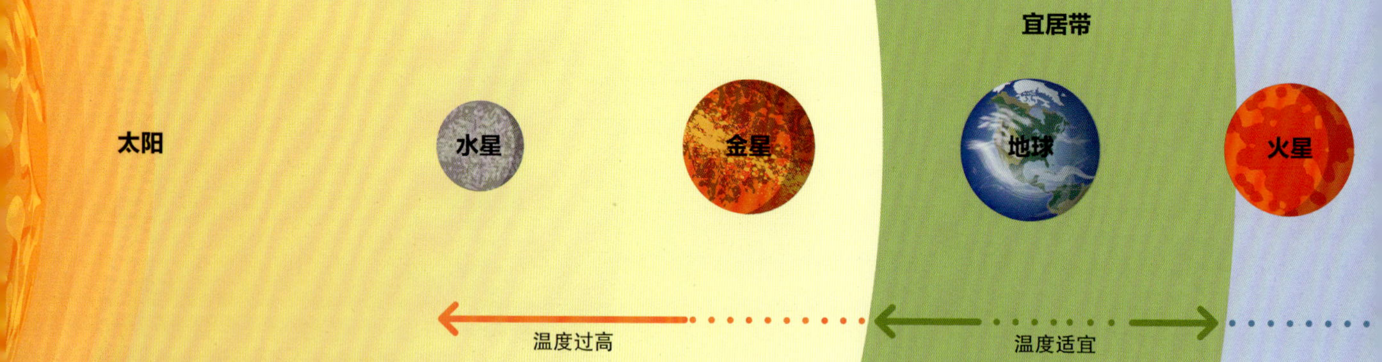

太阳　水星　金星　地球　火星

宜居带

← 温度过高　　温度适宜 →

维持复杂生命的因素

银河系中估计有4000亿颗行星，其中许多行星很可能位于宜居带，为生命的诞生提供了条件。然而，行星要想长期稳定存在还需其他因素（见下文），这样复杂多样的物种才能像在地球上那样蓬勃发展。

表面温度
平均温度应高于0℃且低于40℃，若高于此温度，蛋白质等脆弱分子就会开始分解。

地表水
该行星需要有足量稳定的水。据推测，外星生命将水作为进行新陈代谢的介质。

稳定的恒星
不稳定的恒星在其生命周期中会发生显著的亮度变化，并向行星发射强大的太阳风，从而造成大规模灭绝事件。

在星系中的位置
一颗行星应该足够靠近星系的中心，以获取相应元素形成坚固的表面，但又得足够远，以免受到致命的辐射的袭击。

巨大的相邻行星
地球受益于木星的引力，木星会在彗星和小行星进入内太阳系之前将其吸引并捕获，从而降低地球被撞击的风险。

大卫星
地球的卫星（月球）相对于地球而言很大。结果之一是潮汐范围很大，从而创造了沿海生境，使生命得以从水中到达陆地。

生命是什么
外星生命

26 / 27

银河系中有约60亿颗潜在的类地行星

木卫二
木星的卫星木卫二有一个被坚固的冰面覆盖着的海洋，其中液态水的含量至少是地球海洋的两倍。人们认为，同地球一样，木卫二海底的深海热泉周围或许存在生命。

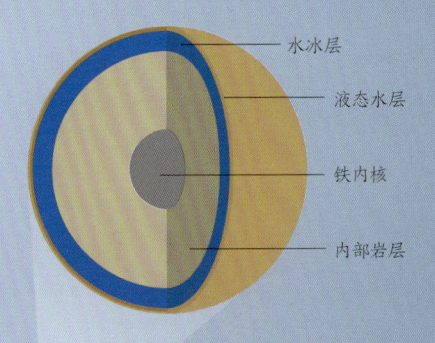

- 水冰层
- 液态水层
- 铁内核
- 内部岩层

寻找生命

天体生物学家希望利用新型望远镜发现遥远行星大气中反映生命过程的化学活动。来自太空的无线电信号也被人们研究，以寻找来自外星文明的活跃通信迹象。

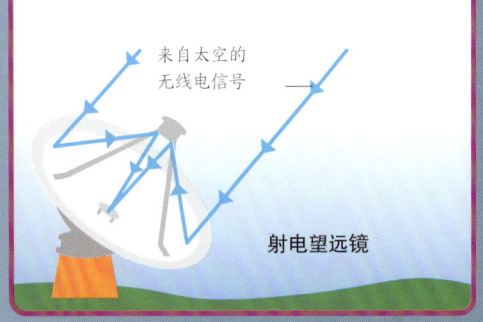

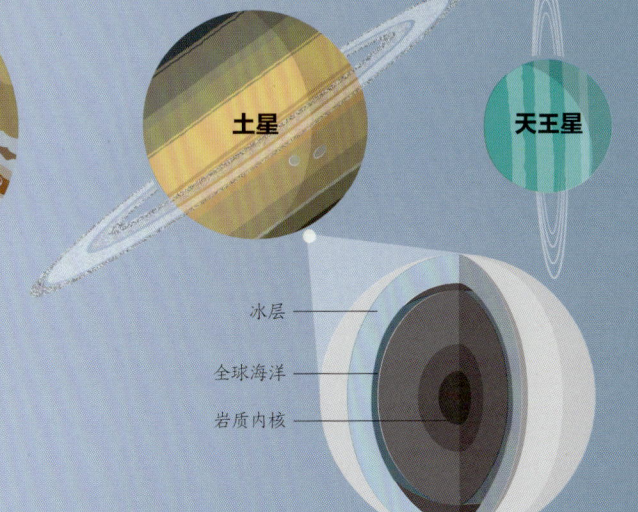

来自太空的无线电信号

射电望远镜

木星 —— 土星 —— 天王星 —— 海王星

温度过低 →

- 冰层
- 全球海洋
- 岩质内核
- 含有有机分子的蒸气羽流

土卫二
土星的卫星土卫二喷发出含有简单碳氮化合物的盐水。羽流可能是由冰层下的水被加热产生的，也可能是火山活动导致的，这或许为生命诞生和存活创造了条件。

巨大且持续燃烧的金属内核
地核产生的强大磁场会形成磁层，保护地球免受来自太阳的带电粒子的影响。

足够的质量
这颗行星必须具有足够大的体积和密度，以产生足以维持浓厚大气层的引力，从而吸收热量和维持养分循环。

大气层
大气中必须含有大量的碳、氮和水，这是生命诞生不可缺少的原料，水可以雨的形式落下并汇集成海洋。

旋转和倾斜
月球的引力使得地球能保持稳定的自转，并最大限度地减少地轴的摆动，因此一天的时长和季节变化不会发生剧烈波动。

板块构造
在活跃的行星表面，大陆和海洋会不断活动，这会使野生动物群体产生隔离，以不同的方式演化，从而促进生物多样性。

含碳化合物
行星必须在"烟尘界限"内运行，其中复杂的含碳化合物会被恒星的热量分解，从而产生可供生命使用的简单碳分子。

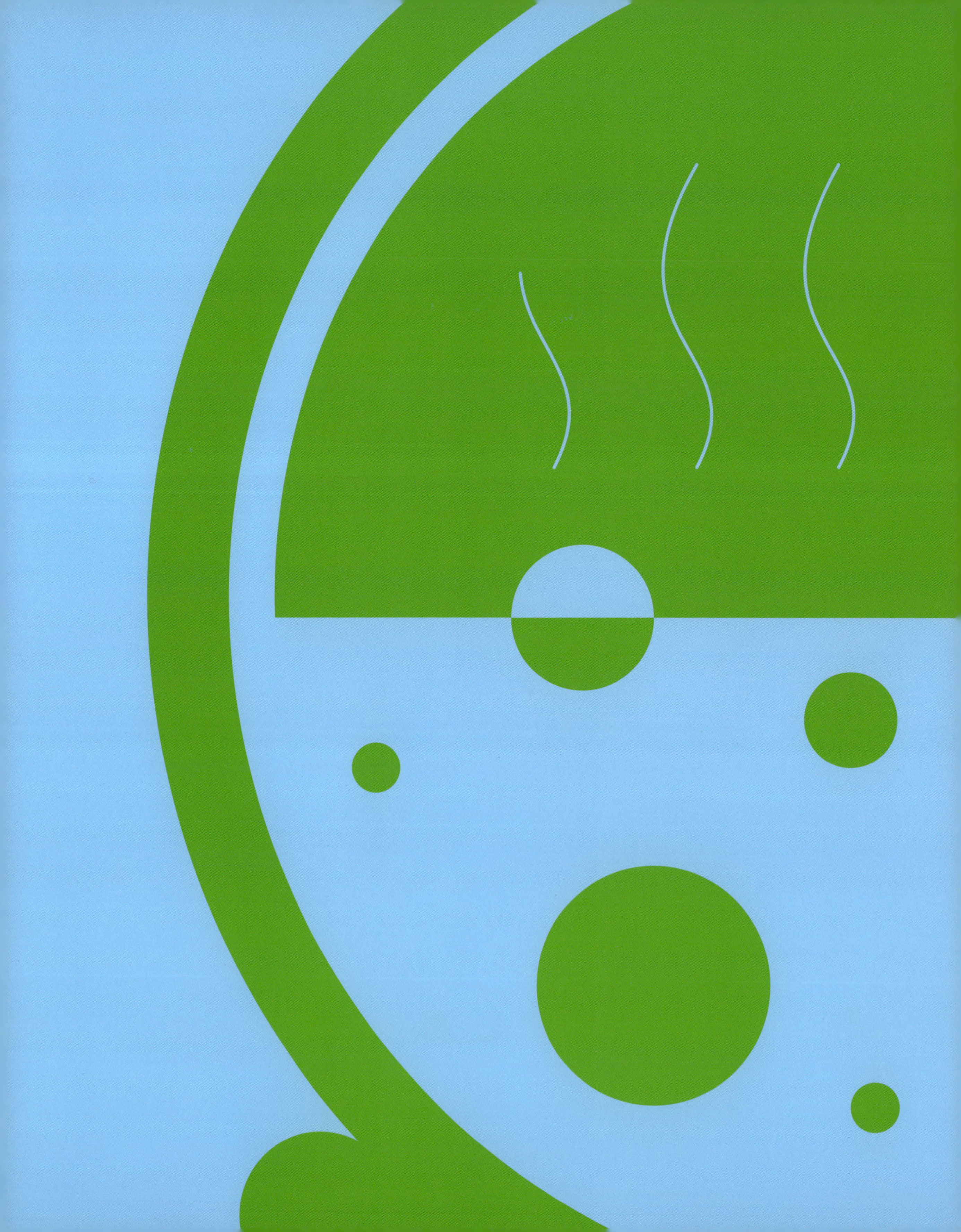

2 生命的化学

新陈代谢

新陈代谢一词来自希腊语中的"变化"一词，是生物体内为维持生命而发生的所有化学反应的统称。

重要过程

所有生物体内不断地进行数以千计的代谢过程以维系生命。这些代谢过程使生物体能够从食物中获取能量并执行基本的生理功能（如呼吸和移动）、维持和修复其细胞和组织、调节激素分泌和温度变化。

新陈代谢如何运转

一头奶牛需要从外界摄入包括食物在内的一系列物质，才能进行生命必需的新陈代谢。新陈代谢除了能生成对机体有用的物质，还会产生废物。

能量释放

蛋白质
氨基酸

分子分解（如食物中的分子分解）是释放能量的代谢反应。

运动

肌肉收缩

肌肉使用被称为ATP（三磷酸腺苷）的能量分子作为收缩的能量来源。

食物代谢需要氧气

代谢过程发生在身体的各个细胞内

水来自牛吃的植物及饮用的淡水

氧气
水
草

① 摄入
为奶牛的新陈代谢提供动力的氧气、水和能量，来自奶牛呼吸的空气、喝的水，以及吃的植物中所含有的糖分和纤维。

② 消化分解
食物被分解成最小的组成成分：氨基酸、脂肪酸和糖。氨基酸用来合成蛋白质以满足细胞生长、更新和修补的需要，而糖和脂肪酸则为身体供能。

代谢速率

生物体进行新陈代谢所需的能量被称为新陈代谢率。可以用每天的卡路里来衡量。

- 老鼠 20千卡/天
- 猫 120～180千卡/天
- 人类 1900～2300千卡/天
- 大象 70000千卡/天

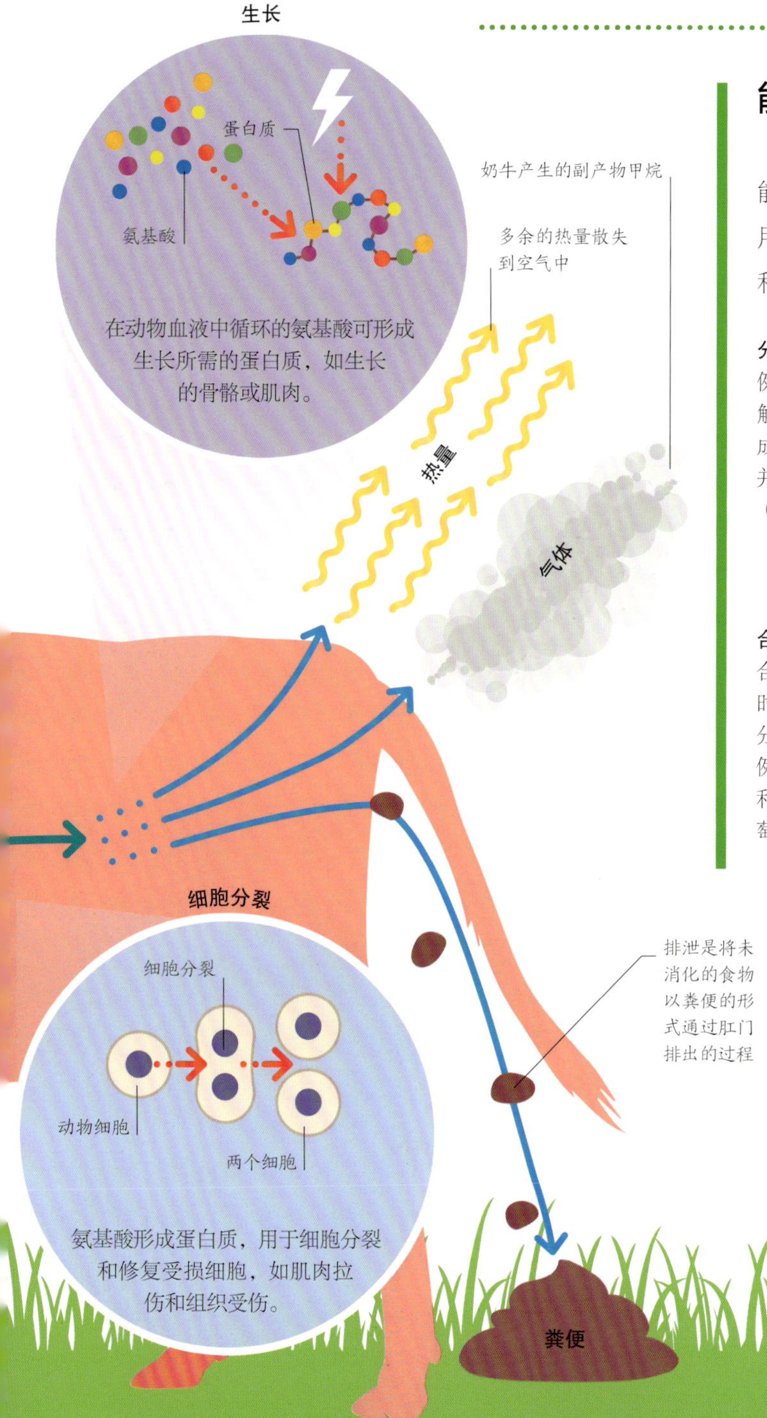

生命的化学
新陈代谢

30/31

生长

蛋白质

氨基酸

在动物血液中循环的氨基酸可形成生长所需的蛋白质，如生长的骨骼或肌肉。

奶牛产生的副产物甲烷

多余的热量散失到空气中

热量

气体

能量交换

一些代谢过程吸收能量，而另一些则释放能量。这两种过程对应两种主要的反应类型：用更简单的单元合成复杂的分子（合成代谢）和将分子分解成更小的单元（分解代谢）。

分解代谢

例如，在消化过程中，分解代谢将较大的分子分解成较小的、简单的分子，并释放出基本生理反应（如呼吸）所需的能量。

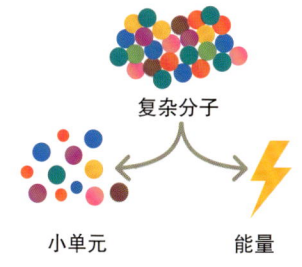

复杂分子 → 小单元 + 能量

合成代谢

合成代谢会消耗能量，同时将简单分子连接成复杂分子以支持生长和发育。例如糖异生，肝脏和肾脏利用非糖物质来源产生葡萄糖。

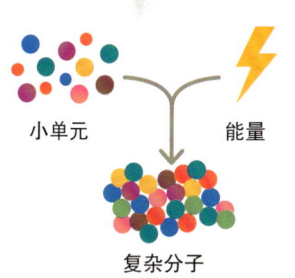

小单元 + 能量 → 复杂分子

细胞分裂

细胞分裂

动物细胞 → **两个细胞**

氨基酸形成蛋白质，用于细胞分裂和修复受损细胞，如肌肉拉伤和组织受伤。

排泄是将未消化的食物以粪便的形式通过肛门排出的过程

粪便

新陈代谢缓慢会导致肥胖吗？

虽然新陈代谢率因人而异，但它并不能预测体重。肥胖人士的日常代谢消耗量与苗条人士的相当。

3 副产物
不能在奶牛体内使用或储存的代谢产物被当作废物清除掉，包括热量、粪便、尿液和气体。

鲸鱼每天消耗2000万~5000万卡路里——相当于60000条鲑鱼片的热量

碳水化合物

与脂类和蛋白质一样，碳水化合物也是所有生物必需的三大营养物质之一。最常见的碳水化合物是葡萄糖（一种单糖），它是细胞、组织和器官的主要能量来源。

什么是碳水化合物

碳水化合物存在于植物和动物中，是所有生命的核心。它们是一大类含有碳、氢和氧原子的化合物。植物在光合作用过程中产生碳水化合物（参见第46～47页）并将它们储存在被称为淀粉的长多糖链中，而动物必须从它们所吃的食物中获取所需的大部分碳水化合物并将其储存为糖原。

碳水化合物的功能

碳水化合物在动物体内具有诸多功能。例如这只棕熊，当它吃下松果等含有碳水化合物的食物时，它的消化系统会将碳水化合物分解成葡萄糖以供全身细胞使用，葡萄糖是身体的主要能量来源。

食肉动物如何获得碳水化合物？

食肉动物的饮食模式是高脂肪、低碳水。它们通过食用营养丰富的食草动物来获取所需的碳水化合物。

4 脑
碳水化合物对脑功能至关重要，因为脑会消耗大量能量。

松果是碳水化合物、蛋白质和脂类的来源

2 心脏和血液
消化产生的一部分糖被吸收到血液中，并由心脏泵送到身体的所有组织。

糖被转化为脂肪酸，作为能量储存在身体里

3 肝脏和储存
消化产生的剩余的糖在肝脏中以糖原的形式储存起来，需要时可随时转化为葡萄糖以提供能量。

糖分通过小肠壁吸收

1 消化
碳水化合物在消化过程中被分解成更简单的单元（参见第162～163页），释放碳原子和糖，前者用于生化合成（复杂分子的生成）。

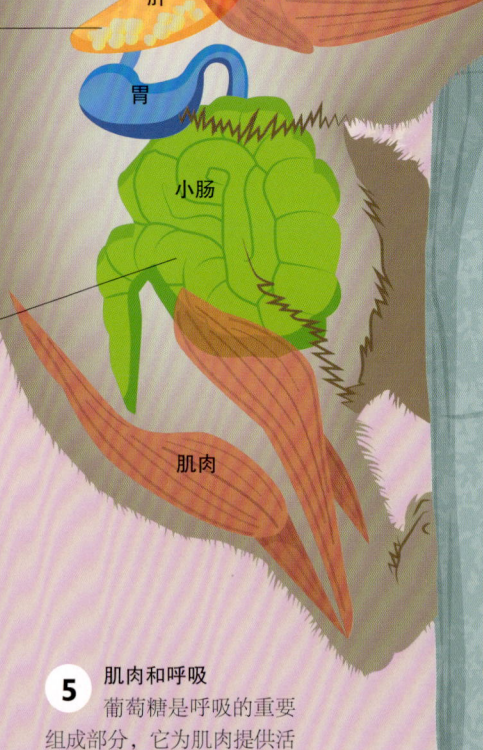

5 肌肉和呼吸
葡萄糖是呼吸的重要组成部分，它为肌肉提供活动所需的能量。

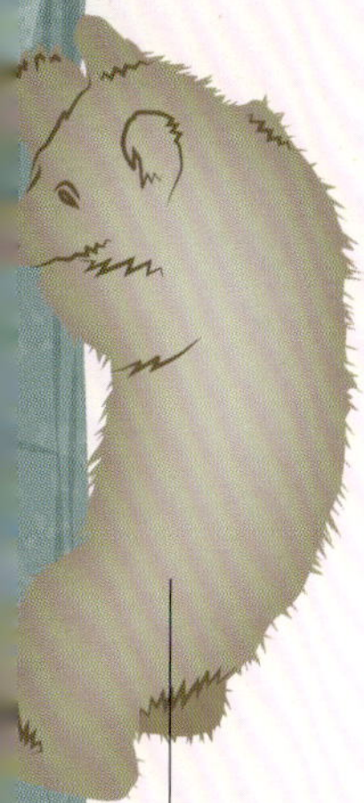

生命的化学
碳水化合物

32 / 33

碳水化合物的种类

从化学上讲，碳水化合物可分为单糖、双糖、低聚糖或多糖，这取决于组成它的糖分子数量。单糖可作为能量储存分子，也可作为更复杂糖类的组成部分，用作结构元素。双糖主要用于细胞运输。多糖作为能量的储存源，释放能量的速度比单糖和双糖慢。

单糖
单糖，如葡萄糖和果糖，由一个糖单元组成。它们是更复杂糖类的组成元件，用于储存和释放能量。

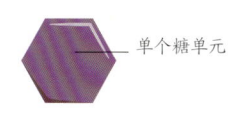

单个糖单元

单糖

双糖
蔗糖（由植物产生）、乳糖（存在于牛奶中）和麦芽糖是双糖。它们由连接在一起的两个单糖组成。

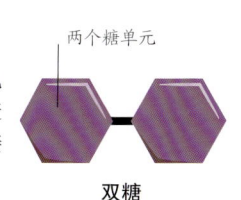

两个糖单元

双糖

低聚糖
由三到六个糖单元构成的碳水化合物被称为低聚糖。人的乳汁中除了乳糖（一种双糖），还含有低聚糖。

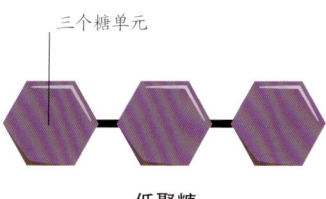

三个糖单元

低聚糖

多糖
多糖是由许多糖分子组成的大聚合物，如纤维素、淀粉和糖原。它们的结构包括分支形或线形。

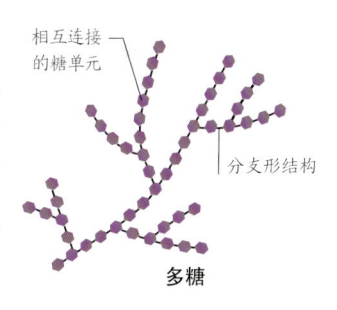

相互连接的糖单元

分支形结构

多糖

碳水化合物的来源

碳水化合物有三种形式：简单糖、淀粉和纤维。简单糖（单糖和双糖）是人体的主要能量来源，也是更复杂糖类的组成部分。淀粉和纤维（多糖）是复杂的碳水化合物，可作为能量的储存源。它们存在于牛奶以及水果、谷物和蔬菜等作物中。

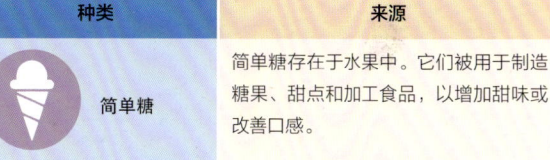

种类	来源
简单糖	简单糖存在于水果中。它们被用于制造糖果、甜点和加工食品，以增加甜味或改善口感。
淀粉	淀粉存在于叶子、果实、根和茎中。麦片、谷物、大米和一些蔬菜，如土豆、豌豆和玉米，是食用淀粉的主要来源。
纤维	纤维的来源包括豆类、坚果、鳄梨和西蓝花。棉花、竹子、羊毛、丝绸和马海毛中也含有纤维。

牛奶中的乳糖是唯一来源于动物的碳水化合物

哺乳动物幼崽从成年雌性的乳汁中获取碳水化合物

纤维素是自然界中最丰富的碳水化合物，它是一种存在于植物细胞中的坚韧纤维物质，可为植物提供力量和支持

植物通过光合作用在叶子中产生碳水化合物

树枝含有可消化的淀粉和糖，以及无法消化、最终成为粪便的纤维

脂类

脂类，如脂肪和油，对所有生物体的功能都是必不可少的。除了为动物食用的许多食物增加口感，脂类还发挥着更重要的作用，如储存能量、形成细胞膜和充当化学信使。

什么是脂类

脂类不仅仅包括我们所熟悉的饮食中的脂肪和油。它们是一组多样的分子，还包括蜡、一些维生素和激素，并形成体细胞的大部分膜。脂类由长链碳原子及与其连接的氢原子和氧原子组成。一些脂类还含有氮和磷。尽管具有不同的化学性质，并且与活细胞中几乎所有其他分子不同，但所有脂类均不溶于水。动物自身可以合成一些脂类，但它们必须从食物（如植物）中获取其他脂类。

脂类的种类
脂类主要分为四类：甘油三酯、磷脂、类固醇和蜡。它们具有不同的分子结构，这使得它们能够在植物、动物和其他生物体内发挥一系列重要作用。

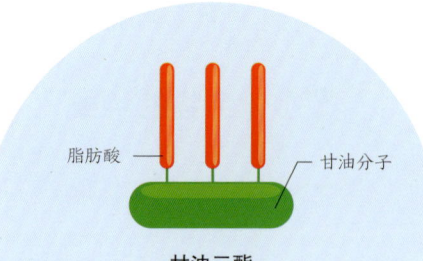

甘油三酯
甘油三酯由一个甘油分子和三个脂肪酸链组成。脂肪酸可以是饱和的，也可以是不饱和的。大多数饱和脂肪酸在室温下呈固态，而不饱和脂肪酸往往呈液态。

牛肉汉堡

甘油三酯
甘油三酯分子也被称为"脂肪和油"，可以被消化分解并以脂肪形式储存在体内。脂肪在室温下呈固态，可起到隔绝、保护和长期储存能量的作用。油在室温下呈液态，被植物用来长期储存能量。

饱和脂肪酸和不饱和脂肪酸

饱和脂肪酸是一种"充满"氢原子的脂肪酸，这意味着它含有尽可能多的氢原子，并且在其化学结构中不含碳-碳双键。不饱和脂肪酸至少含有一个碳-碳双键。饱和脂肪酸主要存在于动物性食物中，如奶酪、肉类和黄油，但一些植物性食物也富含饱和脂肪酸，如椰子油和棕榈油。不饱和脂肪酸存在于坚果、种子和植物油中。

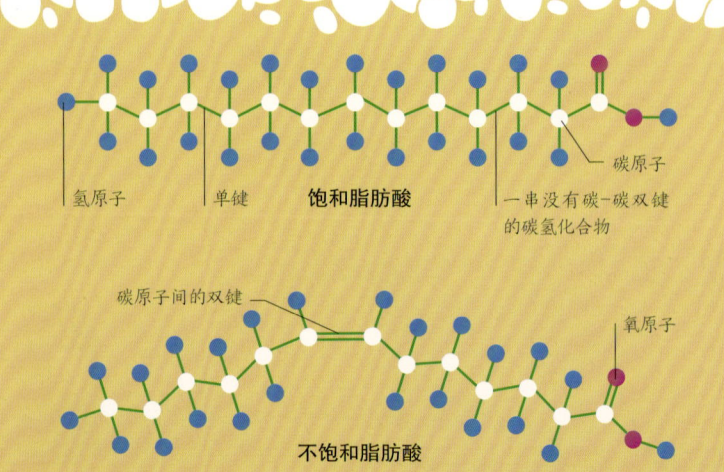

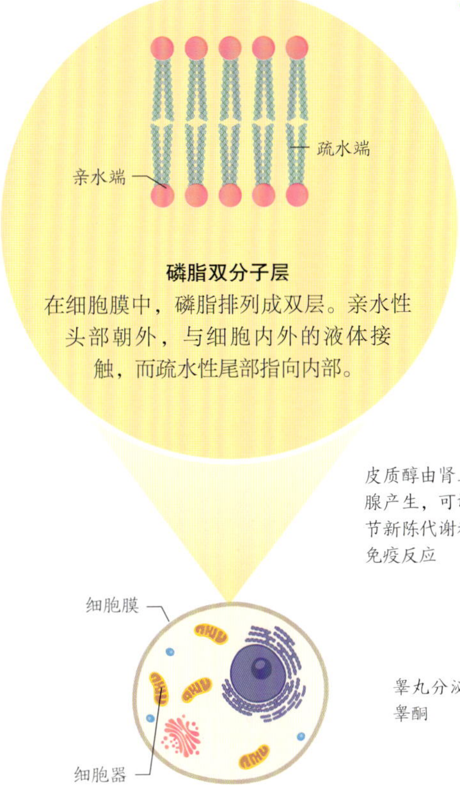

生命的化学
脂类
34 / 35

磷脂双分子层
在细胞膜中，磷脂排列成双层。亲水性头部朝外，与细胞内外的液体接触，而疏水性尾部指向内部。

亲水端　疏水端

细胞膜
细胞器

动物细胞

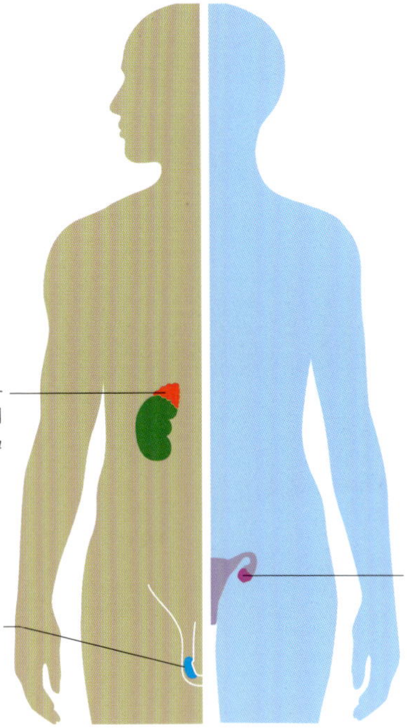

皮质醇由肾上腺产生，可调节新陈代谢和免疫反应

睾丸分泌睾酮

卵巢分泌雌激素

男性　女性

尾巴底部的尾羽腺可分泌蜡，使羽毛防水

火烈鸟"梳理羽毛"是为了在其羽毛上涂抹蜡

火烈鸟

磷脂
这些脂类形成了几乎所有细胞的膜（参见第56～57页）和细胞内的细胞器。每个磷脂分子都由一个疏水的脂质尾部和一个亲水的头部组成。这些分子在细胞内容物和周围环境之间形成了一道屏障。

类固醇
类固醇激素，包括皮质醇和性激素（雌激素和睾酮），源自一种叫作胆固醇的蜡状脂类。激素充当化学信使，在人体的细胞、组织和系统之间进行信号传递，并调节各种身体活动。

蜡
蜡这种脂类覆盖在一些水鸟的羽毛、一些植物的叶子和一些昆虫的表皮上，也存在于一些动物的耳朵中以保护耳膜。蜡的疏水特性有助于生物防水以使其保持干燥。

胆固醇
胆固醇是一种存在于血液中的蜡状脂类。它是细胞维持健康所必需的，但高含量的"坏"胆固醇（被称为低密度脂蛋白）会在血管壁中形成脂肪沉积物。这会阻碍血液和氧气到达心脏，增加罹患心脏病的风险。

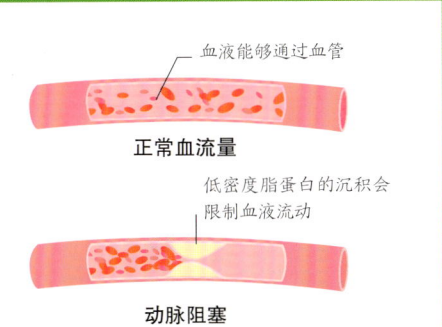

血液能够通过血管

正常血流量

低密度脂蛋白的沉积会限制血液流动

动脉阻塞

动物如何储存脂肪？
动物以几种不同的方式储存脂肪：昆虫使用一种被称为"脂肪体"的特殊器官，鲨鱼将脂肪储存在肝脏中，鱼类将脂肪储存在肌肉纤维周围和内部。

RNA

RNA的主要作用是翻译DNA的指令以制造蛋白质。存在三种不同类型的RNA：mRNA（信使RNA）、tRNA（转运RNA）和rRNA（核糖体RNA）。RNA存在于植物和动物细胞的细胞核及细胞质中。RNA链是单链的，比DNA链短。它可以是单螺旋或线型分子，也可自行扭曲。与DNA一样，RNA分子中与核糖相连的碱基也有四种：腺嘌呤、胞嘧啶、鸟嘌呤和尿嘧啶（替代DNA分子中的胸腺嘧啶）。腺嘌呤总是与尿嘧啶结合，而胞嘧啶总是与鸟嘌呤相结合。

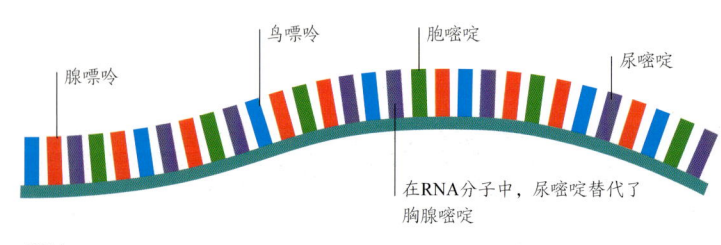

腺嘌呤　鸟嘌呤　胞嘧啶　尿嘧啶

在RNA分子中，尿嘧啶替代了胸腺嘧啶

mRNA
DNA不能离开细胞核，因此mRNA是一种遗传模板，充当DNA和被称为核糖体的蛋白质组装单元之间的信使（参见第59页）。

氨基酸

tRNA

含氮碱基

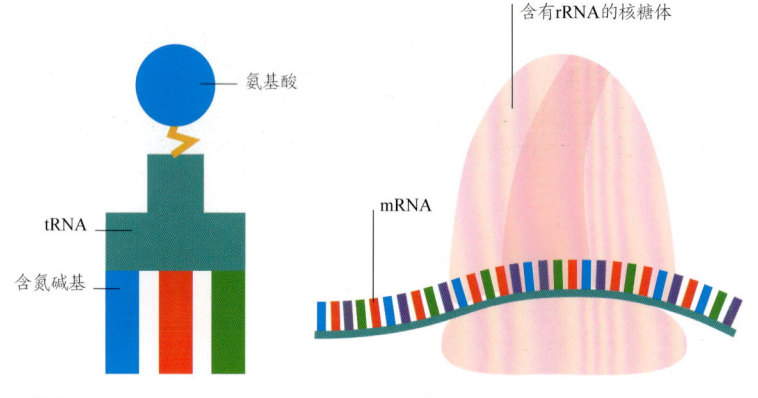

含有rRNA的核糖体

mRNA

tRNA
tRNA负责在翻译过程中将氨基酸聚集在一起（参见第91页），产生构成蛋白质的肽链。

rRNA
rRNA是核糖体的主要成分。核糖体读取mRNA序列并将其翻译成氨基酸以构建蛋白质分子。

RNA占人体重量的5%，而DNA仅占1%

线粒体DNA

线粒体DNA（mtDNA）包含线粒体发挥功能所需的37个基因。核DNA遗传自父母双方，而线粒体DNA仅遗传自母亲。通过分析数千人的线粒体DNA样本，科学家将当今在世的所有人追溯到了一位共同的女性祖先。

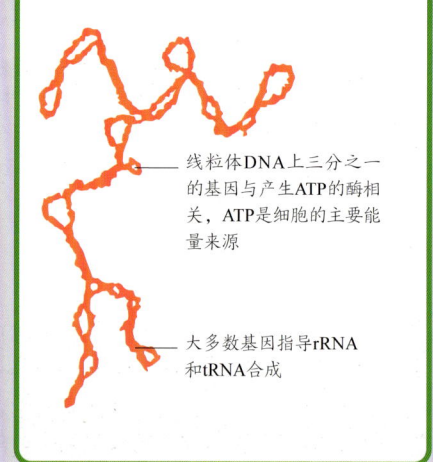

线粒体DNA上三分之一的基因与产生ATP的酶相关，ATP是细胞的主要能量来源

大多数基因指导rRNA和tRNA合成

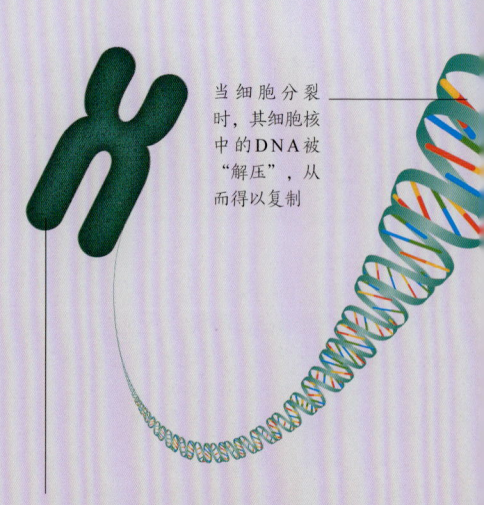

当细胞分裂时，其细胞核中的DNA被"解压"，从而得以复制

一条DNA长链与组蛋白紧密盘绕在一起，形成染色体（参见第58~59页）

生命的化学
核酸

核酸

所有生物的细胞中都有核酸。脱氧核糖核酸（DNA）对生命至关重要。在螺旋状结构中，它以编码形式包含了生物个体生长和发育所需的所有指令。核糖核酸（RNA）也是生命所必需的，它翻译来自DNA的指令，为生物体制造蛋白质。

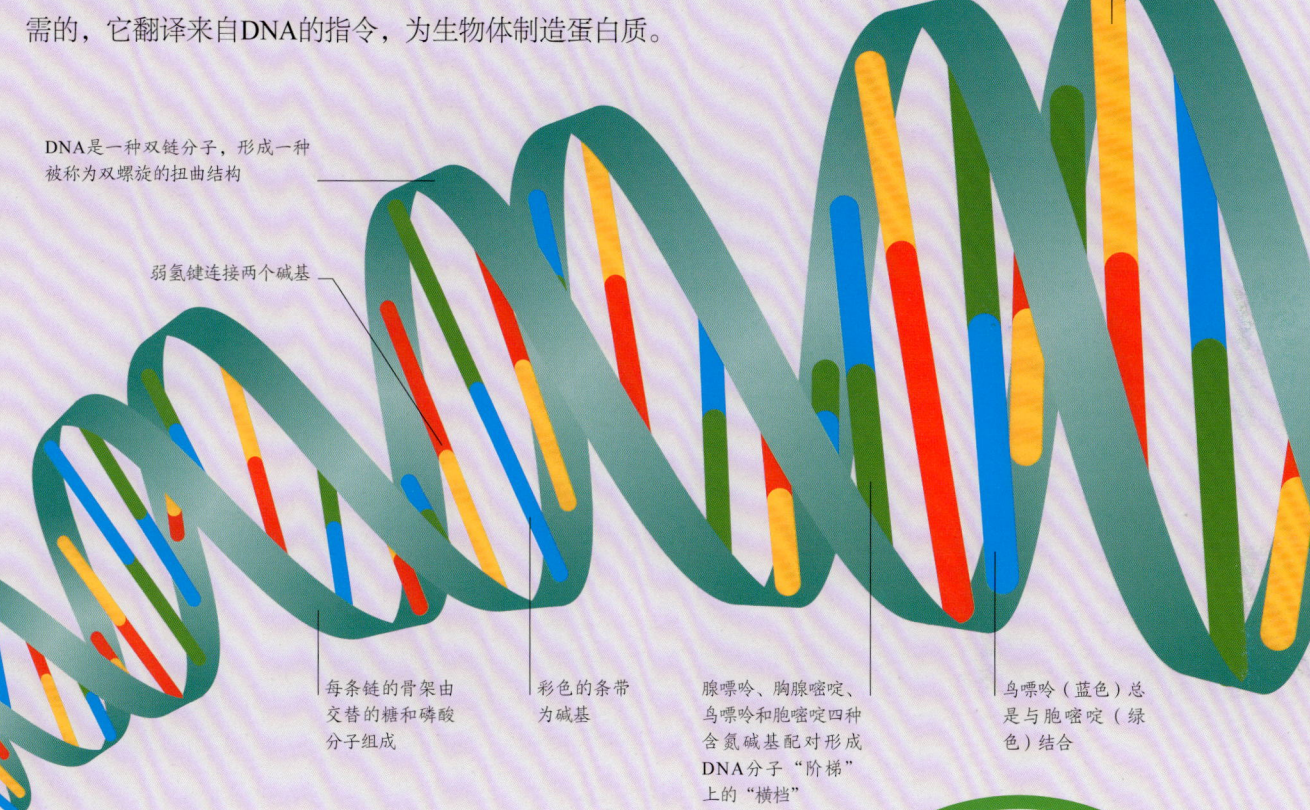

胸腺嘧啶（黄色）总是与腺嘌呤（红色）相结合

DNA是一种双链分子，形成一种被称为双螺旋的扭曲结构

弱氢键连接两个碱基

每条链的骨架由交替的糖和磷酸分子组成

彩色的条带为碱基

腺嘌呤、胸腺嘧啶、鸟嘌呤和胞嘧啶四种含氮碱基配对形成DNA分子"阶梯"上的"横档"

鸟嘌呤（蓝色）总是与胞嘧啶（绿色）结合

DNA

DNA是携带遗传信息的分子，决定所有生物体的发育和生理功能。它决定一个生物会生长发育成什么类型，并编码指令以制造被称为蛋白质的大分子（参见第38~39页）。在动物和植物中，大多数DNA在细胞核内盘绕压缩形成染色体。当细胞分裂时，DNA分子被复制，因此所有细胞都包含一份重要代码的副本。DNA分子的结构就像一个盘绕的梯子，糖和磷酸分子构成骨架，成对的含氮碱基构成"阶梯横档"。

我们有多少DNA？

如果人体中的每个DNA分子首尾相连，那么其长度将超过太阳和冥王星之间的距离——约59亿千米。

蛋白质

蛋白质存在于所有生物当中，是执行数千种代谢功能的大生物分子。基于精确的化学组成，每种蛋白质的构象决定了其功能。DNA包含合成人体众多蛋白质所需的遗传信息。

蛋白质的结构

蛋白质是一种聚合物——由一连串较小单元组成的长分子。构成蛋白质的小单元被称为氨基酸，它们是包含氮原子的简单有机化合物。人类蛋白质由20种可能的氨基酸组成，但还有一些用于其他生命形式。每种蛋白质由氨基酸精确地按顺序连接在一起。一种典型的蛋白质包括约500个氨基酸分子。

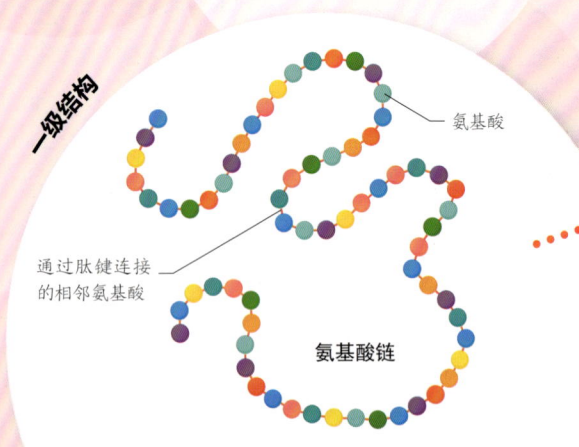

我们可以设计新的蛋白质吗？

最新的信息处理技术意味着我们可以根据蛋白质的一级结构预测其构象。这表明我们现在可以弄清楚蛋白质的功能并调整其结构设计。

一级结构

- 氨基酸
- 通过肽键连接的相邻氨基酸
- 氨基酸链

二级结构

- β折叠
  - 之字形结构
- α螺旋
  - 螺旋形

1 蛋白质的一级结构是其中的氨基酸顺序。相邻的氨基酸通过肽键连接，肽键是一种氨基酸的碳原子和另一个氨基酸的氮原子之间的键。一条由几十个氨基酸组成的链被称为多肽。

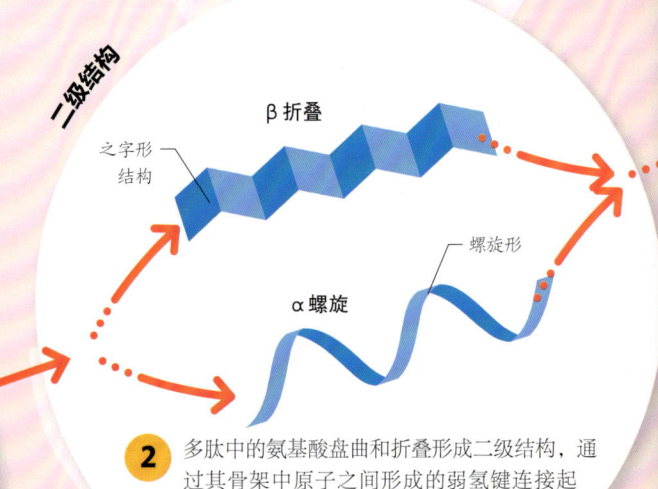

2 多肽中的氨基酸盘曲和折叠形成二级结构，通过其骨架中原子之间形成的弱氢键连接起来。这种结构通常是扭曲的螺旋或折叠片。

朊病毒

朊病毒是一种错误折叠的蛋白质，可以导致相同蛋白质的其他变体也改变形状，从而引发疾病。朊病毒病非常罕见。

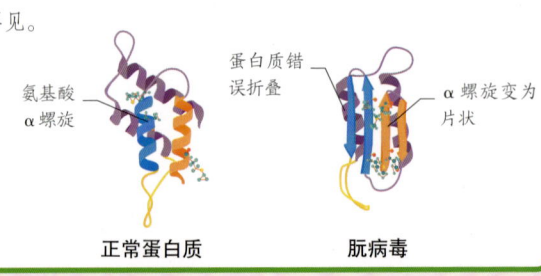

- 氨基酸 α 螺旋
- 蛋白质错误折叠
- α 螺旋变为片状

正常蛋白质 | 朊病毒

蛋白质折叠

蛋白质的最终构象有四个层次。这是因为长蛋白质分子中的许多组分之间相互吸引或排斥，因此蛋白质会折叠成复杂的三维形状。

生命的化学
蛋白质

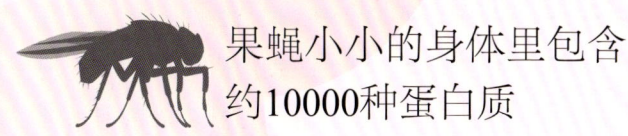

果蝇小小的身体里包含约10000种蛋白质

三级结构

单个氨基酸变化可能导致蛋白质三维结构的变化

多肽形成一个松散的球体

球状

二级结构

3 二级结构在三个维度上折叠成球状，被称为三级结构。这一形状高度依赖二级结构不同部分之间键的强度。

四级结构

具有两条多肽链的蛋白质被称为二聚体

蛋白质分子

4 一些蛋白质由多个多肽链组成，这些多肽链连接形成一个被称为四级结构的单一结构。许多蛋白质仅由一条多肽链组成，因此不具备四级结构。

如何使用蛋白质

生物体各部分都离不开蛋白质，从皮肤和软骨到肌肉，蛋白质还在分子水平上作为酶发挥作用（参见第40～41页）。蛋白质的精确构象意味着它们高度特化，行使不同的功能。如果蛋白质一级结构是正确的，那么任何四级结构也将是正确的，这为大量制造蛋白质提供了条件。

蛋白质的主要功能

	细胞结构	细胞骨架由蛋白质链构成。蛋白质还控制跨细胞膜的物质移动。	**血液**	血液中的氧载体被称为血红蛋白，是由四种多肽组成的球状蛋白质。
	DNA	染色体通过将DNA盘绕在组蛋白周围来组织DNA。酶管控着基因复制和翻译。	**消化酶**	食物中的营养物质被消化酶分解或消化成简单的成分。
	激素	许多在体内循环的激素是球状蛋白质。例如，胰岛素是一种小型蛋白质。	**神经元**	神经元的树突和轴突上具有蛋白质孔，允许带电离子进出以产生电脉冲。
	储藏	储藏蛋白存在于蛋清、植物种子和牛奶中。它们将氨基酸储存起来，以备生长需要时使用。	**肌肉蛋白**	蛋白质共同作用以使肌肉收缩：一种蛋白质会沿着另一种蛋白质拉动自身以使肌肉收缩。

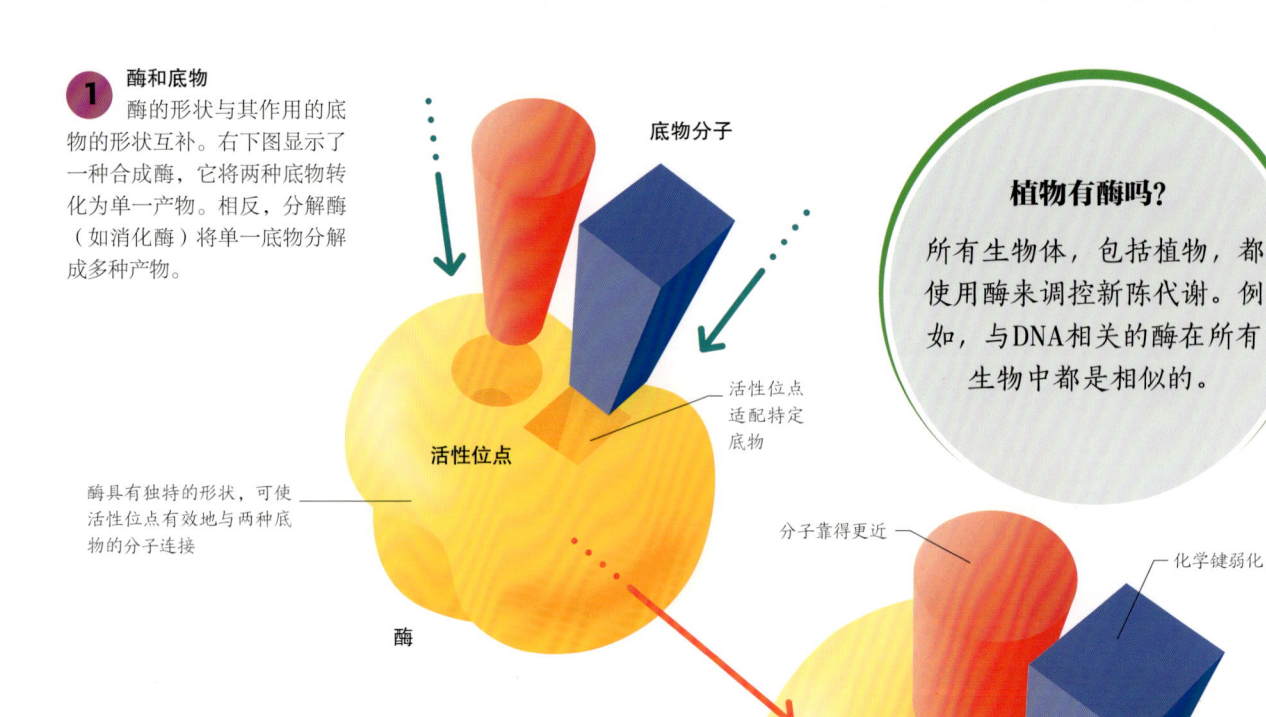

1 酶和底物
酶的形状与其作用的底物的形状互补。右下图显示了一种合成酶，它将两种底物转化为单一产物。相反，分解酶（如消化酶）将单一底物分解成多种产物。

底物分子

活性位点适配特定底物

活性位点

植物有酶吗？
所有生物体，包括植物，都使用酶来调控新陈代谢。例如，与DNA相关的酶在所有生物中都是相似的。

酶具有独特的形状，可使活性位点有效地与两种底物的分子连接

酶

分子靠得更近

化学键弱化

底物分子与酶暂时连接，引发化学反应

锁钥模型

所有酶都被认为通过被称为锁钥模型的机制起催化作用。每种酶都能处理一组特定的原料——被称为底物。在这一类比当中，酶是锁，因为它的分子包含一个被称为活性位点的区域，其形状允许底物分子（钥匙）与其结合。当底物分子连接到酶的活性位点时（就像钥匙插入锁中一样），就会引发化学反应，从而改变底物的化学性质。

酶

酶是一种生物催化剂——一种加速（催化）化学反应而不改变自身的物质。生物体使用数千种不同的酶来驱动一系列连续的化学反应，这些反应被称为代谢途径，对维持生命至关重要。所有酶都以蛋白质分子为基础，但每种酶的功能取决于分子的形状。

2 反应
底物分子在活性位点与酶结合从而改变化学性质，使两种底物的分子更靠近并弱化其中的一些键。分子之间的键被打断，分子重新组合，形成一个更大的新产物。

3 产物
新产物与原来的底物分子具有不同的化学性质。这意味着它不能再与酶的活性位点相结合，因此它会被释放出来。酶在反应过程中并未被改变。

酶结构改变

酶只有在最适温度下才会发挥最佳作用。对于大多数人体中的酶而言，该温度约为37℃。如果温度太低或太高，酶的活性就会降低。在温度高于55℃的情况下，酶的结构会发生变化。这改变了活性位点的形状，导致酶完全失活。

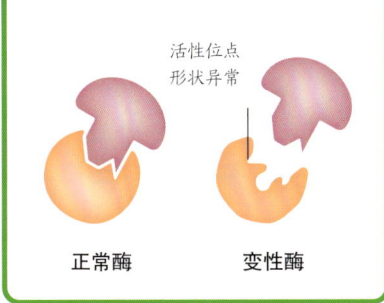

正常酶　　变性酶
活性位点形状异常

释放新产物
新产物
活性位点现已准备好接收新的底物分子

生命的化学
酶
40/41

消化酶

酶是动物消化系统的关键成分，使食物中大而复杂的分子被分解成更简单的单元，从而更容易被吸收到血液中。每种营养物质都由与其对应的一套消化酶消化吸收。这些酶由消化道的不同部分分泌，产生与食物混合的消化液。

碳水化合物酶
这些酶将复杂的碳水化合物（如淀粉）分解成更小的糖分子。然后糖分子被肠道吸收。

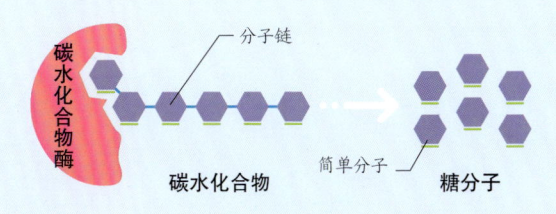

碳水化合物 — 分子链 → 简单分子 — 糖分子

脂肪酶
脂类被小肠中的脂肪酶消化。脂肪分子由三个脂肪酸与一个甘油分子连接而成。

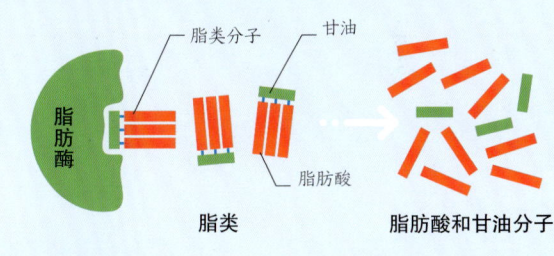

脂类 — 脂类分子 — 甘油 → 脂肪酸和甘油分子 — 脂肪酸

蛋白酶
蛋白质由氨基酸所构成的长链组成。蛋白酶会分解这些链，使各个单元可被分别吸收。

蛋白质 — 氨基酸链 → 氨基酸

工业中的酶

酶强大的催化能力意味着它们可以被用于制造或作为有用产品的成分，而不是效率较低、污染较大的无机化学品。将来，人工酶或被用来催化生物体中从未被发现的化学反应。

塑料
在一些细菌中发现的酶能够将某些塑料分解成无害的产品。

洗衣粉
生物洗衣产品利用酶来去除脏织物上的有机物质。

奶酪
能将牛奶转化为可消化固态物的胃酶被用于制作特定种类的奶酪。

结构材料

生物体或由数千种不同的物质组成，但只有少数几种通用材料负责确保其结构完整。

建造材料

不同界的生物拥有各自独特的结构材料组合。其中，最重要的几种材料是纤维素、壳多糖和胶原蛋白，且每一种都存在于不同类型的生物体中。这三种物质都是聚合物——由更小的单元链组成的分子。它们的分子可以很容易地结合，形成坚固的纤维和薄片，这使它们成为塑造不同的身体部位并提供支撑的基础。

纤维素是最为丰富的天然有机化合物

纤维素

由长链葡萄糖分子构成的多糖（参见第32~33页）。它是植物细胞壁的主要材料。它连同细胞壁为植物的叶、茎和根提供坚固的支撑结构。木材和树皮由纤维素和其他分子交联而成。

由纤维素构成的维管提高了植物茎的强度

壳多糖使蜜蜂外骨骼保持坚硬

甲虫的保护性刚性翼盖（或鞘翅）是由几层壳多糖形成的

蝴蝶的身体和翅膀覆盖着由壳多糖制成的反光鳞片

蜈蚣的身体各节与壳多糖相连，使身体能够弯曲

角蛋白

角蛋白是一种纤维蛋白，存在于各种动物体内。它的特性使其非常适合为身体提供柔韧防水的保护层，因此它是皮肤、鳞片和头发的主要成分。角蛋白还有助于强化身体外部的其他部位，如指甲、爪子和角。

皮肤	鳞片	头发	羽毛
指甲	脚爪	蹄子	犄角

骨骼有生命吗？

骨骼是一种活性组织。富含钙的矿物质造出了轻盈而又坚硬的结构，且持续更新。骨骼内部还连接有血液和神经。

外耳由软骨组成，上面覆盖着一层薄薄的皮肤

耳朵（软骨）

壳多糖坚固、柔韧，且重量轻，使飞虫更容易升空

脊椎动物的皮肤由一层从胶原蛋白基底膜上长出的细胞组成

壳多糖

壳多糖是一种由葡萄糖分子衍生的富氮单元构成的聚合物，它在生物体内的含量仅次于纤维素。壳多糖是昆虫和甲壳类动物坚硬外骨骼的主要材料，同时存在于软体动物中。它也是真菌细胞细胞壁的组成成分。

胶原蛋白

胶原蛋白是存在于多种动物体内的蛋白质，但脊椎动物体内的胶原蛋白含量最高。据估计，胶原蛋白占所有人类蛋白质的三分之一。几种胶原蛋白分子聚集在一起，形成扭曲的纤维，用于形成坚固而又灵活的结缔组织，如软骨和皮肤。

壳多糖是不溶性的，因此形成了与外界隔绝的防水屏障

由于具有壳多糖细胞壁，真菌与动物的关系比与植物的关系更为密切

动物需要从水果和蔬菜中获取维生素C来合成健康的胶原组织

形成坚硬骨架

骨骼的用途之一是形成坚硬的组织来充当动物外部的保护层，如外壳，或为肌肉提供内部结构和锚点。细胞间隙中形成的固态晶体为这些重要组织提供支撑。矿物质成分以可溶形式富集在动物摄取的食物或水中，然后转化为不溶性固体。

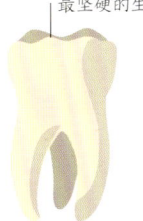

含有羟基磷灰石的牙釉质是最坚硬的生物材料

外壳由层层叠叠的微小晶体构成

海绵受到微小的二氧化硅尖刺的保护

羟基磷灰石
羟基磷灰石是一种天然形式的磷酸钙，是脊椎动物骨骼和牙齿的组成成分。这种矿物质约占人体骨骼重量的70%。

文石
软体动物、甲壳类动物和其他贝类的外壳由碳酸钙构成的文石硬化而成。形成的原料是从海水中获取的。

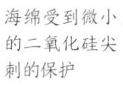

二氧化硅
一些海绵和珊瑚的身体是由二氧化硅颗粒构成的。这种玻璃状形态是二氧化硅的天然存在形式。

维生素

人体所需的13种微量的必需化学物质，被统称为维生素。它们的形式和功能多种多样，且在人体的新陈代谢中发挥着重要作用。人体无法直接合成维生素，但可以从所吃的食物中摄取。

脂溶性维生素

这些维生素被包裹在脂肪颗粒中，并被从肠道中吸收。它们储存在身体的脂肪沉积物中。通过正常饮食摄入，脂溶性维生素不会达到致毒水平，但若作为补充剂大量摄入，就会导致健康问题。

水溶性维生素

这些维生素直接从消化液进入血液。身体只会吸收所需的量，饮食或补充剂摄入的多余部分会被排出体外。水溶性维生素无法储存，需要每天摄入。

维生素A

维生素A在许多过程中发挥作用，包括视力、免疫功能和骨骼形成。缺乏维生素A会导致夜盲症等眼部问题。

维生素E

维生素E是免疫系统的重要组成部分，可保护皮肤和眼睛的细胞膜。维生素E缺乏症很少见。

维生素B

维生素B是B_1、B_2、B_3、B_5、B_6、B_7、B_9和B_{12}八种分子的混合物。它们与身体健康的各个方面息息相关，且很容易通过均衡饮食获取。

维生素D

维生素D有助于钙和磷的吸收。缺乏维生素D会导致软骨病，使骨骼变软，甚至出现畸形。

维生素K

维生素K在血液凝结过程中很重要。维生素K缺乏症很少见，但皮肤容易擦伤和经常流鼻血与之有关。

维生素C

维生素C与抵御感染密切相关。缺乏维生素C会导致坏血病，这是一种影响身体许多部位的严重疾病。

符号说明

肉	奶	油鱼	番茄	坚果	熟食
家禽	绿叶蔬菜	花生	香蕉	熏肉	莴苣
肝脏	西蓝花	蛋	橙子	全谷物	橄榄
鱼	牛油果	橄榄油	草莓	薯片	奶酪

微量营养物

维生素和矿物质被统称为微量营养物，它们至关重要，生物必须摄入少量这些营养物才能生长并保持健康。微量营养物通常不易储存，因此需要少量、持续地摄入。

矿物质

所有生命所使用的数百万种生化物质主要由四种元素组成：氢、氧、氮和碳。然而，代谢过程也需要其他几种元素，这些元素可从土壤和水中发现的天然化合物（被称为矿物质）中摄取。

体内元素

仅氢、氧、氮和碳四种元素就构成了人体重量的96%以上。钠、钾、氯、硫和镁的含量很少，但没有了它们，人就无法生存。

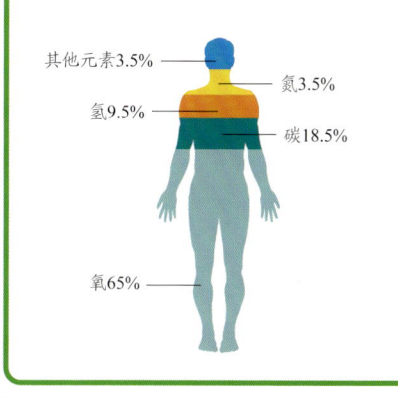

其他元素 3.5%
氢 9.5%
氮 3.5%
碳 18.5%
氧 65%

镁
镁是叶绿素的主要成分，叶绿素是植物和其他光合生物用以从阳光中收集能量的绿色色素。

钠
带正电荷的钠离子广泛用于代谢反应以及产生神经和肌肉所需的电脉冲。

氯
氯离子是生物体内主要的带负电荷的离子，通常与钠和钾发生反应以中和电位差。

硫
硫是多种氨基酸的组成部分，用以合成皮肤、毛发、羽毛和角中的蛋白质。

钾
带正电荷的钾离子与钠一道，在细胞膜之间产生微小的电位差或电压。

磷
这种高反应性元素是能量载体的组成部分，如所有细胞都使用的三磷酸腺苷（ATP）。

钙
钙是生物体中最丰富的矿物质之一，用于新陈代谢，也是构成骨骼和外壳等的重要成分。

微量元素
有许多元素，如锌、硒和碘，在活体组织中检测到的量很少。尽管它们的确切功能目前还不确定，但大多数似乎对身体健康有益。有些微量元素或许只是杂质。

与动物不同的是，植物不需要维生素，它们只需要矿物质

光合作用

植物细胞中的微小结构将从太阳那里获取的光能转化为化学能,并将其以糖的形式储存起来。这一过程被称为光合作用。它直接或间接地为整个生命世界提供养分。

从阳光到糖

光合作用主要发生在植物的叶子里面。它需要光、水和二氧化碳。根部从土壤中汲取水分,二氧化碳通过被称为气孔的两个微小孔隙进入叶子。叶细胞内被称为叶绿体(参见第61页)的细胞器吸收光能,通过化学反应将光能转化为植物生存和生长所需的能量。

为什么植物的叶子看起来是绿色的?

叶绿体中的叶绿素分子吸收红光和紫蓝光(最有利于光合作用的颜色)并反射绿光。

光合作用发生在植物的所有绿色部分,但主要发生在叶子里面

葡萄糖

叶细胞表层(角质层)是透明的,使阳光得以透过并到达更深层

3 合成生物质
葡萄糖分布在植物各处。一些葡萄糖被消耗以提供能量;一些被合成更大的分子,如细胞壁中的纤维素或木质素,以增加植物的强度并保护其免受病原体的侵害。

葡萄糖有助于在植物木质部分形成木质素

葡萄糖通过韧皮部运输

葡萄糖分布

吸收水分

甘蔗的光合效率约为8%;而大多数植物的光合效率低于1%

生命的化学
光合作用

46 / 47

植物细胞

叶绿体存在于植物细胞的细胞质中

叶绿体的直径为2~10微米，厚度约为1微米

植物细胞
每个叶细胞（或其他绿色部分的细胞）通常包含10~100个叶绿体，光合作用就发生于此。叶绿体位于植物表面附近，可以很容易吸收阳光。

叶绿体包裹于双层膜中

叶绿体

类囊体堆叠在一起形成基粒，由被称为基质的液体包围着

叶绿体
每个叶绿体都含有一套多层膜结构，被称为类囊体，它们吸收阳光中的能量。类囊体含有叶绿素，它吸收红光和蓝紫光。

1 转换太阳能
细胞中的叶绿体吸收光子（光粒子）并释放电子。这会引起一系列反应，产生"能量分子"三磷酸腺苷（ATP）和还原型烟酰胺腺嘌呤二核苷酸磷酸（NADPH），并分解水分子以释放氧气。

类囊体

光子

水

叶绿素吸收阳光中的光子

叶绿素

释放氢气

释放氧气

吸收二氧化碳

氢气

水分子是由两个氢原子和一个氧原子组成的

二氧化碳

氧气

氧气离开细胞并被释放到空气中

氢原子成为NADPH的一部分并用于合成葡萄糖

葡萄糖

二氧化碳用于合成糖

2 糖合成
在包裹类囊体的液体中，一种酶先将二氧化碳结合到一个中间分子中，然后结合到葡萄糖等碳水化合物分子中。在此过程里，能量从ATP和NADPH分子中释放出来。这个过程被称为卡尔文循环。

CAM植物（景天酸代谢途径）

大多数植物的气孔在白天打开，但仙人掌的气孔在夜间打开进行气体交换；白天关闭，以保存水分。仙人掌将二氧化碳固定为有机酸，然后转化为糖。这个过程被称为CAM（景天酸代谢）。

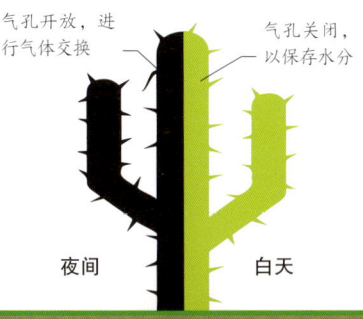

气孔开放，进行气体交换

气孔关闭，以保存水分

夜间　　　白天

能量

释放氧气

吸收二氧化碳

气体通过气孔进出叶子

呼吸作用

呼吸过程发生在细胞内部。它涉及分解食物中的营养物质以产生能量。呼吸可以是有氧的，也可以是无氧的。

有氧呼吸

对供氧充足的生物体来说，有氧呼吸是最有效的。从周围空气中吸入的氧气与葡萄糖（糖）等燃料发生反应，释放能量，这一过程也会产生废物二氧化碳和水。这种反应类似于燃料在空气中迅速燃烧。然而，有氧呼吸将这种反应分解为多个小步骤，每个步骤均释放出一小部分可用的能量。

④ 废弃产物
呼吸产生的二氧化碳和水从细胞中扩散出来，进入周围的组织液中，并从那里进入血浆。二氧化碳被带回肺部，并从那里被呼出。

葡萄糖 ＋ 氧气 → 二氧化碳 ＋ 水 ＋ 能量

有氧呼吸的化学过程
有氧呼吸可以用以上式子来表示。葡萄糖和氧气反应生成二氧化碳和水，在此过程中释放能量。

① 输送燃料
此处所展示的是肌肉组织的呼吸作用，这一过程消耗了大量能量。血液为组织提供持续稳定的氧气和葡萄糖。体细胞还可以将能量储存为一种由糖链组成的复杂碳水化合物，称为糖原。

血液中的氧气
随血液运输的葡萄糖
葡萄糖是由六个碳原子、十二个氢原子、六个氧原子组成的单糖
每个丙酮酸分子有三个碳原子
分解一个葡萄糖分子需要外界提供六个氧原子
葡萄糖和氧气进入肌肉细胞
糖原由葡萄糖链和其他单糖组成

血管
废弃的二氧化碳和水离开线粒体
二氧化碳
水
线粒体
丙酮酸分子进入线粒体
每一步释放的能量都暂时储存在ATP（见对页）中
肌肉细胞

③ 释放能量
丙酮酸分子进入细胞的线粒体（参见第60页）中，在那里与氧气结合并在接下来的几个步骤中分解，逐步释放能量。

② 分解葡萄糖
第一阶段是糖酵解，一个葡萄糖分子被分解成两个丙酮酸分子，释放少量能量。

生命的化学
呼吸作用

48 /49

无氧呼吸

在可用氧气匮乏的情况下,生物体依靠无氧呼吸生存。这种呼吸方式不用消耗氧气就能分解葡萄糖并释放能量。一些生物体,如土壤细菌和酵母菌,只使用这种呼吸方式。以有氧呼吸为主的生物,如人类,在短跑等高强度运动时会进行无氧呼吸。

葡萄酒、面包和啤酒是由利用无氧呼吸的酵母制成的

葡萄糖 → 乳酸 + 能量

无氧呼吸的化学过程
这一简化后的式子展示了动物细胞中的无氧呼吸过程。酶将葡萄糖分解成更小的乳酸分子,并释放少量能量。

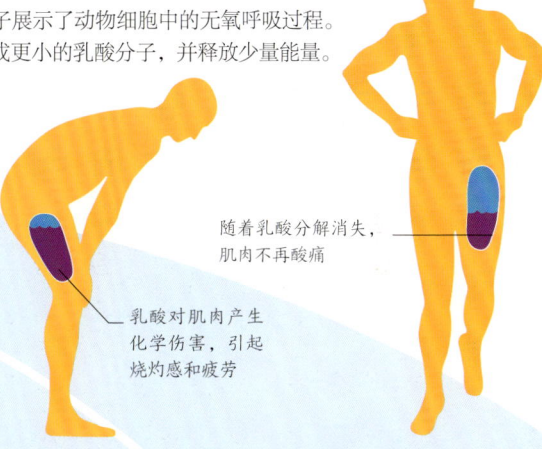

低活动量
在休息或适度活动时,身体通过有氧呼吸吸收足够氧气从而满足身体的能量需求。
肌肉充分含氧,乳酸很少

剧烈活动
血液和肺不能充分满足肌肉对氧气的需求,所以此时大部分呼吸是无氧的。
剧烈运动时肌肉中会堆积乳酸

氧气负债
身体通过深呼吸吸收额外的氧气。分解过量乳酸所需的氧气量被称为氧气负债。
乳酸对肌肉产生化学伤害,引起烧灼感和疲劳

恢复
随着氧气水平升高,乳酸含量下降,并在有氧呼吸过程中被氧化分解。
随着乳酸分解消失,肌肉不再酸痛

能量载体ADP和ATP

呼吸作用所释放的能量被能量载体分子捕获,为细胞中的其他化学反应提供能量。最重要的能量载体是三磷酸腺苷(ATP)和二磷酸腺苷(ADP)。当呼吸作用的每一步都释放出一部分能量时,这些能量就会被用来向ADP添加一个磷酸基团,将其转化为ATP,能量因此得以储存。当给细胞内的其他反应提供能量时,ATP失去其第三个磷酸基团,释放储存的能量,并转换回ADP。

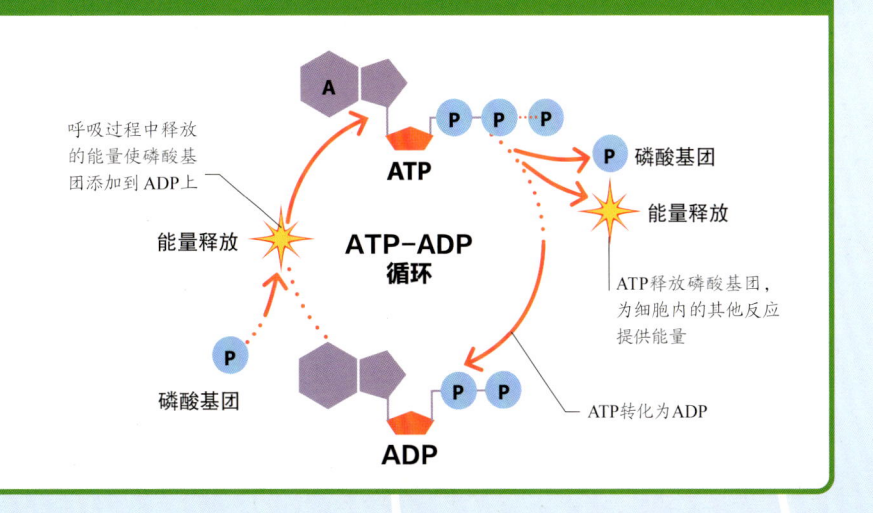

呼吸过程中释放的能量使磷酸基团添加到ADP上

能量释放

ATP

ATP-ADP 循环

磷酸基团

ADP

磷酸基团

能量释放

ATP释放磷酸基团,为细胞内的其他反应提供能量

ATP转化为ADP

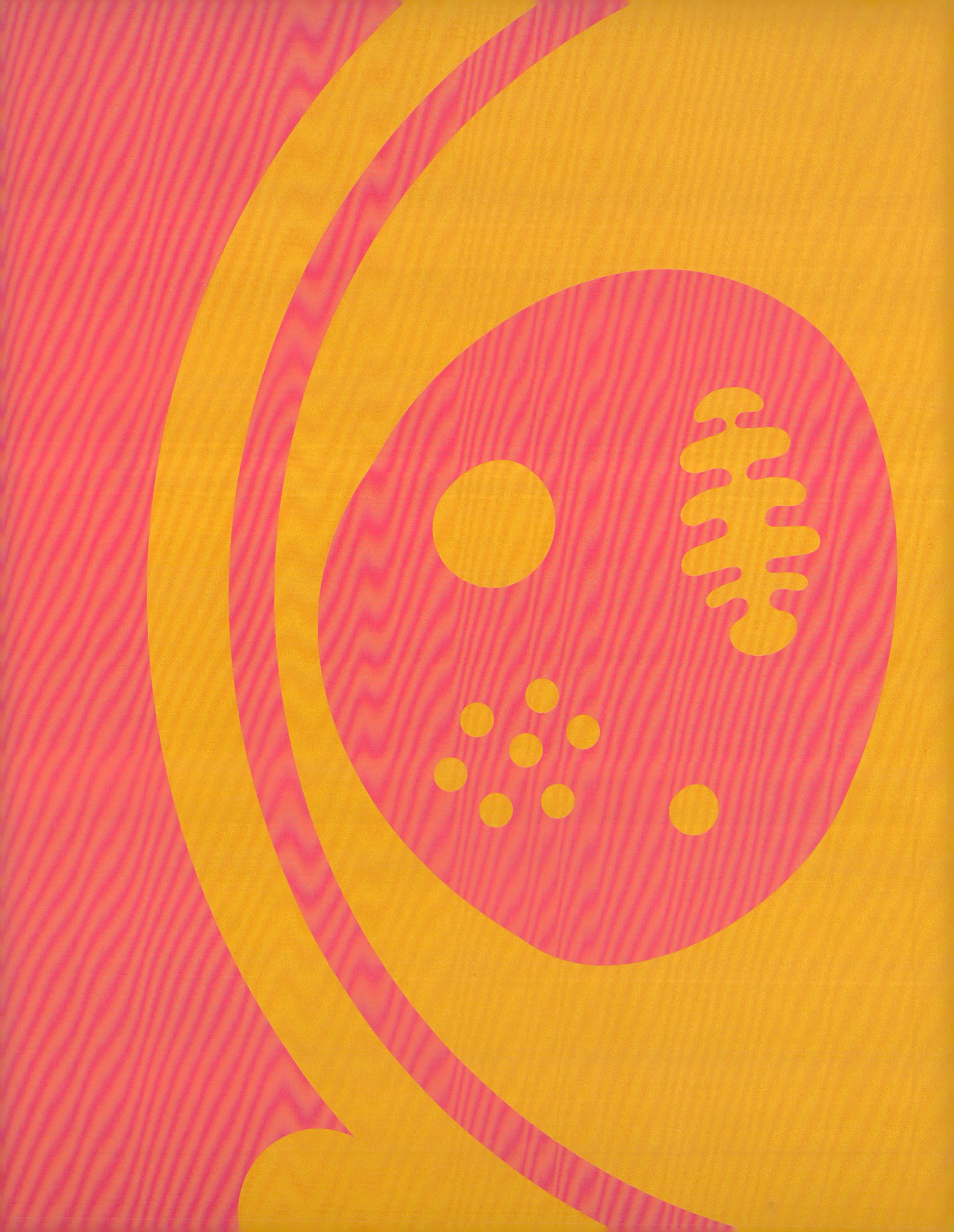

3 细胞如何运作

光学显微镜图像

这张玉米维管组织图像（放大100倍）是典型的通过光学显微镜观察到的图像。组织已被染色以提高可见度。

玉米维管组织

- 木质部携带水和矿物质
- 韧皮部携带可溶性营养物质，如糖

光学显微镜

光学显微镜具有照亮标本的光源和放大图像的玻璃透镜。简单的光学显微镜仅使用一种类型的镜头。复合显微镜使用两种类型的镜头：包括用于聚焦的物镜和用于提高分辨率的目镜。光学显微镜可以将物体的实际尺寸放大约2000倍。

6 观察图像 眼睛看到标本的最终放大图像。

5 图像放大 目镜中的透镜放大来自物镜的标本图像。

- 目镜
- 镜筒
- 光束交叉，翻转最终图像
- 粗调焦旋钮令图像粗略对焦
- 细调焦旋钮使图像精确对焦

4 聚焦视图 （下方）物镜聚焦标本图像。

3 光强调节 光圈控制标本上的光强度。

- 物镜
- 不同倍数的物镜可以旋转到位
- 物镜
- 载玻片
- 载物台
- 光圈
- 聚光镜

1 标本夹 反光镜将光（或灯光）反射到放有标本的载物台上。

- 标本被安装在载玻片上，使光线得以通过标本

2 光聚焦 聚光镜将光线聚焦成更窄、更亮的光束。

- 光
- 反光镜

光学显微镜

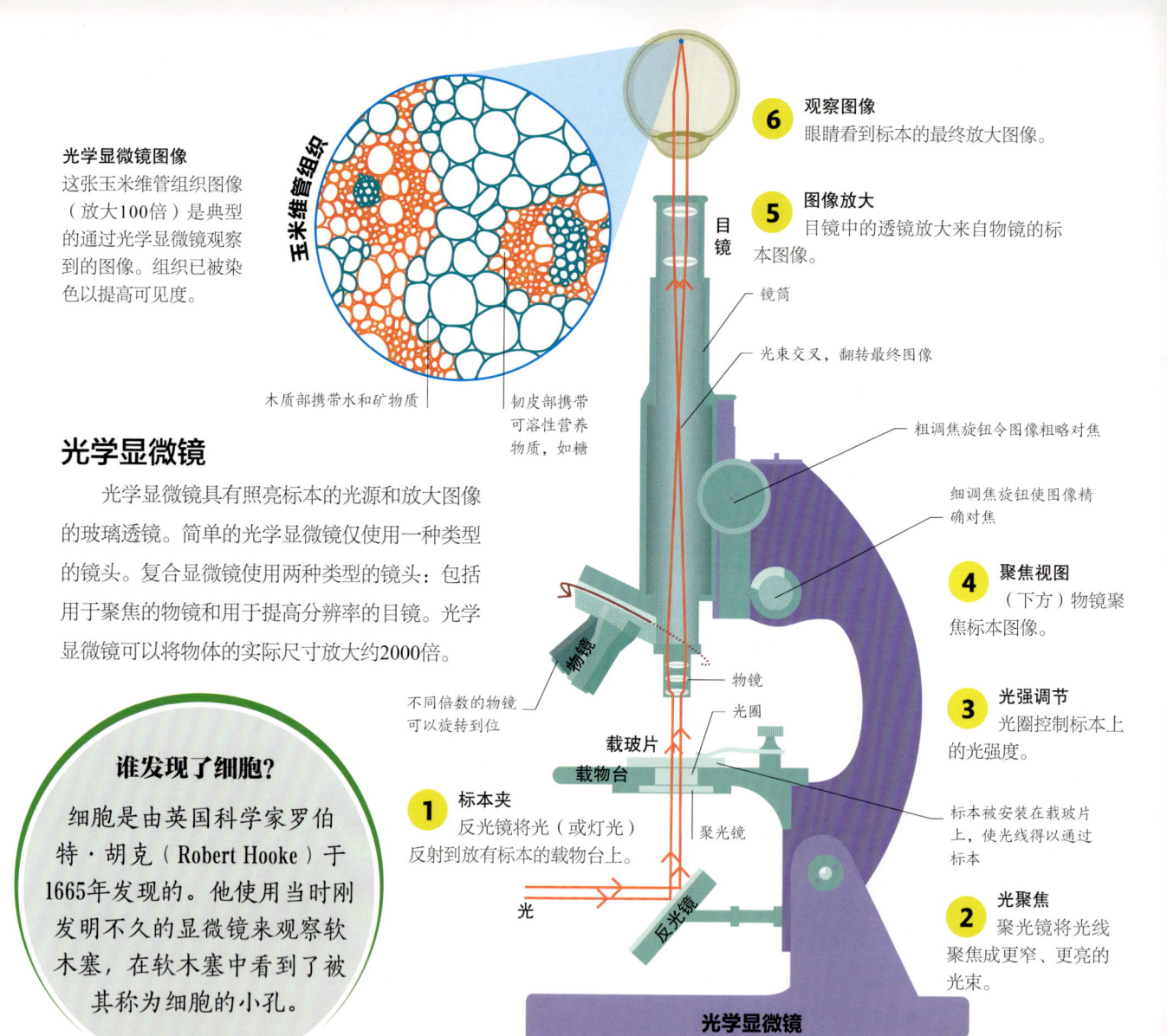

谁发现了细胞？

细胞是由英国科学家罗伯特·胡克（Robert Hooke）于1665年发现的。他使用当时刚发明不久的显微镜来观察软木塞，在软木塞中看到了被其称为细胞的小孔。

研究细胞

显微镜可用于研究细胞等微小结构。显微镜是先照亮物体再产生放大图像以供观察的设备。光学显微镜用光束照亮标本并用玻璃透镜将其放大。电子显微镜用电子束照亮标本并产生图像。

最大的单细胞生物是藻类杉叶蕨藻（*Caulerpa Taxifolia*），其长度约30厘米

细胞如何运作
研究细胞

52 / 53

电子显微镜

电子显微镜利用真空中的电子束通过磁场聚焦来成像。电子束波长很短，因此不会衍射并出现模糊，这使电子显微镜能够将物体放大到实际尺寸的5000万倍。电子显微镜主要有两种类型：包括电子能穿过标本的透射电子显微镜（如右图所示），以及从标本表面反射电子的扫描电子显微镜。

透射电子显微镜图像

这张彩色增强透射电子显微镜图像展示了放大约6000倍的人类淋巴细胞（一种白细胞）。

处理后的透射电子显微镜图像
- 线粒体
- 细胞核
- 显示器

电子显微镜

- 电子枪
- 第一聚光镜
- 聚光镜孔径阻挡杂散电子
- 第二聚光镜
- 聚光镜孔径阻挡杂散电子
- 标本架和空气锁
- 标本
- 物镜
- 电子束
- 图像捕获

1 电子束产生
电子枪向标本发射电子束。

2 初始光束聚焦
第一聚光镜部分聚焦电子束。

3 二次光束聚焦
第二聚光镜进一步聚焦电子束。

4 标本
电子束在穿过标本时发生散射。

5 图像放大
物镜检测标本散射的电子并放大信息。

6 图像捕获
物镜的信息由数码相机捕获并在显示器上显示为图像。

7 图像处理
数字化图像可被发送到计算机上进行处理，然后投到显示器上。

8 显示图像
经处理的标本图像呈现在显示屏上。

计算机 ← 数字化图像

细胞的大小

我们肉眼能看到的最小尺寸是约100微米，即1/10毫米。人类的卵子几乎是可见的。其他细胞及其内部结构只能通过显微镜才能看到。

符号说明
- 电子显微镜可见
- 光学显微镜可见
- 肉眼可见

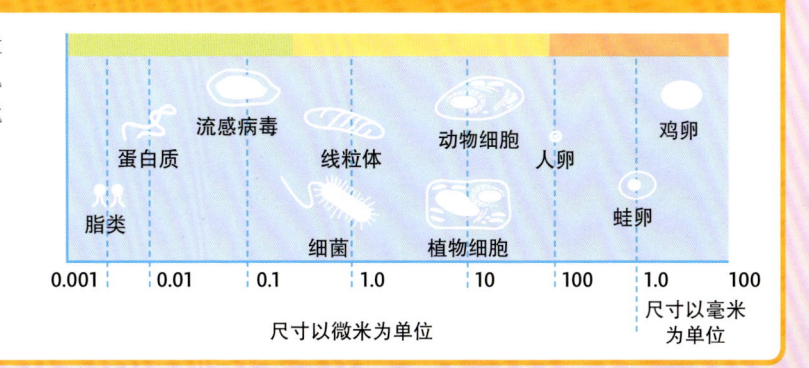

蛋白质 — 流感病毒 — 线粒体 — 动物细胞 — 人卵 — 鸡卵
脂类 — 细菌 — 植物细胞 — 蛙卵

0.001　0.01　0.1　1.0　10　100　1.0　100

尺寸以微米为单位　　尺寸以毫米为单位

细胞组分

细胞是所有生命形式的基本单位，从单细胞微生物到动物、植物和真菌。在动物和植物等复杂生物体中，许多细胞含有被称为细胞器的内部结构，这些细胞器能执行特定的功能。

动物细胞

典型的动物细胞直径为10～30微米（1微米为百万分之一米），它被包裹在能控制物质进出细胞的柔性质膜中。被称为细胞骨架的内部结构能使细胞保持其形状并使物质得以在其中运输。大多数细胞有一个中央细胞核，其中含有DNA。所有细胞都含有被称为细胞质的水状液体；它有着被称为细胞器的亚细胞体，能以糖原（由葡萄糖制成）的形式储存能量，并含有细胞执行功能所需的酶和氨基酸。

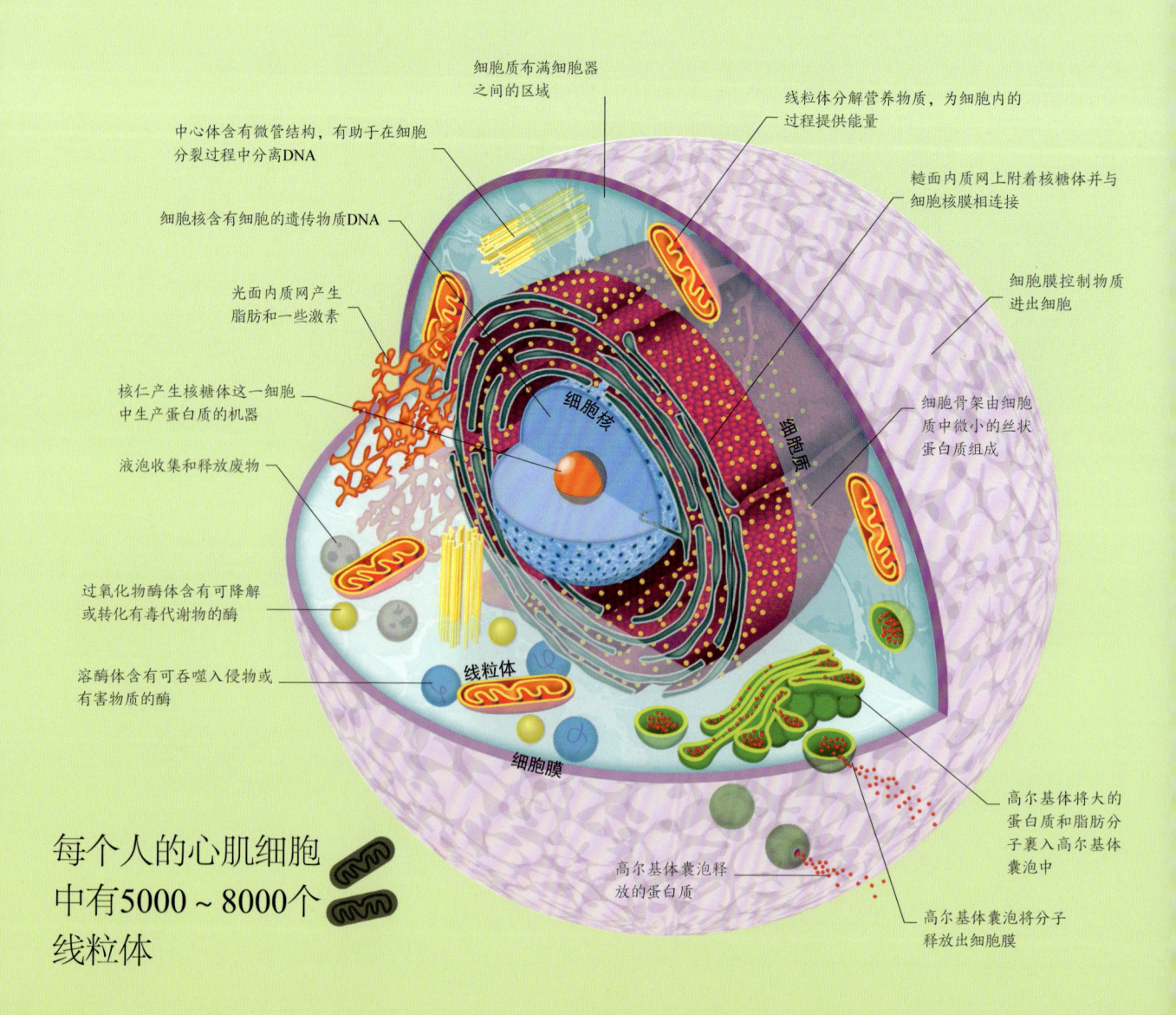

- 细胞质布满细胞器之间的区域
- 线粒体分解营养物质，为细胞内的过程提供能量
- 中心体含有微管结构，有助于在细胞分裂过程中分离DNA
- 糙面内质网上附着核糖体并与细胞核膜相连接
- 细胞核含有细胞的遗传物质DNA
- 细胞膜控制物质进出细胞
- 光面内质网产生脂肪和一些激素
- 核仁产生核糖体这一细胞中生产蛋白质的机器
- 细胞骨架由细胞质中微小的丝状蛋白质组成
- 液泡收集和释放废物
- 过氧化物酶体含有可降解或转化有毒代谢物的酶
- 溶酶体含有可吞噬入侵物或有害物质的酶
- 线粒体
- 细胞膜
- 高尔基体将大的蛋白质和脂肪分子裹入高尔基体囊泡中
- 高尔基体囊泡释放的蛋白质
- 高尔基体囊泡将分子释放出细胞膜

每个人的心肌细胞中有5000～8000个线粒体

植物细胞

与动物细胞一样，植物细胞也有细胞核和细胞器，如内质网和线粒体。然而，植物细胞往往更大——直径可达100微米。与动物细胞最明显的区别是，植物细胞具有刚性的细胞壁——主要由纤维素组成，可以保护细胞并赋予植物体整体结构的完整性。另一个主要区别是植物细胞含有叶绿体，叶绿体中含有一种被称为叶绿素的绿色色素，而叶绿素能在光合作用过程中将阳光转化为淀粉，从而为植物提供能量（参见第46~47页）。

纤毛和鞭毛

动物和微生物的一些细胞壁上有毛发状的延伸物，可以移动细胞或物质，或者移动整个生物体。纤毛是一组呈波浪状的短"毛发"。鞭毛为较长的单个或成对结构，可进行鞭状运动。

纤毛
草履虫

鞭毛
眼虫

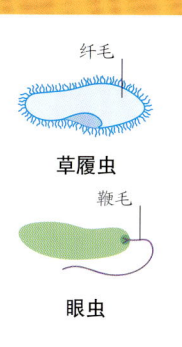

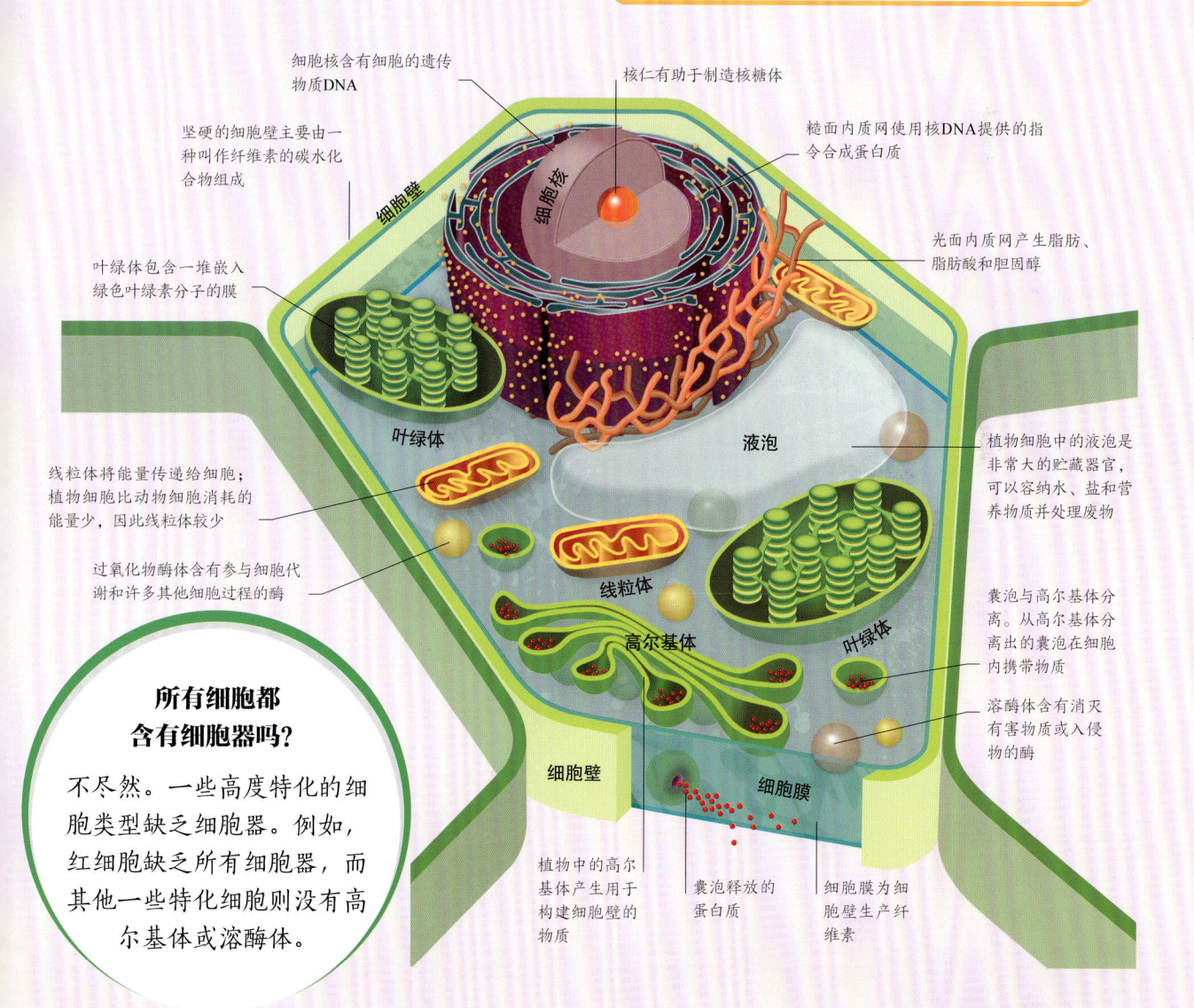

细胞核含有细胞的遗传物质DNA

核仁有助于制造核糖体

坚硬的细胞壁主要由一种叫作纤维素的碳水化合物组成

糙面内质网使用核DNA提供的指令合成蛋白质

细胞壁

细胞核

光面内质网产生脂肪、脂肪酸和胆固醇

叶绿体包含一堆嵌入绿色叶绿素分子的膜

叶绿体

液泡

植物细胞中的液泡是非常大的贮藏器官，可以容纳水、盐和营养物质并处理废物

线粒体将能量传递给细胞；植物细胞比动物细胞消耗的能量少，因此线粒体较少

过氧化物酶体含有参与细胞代谢和许多其他细胞过程的酶

线粒体

叶绿体

囊泡与高尔基体分离。从高尔基体分离出的囊泡在细胞内携带物质

高尔基体

溶酶体含有消灭有害物质或入侵物的酶

细胞壁

细胞膜

植物中的高尔基体产生用于构建细胞壁的物质

囊泡释放的蛋白质

细胞膜为细胞壁生产纤维素

所有细胞都含有细胞器吗？

不尽然。一些高度特化的细胞类型缺乏细胞器。例如，红细胞缺乏所有细胞器，而其他一些特化细胞则没有高尔基体或溶酶体。

细胞膜

细胞膜也被称为质膜，保护细胞的内部结构。它是半透性的，允许某些物质进入和离开细胞。

蛋白质占某些细胞膜质量的一半

细胞膜的结构

细胞膜有双层磷脂分子，厚度小于10纳米（1纳米为十亿分之一米）。它还包括胆固醇，可增强和稳定细胞并调节液位。此外，细胞膜还含有蛋白质，其中一些嵌入膜中并允许大分子进出细胞，另一些则附着在外表面。

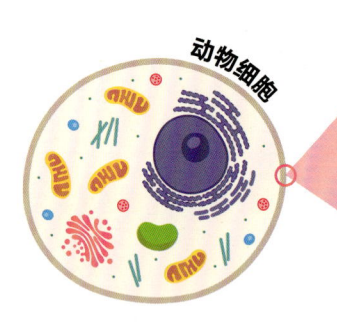

动物细胞

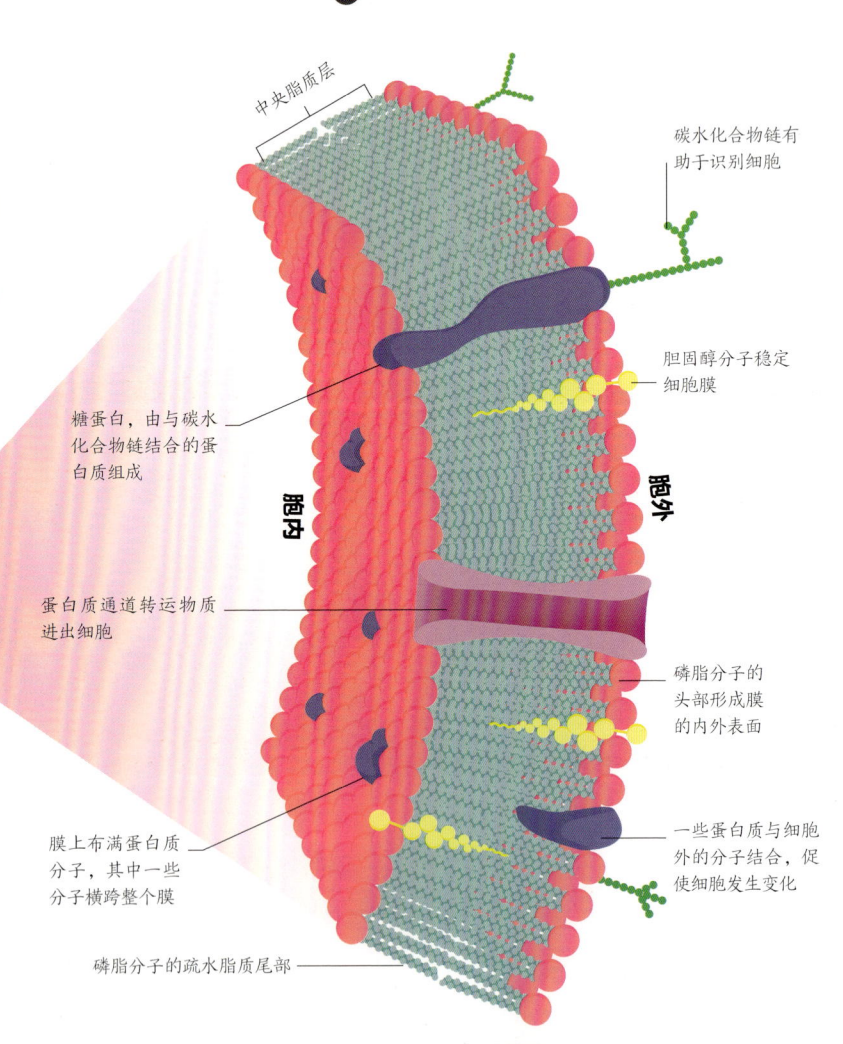

中央脂质层

碳水化合物链有助于识别细胞

糖蛋白，由与碳水化合物链结合的蛋白质组成

胆固醇分子稳定细胞膜

胞内

胞外

蛋白质通道转运物质进出细胞

磷脂分子的头部形成膜的内外表面

膜上布满蛋白质分子，其中一些分子横跨整个膜

一些蛋白质与细胞外的分子结合，促使细胞发生变化

磷脂分子的疏水脂质尾部

磷脂分子

每个磷脂分子由一个亲水的磷酸盐头部和两个疏水的脂质尾部组成。头部形成膜的表面，与细胞内和细胞间的水性液体接触，而脂质尾部聚成中心。

细胞壁

植物、真菌和许多单细胞生物的细胞膜外有一层支持进而保护细胞的细胞壁。植物细胞壁由纤维素纤维网络构成，与缠结度更高的半纤维素分子交织在一起。果胶是一种胶状物质，可将细胞壁粘在相邻细胞上。蛋白质强化细胞壁并有助于细胞壁的生长。

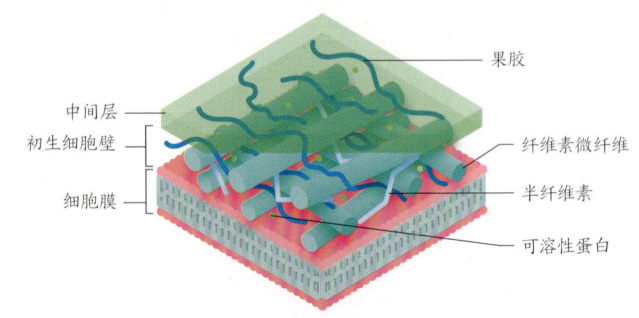

果胶

中间层
初生细胞壁
细胞膜

纤维素微纤维
半纤维素
可溶性蛋白

细胞如何运作
细胞膜
56 / 57

运输物质

细胞膜是半透性的，微小的分子（如氧气分子和二氧化碳分子）可以直接通过。一些较大的分子，如营养物质的分子或带电分子（离子），只能通过细胞膜上的通道进入或离开细胞。对于其他大分子，细胞会产生一种被称为囊泡的结构，囊泡将分子包裹在其中以便吸收或排出分子。

符号说明
- 吸收（内吞作用）和有用分子的加工
- 脂类的合成与加工
- 加工蛋白质和其他物质并清除不需要的物质（胞吐作用）

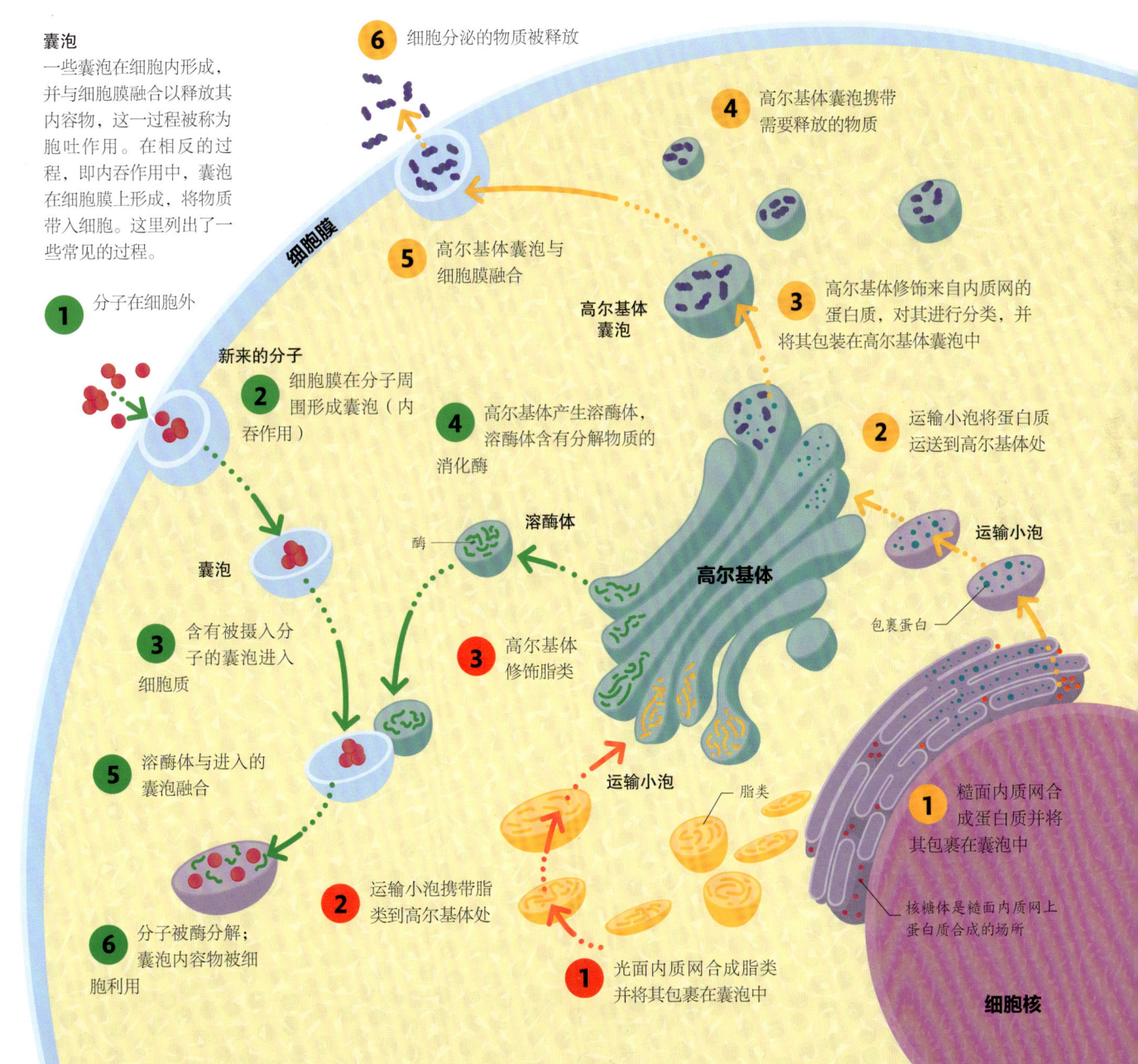

囊泡

一些囊泡在细胞内形成，并与细胞膜融合以释放其内容物，这一过程被称为胞吐作用。在相反的过程，即内吞作用中，囊泡在细胞膜上形成，将物质带入细胞。这里列出了一些常见的过程。

6 细胞分泌的物质被释放

4 高尔基体囊泡携带需要释放的物质

1 分子在细胞外

5 高尔基体囊泡与细胞膜融合

3 高尔基体修饰来自内质网的蛋白质，对其进行分类，并将其包装在高尔基体囊泡中

2 细胞膜在分子周围形成囊泡（内吞作用）

新来的分子

高尔基体囊泡

4 高尔基体产生溶酶体，溶酶体含有分解物质的消化酶

2 运输小泡将蛋白质运送到高尔基体处

细胞膜

3 含有被摄入分子的囊泡进入细胞质

囊泡

酶

溶酶体

高尔基体

运输小泡

包裹蛋白

5 溶酶体与进入的囊泡融合

3 高尔基体修饰脂类

1 糙面内质网合成蛋白质并将其包裹在囊泡中

运输小泡

脂类

6 分子被酶分解；囊泡内容物被细胞利用

2 运输小泡携带脂类到高尔基体处

1 光面内质网合成脂类并将其包裹在囊泡中

核糖体是糙面内质网上蛋白质合成的场所

细胞核

细胞核

细胞核是细胞的控制中心。它包含储存着遗传信息的长链DNA分子，DNA可以用于制造细胞发育和执行功能所需的蛋白质。

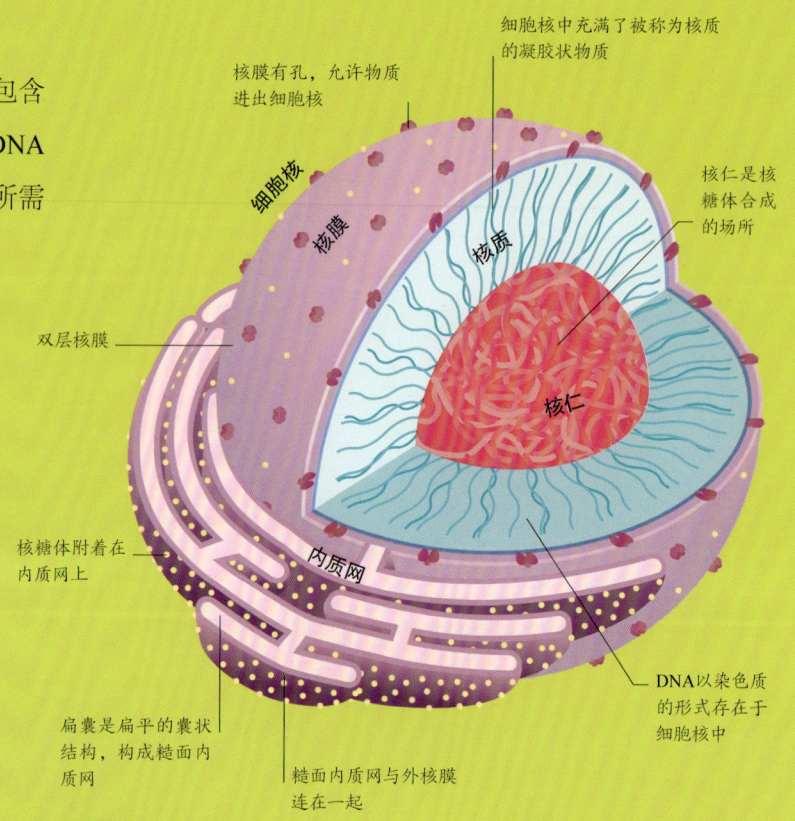

细胞核的结构

细胞核通常是细胞中最大的细胞器（亚细胞结构）。它的主要功能是保护DNA并为蛋白质合成提供信息。细胞核中充满了被称为核质的液体；这就是DNA所处之地，其中的长链结构被称为染色质。它还包含至少一个核仁（见对页）。核表面由双层膜组成。外膜与糙面内质网相连（参见第57页），糙面内质网上含有用于制造蛋白质的核糖体。

细胞核中充满了被称为核质的凝胶状物质

核膜有孔，允许物质进出细胞核

核仁是核糖体合成的场所

细胞核

核膜

核质

核仁

双层核膜

核糖体附着在内质网上

内质网

DNA以染色质的形式存在于细胞核中

扁囊是扁平的囊状结构，构成糙面内质网

糙面内质网与外核膜连在一起

DNA和染色体

细胞核中的每条长DNA链都缠绕在被称为组蛋白的支撑蛋白质上。多数时候，DNA以染色质的形式存在。当一个细胞准备分裂成两个新细胞时，DNA链会复制并超螺旋成紧凑、致密、卷曲的染色体结构。每条染色体均由两个相同的单位（被称为染色单体）组成；它们在分裂过程中一分为二，为每个新细胞提供全套DNA。

DNA的结构

DNA分子呈双螺旋结构，其"横档"像梯子一样。它围绕八种被称为组蛋白的蛋白质组卷两次，从而形成一种称为核小体的结构。

细胞质

细胞核含有DNA作为染色质或染色体

细胞质

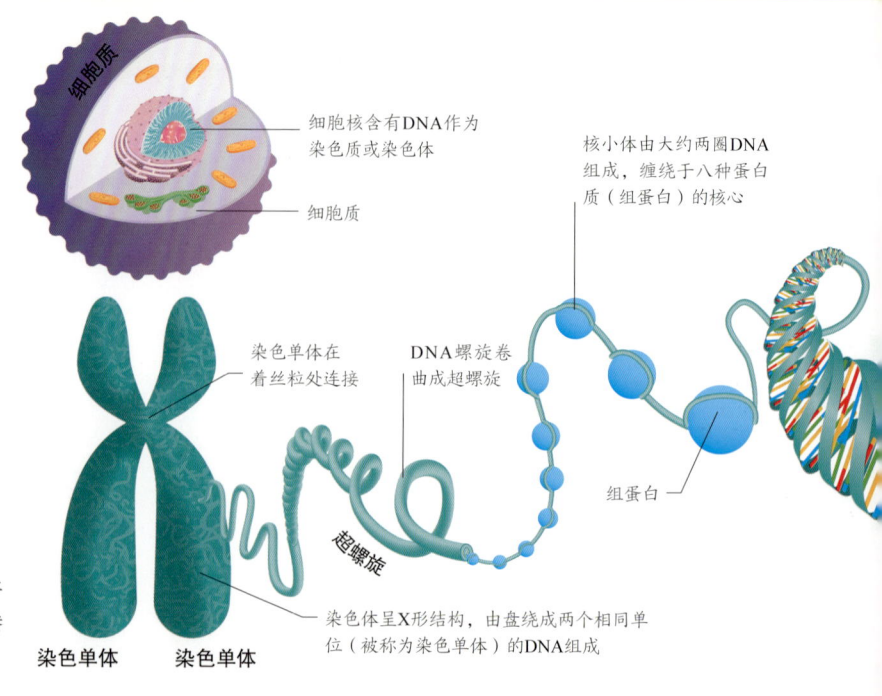

核小体由大约两圈DNA组成，缠绕于八种蛋白质（组蛋白）的核心

染色单体在着丝粒处连接

DNA螺旋卷曲成超螺旋

组蛋白

超螺旋

染色单体　染色单体

染色体呈X形结构，由盘绕成两个相同单位（被称为染色单体）的DNA组成

细胞如何运作
细胞核
58 / 59

核仁内部

核仁是细胞核内的致密区域，其中核质呈凝胶状。核仁产生核糖体RNA（rRNA）和蛋白质，它们结合产生互连亚基，形成核糖体。一旦在核仁内完成组装，核糖体就会进入细胞质，在细胞质中合成蛋白质分子（参见第91页）。

大亚基为新蛋白质创建化学键

mRNA携带蛋白质合成指令

mRNA通过核糖体运动

核糖体

小亚基解码mRNA的信息

核糖体的作用
核糖体与携带细胞核中DNA遗传指令的信使RNA（mRNA）结合，并读取mRNA上的碱基以创建新的蛋白质。

所有细胞都有细胞核吗？

并非如此，只有真核生物的细胞中才有真正的细胞核。人类成熟的红细胞及皮肤、头发和指甲的角质化细胞中均缺乏细胞核。

一个人细胞中的所有DNA连起来可往返太阳16次

DNA主链由脱氧核糖（糖的一种形式）和磷酸分子组成

腺嘌呤（一种核苷酸碱基）

乌嘌呤（一种核苷酸碱基）

胞嘧啶（一种核苷酸碱基）

胸腺嘧啶（一种核苷酸碱基）

DNA螺旋
螺旋的"横档"由成对的碱基分子组成；DNA有四种类型的碱基分子

螺旋和超螺旋

DNA分子不断地卷曲，形成超螺旋。人类细胞核中有约2米长的DNA；当形成超螺旋时，46条染色体的总长度仅为200纳米（1纳米为十亿分之一米）。

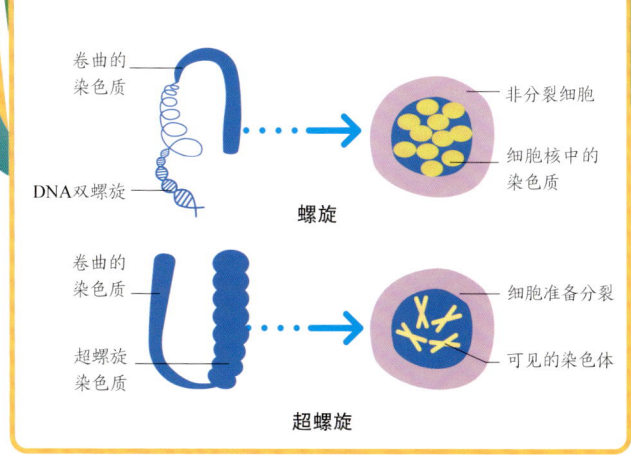

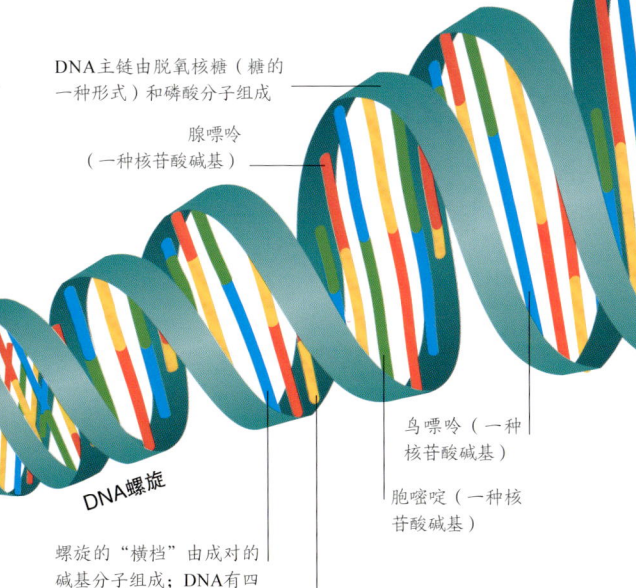

卷曲的染色质

DNA双螺旋

非分裂细胞

细胞核中的染色质

螺旋

卷曲的染色质

超螺旋染色质

细胞准备分裂

可见的染色体

超螺旋

能源工厂

动物和植物使用的能量最终来自阳光。阳光通过光合作用进入食物链，光合作用发生在植物和藻类的叶绿体中，并生成作为能源物质的糖类。这些糖类继而被称为"细胞发电站"的线粒体所用。

线粒体和叶绿体从哪里来？

这些细胞器由古代自由生活的细菌演化而来，现在共生于更大的细胞内（参见第54~55页）。

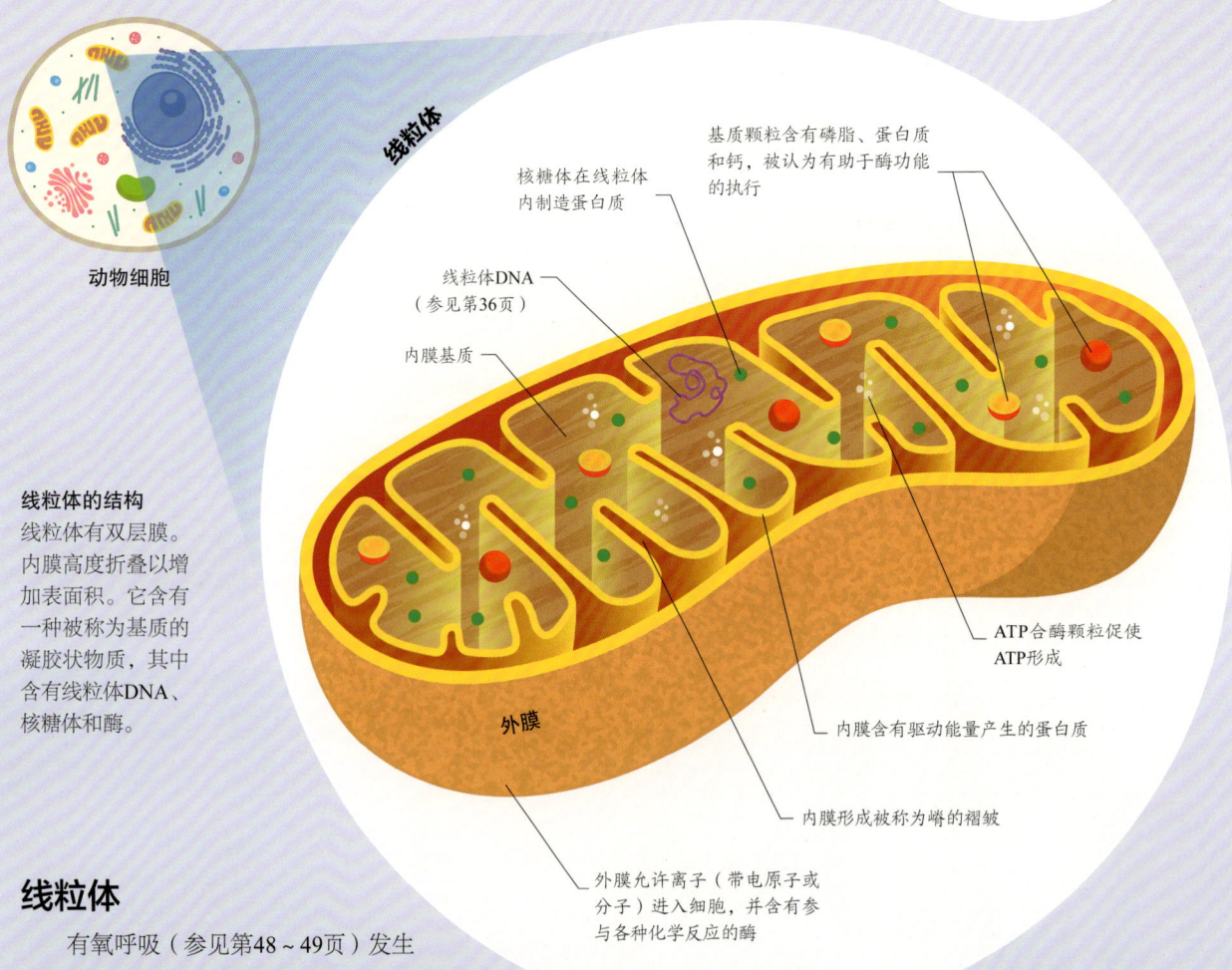

动物细胞

线粒体的结构
线粒体有双层膜。内膜高度折叠以增加表面积。它含有一种被称为基质的凝胶状物质，其中含有线粒体DNA、核糖体和酶。

线粒体

线粒体

核糖体在线粒体内制造蛋白质

基质颗粒含有磷脂、蛋白质和钙，被认为有助于酶功能的执行

线粒体DNA（参见第36页）

内膜基质

ATP合酶颗粒促使ATP形成

内膜含有驱动能量产生的蛋白质

内膜形成被称为嵴的褶皱

外膜

外膜允许离子（带电原子或分子）进入细胞，并含有参与各种化学反应的酶

线粒体

有氧呼吸（参见第48~49页）发生在豆形线粒体内。在此过程中，营养物质被分解，产生一种被称为三磷酸腺苷（ATP）的分子，机体将其用作能量。线粒体还控制其他重要过程，如细胞生长、分化和死亡。它们存在于大多数动植物细胞中，但不存在于细菌等生物体中。

线粒体有自己的DNA，被称为线粒体DNA（mtDNA）

细胞如何运作
能源工厂
60 / 61

有色体

这些细胞器含有类胡萝卜素（橙色素）、叶黄素（黄色素）和红色素，赋予花朵、水果和秋叶颜色。在成熟的果实中，叶绿体中的类囊体被分解，类胡萝卜素在晶体和被称为质体小球的脂类结构中积累。

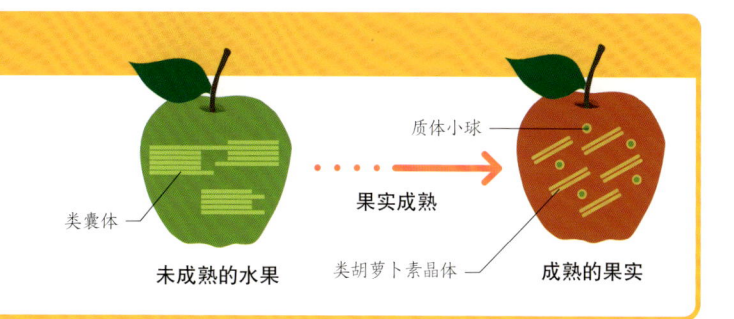

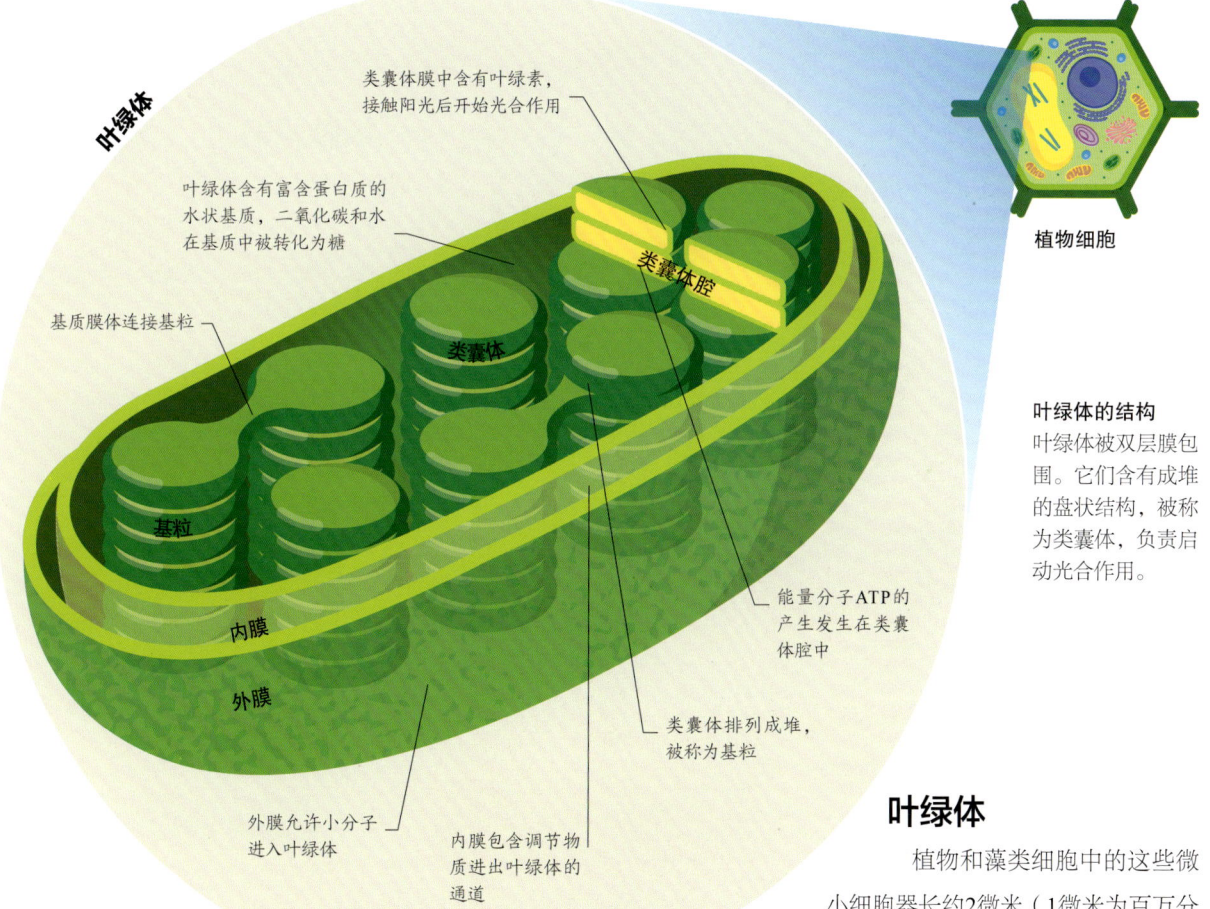

- 类囊体
- 未成熟的水果
- 果实成熟
- 质体小球
- 类胡萝卜素晶体
- 成熟的果实

叶绿体

- 类囊体膜中含有叶绿素，接触阳光后开始光合作用
- 叶绿体含有富含蛋白质的水状基质，二氧化碳和水在基质中被转化为糖
- 基质膜体连接基粒
- 类囊体腔
- 类囊体
- 基粒
- 内膜
- 外膜
- 能量分子ATP的产生发生在类囊体腔中
- 类囊体排列成堆，被称为基粒
- 外膜允许小分子进入叶绿体
- 内膜包含调节物质进出叶绿体的通道

植物细胞

叶绿体的结构

叶绿体被双层膜包围。它们含有成堆的盘状结构，被称为类囊体，负责启动光合作用。

叶绿体

植物和藻类细胞中的这些微小细胞器长约2微米（1微米为百万分之一米）。它们含有绿色的叶绿素，可以启动光合作用。在此过程中，叶绿体从阳光中捕获能量，并用其将二氧化碳和水转化为葡萄糖。此过程还会产生一种被称为三磷酸腺苷（ATP）的分子，该分子为驱动细胞内的生命过程提供能量。这一过程也会释放氧气。

每个光合植物细胞含50～60个叶绿体

细胞骨架和液泡

细胞质包含一个非常复杂的、被称为细胞骨架的蛋白质网络，它维系着细胞的内部结构。多种细胞的细胞质内有一个被称为液泡的巨大囊状细胞器。

液泡和囊泡有什么区别？

虽然两者都是细胞内的囊状结构，但囊泡是临时转运体。液泡更大，并且常作为独特的细胞器存在，且能保留更长时间。

细胞骨架

细胞骨架由微丝、微管和中间丝组成，为适应细胞的需要而不断进行着调整。细胞骨架的主要作用是保持细胞结构的完整性。在缺乏刚性细胞壁的动物细胞中，数百万个细胞的组合细胞骨架在组织和器官形成过程中发挥着重要作用。细胞骨架的次要作用包括移动细胞内的物质，使细胞膜变形以帮助运动或进食。它还在细胞分裂中发挥着重要作用（参见第68~69页）。

细胞的细胞骨架

- 细胞核
- 中心体
- 中间丝
- 微管
- 微丝

细胞的内部框架
细胞骨架由微丝、微管和中间丝组成。最细的微丝直径仅为6纳米。微管较粗，有25纳米，以细胞核旁的中心体小管为枢纽扩散到细胞质中。

微丝

- 锥体中携带的肌动蛋白分子丝
- 细丝扭曲成螺旋状

肌动蛋白分子以螺旋状连接在一起形成微丝。肌动蛋白是一种活性蛋白，决定细胞形状并可以在细胞表面移动，从而实现细胞运动。

微管

- α和β微管蛋白形成微管
- 蛋白质排列在空心圆柱体中

微管的管状线由被称为微管蛋白的蛋白质线圈制成。微管可以将细胞器和细胞膜固定在合适的位置。

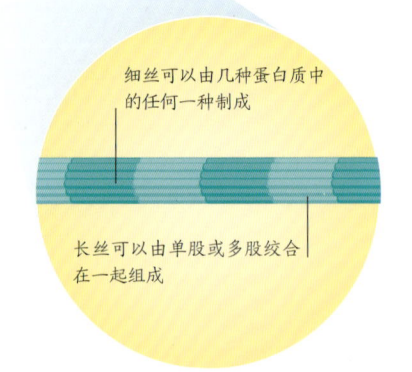

中间丝

- 细丝可以由几种蛋白质中的任何一种制成
- 长丝可以由单股或多股绞合在一起组成

中间丝由一系列蛋白质组成。它们充当微管的牢固结构支撑，且不太能在细胞中生长或扩展。

液泡

液泡是一种被膜包围着的、相对简单的大细胞器。液泡通常具有储存作用，可以保存水、盐、食物或废物。此外，它们在结构上有助于维持细胞的渗透压。在动物细胞中可看到液泡，尽管它们通常很小且很难与用于运输物质的囊泡区分开来。在植物、真菌和单细胞生命形式中，液泡是细胞的固有部分，可以去除多余的水分、积聚气体、容纳离子或营养物质，或充当漂浮物。

液泡的类型

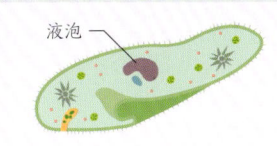

收缩液泡
在淡水原生生物体内发现了收缩液泡（参见第126~127页）。水通过渗透作用进入细胞，有使细胞破裂的危险。多余的水被隔离在液泡中，然后液泡收缩，从而将水从细胞中泵出。

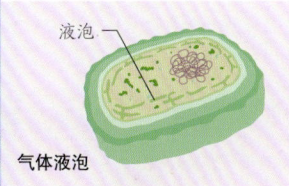

气体液泡
蓝细菌是一种光合细菌。和各种古菌一样，它含有含微小气泡的液泡。气囊起到浮子的作用，因此生物体可控制浮力并在水中上下游走。

食物储存液泡
对于许多原生生物而言，食物储存液泡等同于胃的作用。营养物质被收集在液泡内并与消化酶混合，消化酶将这些物质分解成更简单的材料。

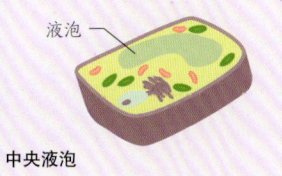

中央液泡
植物细胞有大的中央液泡。它们可能有细胞质链穿过，可以占据80%的细胞体积。液泡储存能调节细胞质酸度的离子和可维持细胞内部压力的水。

微管或长达0.05毫米

中心体

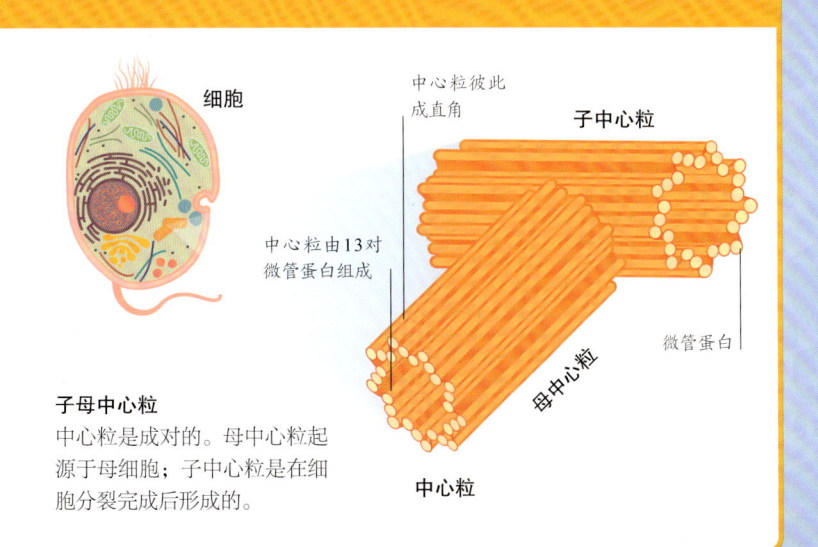

细胞骨架的许多微管，包括细胞分裂中使用的纺锤体（参见第68~69页），从靠近细胞核的中心区域（被称为中心体）进行生长。中心体通常由两个圆柱形微管蛋白束（被称为中心粒）组成。这些中心粒由微管蛋白构成，微管蛋白连接形成管状结构。中心粒是重要的微管组织中心（MTOC），是细胞骨架结构发育的场所。此外，细胞周围还散布着许多其他较小的微管组织中心。

子母中心粒
中心粒是成对的。母中心粒起源于母细胞；子中心粒是在细胞分裂完成后形成的。

中心粒彼此成直角
子中心粒
中心粒由13对微管蛋白组成
微管蛋白
母中心粒
中心粒

细胞运输

细胞依赖细胞膜进行物质输入，然后进入细胞的物质在细胞器之间移动以完成物质供应。为此，细胞使用一系列被动和主动运输系统。

扩散

当物质自由移动时，它往往会从浓度高的地方漂移到浓度低的地方；这个过程被称为扩散。作为一个完全被动的过程，它在没有能量输入的情况下发生，尽管当物质及其介质较热时它会发生得更快。扩散总是沿着浓度梯度发生，即分子从高浓度区向低浓度区移动。它可以发生在气体混合物（如空气）中，也可以发生在更复杂的溶液（如含有许多溶解物质的细胞质）中。

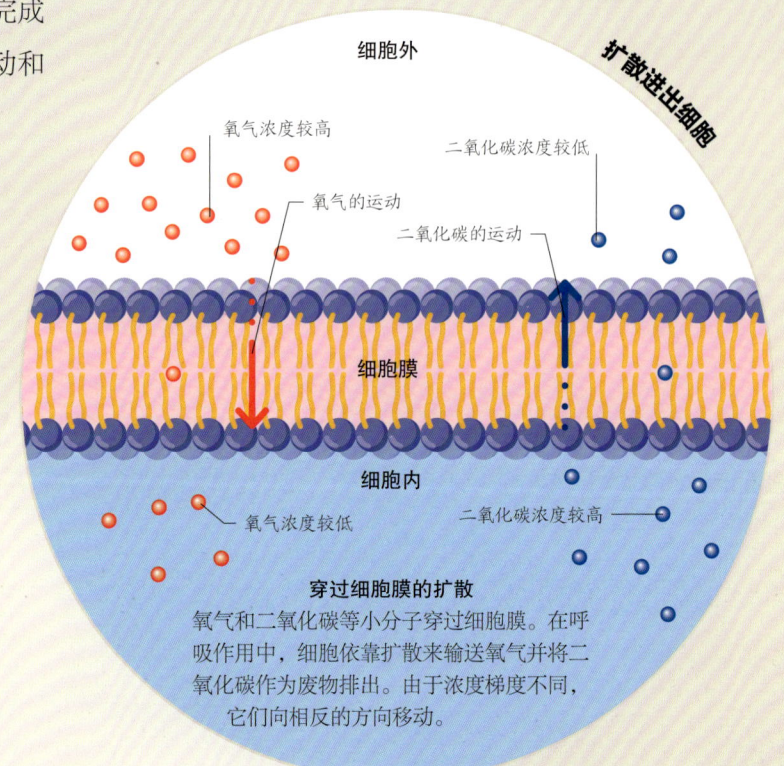

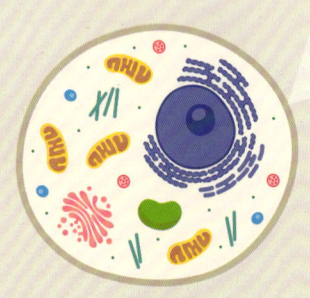

扩散进出细胞

- 细胞外
- 氧气浓度较高
- 二氧化碳浓度较低
- 氧气的运动
- 二氧化碳的运动
- 细胞膜
- 细胞内
- 氧气浓度较低
- 二氧化碳浓度较高

穿过细胞膜的扩散
氧气和二氧化碳等小分子穿过细胞膜。在呼吸作用中，细胞依靠扩散来输送氧气并将二氧化碳作为废物排出。由于浓度梯度不同，它们向相反的方向移动。

动物细胞

细胞内扩散
较大的分子，如脂肪和氨基酸，无法通过细胞膜扩散，而是通过主动转运进出细胞。在细胞质中，这些分子会从高浓度区域扩散到低浓度区域，直到均匀分散在细胞内。

> 皮肤在水中出现皱纹的部分原因是渗透作用使水流入

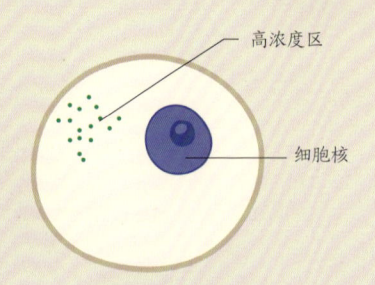

1 扩散前
细胞的某个部分产生一种物质，形成一个高浓度区。该物质的分子开始向各个方向随机移动并逐渐散开。

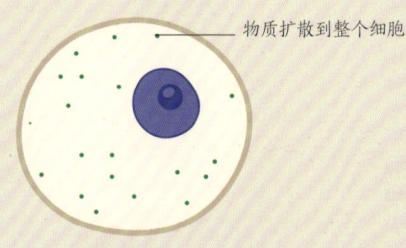

- 高浓度区
- 细胞核

2 扩散后
分子均匀分散后，会继续进行随机运动，以确保细胞质中的浓度保持均匀。

- 物质扩散到整个细胞

渗透作用

当水从高浓度区域移动到低浓度区时，就会发生一种被称为渗透的扩散现象。细胞膜也会阻止溶解在水中的物质（如盐）的移动。其结果是使膜两侧的物质浓度相等。当水分含量不足时，身体就会脱水，细胞外的液体会变得更加浓缩；因此，渗透作用使得水流出细胞。

渗透压

植物细胞依靠渗透作用将水推入细胞中，产生很高的内部压力。如果压力下降，细胞就会收缩并变得松弛。从而导致植物枯萎和凋残（参见第149页）。

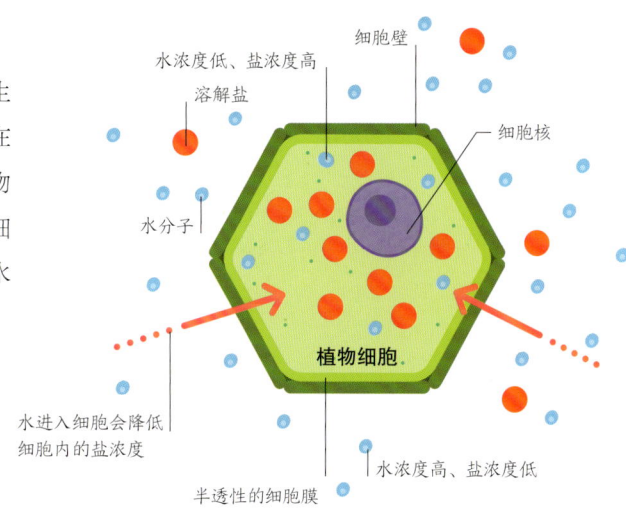

图示标注：水浓度低、盐浓度高；溶解盐；细胞壁；细胞核；水分子；植物细胞；水进入细胞会降低细胞内的盐浓度；半透性的细胞膜；水浓度高、盐浓度低

载体蛋白

细胞膜中机器样载体蛋白在主动运输过程中发挥着类似泵或孔的功能。能量输入会改变蛋白质的形状，使其得以将分子泵过膜。

主动运输

细胞必须消耗能量来运输某些物质。这被称为主动运输，它逆着梯度将物质从低浓度区转移到高浓度区。动物细胞中某种形式的主动运输将葡萄糖带入肠道中。能量用于将葡萄糖向内移动到高浓度区域，以最大限度地吸收葡萄糖。

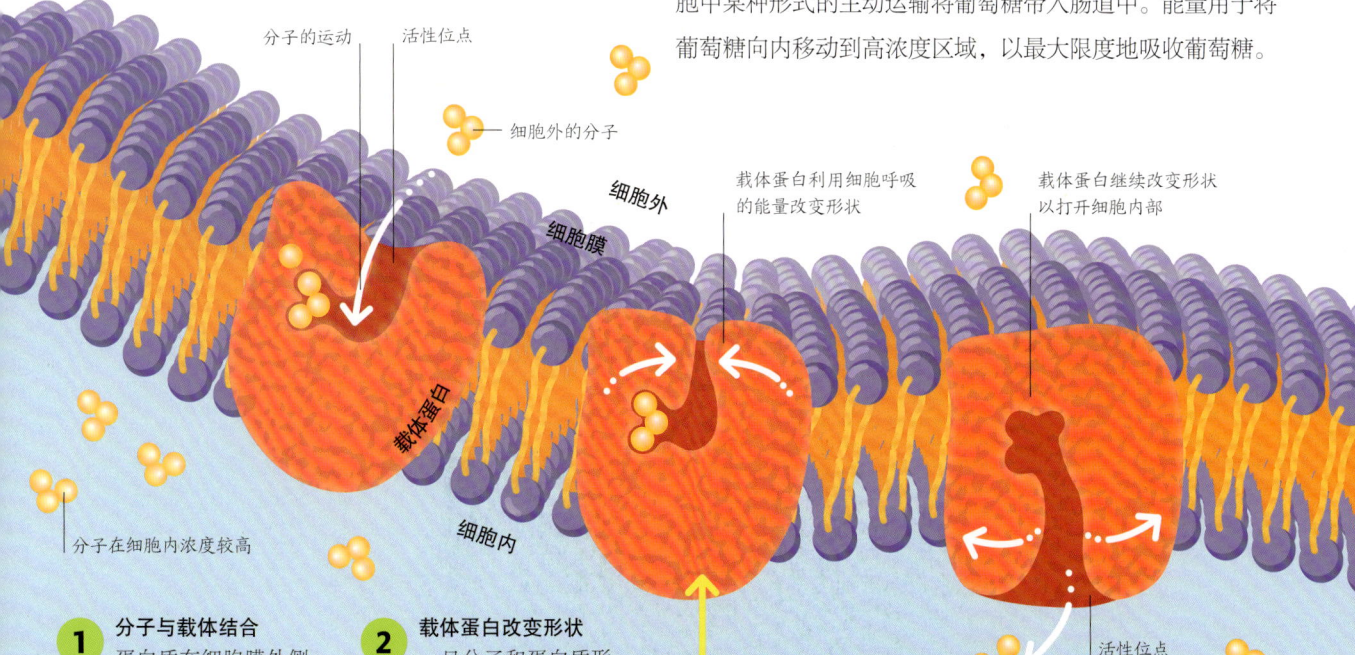

图示标注：分子的运动；活性位点；细胞外的分子；细胞外；细胞膜；载体蛋白利用细胞呼吸的能量改变形状；载体蛋白继续改变形状以打开细胞内部；载体蛋白；细胞内；分子在细胞内浓度较高；来自细胞呼吸的能量；细胞内运输的分子；活性位点

1 分子与载体结合
蛋白质在细胞膜外侧有一个活性位点，分子可以与其结合。最初的结合是被动的，无需能量。

2 载体蛋白改变形状
一旦分子和蛋白质形成临时连接，细胞提供的能量就会改变蛋白质的形状。这个过程是由已有的分子驱动的。

3 分子进入细胞
由于能量和分子的结合，蛋白质的活性位点转移到细胞膜的另一侧。这种形状变化使分子得以被释放到细胞质中。

细胞运动

许多细胞嵌入身体组织中或被携带于血液等流体中。然而，某些类型的细胞具有活动部件，甚至可以单独移动。

鞭毛

鞭毛是一条从细胞一端延伸出来的长鞭状尾巴。鞭毛存在于许多细菌、原生生物和其他微生物中。它们还存在于动物和某些植物的性细胞上。在这些生物体中，鞭毛由一束微管组成，这些微管相互滑动以产生波状的推进运动。细菌的鞭毛较硬，呈螺旋状，通过像螺旋桨一样旋转来产生运动。一些生物体，如原生生物眼虫，能使用上述两种方式运动。

鞭毛有多长？

大多数单细胞生物体的鞭毛长约20微米。

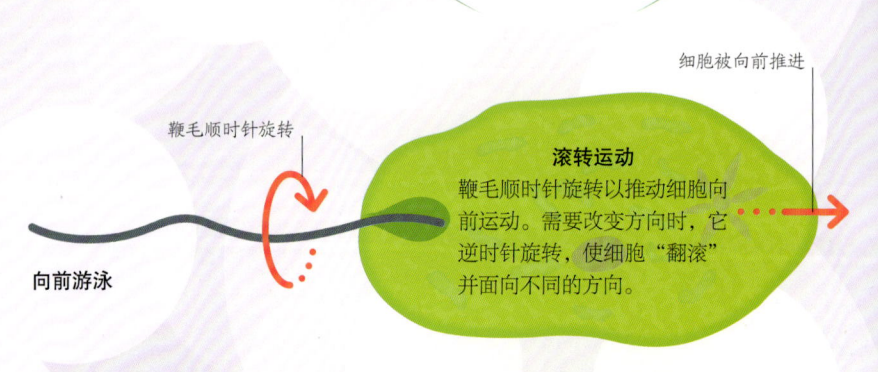

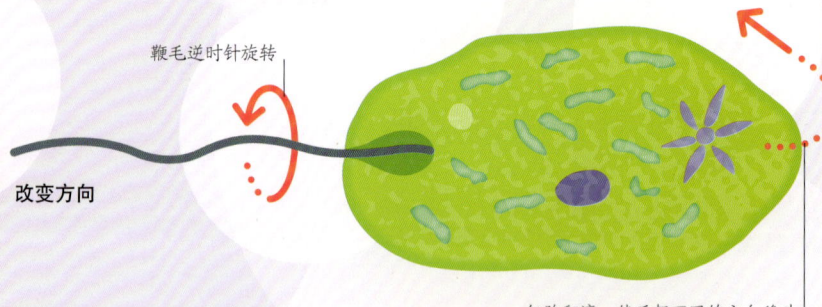

向前游泳
鞭毛顺时针旋转

滚转运动
鞭毛顺时针旋转以推动细胞向前运动。需要改变方向时，它逆时针旋转，使细胞"翻滚"并面向不同的方向。

细胞被向前推进

改变方向
鞭毛逆时针旋转

细胞翻滚，然后朝不同的方向移动

向前游动
鞭毛来回抽打

抽打鞭毛
在许多生物体中，鞭毛以波状动作快速移动，以推动细胞前进。一些生物体，如眼虫，也利用鞭毛进行"划桨式"的运动。

眼虫的运动方向

变形虫的移动速度为每分钟2～5毫米

人体内的细胞运动

鞭毛和纤毛的运动以及变形虫的运动都可在人体中看到。精子细胞（男性性细胞）是唯一有鞭毛的体细胞。具有纤毛的细胞广泛存在于肺和气道的内壁中。白细胞利用变形虫运动在血液和感染组织中进行移动。

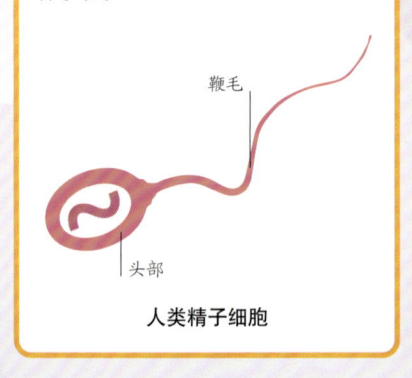

鞭毛

头部

人类精子细胞

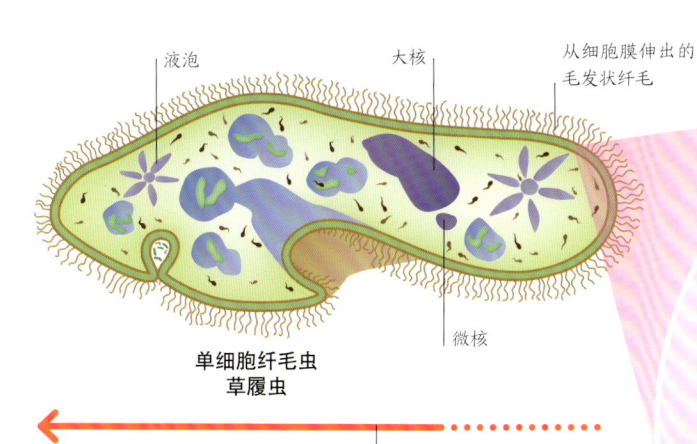

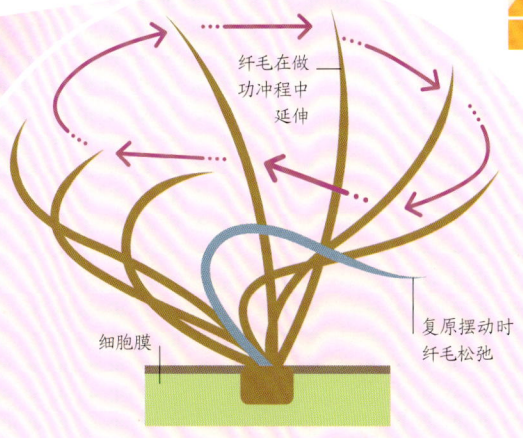

细胞如何运作
细胞运动

66 / 67

单细胞纤毛虫 草履虫

液泡 / 大核 / 从细胞膜伸出的毛发状纤毛 / 微核 / 运动方向

纤毛突起

纤毛在做功冲程中延伸 / 细胞膜 / 复原摆动时纤毛松弛

纤毛运动
相互协作的纤毛群有节奏地来回移动，以使每根纤毛在正确的时间以正确的方向进行做功冲程。它们共同产生推动周围物体或液体的波状力。

纤毛

纤毛是细胞膜上的一种短的毛发状突起。大量纤毛一起工作，来回移动。在一些被称为纤毛虫的生物体中，纤毛通过协调的飘动来移动整个细胞。在其他情况下，纤毛引导细胞周围的水流以带来食物或氧气。在动物和植物的一些组织中也发现了具有纤毛的非移动细胞，它们的作用是推动物体沿着内部管道和容器移动。

伪足

有些细胞可以通过延伸被称为伪足（意思是"假脚"）的膜状突起来移动。细胞向伪足方向移动，随后伪足收缩回细胞内。诸如变形虫之类的生物体就是以这种方式移动的，因此这种移动方式有时也被称为变形虫运动。伪足也可以同时向多个方向延伸，以吞噬附近的食物颗粒。

变形虫运动
细胞形状的变化是由细胞骨架中的蛋白质纤维微管网络（赋予细胞结构的细丝网络）所调控的。

外质 / 细胞核 / 内质 / 细胞质的流动 / 伪足 / 变形虫现已向前移动，处于新的位置了 / 伪足被重新吸收

1 变形虫的结构
变形虫体内的细胞质（内部物质）包括凝胶状的外层（外质）和液体状的内层（内质）。

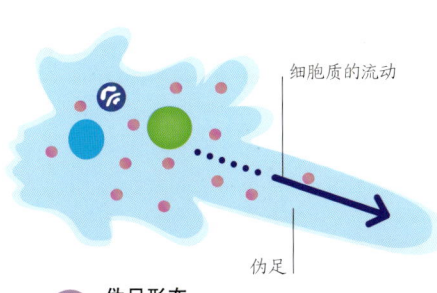

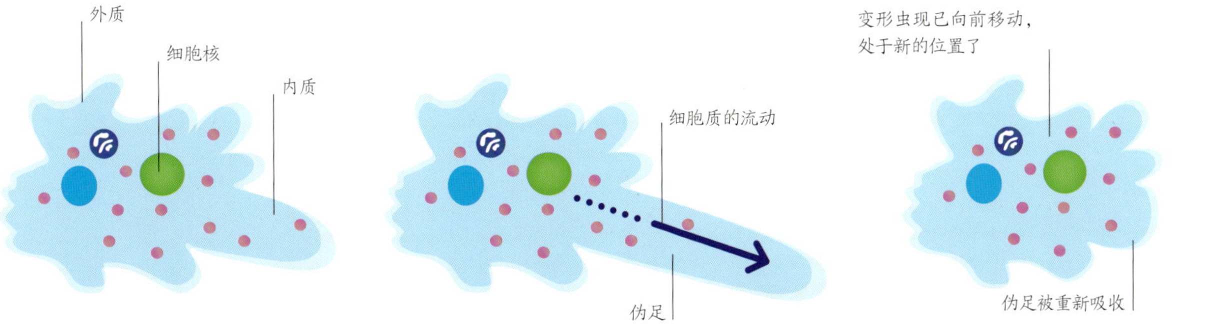

2 伪足形态
细胞骨架中的细丝延伸，促使伪足形成。一些凝胶变成液体并携带细胞内容物流入伪足。

3 细胞前拉
细胞质的流动将整个细胞向前拉，结果伪足被重新吸收，一些液体变回凝胶。

细胞分裂

在所有生命形式中，细胞通过分裂成两个新的子细胞来进行繁殖。在细菌和其他简单生物体中，这是通过二分裂的方式发生的。在真核生物（细胞中含有细胞核的生物体）中，这是通过有丝分裂发生的。

细菌的繁殖速度有多快？

在理想条件下，某些细菌大约每20分钟就能进行一次二分裂。

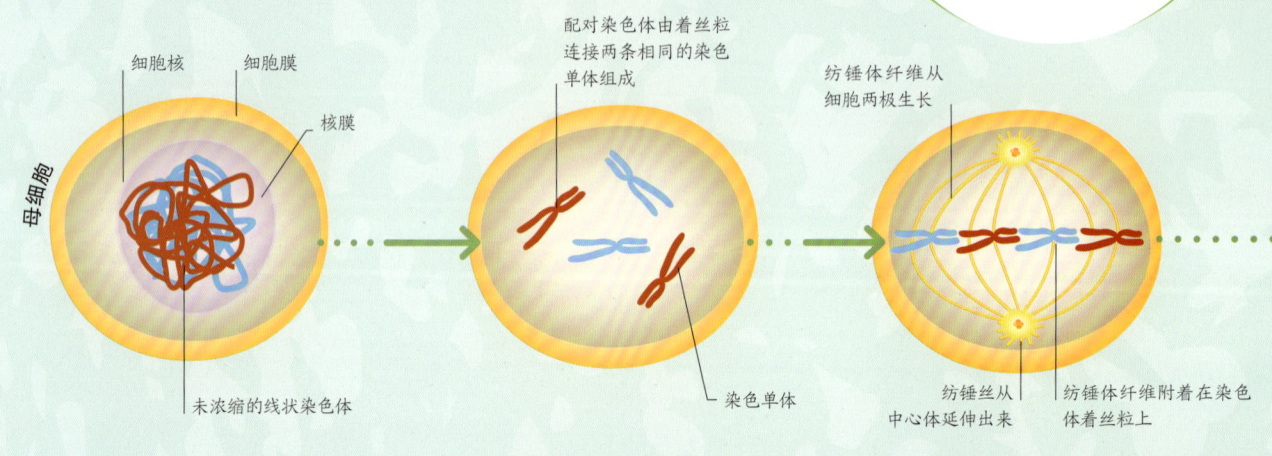

母细胞

标注：细胞核、细胞膜、核膜、未浓缩的线状染色体

1 间期
在细胞的非繁殖阶段，即分裂没有发生时，细胞的遗传物质包含在长链染色质中，这是一种由DNA缠绕在组蛋白周围而形成的复合物。

标注：配对染色体由着丝粒连接两条相同的染色单体组成、染色单体

2 前期
当间期结束时，每条染色质链都会自我复制。这些链更紧密地卷曲成X形，由成对的重复染色体或染色单体组成。接着，核膜开始分解。

标注：纺锤体纤维从细胞两极生长、纺锤丝从中心体延伸出来、纺锤体纤维附着在染色体着丝粒上

3 中期
此时从细胞核中释放出来的染色体在细胞的中心排列。纺锤体纤维从细胞的两端（两极）生长并附着在每条染色体的着丝粒上。

有丝分裂

真核生物的体细胞通过有丝分裂进行分裂，产生两个相同的子细胞，每个子细胞都含有母细胞遗传物质（DNA）的副本。严格来说，有丝分裂是细胞核中染色体对（含有DNA的结构）的分裂，在每个子细胞中产生全套DNA。在此过程中，细胞核中的DNA被复制，细胞内容物均匀分布。"有丝分裂"一词源自希腊语mitos，意为"经线"，因参与分离细胞染色体的是线状的纤维而得名。

细胞周期

有丝分裂只是细胞周期的一小部分。细胞周期中最长的部分是间期，它开始于子细胞分离后。在分裂间期，细胞会变得更大并会复制细胞器（细胞内的独立结构，如核糖体和线粒体）。就在分裂之前，DNA被复制成染色单体，间期的最后步骤是组织细胞的内容物，以便它们在有丝分裂开始后进行分裂。

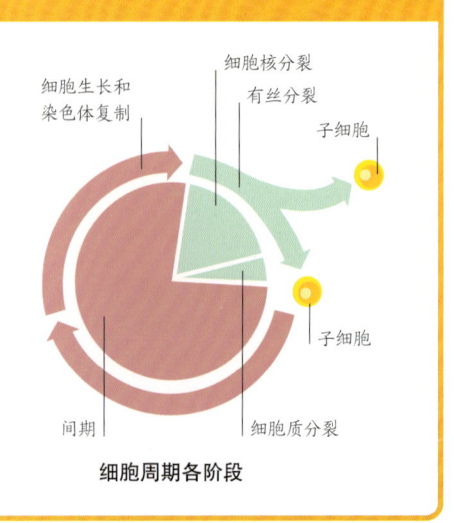

标注：细胞生长和染色体复制、细胞核分裂、有丝分裂、子细胞、子细胞、间期、细胞质分裂

细胞周期各阶段

细胞如何运作
细胞分裂 68 / 69

人体在一生中会经历大约10万亿次细胞分裂

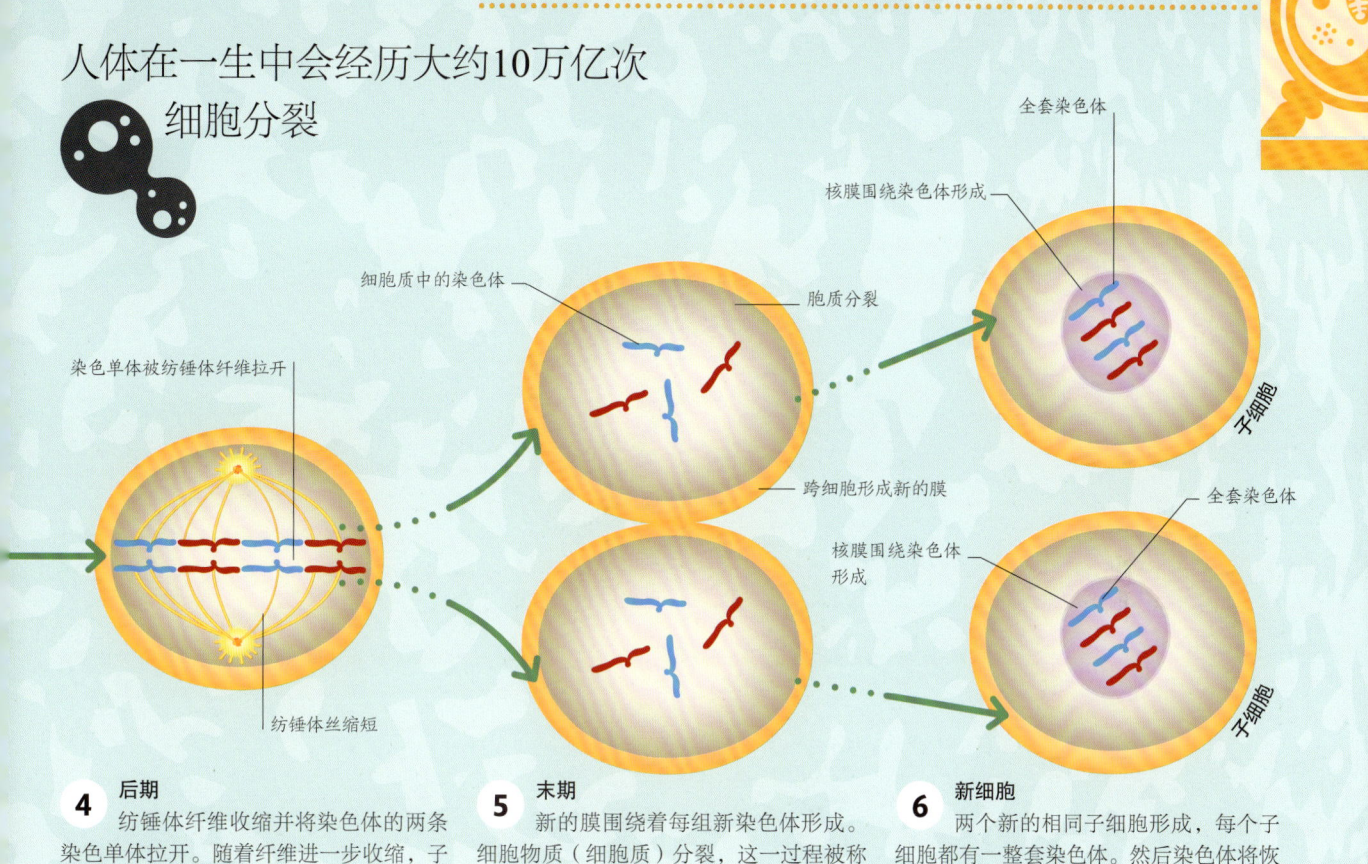

染色单体被纺锤体纤维拉开

细胞质中的染色体

胞质分裂

全套染色体

核膜围绕染色体形成

子细胞

跨细胞形成新的膜

核膜围绕染色体形成

全套染色体

子细胞

纺锤体丝缩短

4 后期
纺锤体纤维收缩并将染色体的两条染色单体拉开。随着纤维进一步收缩，子细胞的染色体被拉向细胞的两端。

5 末期
新的膜围绕着每组新染色体形成。细胞物质（细胞质）分裂，这一过程被称为胞质分裂。细胞膜横跨细胞中心形成，将细胞分为两部分。

6 新细胞
两个新的相同子细胞形成，每个子细胞都有一整套染色体。然后染色体将恢复为线状的染色质形式。之后新细胞将处于自己的间期。

二分裂

原核生物（细菌和古菌）的细胞比真核生物的细胞小得多，并且没有细胞核或细胞器，因此它们使用一种不同的、更简单的方式（被称为二分裂）进行分裂。与有丝分裂一样，这一过程导致一个母细胞产生两个子细胞，每个子细胞都携带与新细胞相同的遗传物质。

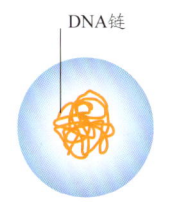

细菌的二分裂
在大多数细菌中，分裂过程涉及细胞随着内容物的增加而变长，然后分裂成两个子细胞。或者，一些细菌通过从主细胞中出芽的方式来进行分裂。

DNA链 | **细胞伸长** | **DNA链的副本** | **细胞开始分裂** | **子细胞** | **子细胞**

1 母细胞
细胞中的遗传物质由一条染色体组成，形成一条环状DNA链。

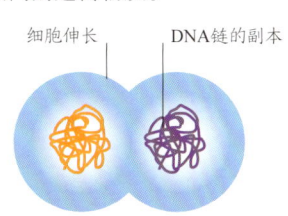

2 DNA复制
DNA链进行复制。细胞变大，并且DNA副本向末端移动。

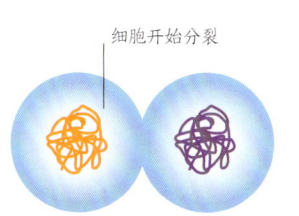

3 细胞质分裂
细胞中心形成新的膜和壁，将细胞质和多套DNA分开。

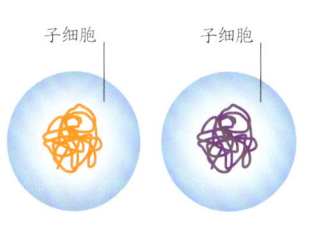

4 子细胞分离
两个子细胞分离。每一个都与母细胞的基因相同，并且它们很快就准备好依次进行分裂。

神经细胞

神经细胞也被称为神经元，是神经系统的基本单位。它们在脑内传递信息，并将信息从脑传递到身体的各个部位。

神经元的结构

神经元有四个部分，每个部分执行不同的功能。轴突产生并携带神经信号或脉冲。细胞体处理信号。轴突末端将信号传输到下一个神经元。树突接收来自邻近神经元的信号。大多数轴突被髓鞘绝缘，这提高了神经信号传输的速度，但有些轴突是无髓鞘的，并且传输信号的速度更慢。

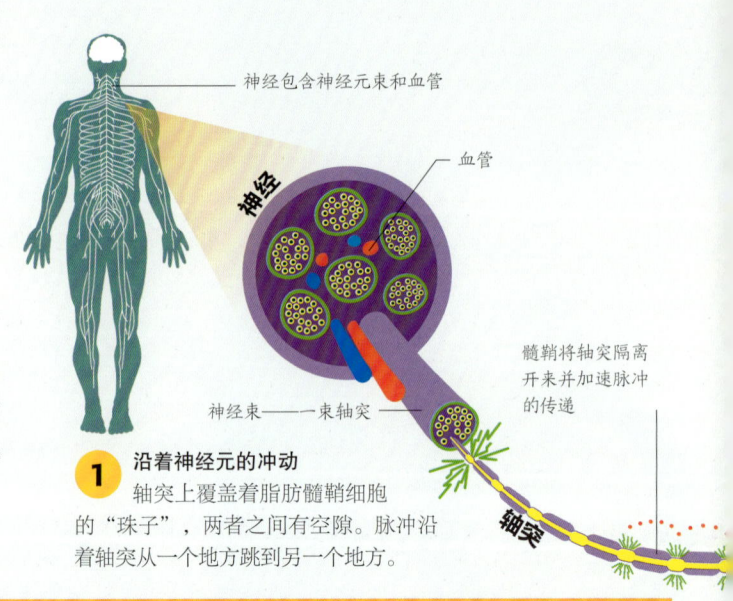

- 神经包含神经元束和血管
- 血管
- 神经
- 神经束 — 束轴突
- 髓鞘将轴突隔离开来并加速脉冲的传递
- 轴突

1 沿着神经元的冲动
轴突上覆盖着脂肪髓鞘细胞的"珠子"，两者之间有空隙。脉冲沿着轴突从一个地方跳到另一个地方。

神经信号

神经元间使用电化学信号相互通信。信号足够强时，它会沿着轴突传递。到达轴突末端后，被称为神经递质的化学物质被释放到突触（神经元之间的小间隙）中。神经递质与下一个神经元上的受体结合，使神经信号得以传递。

人类肠壁中的神经元有 500000000 个

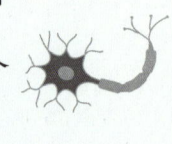

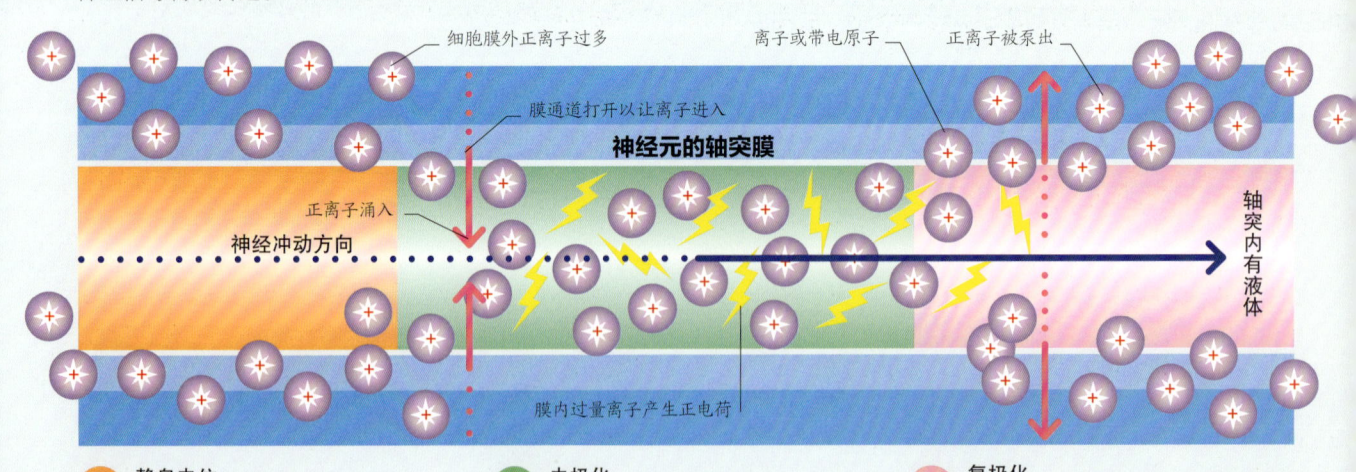

- 细胞膜外正离子过多
- 膜通道打开以让离子进入
- 离子或带电原子
- 正离子被泵出
- 神经元的轴突膜
- 正离子涌入
- 神经冲动方向
- 膜内过量离子产生正电荷
- 轴突内有液体

1 静息电位
静息时，神经元膜外的正离子多于膜内。跨膜的极化或电位差被称为静息电位。

2 去极化
由于细胞体发生化学变化，正离子通过膜进入细胞。正离子的流入逆转了轴突的极化，使外部带负电。

3 复极化
部分轴突的去极化导致相邻部分经历相同的过程。细胞泵出正离子，使膜重新极化，回到其静息电位。

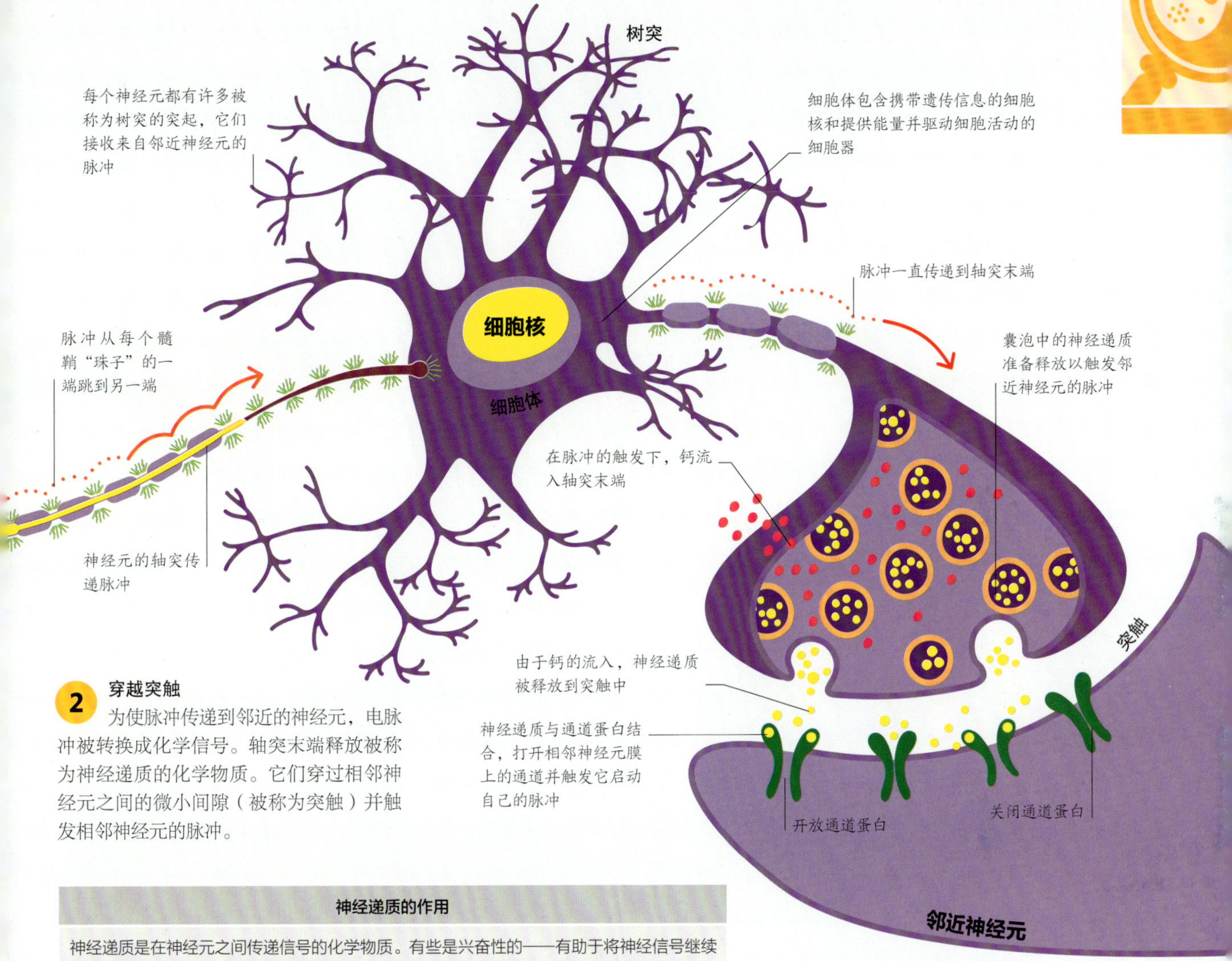

细胞如何运作
神经细胞
70 / 71

树突

每个神经元都有许多被称为树突的突起，它们接收来自邻近神经元的脉冲

细胞体包含携带遗传信息的细胞核和提供能量并驱动细胞活动的细胞器

脉冲一直传递到轴突末端

脉冲从每个髓鞘"珠子"的一端跳到另一端

细胞核

细胞体

囊泡中的神经递质准备释放以触发邻近神经元的脉冲

在脉冲的触发下，钙流入轴突末端

神经元的轴突传递脉冲

由于钙的流入，神经递质被释放到突触中

神经递质与通道蛋白结合，打开相邻神经元膜上的通道并触发它启动自己的脉冲

突触

开放通道蛋白　　关闭通道蛋白

邻近神经元

② 穿越突触

为使脉冲传递到邻近的神经元，电脉冲被转换成化学信号。轴突末端释放被称为神经递质的化学物质。它们穿过相邻神经元之间的微小间隙（被称为突触）并触发相邻神经元的脉冲。

神经递质的作用

神经递质是在神经元之间传递信号的化学物质。有些是兴奋性的——有助于将神经信号继续传输到下一个神经元。抑制性神经递质具有相反的作用。例如，5-羟色胺具有抑制作用，有助于减少焦虑并调节睡眠和降低饥饿感。

神经递质	通常效果
乙酰胆碱	多为兴奋性
γ-氨基丁酸（GABA）	抑制性
谷氨酸	兴奋性
多巴胺	兴奋性和抑制性
去甲肾上腺素	多为兴奋性
5-羟色胺	抑制性
组胺	兴奋性

神经信号传递的速度有多快？

不同类型的信号以不同的速度传递：疼痛信号的传递速度约为0.6米/秒，而触摸信号的传递速度高达120米/秒。

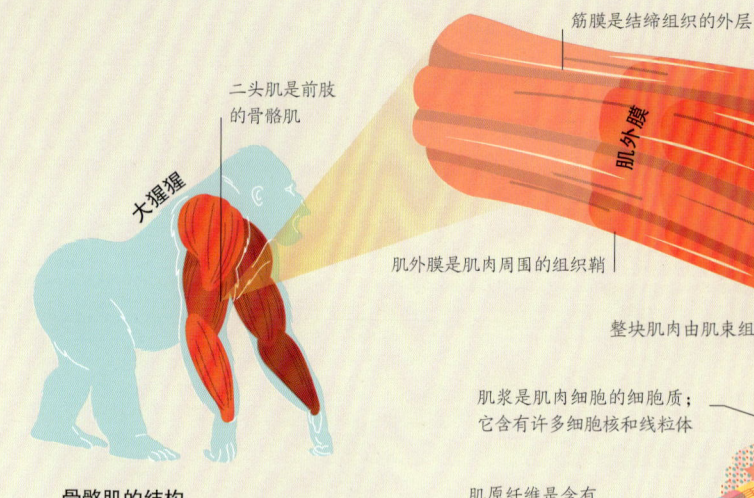

骨骼肌的结构

在脊椎动物（包括人类）中，骨骼肌（如二头肌）由平行的肌纤维束（肌原纤维）组成，周围满是绝缘的结缔组织鞘。

大猩猩 — 二头肌是前肢的骨骼肌

- 筋膜是结缔组织的外层
- 肌束是肌纤维束
- 肌外膜
- 肌纤维由许多肌肉细胞构成
- 肌纤维
- 肌外膜是肌肉周围的组织鞘
- 整块肌肉由肌束组成
- 肌浆是肌肉细胞的细胞质；它含有许多细胞核和线粒体
- 毛细血管
- 肌原纤维是含有肌动蛋白和肌球蛋白的纤维
- 毛细血管为肌纤维提供氧气和营养
- 肌原纤维
- 肌节是肌纤维的基本收缩单位；它从一个Z线转到下一个
- Z线锚定细肌（肌动蛋白）丝
- M线连接粗肌（肌球蛋白）丝
- 细肌丝主要由肌动蛋白组成
- 肌动蛋白丝
- 肌球蛋白丝
- 粗肌丝由肌球蛋白组成

肌肉细胞

肌肉细胞是肌肉系统的基本单位。在动物界中以各种形式存在，它们主要通过收缩实现身体运动。

骨骼肌

骨骼肌是横纹肌的一种，在显微镜下呈条纹状，负责有意识控制的运动。每根肌纤维都由又长又薄的细胞组成，这些细胞含有首尾相连的被称为肌节的收缩单位。肌节约占每个肌肉细胞的四分之三；其余大部分由线粒体组成，线粒体以ATP分子的形式供能（参见第60~61页）。

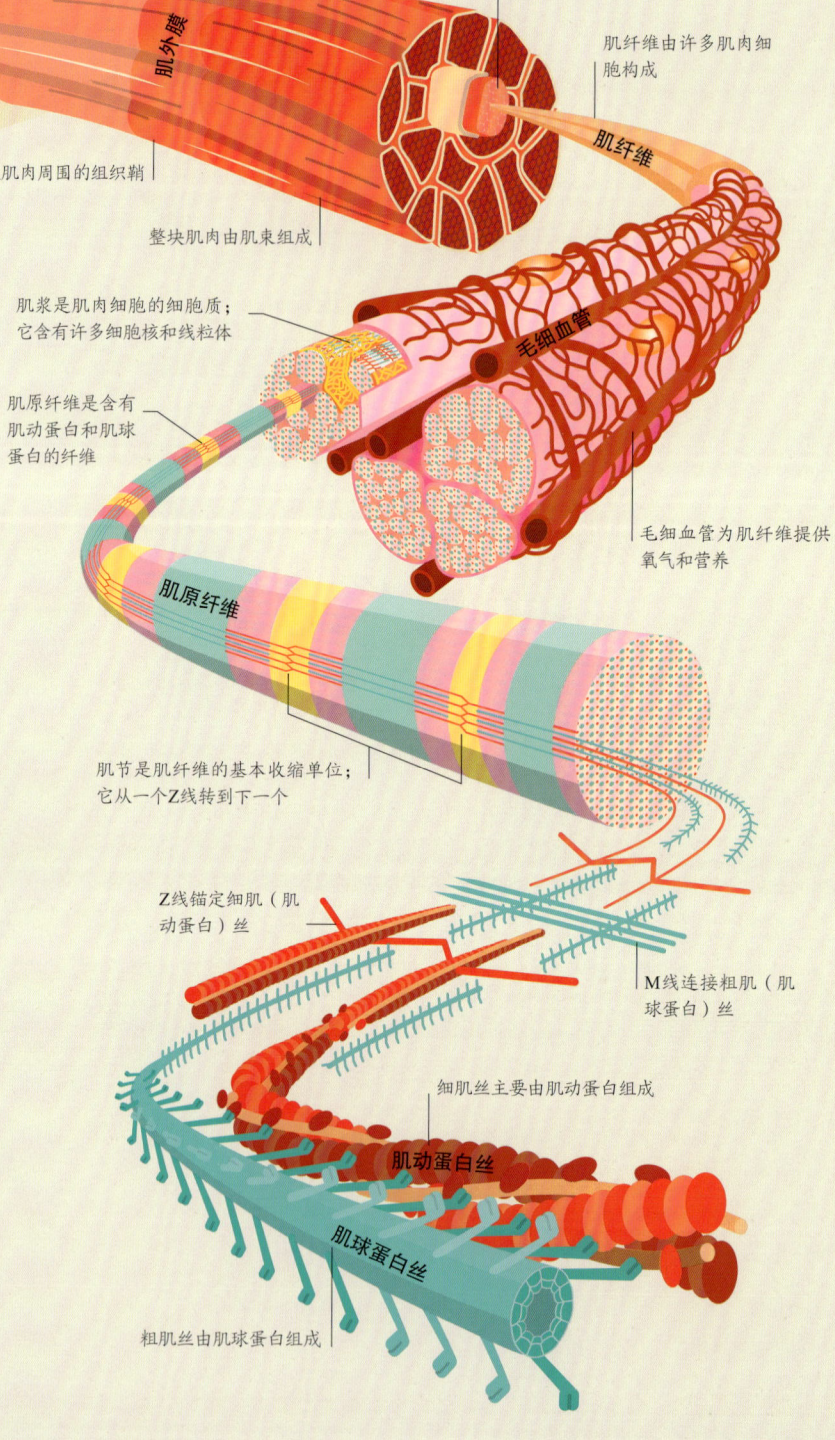

细胞如何运作
肌肉细胞   72/73

肌肉收缩

　　肌节将ATP中的化学能转化为肌肉收缩的机械功。在每个肌节内,肌动蛋白丝在肌球蛋白丝上滑动,导致肌节收缩。肌节首尾相连,因此它们同时收缩会带动整个肌肉收缩。

在人体中,肌肉收缩产生约85%的身体热量

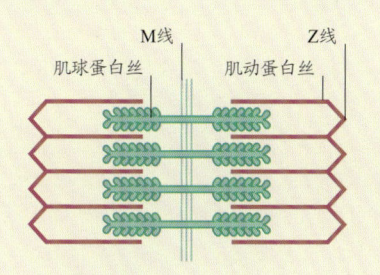

1 放松肌肉的肌节
在放松的肌肉中,肌球蛋白头部不附着在肌动蛋白丝上。此时,Z线之间的距离最远。

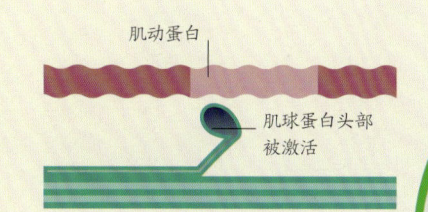

（标注：肌球蛋白丝、M线、肌动蛋白丝、Z线）

2 肌球蛋白激活
肌球蛋白头部由线粒体中糖和氧产生的ATP提供能量,肌动蛋白已准备好附着在肌球蛋白丝上。

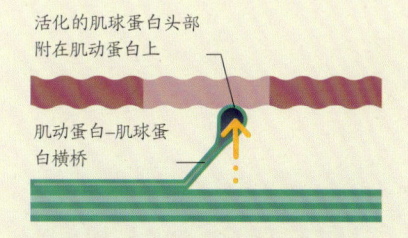

（标注：肌动蛋白、肌球蛋白头部被激活）

是什么导致肌肉疲劳和酸痛?

有多种因素会导致运动后肌肉不适,如肌肉组织发炎。乳酸的积累并非唯一原因。

3 肌球蛋白头部附于肌动蛋白上
具带电性的肌球蛋白头部附着在肌动蛋白丝上的结合位点,在肌丝之间形成肌动蛋白–肌球蛋白横桥。

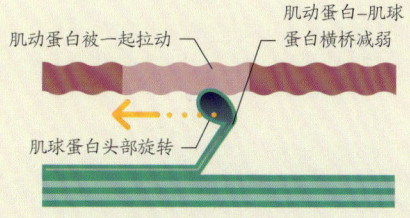

（标注：活化的肌球蛋白头部附在肌动蛋白上、肌动蛋白–肌球蛋白横桥）

4 头部枢轴
肌球蛋白头部释放能量并旋转。于是,肌动蛋白丝向前移动。细丝之间的横桥变弱。

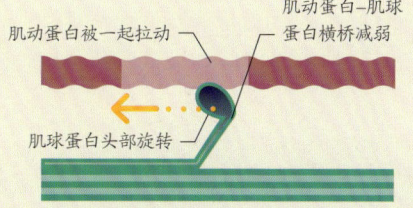

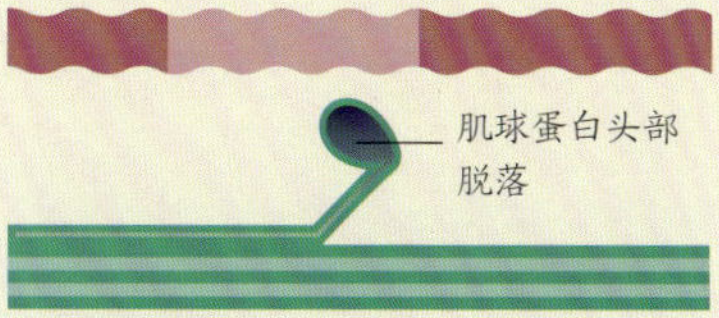

（标注：肌动蛋白被一起拉动、肌动蛋白–肌球蛋白横桥减弱、肌球蛋白头部旋转）

肌肉类型

　　脊椎动物的肌肉主要分为三种类型:受自主意识控制的骨骼肌及不受意识支配的平滑肌和心肌。

骨骼肌——带状纤维

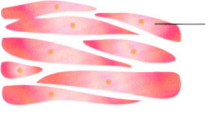

平滑肌——锥形细胞,存在于肠道和呼吸道等结构中

心肌——分支纤维,存在于心脏壁中

5 恢复
横桥断开,肌球蛋白重新获得能量。肌球蛋白被激活,附在肌动蛋白上,释放能量,并在单次收缩期间多次旋转。

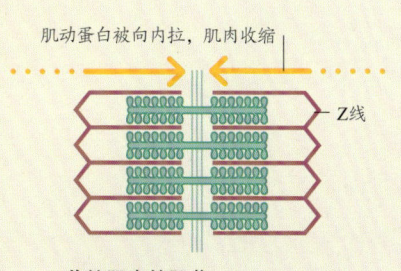

（标注：肌球蛋白头部脱落）

6 收缩肌肉的肌节
在收缩的肌肉中,肌动蛋白被向内拉。当肌肉收缩时,Z线靠得更近,肌肉也更短。

（标注：肌动蛋白被向内拉,肌肉收缩、Z线）

白细胞

白细胞有多种类型,每种都有特定的功能。有些会吞噬并摧毁入侵的生物或异物。有些则会产生被称为抗体的蛋白质以对抗疾病;其中一些会保留免疫记忆,以防再次感染。

中性粒细胞
占白细胞的50%~70%,它们被吸引到炎症部位,吞噬并消灭感染性生物体。

嗜酸性粒细胞
嗜酸性粒细胞存在于组织中,可对抗寄生虫感染和某些特定的感染。高浓度嗜酸性粒细胞会导致过敏反应和一些自身免疫病。

嗜碱性粒细胞
它们存在于组织中,会引发对过敏原和寄生虫的炎症反应,并促进血液流动,从而使身体排出不需要的物质。

单核细胞
单核细胞是最大的白细胞,在血液中循环并流向炎症部位,可通过吞噬作用消灭细菌。

自然杀伤细胞
这些细胞检测并破坏携带异常蛋白质的细胞,如癌细胞和被病毒感染的细胞。

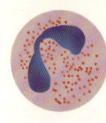

B细胞
浆细胞分泌抗体来对抗特定感染。记忆B细胞保留感染的"记忆",从而能够对再次感染做出快速反应。

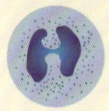

T细胞
细胞毒性T细胞直接攻击受感染的体细胞。辅助T细胞激活B细胞。记忆T细胞会记住感染,从而能够对再次感染做出快速反应。

血液的成分
血细胞的体积少于血液体积的一半。其中,红细胞占血液体积的45%,而白细胞和血小板占1%。

- 血管壁
- 红细胞将氧气输送到身体组织中
- 白细胞,也被称为白血球,是免疫系统的关键组成部分
- 血浆是血液的液体部分,主要由水组成,但也含有营养物质、二氧化碳等代谢废物、激素和蛋白质
- 血小板是微小的细胞碎片,对于凝血至关重要
- 血浆
- 红细胞
- 白血球
- 血小板

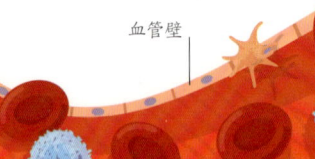

血细胞

血细胞是一种特殊细胞,它以被称为血浆的含水流体为载体,在血管中流动。血细胞将氧气输送到组织中、清除废物并对损伤和感染做出反应。

血细胞的类型

数量最多的血细胞是红细胞,它将氧气输送到组织中。白细胞保护机体免受感染和异物的侵害。血小板有助于血液凝结,从而封住受伤组织的破损处。

细胞如何运作
血细胞
74 / 75

红细胞

每个红细胞（或红血球）均含有数百万个富含铁的血红蛋白分子。红细胞两侧都是凹形的，为吸收氧气或二氧化碳提供了很大的表面积，并且它们具有灵活的"骨架"，甚至可以透过最细的血管。

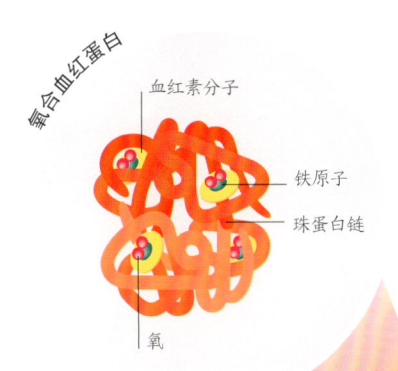

氧合血红蛋白
- 血红素分子
- 铁原子
- 珠蛋白链
- 氧

1 氧化
肺部的氧气通过血管壁扩散到血细胞中。它与血红蛋白相结合，形成氧合血红蛋白。

2 运往组织
红细胞将血液中的氧合血红蛋白运送到身体所有组织处。

3 释放氧气
当含氧红细胞到达低氧组织处时，氧合血红蛋白会释放氧气，变成脱氧血红蛋白。

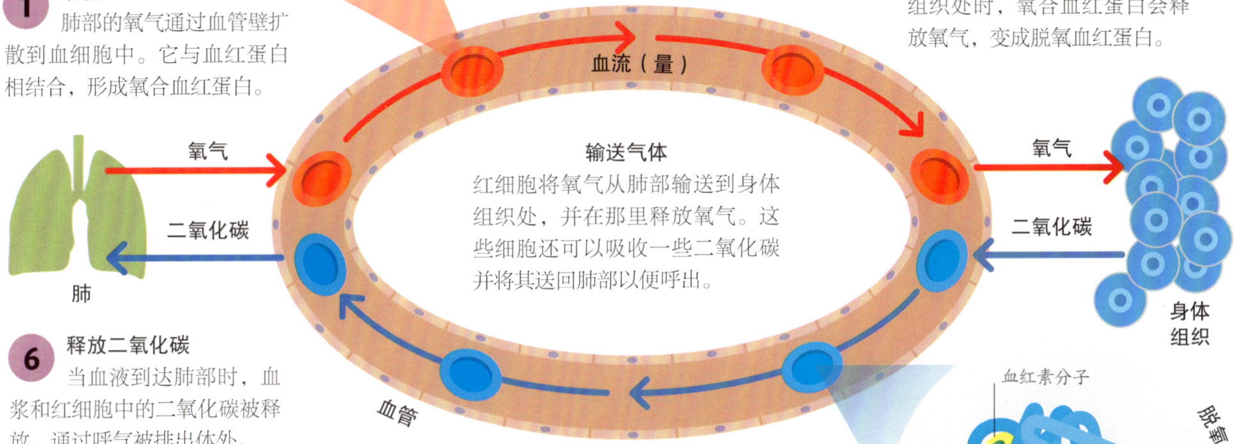

4 吸收二氧化碳
来自身体组织的二氧化碳进入脱氧的血液中。大部分二氧化碳溶解在血浆中，但有些二氧化碳能与红细胞中的血红蛋白相结合。

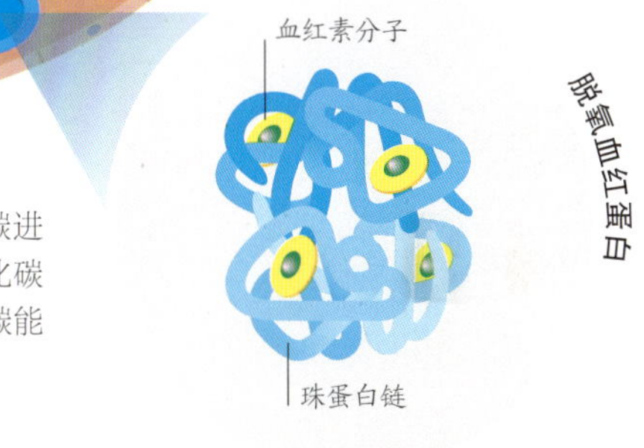

5 返回肺部
脱氧的血液携带着血浆和红细胞中的二氧化碳流回肺部。

6 释放二氧化碳
当血液到达肺部时，血浆和红细胞中的二氧化碳被释放，通过呼气被排出体外。

输送气体
红细胞将氧气从肺部输送到身体组织处，并在那里释放氧气。这些细胞还可以吸收一些二氧化碳并将其送回肺部以便呼出。

血流（量）
氧气
二氧化碳
肺
血管
身体组织

脱氧血红蛋白
- 血红素分子
- 珠蛋白链

血细胞的寿命有多长？

人类红细胞的平均寿命为120天。白细胞的存活时间从几分钟到几小时不等，具体取决于它们的类型以及它们是否正在抵抗感染。

血液的颜色

不同物种的血液含有不同的色素，这些色素与氧气结合，使血液呈现不同的颜色。所有的血液在携氧时都会显得更鲜亮，而在脱氧时会显得更为暗淡或失色。

红色
在人类和大多数哺乳动物、鸟类和鱼类中，由于血红蛋白中的铁，血液呈现红色。

蓝色
由于携带铜基血蓝蛋白，一些软体动物、甲壳类动物和蜘蛛的血液呈现蓝色。

绿色
一些蠕虫和水蛭的血液含有氯铬酸，这是另一种铁基色素。

紫色
一些海洋蠕虫的铁基色素是血红蛋白，使其血液呈现紫色。

从组织到生物体

最小的生物体仅由一个细胞组成。在更复杂的生命形式（如植物和动物）中，细胞聚集形成组织、器官和系统，以执行生命的功能。

动物组织和器官

在动物中，细胞群形成组织来执行特定功能。例如，上皮组织形成皮肤和中空器官的内壁，结缔组织连接骨骼和肌肉等结构。不同的组织群形成器官。例如，心脏包括泵血的肌肉组织和刺激肌肉收缩的神经组织。各种器官进一步形成系统以执行让动物得以生存的各项功能。

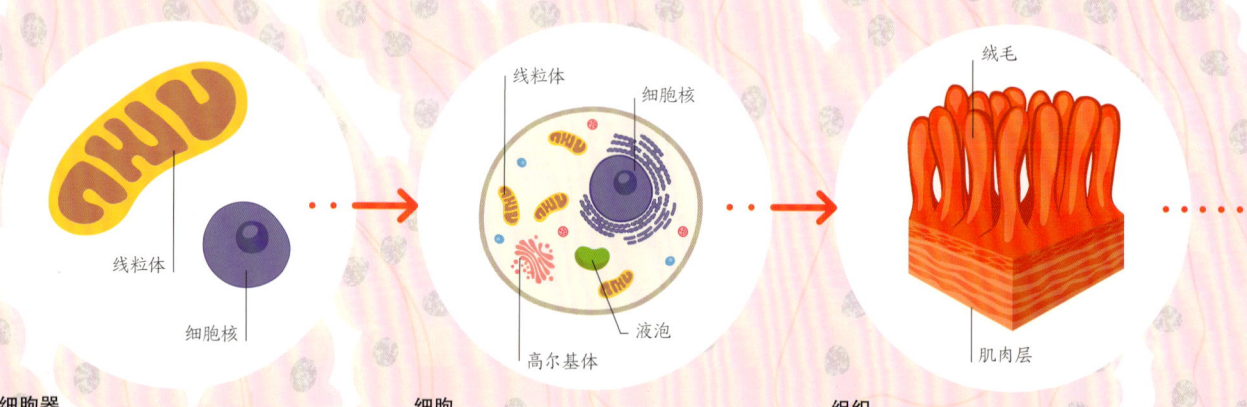

细胞器
细胞器在细胞内执行特定的功能。例如，细胞核储存遗传信息，而线粒体产生化学能。

细胞
细胞专门执行特定的功能。有些细胞，如血细胞，在体内自由移动；另一些细胞，如肌肉细胞，聚集在组织中。

组织
具有相似结构和功能的细胞形成组织。上皮组织的营养吸收细胞形成被称为绒毛的突起，分布于小肠上。

植物组织和器官

最复杂的植物被称为维管植物，具有由各种细胞形成的组织和器官。一种主要的细胞组织类型是薄壁组织，它进行光合作用、水和糖的储存以及氧气和二氧化碳的交换。其他细胞组织类型包括：厚壁组织和厚角组织，它们赋予植物结构和稳定；真皮组织，形成叶和茎的表面；维管组织，其中管胞存在于木质部（水传导系统），筛管节存在于韧皮部（含糖系统）。

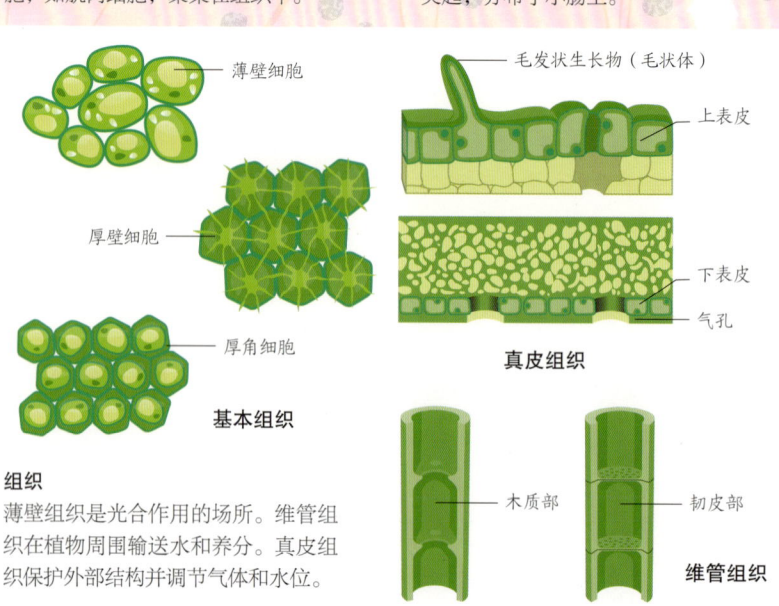

组织
薄壁组织是光合作用的场所。维管组织在植物周围输送水和养分。真皮组织保护外部结构并调节气体和水位。

细胞如何运作
从组织到生物体

动物最大的器官是什么?

皮肤是脊椎动物最大的器官,占体重的12%~25%,具体取决于物种。在人类中,它约占体重的15%。

大约在六亿年前,第一个形成组织的生物是海绵

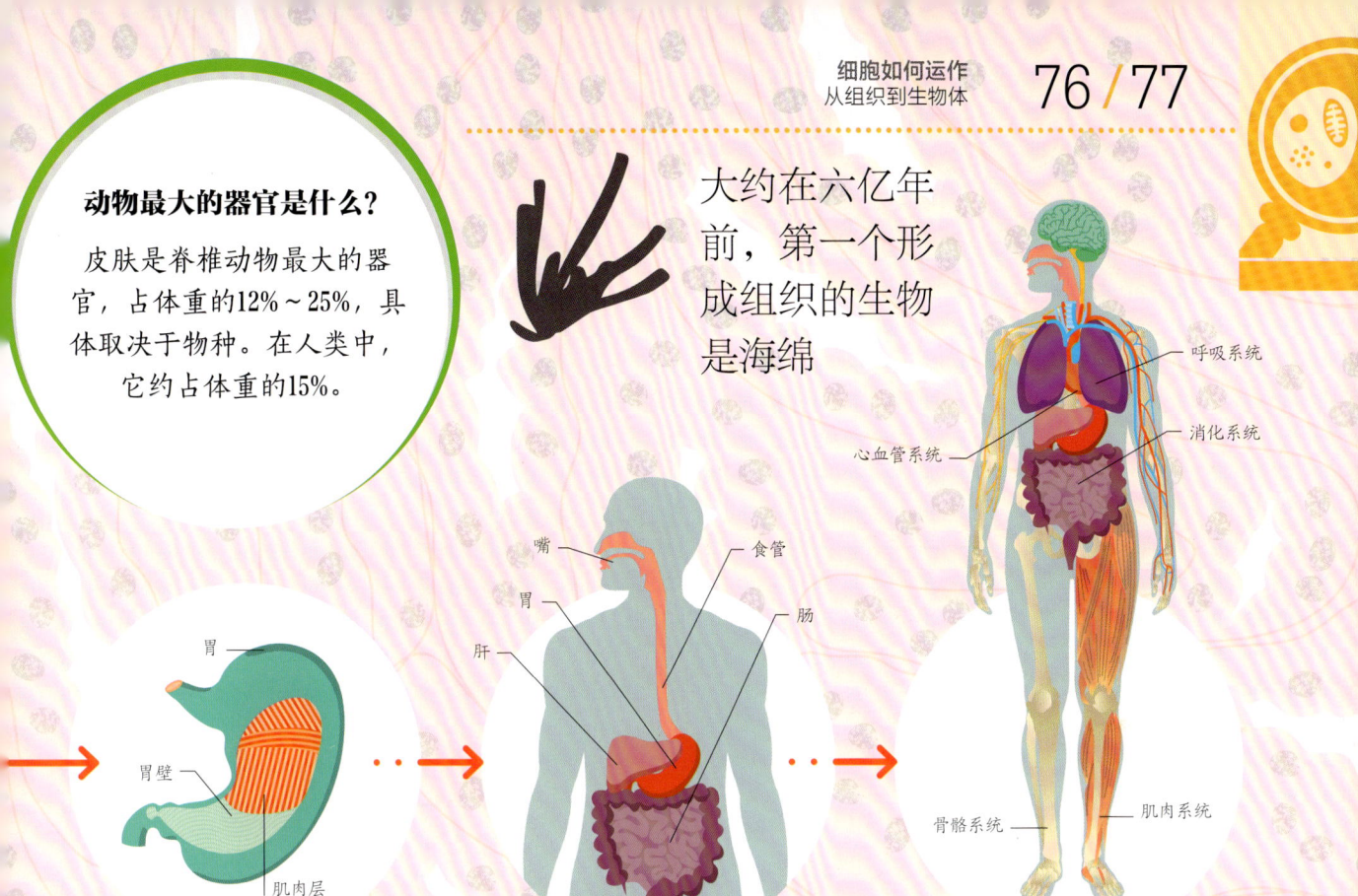

器官
一起工作的组织形成器官。在人的胃中,多层肌肉搅拌食物,而内壁的腺体则分泌酶来分解食物。

系统
执行相似功能的一组器官形成系统。消化系统包含吞咽、移动食物,吸收营养和排出废物的器官。

生物体
各系统协同工作来满足生物体的所有需求,如呼吸、食物消化、血液运输以及身体的支撑或运动。

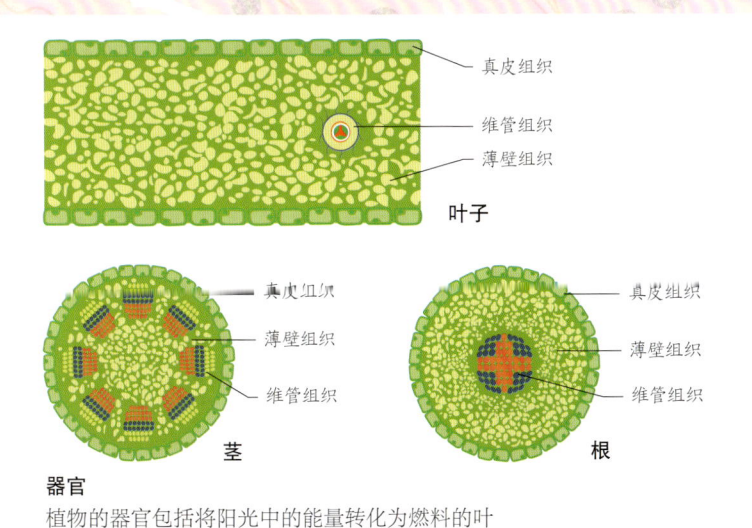

器官
植物的器官包括将阳光中的能量转化为燃料的叶子、鲜花、种子、对植物起支撑作用的茎,以及固定植物并从土壤中吸收养分的根。

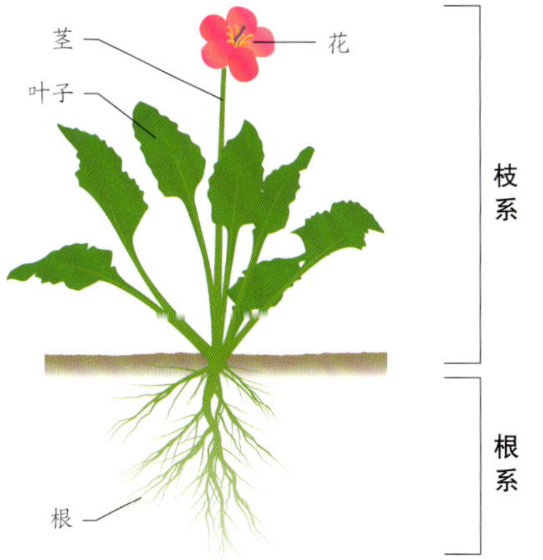

系统
植物包含多个器官系统。叶子、茎、果实和花形成枝系,而地下不同类型的根则构成根系。

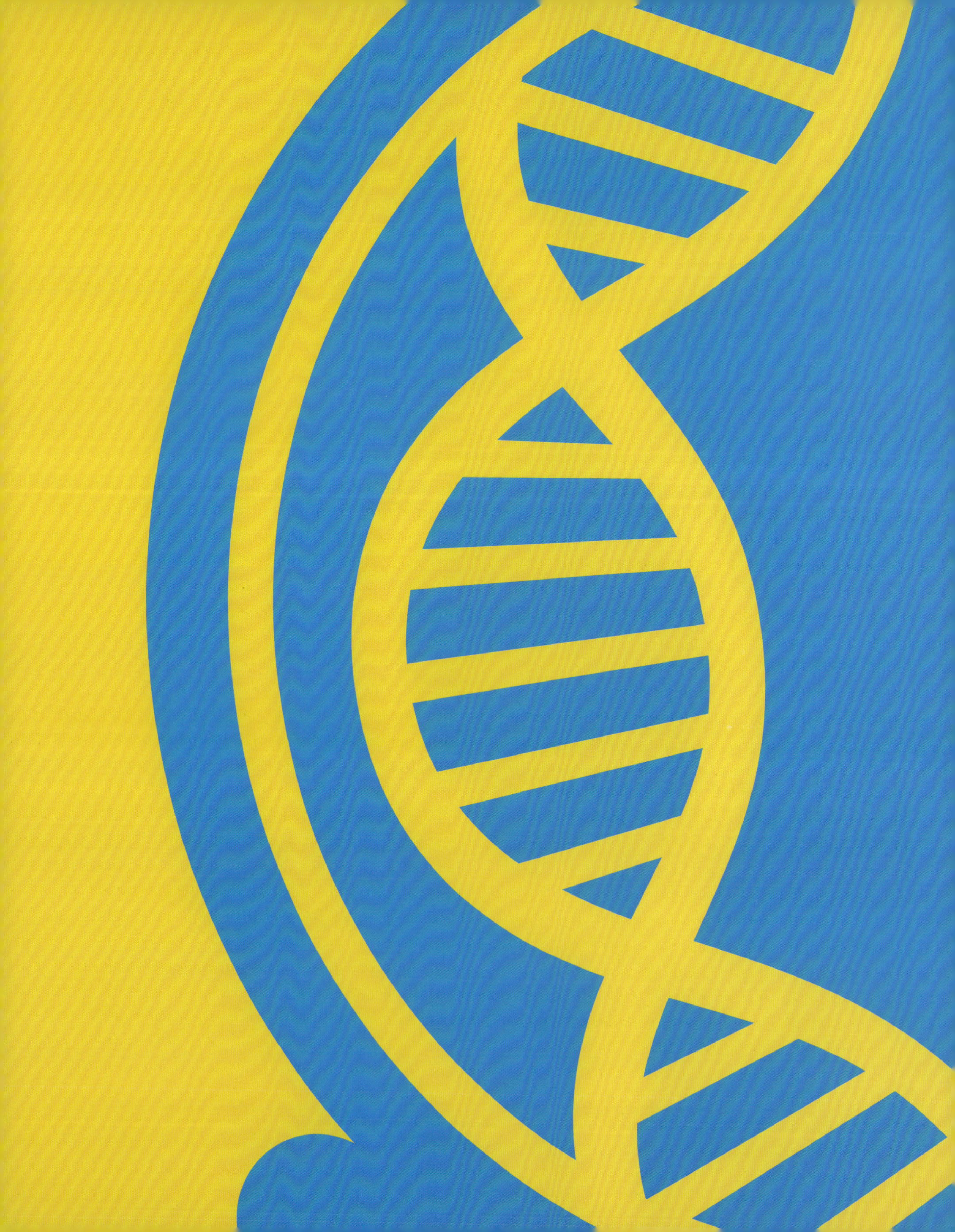

4 生殖与遗传

一条扁虫可被切成279块，而后每一块都能长成一条新的扁虫

2 生长和换羽
随着若虫的生长，它会蜕皮，脱掉其紧密的外骨骼。在整个春季和夏季，它在成年过程中会经历四次蜕皮。

几乎所有成年蚜虫都是雌性

孤雌生殖

一些生物体（主要是无脊椎动物）可以产生不需要精子受精就能发育成后代的卵子。这种类型的无性生殖——孤雌生殖——甚至可以在同一生物体中与有性生殖一起出现。

1 无翼若虫
冬季之前产下的卵在来年春季孵化成一种小型、无翅的形态，被称为若虫。若虫爬到一棵食用植物上并开始吮吸汁液。

新生若虫利用季节性食物供应

3 出生
成年蚜虫产下活的幼虫。一只母蚜虫每天最多可以产下12只无翅若虫。

每年秋季，来自有性生殖的新卵会进入到循环里

无翅雌性成虫
无性生殖

无翼若虫

有翅雌性只有在需要新栖息地时才会诞生

卵

4 有翅雌性
当植被变得茂密后，若虫发育成有翅膀的雌性，飞向新的植物，并开始新一轮的循环。

繁殖周期
在春季和夏季，蚜虫通过无性生殖迅速增加数量。随着秋季临近，它们转向有性生殖，产下的卵在冬季休眠。

春季　　　夏季

无性生殖

有些生物体无须交配即可繁殖，产生与其相同的后代，且后代之间也相同。这就是无性生殖。后代可能会迅速填充新的栖息地，但遗传一致性使其无法适应不断变化的环境。

脊椎动物中的孤雌生殖常见吗？

不——这种情况很少见。一些两栖动物、爬行动物和鱼类可以进行无性生殖，但是没有任何鸟类或哺乳动物能做到这一点。

生殖与遗传
无性生殖

80 / 81

芽殖

无性生殖最简单的方法之一是父母身体的一部分脱落并发育成完整尺寸的独立个体。这个过程被称为芽殖，常见于低等动物和包括酵母在内的单细胞生物身上。芽殖无须仰仗产卵这样的复杂细胞变化来实现新个体的诞生。

不朽的生物

水螅是生长在海底的水母和海葵的近亲。它们可以进行芽殖。这意味着如今生长的水螅其实是已生长数百万年的原始身体的一部分。

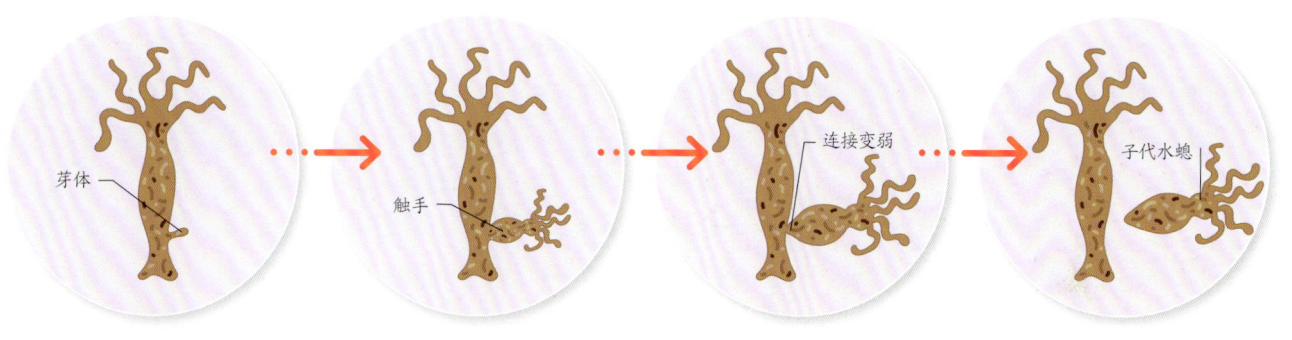

芽体 · **触手** · **连接变弱** · **子代水螅**

1 芽体生长
当芽体最初开始形成时，它从成虫的体壁上生长出来。每两天就会长出一个新的芽体。

2 芽体发育
芽体逐渐发育出触手和其他特征，就像成虫的缩小版一样。

3 芽体成熟
芽体继续生长，并开始从母体上脱落。此过程被称为裂殖。

4 芽体分离
芽体脱离母体并漂走。然后，它落在固体表面并长成完整尺寸。

营养繁殖

植物可以通过被称为营养繁殖的过程进行无性传播，例如，根茎和匍匐茎（两种茎）等生长物从母本植物中长出。这些茎寻找新的生长地点，长出新的子株。

新茎

根茎和匍匐茎相似但不相同。根茎生长在地下，匍匐茎则在地上生长。此外，根茎由根发育而来，而匍匐茎通常从亲本的主茎中生长出来。

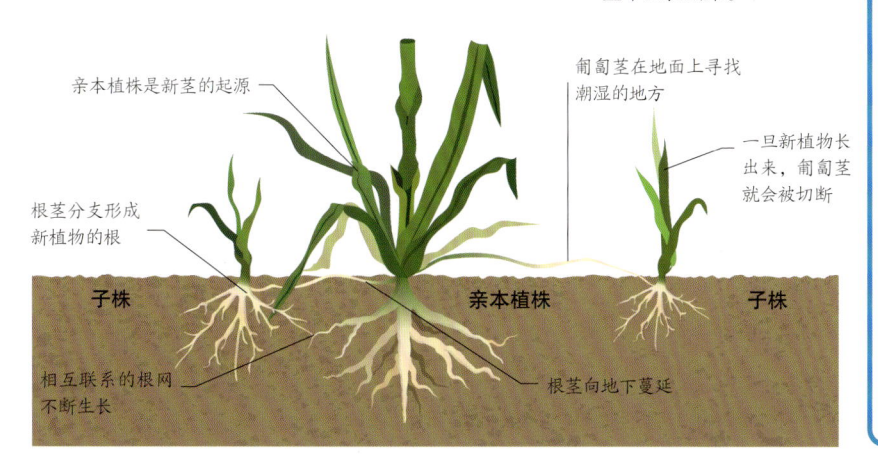

断裂

有些动物，如扁虫，在身体分裂或破碎后仍可增殖。每个身体部位都会生长为一个新的、完全成形的身体。这使得个体能够在受伤或被肢解时幸存下来。

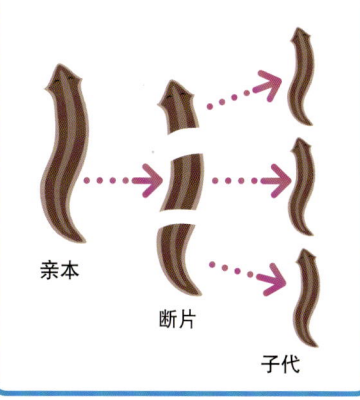

亲本植株是新茎的起源

匍匐茎在地面上寻找潮湿的地方

一旦新植物长出来，匍匐茎就会被切断

根茎分支形成新植物的根

子株 · **亲本植株** · **子株**

相互联系的根网不断生长

根茎向地下蔓延

亲本 · **断片** · **子代**

减数分裂

有性生殖中使用的配子（性细胞）是由减数分裂过程产生的。减数分裂产生配子，配子在受精过程中融合形成新的生物体。

分裂过程

减数分裂使用与有丝分裂相同的纺锤体来分裂细胞组分（参见第68～69页）。然而，与有丝分裂不同，减数分裂由两个分裂过程组成，将一个亲本细胞变成四个子细胞。在人类中，减数分裂产生的每一个子细胞都有半套（23条）染色体，因此当卵子和精子融合时，就形成了全套共46条染色体。

1 间期
减数分裂从单个二倍体细胞开始（见对页）。在分裂之前，细胞核（染色质）中的DNA会复制，中心体也是如此。

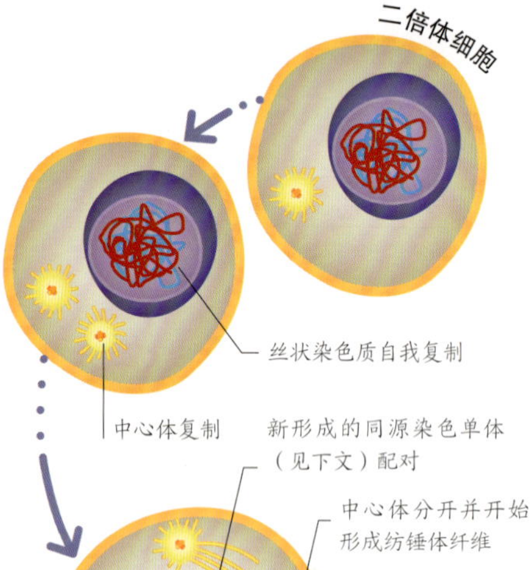

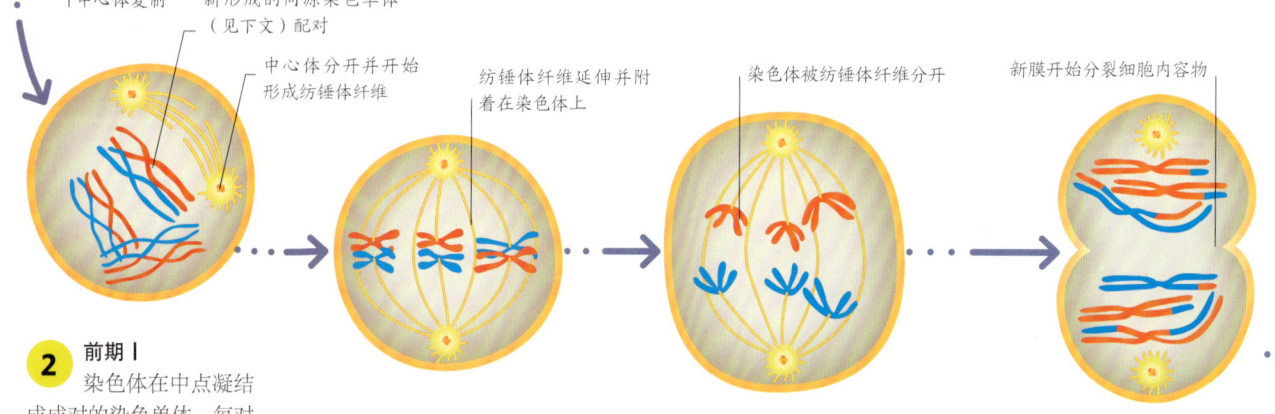

- 二倍体细胞
- 丝状染色质自我复制
- 中心体复制
- 新形成的同源染色单体（见下文）配对
- 中心体分开并开始形成纺锤体纤维
- 纺锤体纤维延伸并附着在染色体上
- 染色体被纺锤体纤维分开
- 新膜开始分裂细胞内容物

2 前期Ⅰ
染色体在中点凝结成成对的染色单体。每对同源染色体的相邻染色单体可在交叉过程中交换DNA片段（见下文）。

3 中期Ⅰ
交换仍在继续。细胞的两端形成纺锤体。染色体对沿着细胞的赤道板排列。

4 后期Ⅰ
纺锤体纤维将每对染色体（由两个连接的染色单体组成）拉到细胞两端。

5 末期Ⅰ
细胞中部形成新的细胞膜，将细胞质一分为二。

交换

同源染色体在相同的固定位置携带相同的基因。每条染色体由两个相同的染色单体组成。相邻染色单体能够在交叉的过程中交换染色体片段。该过程在每个前期阶段开始，并持续到下一个中期阶段。杂交通过产生四种独特的染色单体，最大限度地提高了未来后代的遗传多样性。

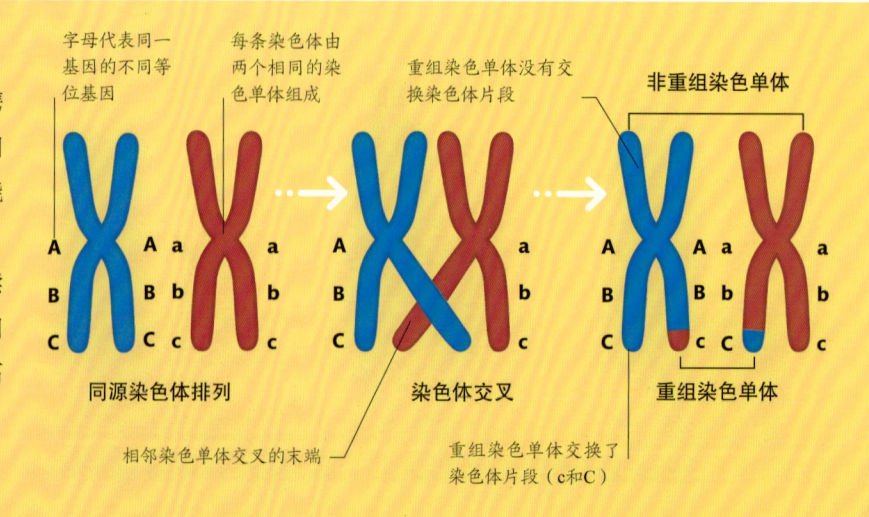

- 字母代表同一基因的不同等位基因
- 每条染色体由两个相同的染色单体组成
- 重组染色单体没有交换染色体片段
- 非重组染色单体
- 同源染色体排列
- 染色体交叉
- 重组染色单体
- 相邻染色单体交叉的末端
- 重组染色单体交换了染色体片段（c和C）

生殖与遗传
减数分裂　82/83

平均而言，在女性一生中，卵巢会完成300~400次减数分裂

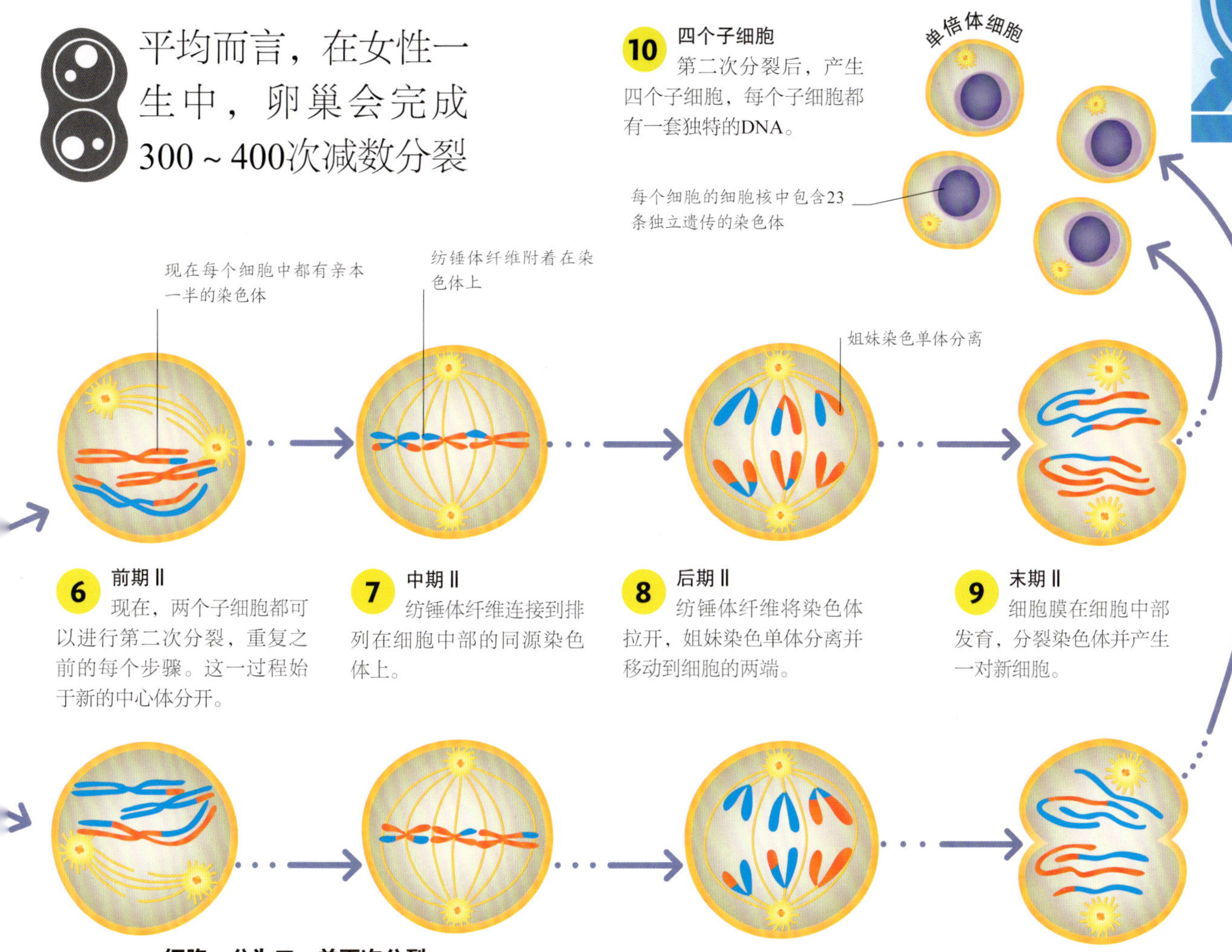

10 四个子细胞
第二次分裂后，产生四个子细胞，每个子细胞都有一套独特的DNA。

单倍体细胞

每个细胞的细胞核中包含23条独立遗传的染色体

现在每个细胞中都有亲本一半的染色体

纺锤体纤维附着在染色体上

姐妹染色单体分离

6 前期Ⅱ
现在，两个子细胞都可以进行第二次分裂，重复之前的每个步骤。这一过程始于新的中心体分开。

7 中期Ⅱ
纺锤体纤维连接到排列在细胞中部的同源染色体上。

8 后期Ⅱ
纺锤体纤维将染色体拉开，姐妹染色单体分离并移动到细胞的两端。

9 末期Ⅱ
细胞膜在细胞中部发育，分裂染色体并产生一对新细胞。

细胞一分为二，并再次分裂

所有生物都会发生减数分裂吗？

在多细胞生物（如植物、动物和一些真菌）中，的确如此，但在许多单细胞生物（如细菌和古菌）中则不然。

二倍体和单倍体细胞

配子或性细胞是单倍体，这意味着它们包含二倍体的体细胞所携带染色体的一半。二倍体细胞每条染色体携带两份拷贝——父母各提供一份。二倍体细胞中的染色体以同源对的形式存在，也就是说，每条染色体中的DNA均含有相同基因的不同版本。在减数分裂期间，同源对总是分开的。

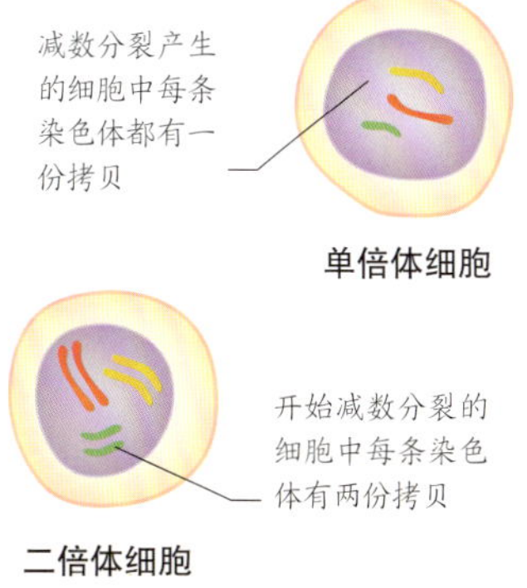

减数分裂产生的细胞中每条染色体都有一份拷贝

单倍体细胞

开始减数分裂的细胞中每条染色体有两份拷贝

二倍体细胞

有性生殖

大多数复杂的生物体是有性生殖的。这涉及两个亲本遗传信息的结合以及一个新生物体的形成。有性生殖的后代所携带的遗传信息是独一无二的。物种内的这种遗传多样性增加了每一代的生存概率。

融合性细胞

对于植物和动物来说，有性生殖需要每个亲本提供一个性细胞（配子）。为创造一个新的生物体，雄配子和雌配子需要相遇，然后它们的细胞核会融合，这个过程被称为受精（见对页）。之后受精子细胞或受精卵分裂并发育成新的生物体。

蜂王一天可产下1500个卵

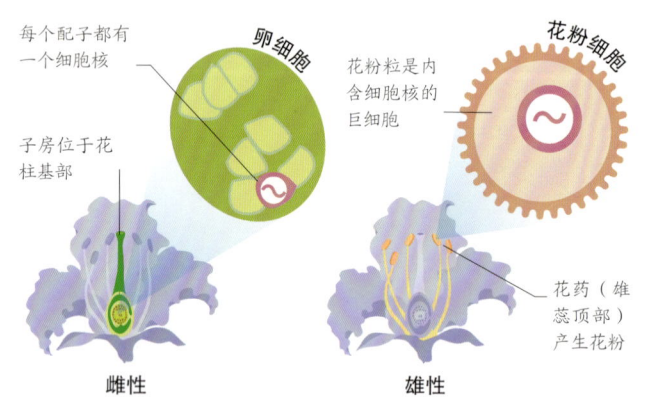

- 每个配子都有一个细胞核
- 子房位于花柱基部
- 卵细胞
- 花粉粒是内含细胞核的巨细胞
- 花粉细胞
- 花药（雄蕊顶部）产生花粉
- 卵细胞（在卵巢中）是最大的动物细胞之一
- 卵细胞
- 鞭毛（尾状附属物）增加活动性
- 精子细胞

雌性　雄性
开花植物的有性生殖
开花植物的雄配子包含在花粉粒内，花粉粒必须通过风、水或动物从花药（花中雄蕊的一部分）转移到另一朵花的雌蕊或子房上。

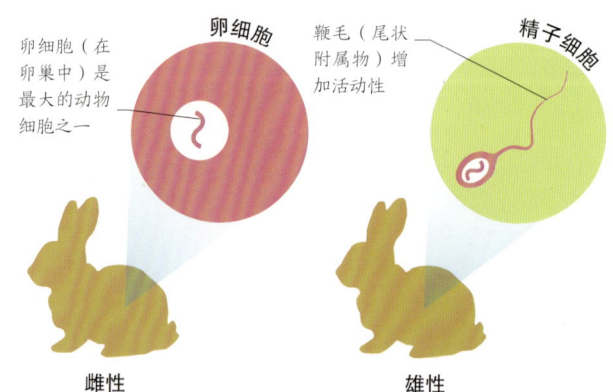

雌性　雄性
动物的有性生殖
动物精子细胞是一种高度流动的细胞，可以游向卵细胞。动物卵细胞可以从体内排出，以便精子大量受精，也可以通过性交在体内完成受精。

世代交替

许多简单的植物会经历两个不同的阶段：单倍体阶段，它们通过释放配子进行有性生殖；二倍体阶段，它们通过释放孢子进行无性生殖。在单倍体阶段和二倍体阶段之间进行交替的植物会经历减数分裂（参见第82~83页）和有丝分裂（参见第68~69页）。

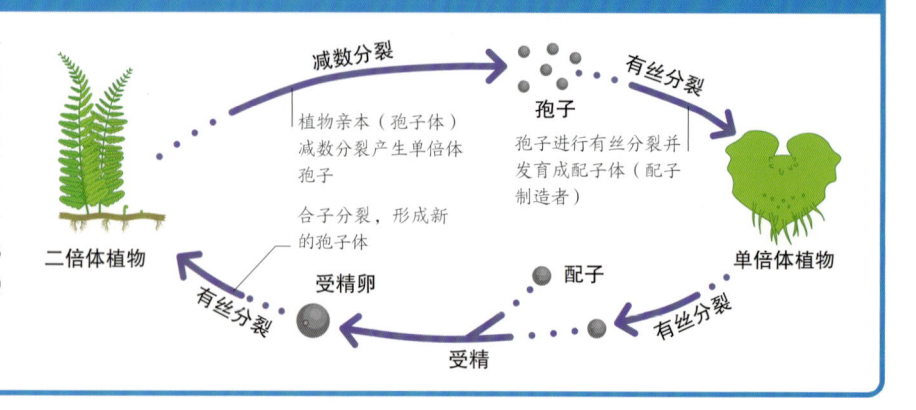

- 二倍体植物
- 减数分裂
- 植物亲本（孢子体）减数分裂产生单倍体孢子
- 孢子
- 有丝分裂
- 孢子进行有丝分裂并发育成配子体（配子制造者）
- 单倍体植物
- 配子
- 有丝分裂
- 受精
- 受精卵
- 合子分裂，形成新的孢子体
- 有丝分裂

图解说明

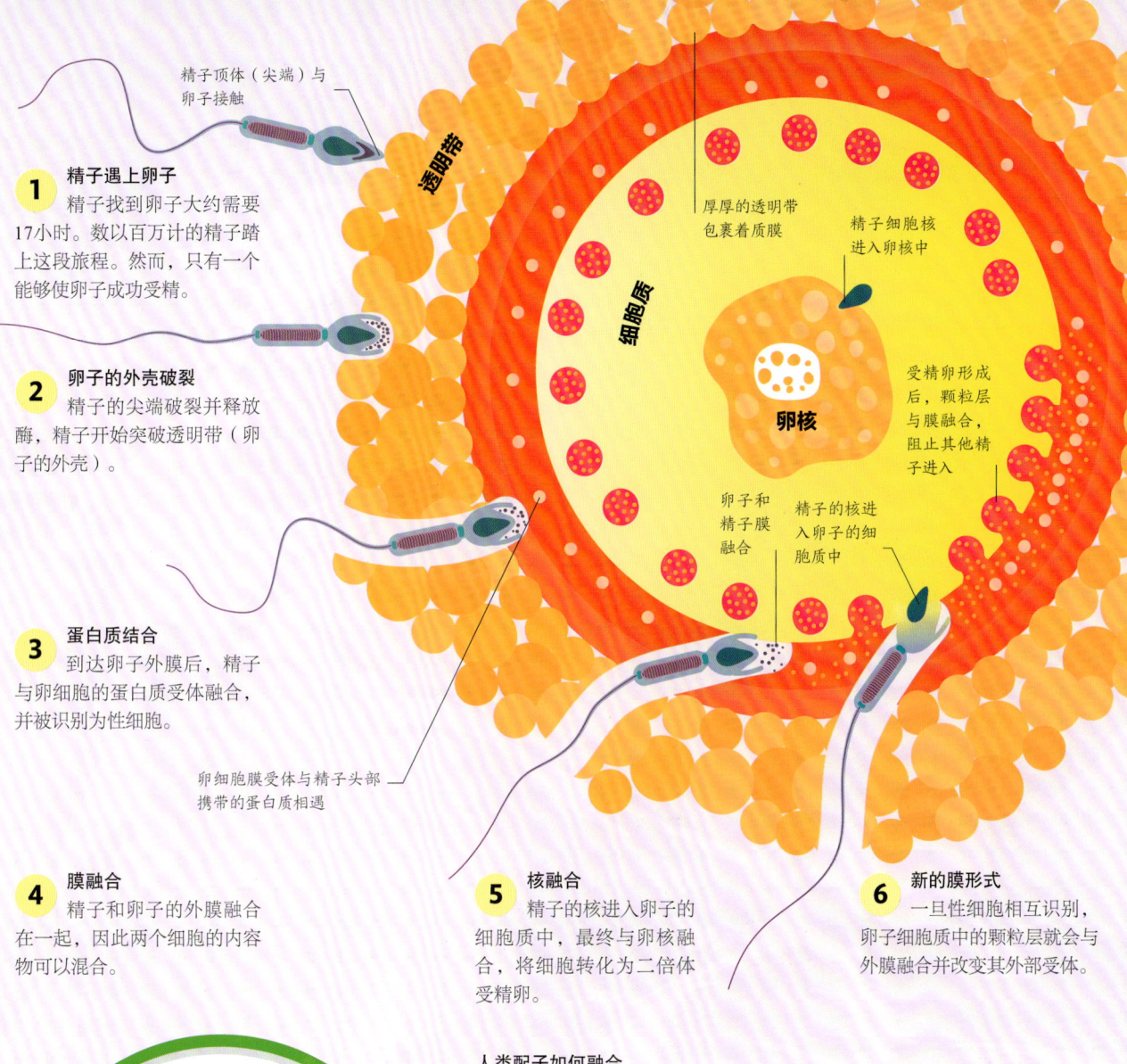

精子顶体（尖端）与卵子接触

1 精子遇上卵子
精子找到卵子大约需要17小时。数以百万计的精子踏上这段旅程。然而，只有一个能够使卵子成功受精。

2 卵子的外壳破裂
精子的尖端破裂并释放酶，精子开始突破透明带（卵子的外壳）。

3 蛋白质结合
到达卵子外膜后，精子与卵细胞的蛋白质受体融合，并被识别为性细胞。

卵细胞膜受体与精子头部携带的蛋白质相遇

4 膜融合
精子和卵子的外膜融合在一起，因此两个细胞的内容物可以混合。

5 核融合
精子的核进入卵子的细胞质中，最终与卵核融合，将细胞转化为二倍体受精卵。

6 新的膜形式
一旦性细胞相互识别，卵子细胞质中的颗粒层就会与外膜融合并改变其外部受体。

图中标注
- 透明带
- 厚厚的透明带包裹着质膜
- 细胞质
- 卵核
- 精子细胞核进入卵核中
- 受精卵形成后，颗粒层与膜融合，阻止其他精子进入
- 卵子和精子膜融合
- 精子的核进入卵子的细胞质中

人类配子如何融合
精子细胞游过子宫，找到从卵巢沿着输卵管向下移动的卵子。几乎所有的有性生殖动物都有与人类精卵融合类似的过程。

性细胞有多大？
人类精子细胞的直径约为0.005毫米——太小，没有显微镜我们无法看到它们。然而，人类的卵细胞比精子细胞大20倍，用肉眼便可看到。

受精

有性生殖取决于受精这一精卵融合过程。当此情况发生时，两个性细胞的细胞核合并，形成受精卵。两个单倍体性细胞各自具有一组不配对的染色体，融合后形成具有两组染色体的二倍体细胞。精子和卵子各有受精卵一半的遗传物质，受精卵是后代的首个体细胞。在开花植物当中，授粉有助于受精（参见第151页）。

动物繁殖模式

如果能提高动物后代的生存机会，后代便更有可能再次繁殖。动物演化出一系列繁殖策略，投入这样或那样的资源，以助提升生存机会。

胎生动物

有些动物会投入时间和精力以确保后代能达到更高发育水平。为此，后代在母体内进行生长发育。在母体内，它们可免受攻击，并且能获得营养，一旦达到更高发育水平，可以更为独立地生活并有更大的生存机会，它们就会被生下来。

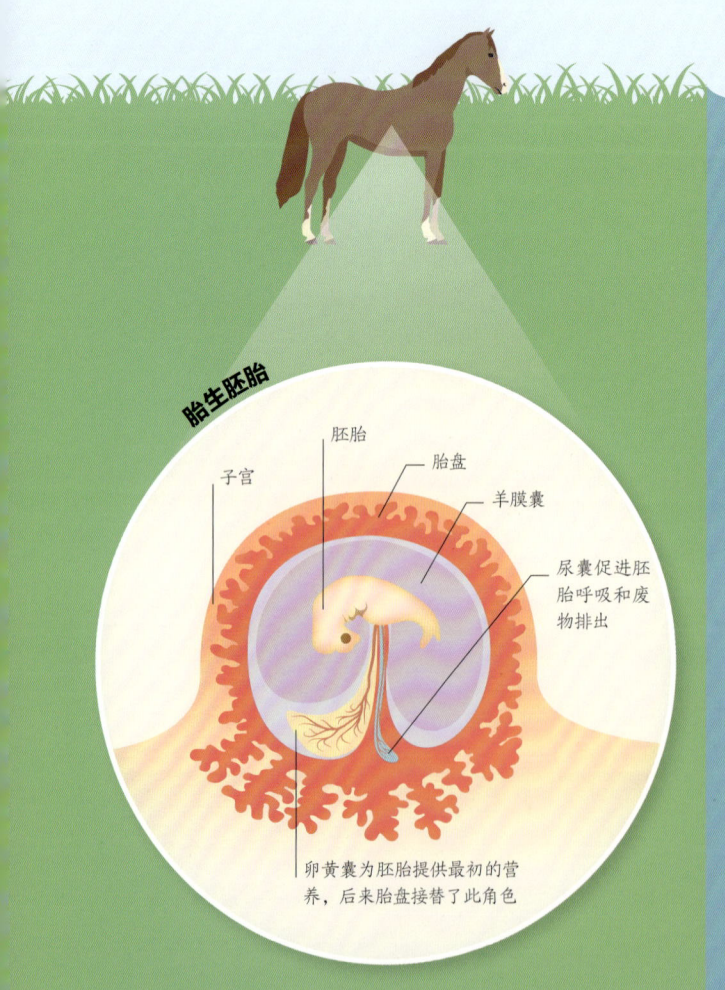

胎生胚胎

- 子宫
- 胚胎
- 胎盘
- 羊膜囊
- 尿囊促进胚胎呼吸和废物排出
- 卵黄囊为胚胎提供最初的营养，后来胎盘接替了此角色

胎生动物
在亲本体内（而不是在卵中）产生后代活体动物的方式称为胎生。有胎盘的哺乳动物（如马）是胎生的，蝎子、蚜虫和绒虫也是。

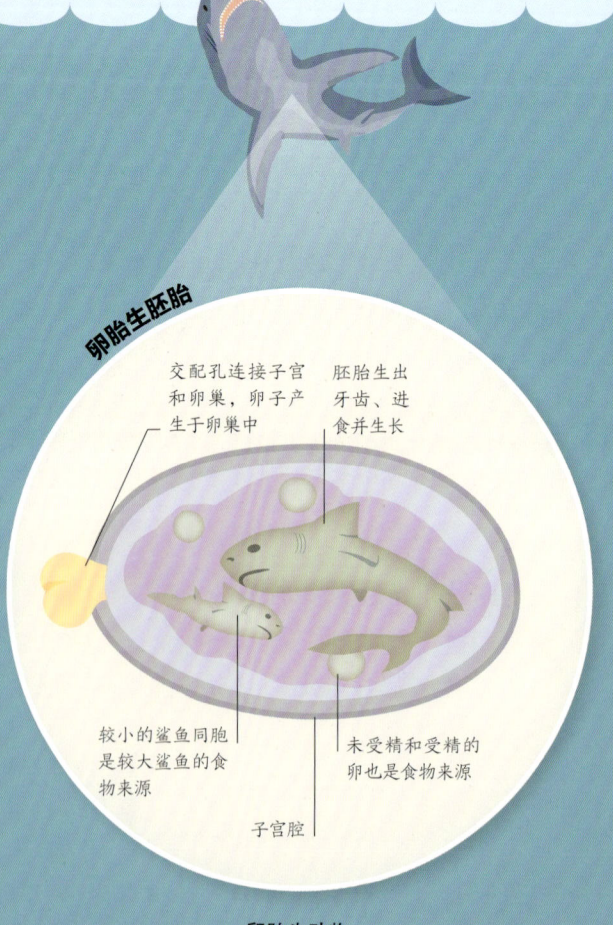

卵胎生胚胎

- 交配孔连接子宫和卵巢，卵子产生于卵巢中
- 胚胎生出牙齿、进食并生长
- 较小的鲨鱼同胞是较大鲨鱼的食物来源
- 未受精和受精的卵也是食物来源
- 子宫腔

卵胎生动物
包括某些鲨鱼、鱼和蛇在内的一些物种的生命始于留存于母体内的卵。卵在体内发育、孵化，然后幼崽出生。此种动物是卵胎生的。

生殖与遗传
动物繁殖模式

86 / 87

卵生动物

卵生动物能够快速产下大量幼崽。以此方式繁殖的动物的卵至少得由胚胎周围的保护性凝胶涂层和卵黄囊中的少量营养物质组成。有些卵生动物还有额外的羊膜层，可有效地为卵防水。例如，爬行动物和鸟类产下的卵有着碳酸钙外壳，该外壳不透水，但空气可以透过。这些动物通常采用建造安全的巢穴或孵蛋（如坐在蛋上保温）的方式来保护它们的卵。

为什么有些卵有壳？

卵壳有很多功能。卵壳有助于防水和保护卵免受损坏和感染，还可以调节气体和水的交换，并为生长中的胚胎提供钙。

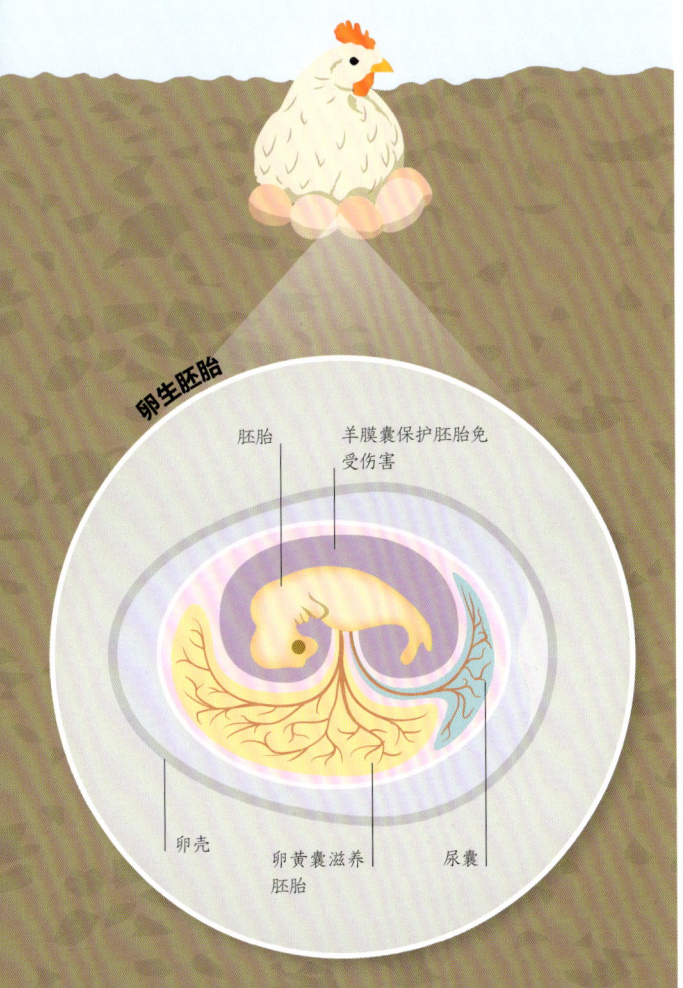

海洋翻车鱼一次可产下3亿个卵——比其他任何动物都多

卵生胚胎

- 胚胎
- 羊膜囊保护胚胎免受伤害
- 卵壳
- 卵黄囊滋养胚胎
- 尿囊

卵生动物

在卵生（产卵）动物（如鸟类和大多数鱼类）中，卵在母体外孵化。胎生动物是从卵生动物演化而来的，这解释了为何二者卵的内部结构相似。

演化发育生物学

演化发育生物学（evo-devo）是对不同生物体中后代如何发育以及这些过程如何演化进行逐个细胞比较的学科。近缘物种的发育方式可与胚胎媲美。然而，它们之间的异同正好向我们彰显了其关系之密切。例如，人类和鱼类都是脊椎动物，因此它们的胚胎在发育的早期阶段是相似的。

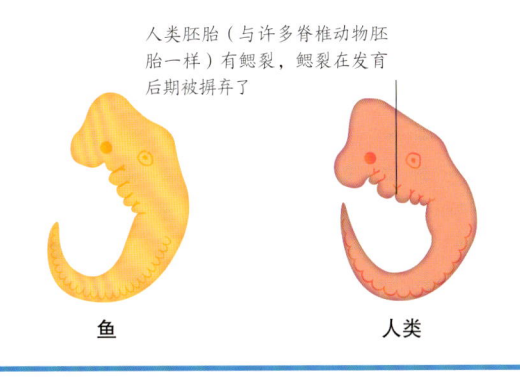

人类胚胎（与许多脊椎动物胚胎一样）有鳃裂，鳃裂在发育后期被拋弃了

鱼　　　　　人类

干细胞

生物体主要由专门执行特定功能的细胞组成。然而，从胚胎到成年，一小部分被称为干细胞的非特化细胞保留了发育成其他细胞的能力。

干细胞的类型

动物胚胎的生命始于一个由非特化细胞组成的球状物。为了转变为完全生长的生物体，这些干细胞必须通过分化过程特化为各种类型的细胞。在分化过程中，细胞不再那么万能，而是变得更加专能。随着生物体的发育，其干细胞的数量和效力（特化能力）会下降。

蝾螈所拥有的众多干细胞意味着它们可以再生器官和整个四肢

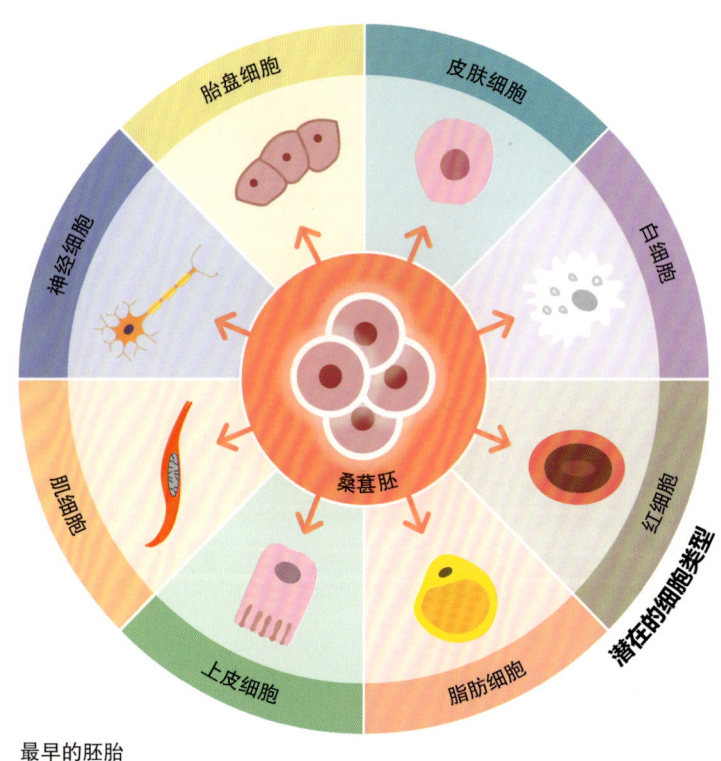

最早的胚胎
在很早的时候，胚胎不过是一个被称为桑葚胚的小型细胞实体。它的细胞是全能的，这意味着这些细胞可以分化成任何类型的细胞并形成胚胎的任何部分。在大多数哺乳动物中，桑葚胚均含有形成胎盘的膜。

干细胞疗法

干细胞的发育潜力可用于生长健康组织和疾病治疗。干细胞疗法是一门不断发展的科学，旨在预防或治疗疾病。

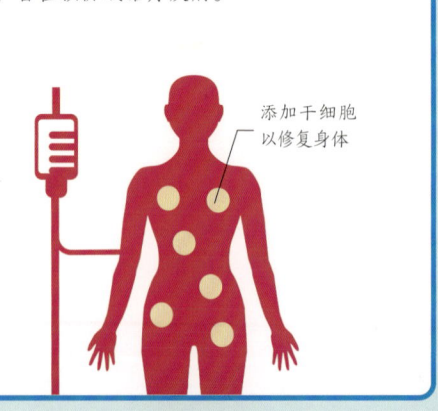

添加干细胞以修复身体

植物的干细胞

在植物中，干细胞存在于植物特有的非特化细胞区域，即分生组织当中，使得植物能够不断生长和变形。这是可行的，因为植物有别于动物，能产生无穷无尽的干细胞。分生组织既存在于植物的根和芽中，也存在于木质部（运输水分所必需的组织）和韧皮部（运输营养物质的组织）中。植物的干细胞使其能够在损伤中存活并进行修复，促进现有的器官生长并进行新的器官发育，以及从含有分生组织的任意扦插中繁育出新的植物。

符号说明
- 静止中心
- 干细胞
- 组织中心
- 肋状分生组织

生殖与遗传
干细胞
88 / 89

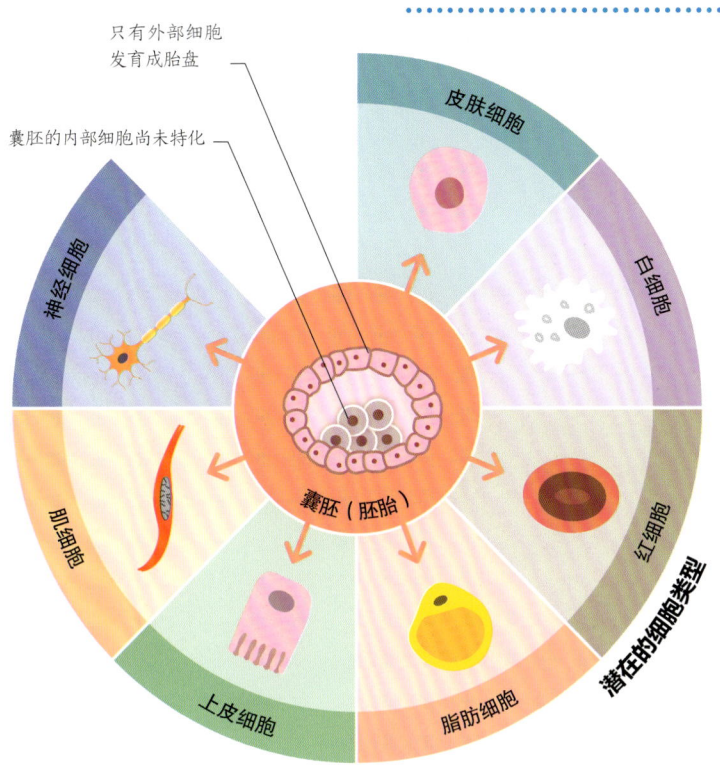

- 只有外部细胞发育成胎盘
- 囊胚的内部细胞尚未特化
- 皮肤细胞
- 神经细胞
- 白细胞
- 多种白细胞之一
- 白细胞
- 囊胚（胚胎）
- 红细胞
- 骨髓
- 红细胞
- 肌细胞
- 上皮细胞
- 脂肪细胞
- 潜在的细胞类型
- 潜在的细胞类型

早期胚胎
随着胚胎的发育，一个被称为囊胚的空心球体形成，并且胚胎的一些细胞首次被特化。这些外层细胞有助于形成大多数哺乳动物的胎盘。囊胚的内部细胞具有多能性，因为它们可以分化为诸多但非所有细胞类型。

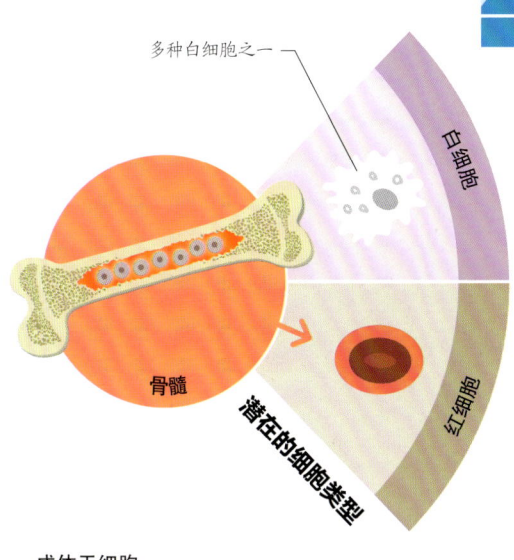

成体干细胞
生物体终其一生都会保留干细胞，只不过干细胞的数量会越来越少。在成年人中，干细胞存在于骨髓、皮肤、眼睛及其他部位。这些细胞被视为多能细胞，因为它们只能转化为少数几种细胞。骨髓干细胞可以分化为红细胞和白细胞（及其他细胞），这使得它们对于对抗疾病或损伤至关重要。

芽顶端分生组织
- 快速分裂的干细胞
- 茎尖
- 周边区
- 中心区
- 周边区
- 细胞在各区域之间流动

根尖分生组织
- 干细胞分裂缓慢
- 附近的干细胞很少分化

开花植物
- 根尖

组织中心
在这个分生组织中，肋状（中心区的底部）支撑着组织严密的细胞中心。此外，干细胞还进行分化并在帮助叶子生长等过程中发挥着重要作用。

静止中心
该分生组织包含静止中心。那里的非特化细胞很少分化，还会阻止邻近细胞分化，从而保护根的结构。

读取基因

DNA中的每个基因都包含构建单个蛋白质或其他化学物质的编码指令。构建过程涉及酶读取编码信息，然后编码信息以RNA的形式被携带到细胞质，并在细胞质中被翻译成蛋白质制造指令。

转录

在基因被翻译成蛋白质之前，酶必须首先将DNA链转录（复制）成携带制造蛋白质编码信息的信使RNA（mRNA，参见第36页）。当RNA聚合酶附着在双螺旋上并使用其中一条DNA链作为mRNA的模板时，这一过程就开始了。然后，mRNA从细胞核移动到细胞质。

翻译后mRNA会发生什么变化？

一条mRNA链在降解之前会多次翻译产生蛋白质。

在真核生物（有细胞核的细胞或生物体）中，转录发生于细胞核中。

DNA在人体细胞中复制时，每秒增添 50 个碱基

1 起始
RNA聚合酶与基因中的序列结合并破坏互补碱基对之间的氢键，从而解旋DNA。

2 延伸
然后，RNA聚合酶沿着基因移动，一边移动一边以DNA链为模板生成mRNA。

3 终止
当mRNA到达基因末端时，聚合酶分离。mRNA移动到细胞质中，其中的编码信息被核糖体用来制造蛋白质。

mRNA

mRNA链通过核膜上的孔离开细胞

聚合酶

DNA

DNA链被RNA聚合酶解旋以进行复制，之后再螺旋

创建的mRNA链与DNA链互补；例如，RNA上的鸟嘌呤对应DNA上的胞嘧啶，尿嘧啶对应腺嘌呤（参见第36~37页）

单链DNA

细胞核

翻译

mRNA附着于核糖体（蛋白质构建单位）上。储存在mRNA中的信息被用作制造蛋白质的指令。mRNA上的每组三个核酸碱基（密码子）与转移RNA（tRNA）分子上的三个碱基（反密码子）相匹配。由于每个tRNA分子都带有一个氨基酸，因此碱基序列会转化为一条氨基酸链。64个密码子的遗传密码包括3个起始密码子（用于开始该过程）和1个终止密码子（用于结束该过程）。

1 起始
mRNA到达核糖体，附着在其上，并吸引与起始密码子相对应的tRNA分子。

2 延伸
另一个tRNA分子带来与密码子相对应的氨基酸。两个氨基酸结合在一起，第一个tRNA离开核糖体。

3 蛋白质形成
当tRNA携带氨基酸进入和离开核糖体时，氨基酸链形成并延长。该过程持续进行，直至到达终止密码子。

4 蛋白质折叠
当到达终止密码子时，氨基酸链从tRNA中释放出来。然后细胞内的细胞器将其折叠并进行其他修饰以形成蛋白质分子（参见第38～39页）。

蛋白质由20种氨基酸组成，可折叠成不同的形状。

链折叠成蛋白质

不断增长的氨基酸链

tRNA分子将氨基酸转运至mRNA链

转运RNA（tRNA）

氨基酸

tRNA分子输送氨基酸后流向细胞质

信使RNA（mRNA）

核糖体

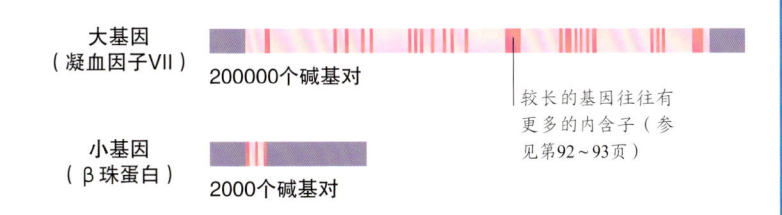

细胞质

形成链
当核糖体沿着mRNA链移动时，tRNA分子根据tRNA分子上密码子和反密码子匹配原则依特定顺序附着到mRNA上。

核孔

核膜

基因大小

人类基因平均由3000个DNA碱基对组成，但差别迥异——从几百个到200多万个。较长的基因与脑、心脏和肌肉功能有关，而较短的基因与免疫系统或皮肤的某些功能有关。

大基因
（凝血因子Ⅶ）
200000个碱基对

较长的基因往往有更多的内含子（参见第92～93页）

小基因
（β珠蛋白）
2000个碱基对

基因1

DNA片段
在转录过程中（参见第90~91页），基因组的某些部分最终形成mRNA链（外显子），而其他部分则不会（内含子）。大多数外显子包含制造蛋白质的编码信息。内含子的功能仍存在争议，但有些可能可以调节转录和基因表达。

内含子缺乏明确的功能，这导致它们被贴上"垃圾DNA"的标签

在人类中，每个基因平均有8.8个外显子，但它们仅占基因组的1%

在人类中，每个基因平均有7.8个内含子，它们占基因组的24%

当只测外显子序列时，得到的即为外显子组

内含子　　外显子　　内含子　　外显子

基因的结构

基因是编码特定蛋白质的DNA片段（参见第90~91页）。在细菌中，DNA在细胞质内自由移动。然而，在更为复杂的生物体，如人类、动物或植物当中，非常长的DNA链被紧密地包裹在细胞核中的染色体里（参见第58~59页）。每个基因都存在于染色体上和基因组DNA编码区的特定位置。编码基因由各种类型的非编码DNA（被称为基因间DNA）、内含子和少量外显子（见上文）进行分隔。

70%的人类DNA是"垃圾DNA"

基因组

每个生物体的DNA分子中都含有遗传信息。生物体的全套遗传信息被称为基因组。基因组包含生物体发育和发挥功能所需的所有指令。分析基因组可以让我们查明某些基因并了解其工作原理。

世界上最大的基因组是什么？

日本花重楼的基因组有1490亿个碱基对，大约是人类基因组的50倍。

生殖与遗传
基因组

基因2

在人类中，75%的基因组是基因间DNA片段，即不编码蛋白质的基因之间的DNA片段

少数外显子不编码蛋白质，而是含有有助于其他遗传过程的调节元件

内含子可能由遗传密码部分演化"改组"所致，从而在DNA编码片段之间产生了间隔

外显子内碱基序列的差异会产生基因的不同变体，从而增加物种多样性

内含子可以是DNA的一部分，也可以是RNA转录本中的相应部分

基因间DNA　　外显子　　内含子　　外显子　　内含子

密码子和反密码子

密码子是在mRNA链上发现的三联碱基序列（参见第36页），它与tRNA链上的一组互补的三个碱基（反密码子）配对，以编码特定的氨基酸。从人类DNA中发现的64个密码子大多数只编码20种氨基酸当中的一种（每种氨基酸都用单字母缩写表示），这包括启动该过程的起始密码子。仅有终止密码子是不编码氨基酸的，它发出停止蛋白质生成的信号。

ATG = M 蛋氨酸　　CCA = P 脯氨酸

TTT = F 苯丙氨酸　　CCC = P 脯氨酸

TTG = W 色氨酸　　TAG = X 终止密码子

氨基酸编码
腺嘌呤（A）、胞嘧啶（C）、鸟嘌呤（G）和胸腺嘧啶（T）是密码子中的碱基（参见第37页）。这些化学物质以不同的方式组合，以产生特定的氨基酸。密码子组合示例及对应氨基酸如上所示。

解读我们的基因组

从1990年开始，人类基因组计划开始解读人类基因组的整个序列，并绘制其所有基因的位置和功能图。2003年，人类基因组计划完成约30亿个碱基对完整序列的绘制，尽管当时只测序了92%的基因。截至2022年，所有基因均已得到界定。

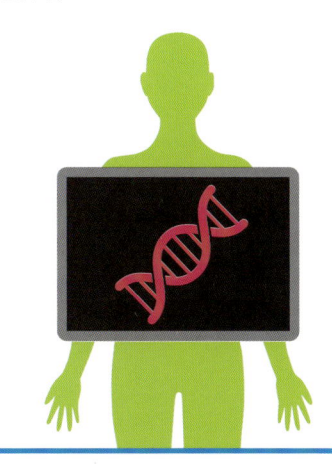

遗传

在有性生殖的生物体中，由亲代传递给后代的性状基于受精过程中所产生的基因组合。

显性和隐性等位基因

等位基因的某一个相较另一个占主导地位。基于此，每个亲本都有一个显性（D）和一个隐性（d）等位基因。仅当同时携带两个隐性等位基因时，隐性性状才会凸显出来。

等位基因

等位基因是特定基因的变体。等位基因控制后代的性状。它们通常成对出现，父母各遗传一个。生物体中等位基因的组合被称为其基因型，生物体的可观察性状构成其表型。后代的基因型和表型均取决于父母的基因型。

亲本

隐性等位基因（b）导致灰色毛皮表型

显性等位基因（B）导致棕色毛皮表型

亲本的基因型

性细胞（卵子和精子）各含有一个基因拷贝

后代的基因型

四分之三的猫是棕色的

四分之一的猫是灰色的

旁氏表

旁氏表显示了每个后代可以遗传的基因型的多样性。实际上，这也为我们提供了每种结果的概率。

父母2的性细胞

父母1的性细胞

后代的基因型

共显性

显性等位基因在后代中同等程度表达，被称为共显性。例如，白斑红花来自白花和红花之间的杂交，并同时包含两种表型的显性等位基因。

带有显性C^R等位基因的红花

亲本

具有显性C^W等位基因的白花

亲本

由于共显性，所有基因型都会产生相同的表型

我们如何界定疾病风险？

全基因组关联研究测试了数十万个遗传变异，用于确定具有统计学意义的疾病相关的变异。

百分百　百分百　百分百　百分百

生殖与遗传
遗传   94/95

性连锁遗传

一些疾病的流行与生物性别有关。例如，X染色体上携带的基因引起的疾病（参见第98～99页）在女性中通常不太常见。这是因为女性有两条X染色体，当第一条X染色体有缺陷时，第二条X染色体具有的显性等位基因可以掩盖第一条X染色体上的缺陷基因。然而，由于男性只有一条X染色体，所以携带有缺陷基因的男性就会表现出这种疾病的症状。

遗传色觉

色盲是X染色体上的隐性性状。当全色视觉的主要等位基因存在时，它就会被携带（但未被表现出来）。当该主要等位基因不存在但存在与之对应的隐性等位基因时，后代就会患病。

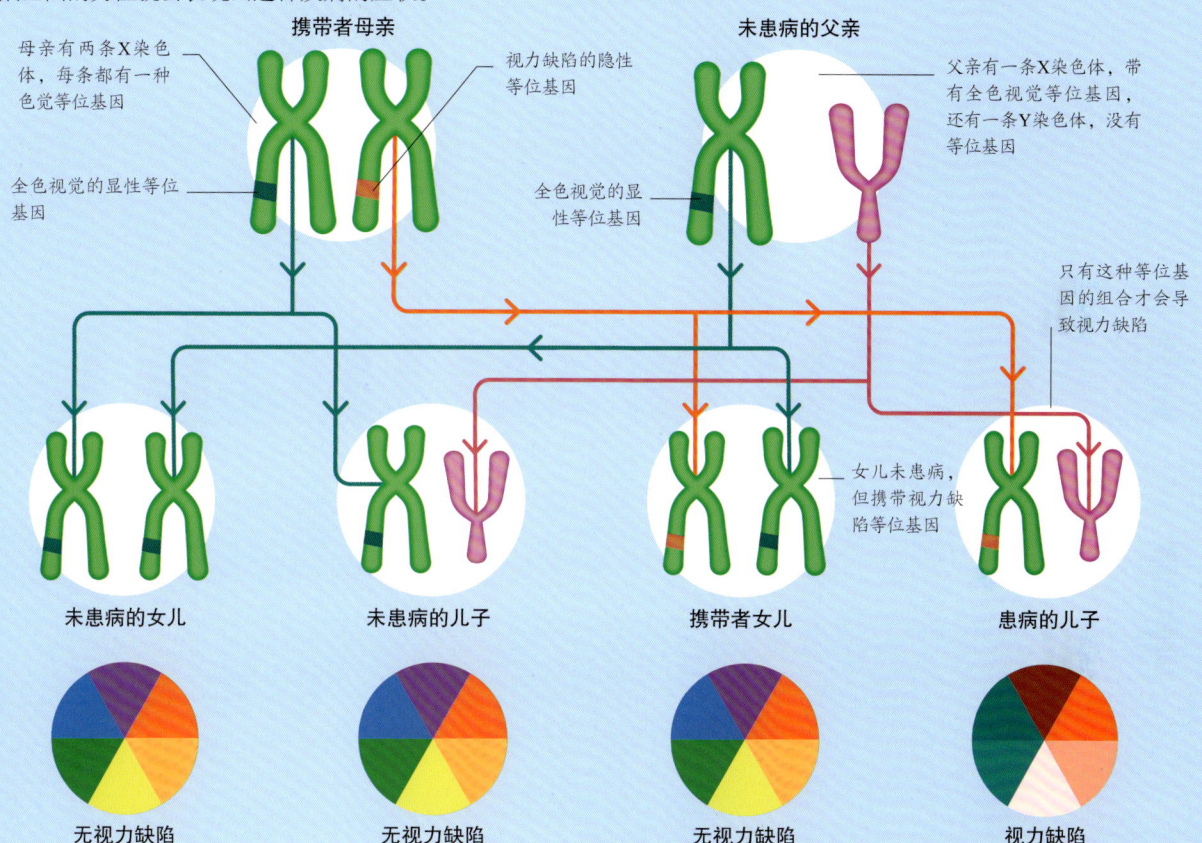

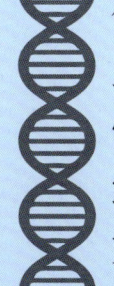

携带者母亲
- 母亲有两条X染色体，每条都有一种色觉等位基因
- 视力缺陷的隐性等位基因
- 全色视觉的显性等位基因

未患病的父亲
- 父亲有一条X染色体，带有全色视觉等位基因，还有一条Y染色体，没有等位基因
- 全色视觉的显性等位基因
- 只有这种等位基因的组合才会导致视力缺陷

未患病的女儿 — 无视力缺陷
未患病的儿子 — 无视力缺陷
携带者女儿 — 无视力缺陷（女儿未患病，但携带视力缺陷等位基因）
患病的儿子 — 视力缺陷

> 色盲影响大约十二分之一的男性，但只影响大约二百分之一的女性

杂交种

当两个物种杂交时，就会产生杂交物种。例如，狮虎兽是雄性狮子和雌性老虎的后代。由于生殖障碍，杂交物种很少见。混血儿的遗传不相容性也会增加其不孕、受伤和患神经系统疾病的风险。

狮虎兽

突变

突变是基因的永久性变化。突变的外部因素，如辐射、化学物质、传染性或生物制剂，被称为诱变剂。细胞分裂的DNA复制过程中也会发生突变，并可能导致遗传病。

引起新型冠状病毒感染（COVID-19）的病毒，大约每周发生一次突变

突变类型

突变分为两类。在移码突变中，碱基对的插入或缺失会导致阅读框（见下文）发生变化，从而影响整个碱基对序列。在点突变中，只有单个碱基对被替换（大多数情况下突变是良性的）。

密码子阅读框由一组编码氨基酸的三联碱基组成

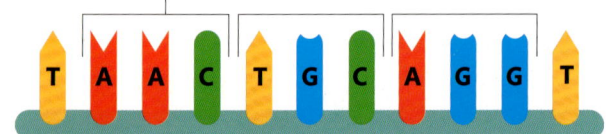

阅读框已变，现包含不同的碱基

原始DNA序列

正常DNA
个体的DNA序列以特定顺序储存编码蛋白质的指令。因为我们拥有大多数基因的两份拷贝，所以这种阅读顺序并不总受一个基因突变的影响。

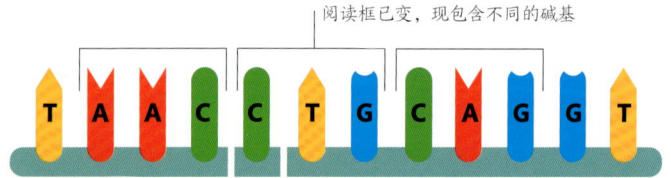

插入
插入是指将一个或多个碱基添加到DNA序列中。当这种情况发生在DNA复制或减数分裂（参见第82~83页）期间时，其影响可能是巨大的，因为插入（和缺失）改变了碱基的读取方式和氨基酸序列。

突变的原因

所有形式的遗传变异都是由突变引起的，这意味着它们对于物种的演化至关重要。内部突变可能是由复制过程中的错误引起的。身体会检查复制错误，且通常会予以修复。然而，有些错误未被发现，并且可能被遗传给后代。突变的外部因素（诱变剂）差异很大。癌症是由突变引起的，一些诱变剂也是致癌物（增加癌症风险的物质）。

自然和人造紫外线是诱变剂

X射线是诱变剂

紫外线

X射线

辐射
X射线的电离辐射会破坏DNA序列，导致染色体内的重排。紫外线的能量相对较低，但仍能导致DNA断裂。

外部因素
当环境因素进入细胞核并与DNA相互作用时，DNA可能会发生突变和损坏。当人类、其他动物或植物接触各种有害物质时，就会出现这种情况。

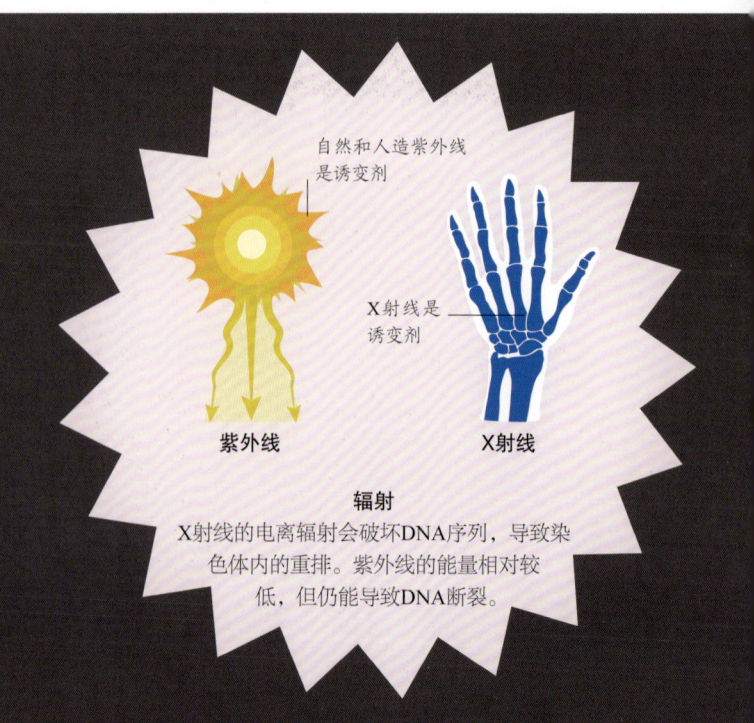

生殖与遗传
突变

96 / 97

病毒可以无限变异吗？

实际上，的确如此。只要宿主存在，病毒便可存在。随着时间的推移，病毒会发生变异，因此预防病毒的最佳方法是限制其传播。

突变率

许多因素决定了生物体随着时间的推移新突变发生的频率。代谢率高的物种被认为会通过线粒体呼吸面临更大的诱变剂暴露风险（参见第60~61页）。此外，单位时间内的繁殖代数越多，DNA复制错误的概率就越大，从而导致突变率升高。

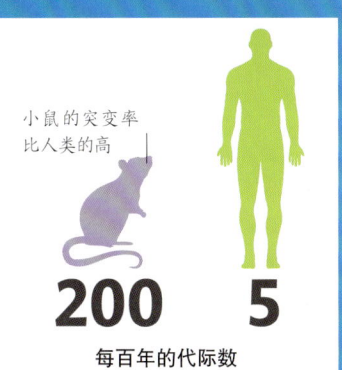

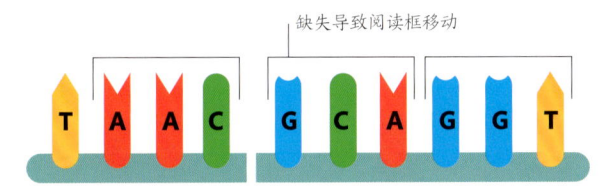

小鼠的突变率比人类的高

200 **5**

每百年的代际数

缺失

有时，当遗传物质断裂时，DNA序列的缺失会导致移码。缺失得越多，产生缺陷的可能性就越大。例如，囊性纤维化是由于CFTR基因缺失突变引起的肺部疾病。

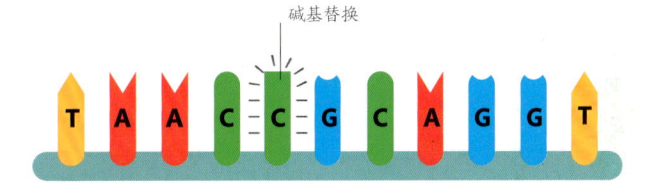

替换

当一个碱基被另一个碱基取代时，就会发生替换突变。这种类型的突变通常不会引起什么问题，当然也可能产生重大影响，具体取决于被替换的是哪个碱基以及是用什么取而代之的。例如，镰状细胞性贫血便是由替换突变引起的。

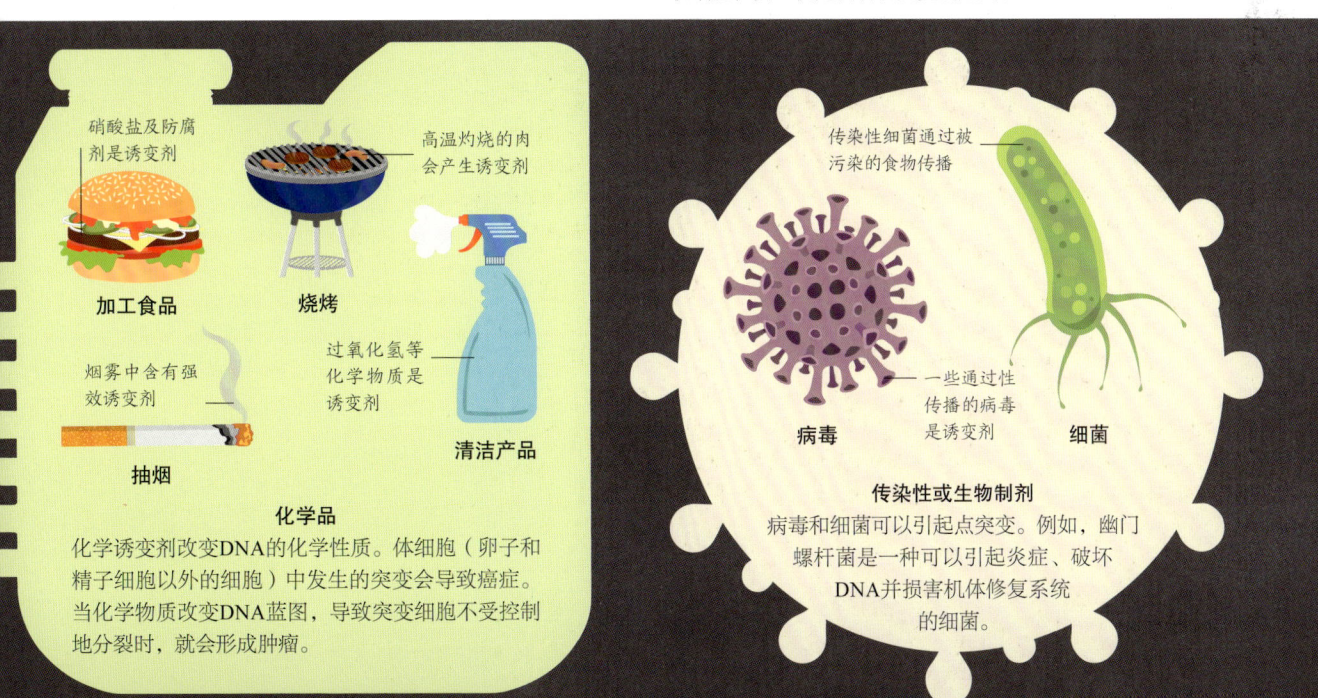

硝酸盐及防腐剂是诱变剂 —— 加工食品

高温灼烧的肉会产生诱变剂 —— 烧烤

烟雾中含有强效诱变剂 —— 抽烟

过氧化氢等化学物质是诱变剂 —— 清洁产品

化学品

化学诱变剂改变DNA的化学性质。体细胞（卵子和精子细胞以外的细胞）中发生的突变会导致癌症。当化学物质改变DNA蓝图，导致突变细胞不受控制地分裂时，就会形成肿瘤。

传染性细菌通过被污染的食物传播

一些通过性传播的病毒是诱变剂

病毒　　细菌

传染性或生物制剂

病毒和细菌可以引起点突变。例如，幽门螺杆菌是一种可以引起炎症、破坏DNA并损害机体修复系统的细菌。

性染色体

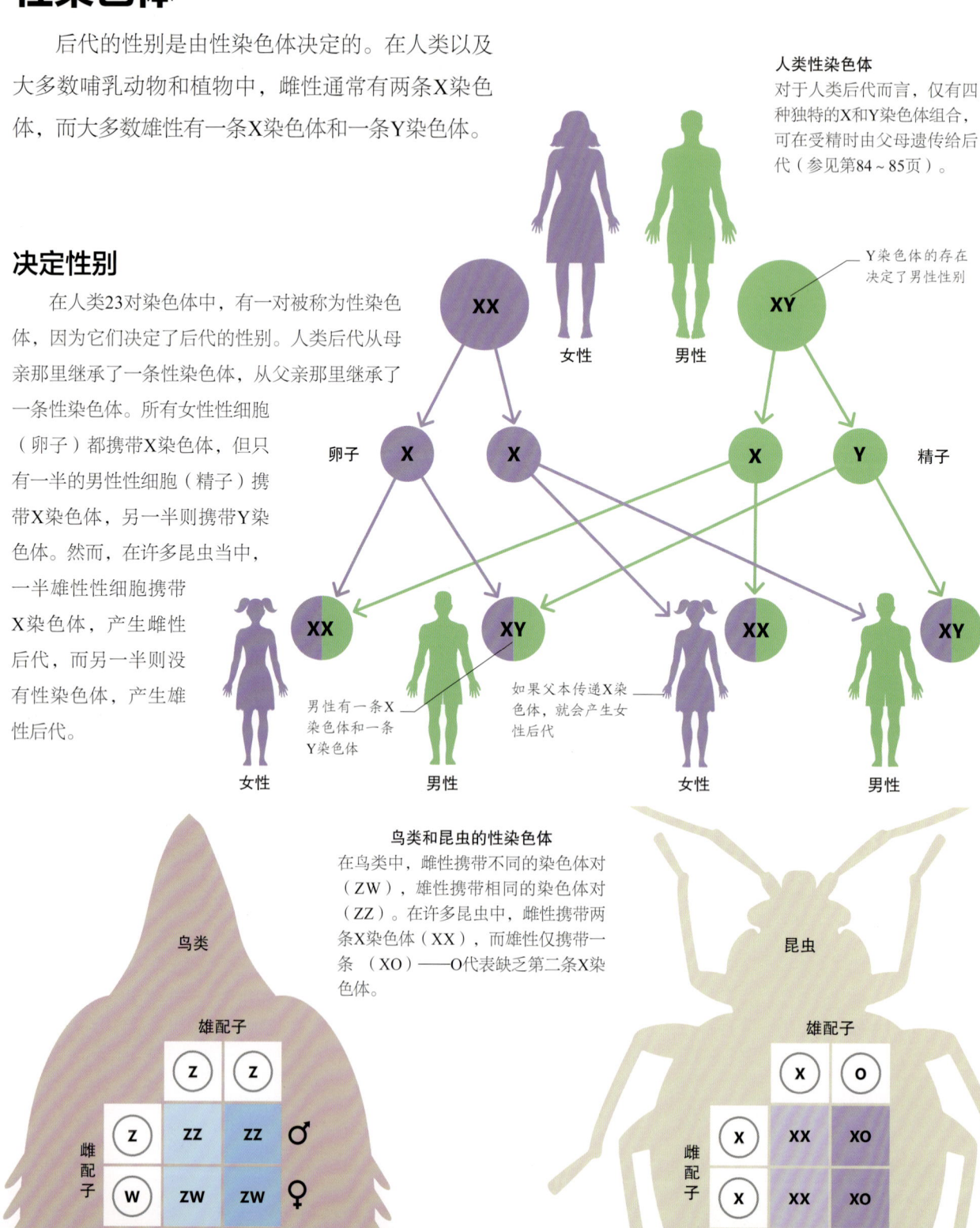

后代的性别是由性染色体决定的。在人类以及大多数哺乳动物和植物中，雌性通常有两条X染色体，而大多数雄性有一条X染色体和一条Y染色体。

人类性染色体
对于人类后代而言，仅有四种独特的X和Y染色体组合，可在受精时由父母遗传给后代（参见第84～85页）。

决定性别

在人类23对染色体中，有一对被称为性染色体，因为它们决定了后代的性别。人类后代从母亲那里继承了一条性染色体，从父亲那里继承了一条性染色体。所有女性性细胞（卵子）都携带X染色体，但只有一半的男性性细胞（精子）携带X染色体，另一半则携带Y染色体。然而，在许多昆虫当中，一半雄性性细胞携带X染色体，产生雌性后代，而另一半则没有性染色体，产生雄性后代。

Y染色体的存在决定了男性性别

男性有一条X染色体和一条Y染色体

如果父本传递X染色体，就会产生女性后代

鸟类和昆虫的性染色体

在鸟类中，雌性携带不同的染色体对（ZW），雄性携带相同的染色体对（ZZ）。在许多昆虫中，雌性携带两条X染色体（XX），而雄性仅携带一条（XO）——O代表缺乏第二条X染色体。

鸟类

雄配子	Z	Z
Z	ZZ ♂	ZZ ♂
W	ZW ♀	ZW ♀

昆虫

雄配子	X	O
X	XX	XO
X	XX	XO
	♀	♂

SRY基因

Y染色体含有SRY基因——一种决定性别的基因，可促进男性典型的性别发育。该基因被认为是于1.5亿～2亿年前在Y染色体上形成的，它包含蛋白质合成的指令，而该蛋白质可与DNA的特定区域结合并控制其他基因的活性。这会触发男性睾丸的发育，并抑制女性性征（如子宫）的发育。

鸭嘴兽拥有10条性染色体，是已知动物中性染色体最多的

Y染色体的故事

当SRY基因因突变而产生时，Y染色体就形成了。随着时间的推移，Y染色体变得越来越短，因而现在所包含的基因比原先要少得多。

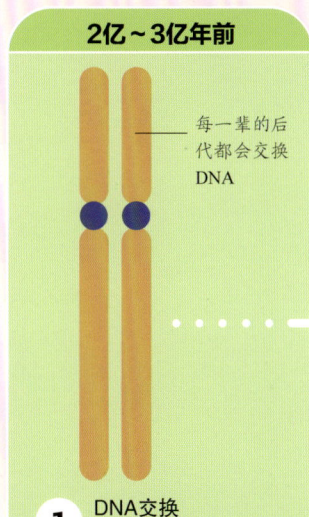

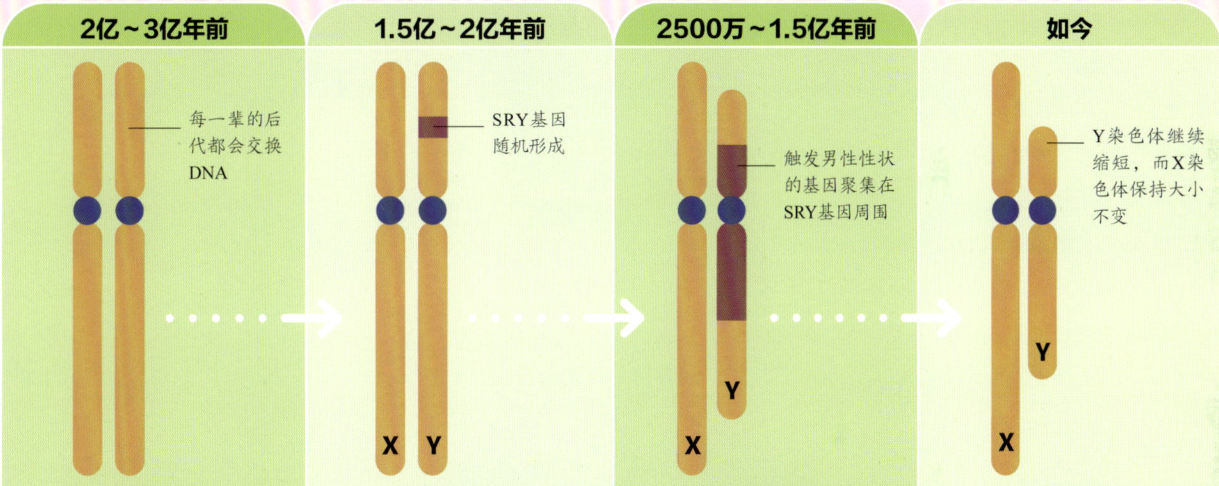

2亿～3亿年前

1 DNA交换
在人类性染色体存在之前，两条配对的染色体会交换DNA片段。

每一辈的后代都会交换DNA

1.5亿～2亿年前

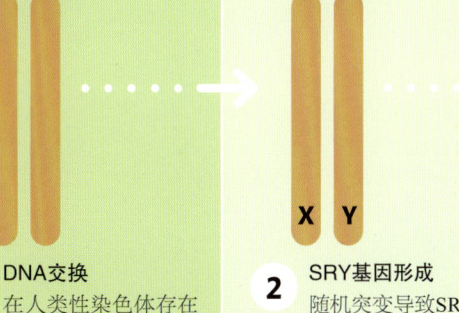

2 SRY基因形成
随机突变导致SRY基因形成，继而形成男性性染色体。

SRY基因随机形成

X Y

2500万～1.5亿年前

3 其他基因聚集
随着Y染色体的演化，它不再与X染色体配对并开始变得残缺不全。

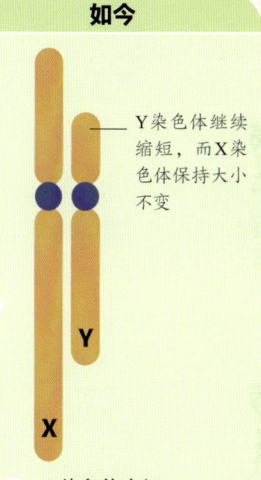

触发男性性状的基因聚集在SRY基因周围

X Y

如今

4 Y染色体变短
结果Y染色体变短，且呈现出越来越短之势。

Y染色体继续缩短，而X染色体保持大小不变

X Y

Y染色体会消失吗？

科学家对于它是否会以目前的速度继续缩短下去存在分歧。如果按目前的缩短速度计算，Y染色体或许会在500万年内消失。

非遗传性别决定

对大多数物种而言，性别是在受精过程中决定的。不过，一些生物体的性别是由温度、湿度或社会互动所致的。在海龟、短吻鳄和鳄鱼身上，发育中的卵的温度会触发后代性别决定基因。例如，鳄鱼蛋在30℃左右产下雌性，在34℃左右产下雄性。

雄性出生于更温暖的环境中

鳄鱼诞生

雌雄同体

雌雄同体是一种在其生命周期中能够产生雌性和雄性性细胞的生物体。雌雄同体可能是植物，也可能是动物。一些雌雄同体进行有性生殖，另一些则进行无性生殖，还有很多可兼而有之。

植物的雌雄同体

大多数植物是雌雄同体。在开花植物中，这意味着它们开出含有雄性性器官（雄蕊，包括花药和花丝）和雌性性器官（包括雌蕊）的花朵。当这些器官出现在同一朵花上时，该植物就被称为双性植物。其他只具有雄花或雌花的植物被定义为单性植物。单性植物有两种类型：雌雄同株植物，即同时有着雄花和雌花，但花是分开的；雌雄异株植物与雌雄同株不同，它只开雄花或雌花。

花药的花粉落在柱头上

花药

花粉会沿着花柱进入子房中的胚珠内

花柱

胚珠

受精发生在每个单独的胚珠内

胚珠

花粉通过小开口（珠孔）进入

卵子定殖于胚囊中

花的雌蕊部分——子房——总是含有至少一个胚珠。每个胚珠都含有一个雌性性细胞（卵子），该性细胞受精后发育成种子。

双性（雌雄同体）
这种花的结构包含子房和雄蕊。虽然一些双性植物能够自花受精，但对于其他植物来说，柱头只能接受来自另一种植物的花粉粒。

动物的雌雄同体

所有动物群体（鸟类和哺乳动物除外）都含有雌雄同体。某些类型的无脊椎动物，如蠕虫、软体动物和水母，尤其可能是雌雄同体，这意味着它们可以同时发育出雌性性器官和雄性性器官。像这样的动物往往是固定不动、行动迟缓或分散得很开且互动频率较低的。因而，它们得通过提供精子和卵子来最大限度地发挥其繁殖潜力。雌雄同体的脊椎动物，如某些鱼类、两栖动物和爬行动物，往往是顺序性雌雄同体（见对页）。

蜗牛的性解剖学
大多数生活在陆地上的蜗牛是雌雄同体。在交配过程中，生殖器突出物从蜗牛头部旁边的一个小孔中伸出。这个突出物包含一个阴茎和一个阴道，前者将精子囊输送给伴侣，后者则接收精子。

阴道

阴茎

阴茎将精子输送给其他蜗牛

蜗牛

阴道接受其他蜗牛的精子

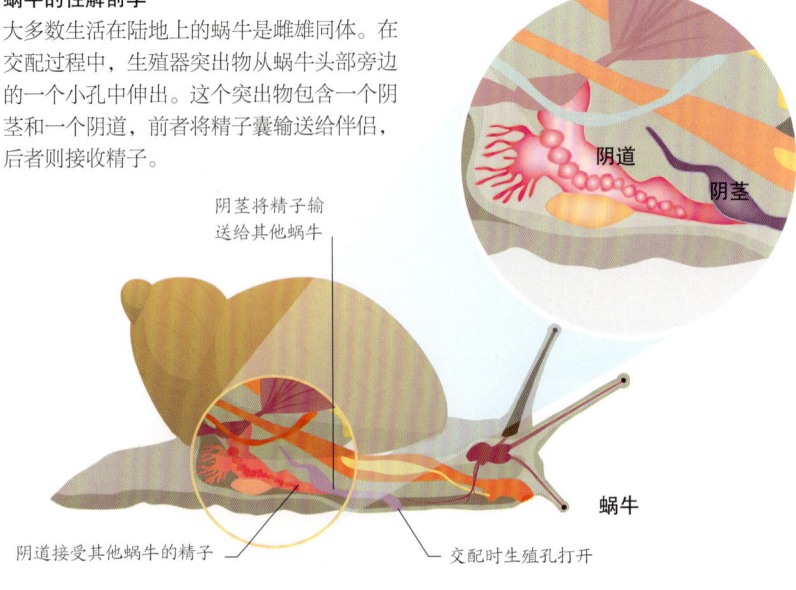

交配时生殖孔打开

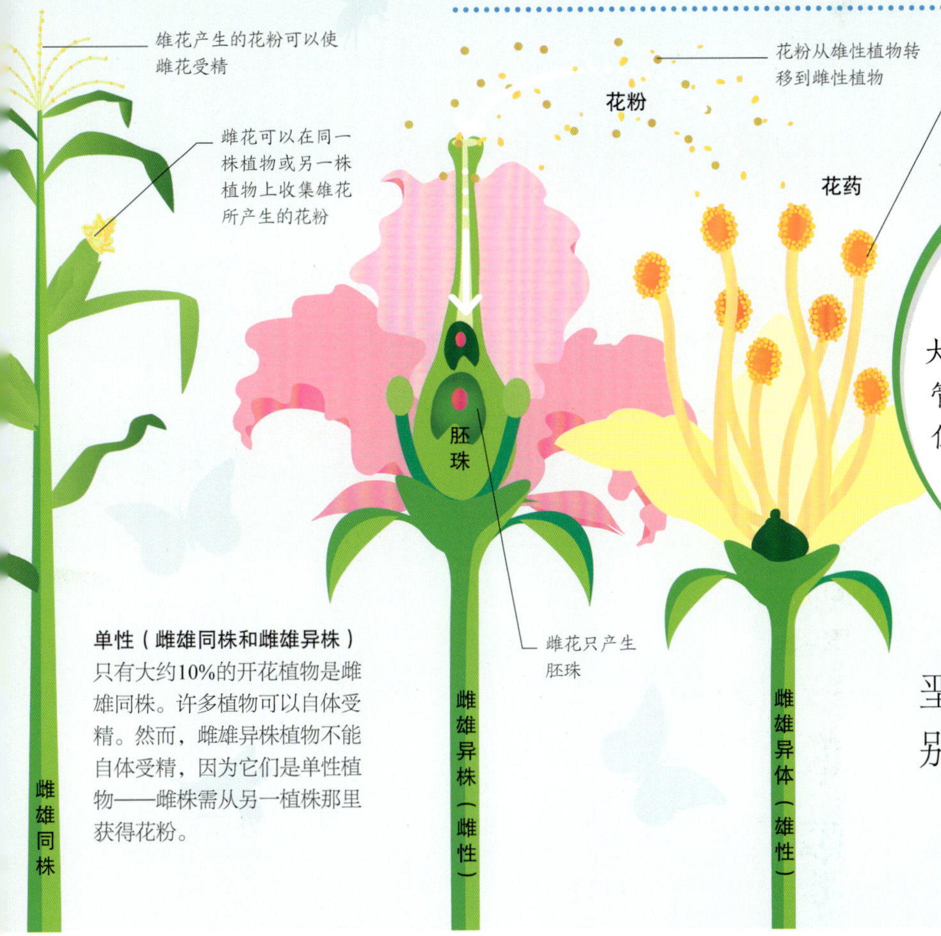

生殖与遗传
雌雄同体
100 / 101

雄花产生的花粉可以使雌花受精

雌花可以在同一株植物或另一株植物上收集雄花所产生的花粉

花粉

花粉从雄性植物转移到雌性植物

雄性植物只产生花粉

花药

胚珠

大多数物种是雌雄同体吗？

大约95%的植物是雌雄同体。尽管只有5%的动物是雌雄同体，但如果排除昆虫，这一数字就会跃升至30%。

单性（雌雄同株和雌雄异株）
只有大约10%的开花植物是雌雄同株。许多植物可以自体受精。然而，雌雄异株植物不能自体受精，因为它们是单性植物——雌株需从另一植株那里获得花粉。

雌雄同株

雌花只产生胚珠

雌雄异株（雌性）

雌雄异体（雄性）

垩鮨每天可以改变性别多达20次

蚯蚓
蚯蚓的卵储存在身体较厚的中部，而雄性性器官则位于身体的一端。

海绵
这些海底动物通过在不同时间将卵子和精子释放到水中来繁殖，以尽量减少自体受精。

鹦嘴鱼
鹦嘴鱼的后代孵化出雌性，并且大多数终生为雌性。然而，最大的鹦嘴鱼最终将成为雄性。

顺序性雌雄同体

改变性别的生物是顺序性雌雄同体，先雌后雄的物种开始是雌性，然后变成雄性。大多数先雌后雄鱼有一个繁殖系统，在这个繁殖系统中，一个大的雄性控制着一群雌性。先雄后雌的物种开始是雄性，然后变成雌性。在先雄后雌鱼（如小丑鱼）中，较大的雌性可以产下大量卵。

优势雌性
如果占主导地位的雌性小丑鱼死亡，那么最大的雄性小丑鱼就会变成雌性。

非优势雄性
许多雄性（和一只优势雌性）发育。

未分化
小丑鱼出生时具有两套性器官。

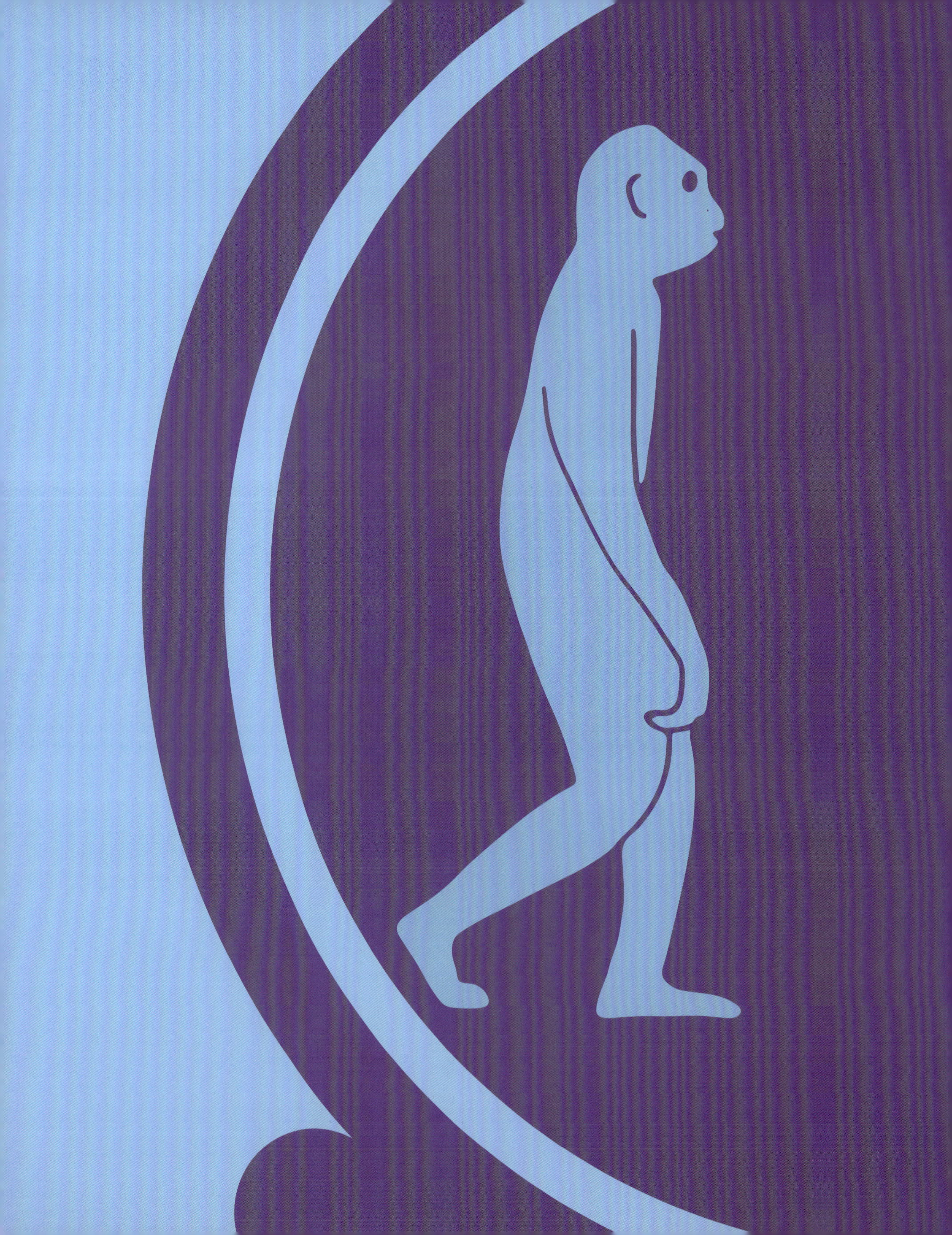

5 演 化

适应和自然选择

生物种群的成员从亲本那里继承的特征往往存在差异。当这些差异使得某些个体能在特定环境条件下更好地生存和繁殖时，就意味着出现了物种适应。

个体可以演化吗？

不，只有生物种群才能演化，而且这一过程需要经过许多代。

自然选择

随机基因突变（参见第96～99页）可以导致生物体后代出现差异。一些差异对生物体的生存能力有负面影响，一些是中性的，还有一些是有益的。继承了有益特征的个体将茁壮成长并产生更多后代，因此随着时间的推移，它们在总种群中所占的比例越来越大，它们最终成为主导。这就是通过自然选择进行的演化。使生存和繁殖更有可能成功的遗传特征被称为适应。

1 突变与变异

当像蟋蟀这样的生物体繁殖时，其后代的基因有时会发生突变，导致颜色等特征发生变化。这些变化可以增加遗传多样性，使物种在不断变化的世界中得以延续。

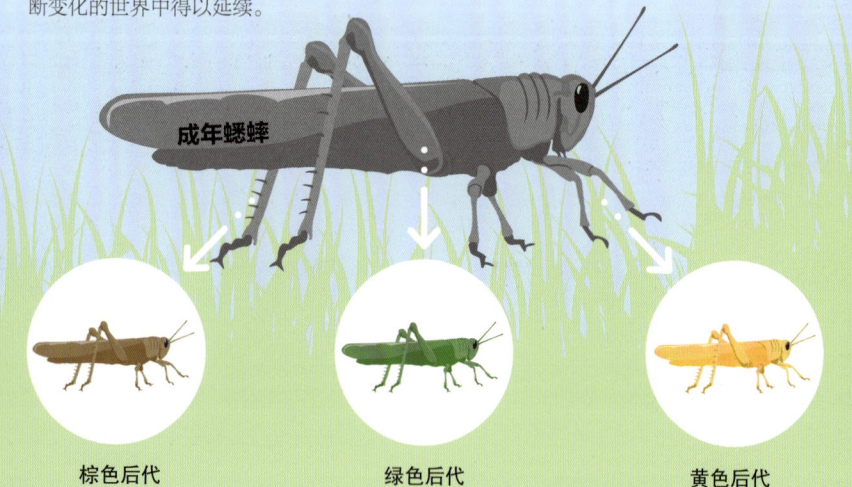

成年蟋蟀

棕色后代　　绿色后代　　黄色后代

第一批陆地脊椎动物是3.75亿年前从叶鳍鱼演化而来的

抗生素的耐药性

尽管抗生素自20世纪40年代首次使用以来已挽救了数百万人的生命，但过度使用导致传染性细菌在不到50年的时间里对这些药物产生了耐药性。因此，科学家必须不断开发新的抗生素，以对抗细菌的演化。

细菌　　抗生素

适应类型

一个物种在群落中的空间和时间上所占据的位置及其与相关种群之间的功能关系与作用被称为该物种的生态位。所有生物体都表现出一系列适应性，使它们更适合在其生态位内生存和繁殖。适应特征可能涉及行为（包括改变环境）、身体过程和身体特征。

演化
适应和自然选择
104 / 105

2 适者生存

在潮湿的气候中，植被全年都是绿色的。鸟类主要捕食黄色和棕色的蟋蟀，因为这些蟋蟀不像绿色的个体那样具有伪装能力。随着时间的推移，绿色的蟋蟀在种群中占主导地位，因为它们更有可能存活下来并传递自己的基因。这一过程被称为适者生存或自然选择。

鸟类更容易发现黄色和棕色的蟋蟀

乌鸦

绿色在当前栖息地中提供更好的伪装

3 不断变化的环境

环境会随着时间而变化。如果降雨量减少，环境变得更加干旱，绿色蟋蟀就失去了伪装效果，它们会和黄色蟋蟀一起成为鸟类的猎物。伪装良好的棕色蟋蟀容易逃过捕食者的注意，并在种群中占据主导地位——整个种群都适应了环境的变化。

乌鸦更容易看到黄色和绿色的蟋蟀

棕色现在提供了更好的生存保护

绿色不再是有利的颜色

行为适应

为提高生存机会而进行的行为演化被称为行为适应。例如，许多海豚在群体中捕猎以提高它们的捕食成功率。

生理适应

为了更好地适应环境而改变体内过程的变化被称为生理适应。例如，骆驼比大多数哺乳动物产生更浓缩的尿液，并且出汗更少，以节省水分。

结构适应

提高生物体生存机会的物理特征的演化被称为结构适应。例如，仙人掌叶演化成刺，这样可以减少水分流失并提供保护，使其免遭食草动物的侵害。

物种形成

导致新物种演化的过程称为物种形成。当一个物种种群的部分基因变化导致生殖隔离——无法与其他种群成功繁殖时，就会出现这种情况。

异域物种形成

当一个种群被划分为地理上孤立的亚种群时，例如由于河流或山脉的出现，就可能发生异域物种形成。这种分离使得两个不同亚种群的基因库在许多代的演化过程中分开发展。最终，差异加大，以至于两个亚种群无法再杂交，这意味着它们可以被归类为不同的物种。大陆漂移也会造成这种物种形成所需的地理隔离，这可在马达加斯加和印度的青蛙物种中看到，要知道，这两个物种曾经是一体的。

8800万年前，马达加斯加和印度组成了一个大陆

马达加斯加

印度

青蛙的基因可以在马达加斯加和印度之间自由流动

8800万年前

1 一个物种
当马达加斯加和印度连接在一起时，基因可在青蛙物种的种群内流动。马达加斯加的青蛙能够与印度的青蛙交配并产生健康的后代。

符号说明
- 原始群体
- 马达加斯加群体
- 印度/东南亚新群体

同域物种形成

与异域物种形成不同，同域物种形成发生于没有物理障碍阻止物种成员相互交配的情况下，相反，亚种群之间的基因流动（称为基因流）受到栖息地分化或多倍体等因素的限制。前者可能发生在子种群开始利用父种群未使用的栖息地（或其食物资源）时。多倍体——拥有一组额外染色体的个体——可导致自体受精或有机会与其他具额外染色体的个体交配。多倍体仅需一个代际就可以导致生殖隔离，而无须地理隔离。

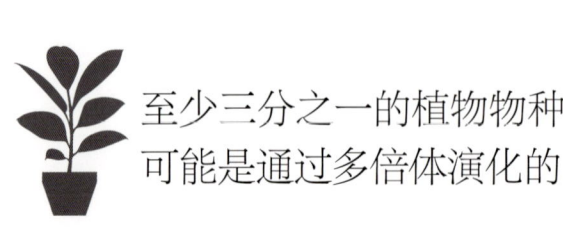

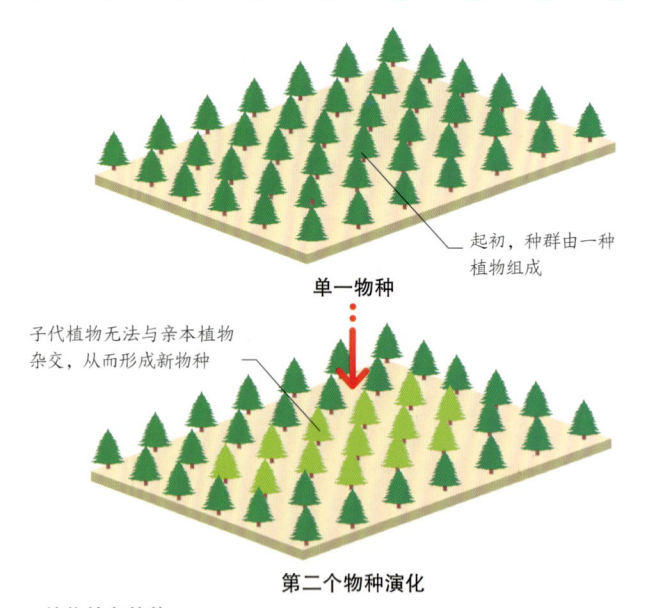

至少三分之一的植物物种可能是通过多倍体演化的

起初，种群由一种植物组成

单一物种

子代植物无法与亲本植物杂交，从而形成新物种

第二个物种演化

植物的多倍体
多倍体在植物及一些两栖动物和鱼类中很常见。细胞分裂中的"错误"导致子代植物的染色体倍增，因此它们无法与亲本植物杂交，从而形成新物种。

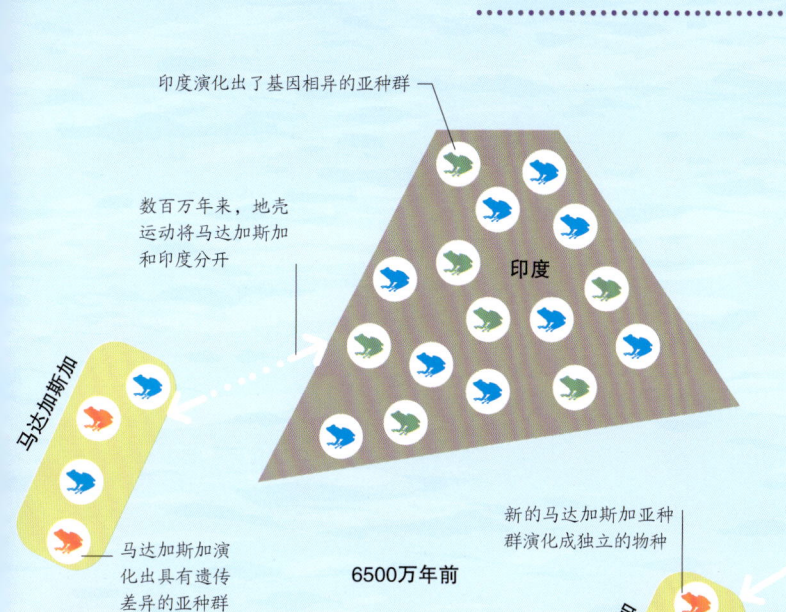

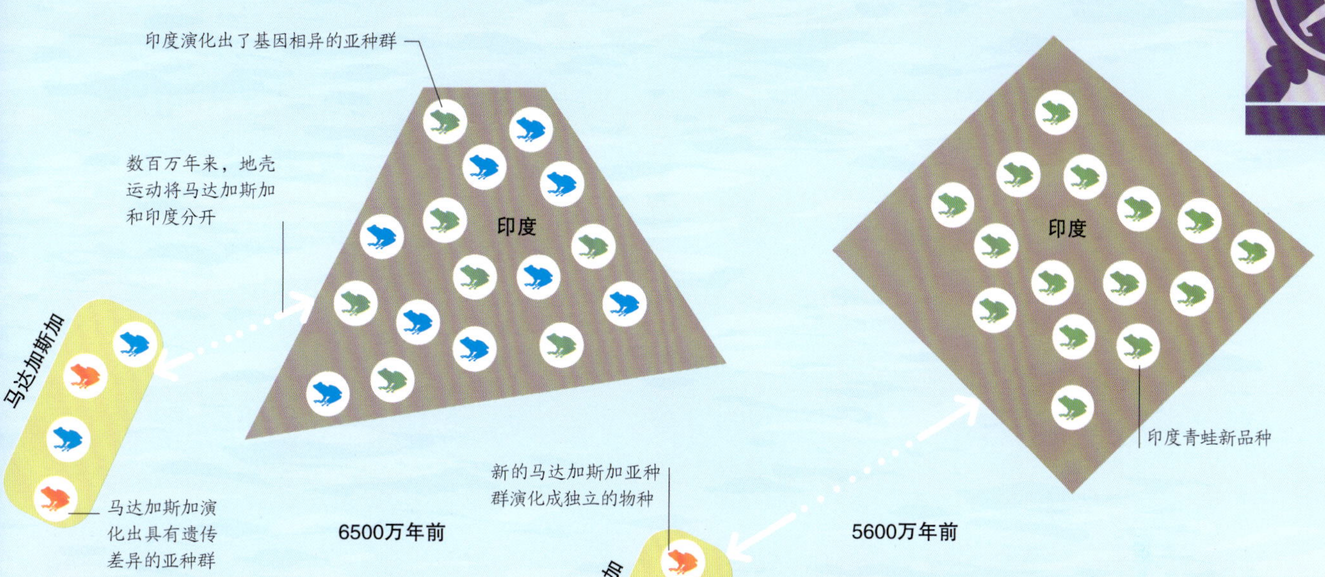

演化
物种形成   106 / 107

印度演化出了基因相异的亚种群

数百万年来，地壳运动将马达加斯加和印度分开

印度

马达加斯加

马达加斯加演化出具有遗传差异的亚种群

2 种群分化
陆地的分离将种群一分为二，因此基因不能再在印度和马达加斯加的青蛙之间流动。突变、自然选择和对不断变化的环境的适应发生，使种群开始在遗传上发生分化。

6500万年前

新的马达加斯加亚种群演化成独立的物种

马达加斯加

印度

印度青蛙新品种

5600万年前

3 两个物种
异域物种形成发生于现已分离的祖先青蛙种群内，因为这两个亚种群不能再杂交。数百万年来，超过200种其他动植物物种在马达加斯加演化，而在印度演化出的动植物物种甚至更多。

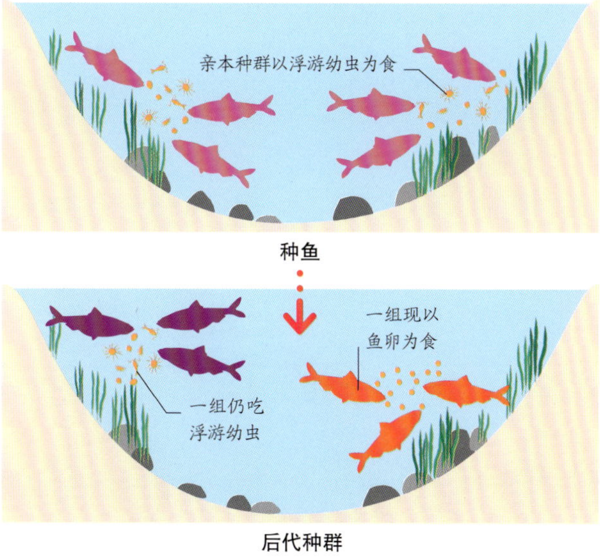

亲本种群以浮游幼虫为食

种鱼

一组现以鱼卵为食

一组仍吃浮游幼虫

后代种群

动物的栖息地分化
一个物种的亚种群中新特征的突变和遗传或许可以导致其能够利用与主要种群相异的食物来源。随着时间的推移，这会导致进一步的遗传分化，并最终导致同域物种形成。

什么是物种？

物种最常见的定义是生物物种概念（BSC）。该定义指出，物种是一组生物，其成员可以杂交并产生可育的后代，但它们无法与其他群体成员进行杂交。根据生物安全委员会的说法，骡子不能被视为一个物种，因为它们是不育的。

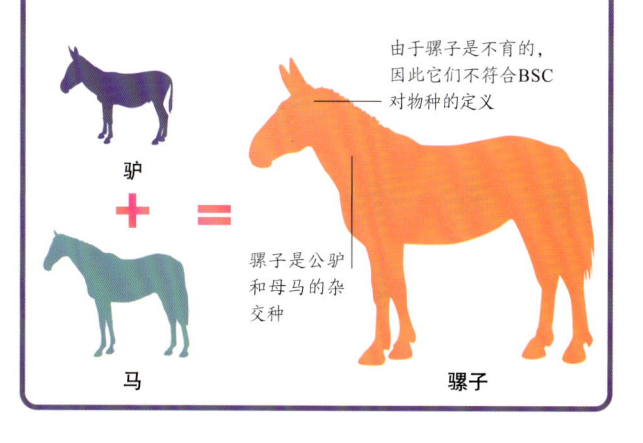

由于骡子是不育的，因此它们不符合BSC对物种的定义

驴 + 马 = 骡子

骡子是公驴和母马的杂交种

性选择

由于两性之间的相互吸引是繁殖的一个重要因素，有时自然选择是由身体特征驱动的，这些特征增加了生物体找到配偶的机会。

植物也会发生性选择吗？

是的。例如，相对于不对称花，授粉动物更青睐对称花，这就诱发了性选择。

什么是性选择

众所周知，具有某些遗传特征的个体相较其他个体更有可能找到伴侣。这推动了一种自然选择，这些特征——包括更大的尺寸、更明亮的颜色或更奢华的展示——可能会在数个代际传递过程中得到增强。这可能导致性二态性，即同一物种的雄性和雌性看起来非常不同。性选择通过性内选择或性间选择进行。

雄性利用牙齿和体重来争夺对群体及其中数十只雌性的控制权

性内选择

一种性别的成员（通常指雄性）之间为了获得与异性成员交配的机会而进行的直接竞争被称为性内选择。竞争可能包括仪式化的展示、攻击性的表现或实际的战斗——如公象海豹之间的战斗。

如果较大的公象海豹获胜，它的基因就将通过交配传递给下一代

较小、较弱的雄性很少能获胜

较大的公象海豹　　　　较小的公象海豹

性间选择

若一种性别的成员在选择异性伴侣时很挑剔，就会发生性间选择。这种选择基于叫声的清晰度和响度（如鸟类和青蛙）或它们展示的华丽程度（如孔雀蜘蛛）等因素。

雄性挥动双腿并举起襟翼作为展示的一部分来吸引雌性伴侣

雄性演化出了色彩缤纷且有图案的尾瓣

雌性选择雄性，因此没有演化出如此鲜艳的颜色

雄鹿拥有大鹿角是性内选择的结果

雄性孔雀蜘蛛　　　　雌性孔雀蜘蛛

演化
性选择　108 / 109

繁殖成功

大多数物种的雄性和雌性在大小、形状和颜色上都很相似。然而，在某些物种中，显著的身体特征已经演化出来，帮助某些个体在寻找配偶方面取得更大的成功。这些特征通常是从雄性中演化出来的，如一些鹿的巨大鹿角和许多鸟类的彩色羽冠与尾巴。作为性选择的结果，雄性孔雀演化出了华丽的尾羽和颜色鲜艳的"眼睛"，也被称为眼点，而雌性孔雀表现出对尾羽中拥有更多眼点的雄性的偏爱。

性二态性

同一物种中雄性和雌性之间的外观差异被称为性二态性。微小的差异在自然界中普遍存在，但性选择却将天堂鸟和孔雀等动物两种性别之间的差异推向了极致。

雌性天堂鸟体型较小，体色较暗淡

雄性天堂鸟有长且色彩斑斓的翅膀和尾羽

第一代

雌性孔雀更喜欢尾巴上有更多眼点的雄性孔雀，因此眼点数量越多的雄性孔雀交配得越频繁，产生的后代也就越多。雄性后代从父亲那里继承了多眼点尾羽的基因。

雌性孔雀从几只候选雄性中选择配偶

被选中的雄性孔雀是尾羽眼点最多的一只

第二代

下一代中更多的雄性孔雀将会拥有多眼点。第二代雌性孔雀将再次选择眼点最多的交配对象，更多的雄性后代将继承该基因。

下一代拥有更多的眼点

第三代

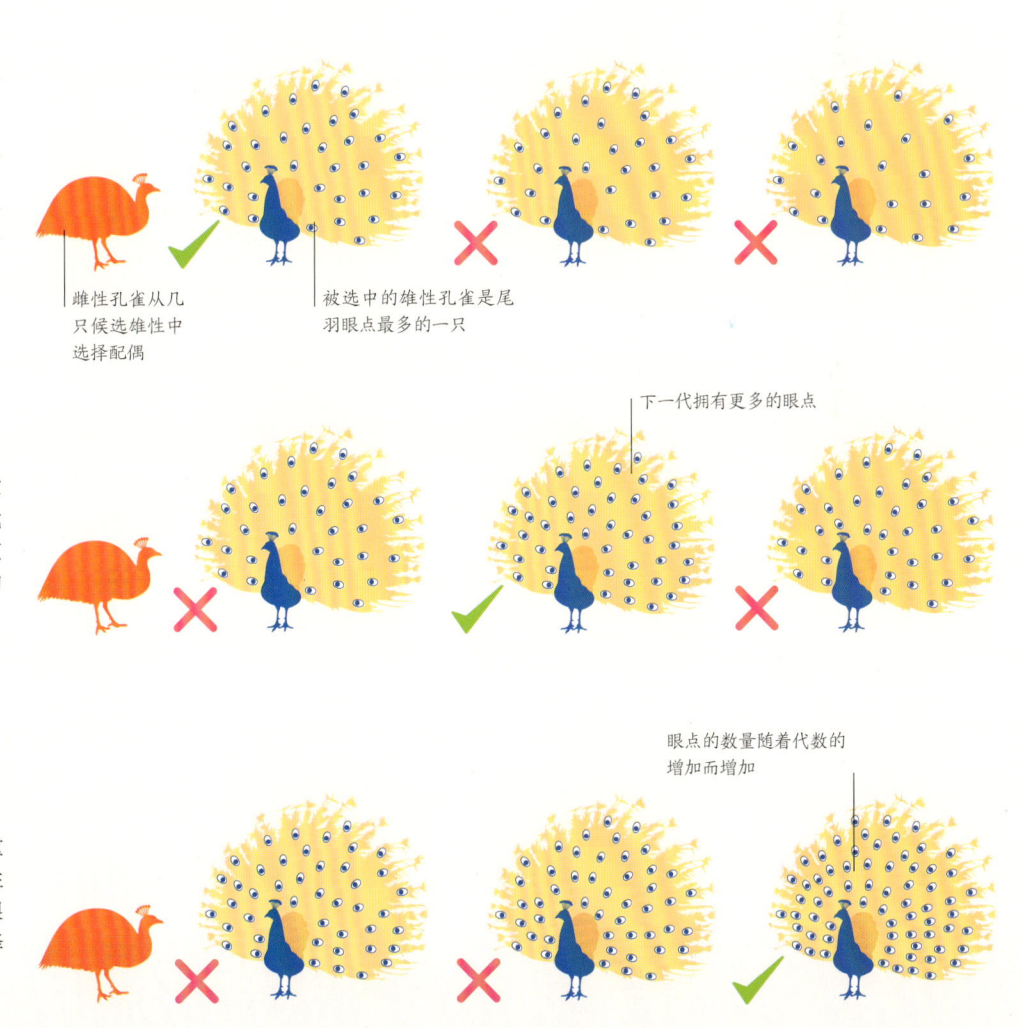

这一过程会在下一代中重复。相对来说，现在雄性孔雀的尾羽中有更多的眼点，但雌性孔雀仍然选择拥有最多眼点的雄性。

眼点的数量随着代数的增加而增加

协同演化

一个物种或一组物种演化，以便在栖息地内占据特定的生态位或角色。有时，在这个生态位中，一个物种会与另一个不相关的物种共同生活，这两个物种在适应生存的过程中，不知不觉地协同演化成一种伙伴关系。

人类是否与其他物种协同演化？

数千年来，狗与人类协同演化，成为人类的朋友、守卫者和狩猎伙伴。

授粉伙伴关系
小长鼻蝙蝠和龙舌兰之间已经形成了一种互惠共生关系。龙舌兰花为蝙蝠提供食物，而蝙蝠则促进植物的繁殖。

小长鼻蝙蝠

蝙蝠被花朵强烈的气味所吸引

蝙蝠从另一朵龙舌兰花中带来花粉为龙舌兰授粉

花演化出了长雄蕊，以确保蝙蝠进食时花粉能粘到蝙蝠身上

蝙蝠演化出了长且可舔食的舌头，可以直达龙舌兰管状花基部的花蜜处

龙舌兰花

花朵在夜间开放，与蝙蝠的活动时间相吻合

共生

当两个不相关的物种协同演化，至少在生命的某个阶段有着密切的相互作用时，这种伙伴关系就被称为共生。这种关系可以采取多种形式。当两个物种都以某种方式从这种关系中受益时，这被称为互惠共生。最常见的共生形式是寄生（见对页），宿主物种实际上因寄生物种的存在而受到伤害。另一种较为罕见的形式是片利共生，其中只有一个物种受益，而另一个物种不受影响。

寄生在另一种寄生虫中的寄生虫被称为超寄生虫

演化
协同演化

僵尸蜗牛
微小的琥珀蜗牛体内寄生着一种高度演化的寄生扁虫，即彩蚴吸虫，它会占据宿主的眼柄，并将蜗牛变成僵尸。

琥珀蜗牛吃寄生虫

1. 琥珀蜗牛在叶子上寻找藻类和细菌，因食用含有寄生虫卵的鸟粪而感染寄生虫。

虫卵
鸟粪

寄生虫的卵孵化

2. 寄生虫在琥珀蜗牛体内孵化和生长，从琥珀蜗牛的消化系统中窃取营养。然后，寄生虫占据了琥珀蜗牛的身体，并将触手移到琥珀蜗牛的头部。

寄生虫将触手伸入琥珀蜗牛的眼柄

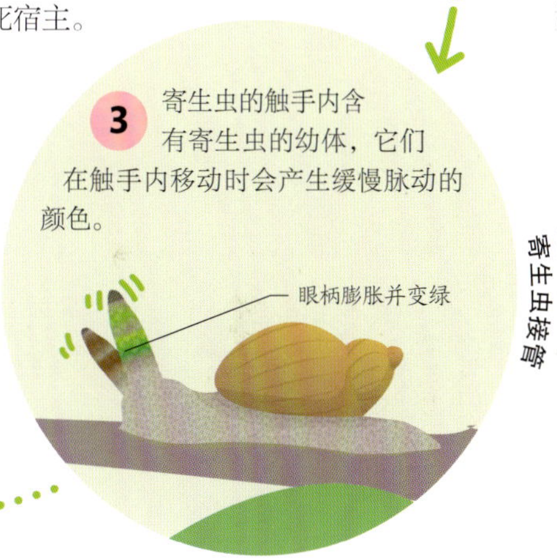

寄生虫繁殖

5. 寄生虫在鸣禽的胃中繁殖，然后移动到其直肠，在那里将卵添加到鸣禽的粪便中。

寄生

寄生是共生的一种形式，其中一个生物体生活在另一个物种的生物体之上或内部。据估计，大约40%的物种寄生在一个或多个宿主上。寄生虫的目标是窃取宿主的营养，这会削弱宿主，但不会杀死宿主。

鸟吃蜗牛

4. 琥珀蜗牛通常待在黑暗的地方。当感染寄生虫时，它们会寻找明亮的地方，在那里，鸣禽会误将其眼柄当作美味的毛毛虫。

鸟撕掉眼柄，留下琥珀蜗牛的其余部分

琥珀蜗牛在攻击中幸存下来，甚至可能重新长出眼柄

寄生虫接管

3. 寄生虫的触手内含有寄生虫的幼体，它们在触手内移动时会产生缓慢脉动的颜色。

眼柄膨胀并变绿

拟态

在另一种类型的协同演化中，一个物种模仿另一个物种以躲避天敌。拟态最常见于动物模仿一种使用视觉信号来警告有潜在防御机制（如刺或毒液）的物种。例如，动物被条纹黄蜂蜇过一次后，就学会了避开任何类似黄蜂的东西。

颜色顺序与模仿者略有不同

有毒珊瑚蛇

无毒猩红王蛇

贝茨拟态
这种拟态形式使无害的物种采用高度危险物种的外观和颜色，例如，无毒的猩红王蛇模仿有毒的珊瑚蛇。

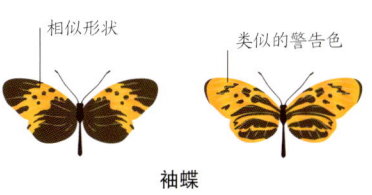

相似形状　类似的警告色

袖蝶

缪勒拟态
这两种恶臭蝴蝶的图案和形状都很相似。每一种都从另一种所使用的警告色中受益。

微演化

每个物种都在不断演化,不断改变其基因库。微演化描述了那些不会产生任何明显差异或新行为的变化。这个过程与自然选择一样,是由随机波动驱动的。

红皇后效应

在一种微演化中,捕食者和猎物为了生存而不断竞争,要么捕食者更成功地狩猎,要么猎物更好地逃离捕食者,这被称为红皇后效应。尽管彼此不断适应演化,但这两个物种相对于彼此都保持在同一个位置,就像《爱丽丝梦游仙境》故事中的红皇后一样,一直在奔跑,但从不见移动。尽管红皇后效应的微演化在很大程度上是看不见的,但一些动物会通过长出引人注目的特征来表明它们正在取得成功,如充满活力的体色或特别长的尾巴。这些都是"诚实"的信号,表明它们的基因使动物变得健康且适应环境。

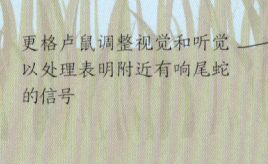

当遭受响尾蛇袭击时,后腿肌肉的快速收缩使更格卢鼠能跳得更快、更远

更格卢鼠调整视觉和听觉以处理表明附近有响尾蛇的信号

浓密的尾尖有助于分散响尾蛇的注意力,使其难以击中目标

更格卢鼠

猎物生存

更格卢鼠旨在不被其捕食者响尾蛇发现。如果被发现,它会首先尝试逃跑,不得已时才会自卫。自然选择确保那些最能做到这一点的更格卢鼠得以存续。

基因流动

微演化的另一个机制是基因流动,即通过个体及其基因在不同种群之间的转移来改变一群生物的基因库。这可能会产生显著不同的效果。首先,第一个种群中常见的基因可能在第二个种群中代表一种新变异。这种变异可能会比原有基因更具优势,因此第二个种群在遗传上变得更像第一个种群。相比之下,迁徙者可能携带一种在第一个种群中已经丢失的稀有基因,但这种基因可以被引入第二个种群中。这将增加两个种群之间的遗传差异,使它们更有可能分化为不同的物种。

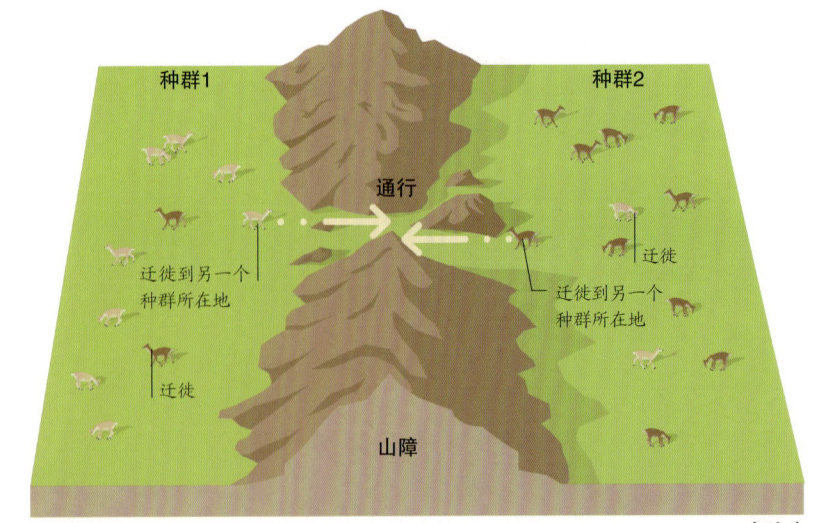

种群1　种群2
通行
迁徙到另一个种群所在地
迁徙
迁徙到另一个种群所在地
迁徙
山障

西边鹿　　　　　　　　　　东边鹿

基因流动

当一个动物种群的成员设法迁徙到另一个种群所在地时,基因流动便发生了。这些迁徙者携带的基因可以流向新的种群。当涉及的种群规模较小且遗传多样性不高时,基因流动的影响更大。

演化
微演化 112 / 113

蛇头部的热敏凹坑在黑暗中更擅长检测猎物的大小

强效毒液能在更格卢鼠跑得太远之前迅速将其击杀

菱形斑纹能够隐匿身形，使更格卢鼠难以察觉到它的存在

西部菱背响尾蛇

捕食者生存

响尾蛇必须捕杀更格卢鼠，否则就要挨饿。随着时间的推移，它会发展其适应能力，以克服猎物不断演化的防御能力。外表相似的蛇之间的微小差异可能是成功与失败的分水岭。

遗传漂变

基因库的随机变化，即遗传漂变，可能对物种的演化产生重大影响，尤其是在种群规模较小且分散的情况下。当一个单一种群分裂时，个体成员及其基因不会被平均分配。纯粹出于偶然，一些基因在新形成的群体中将完全不存在。

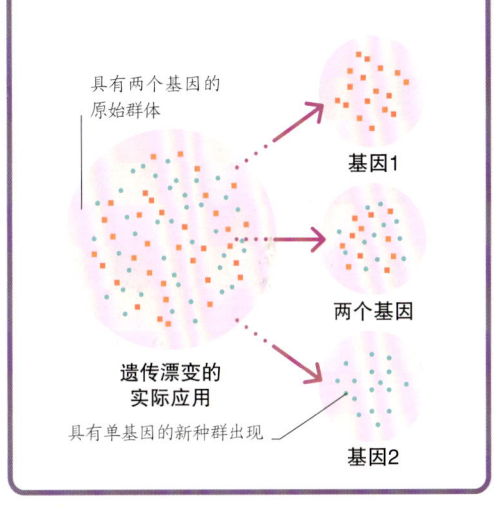

具有两个基因的原始群体

基因1

两个基因

遗传漂变的实际应用

具有单基因的新种群出现

基因2

1 独立种群
尽管这两个种群属于同一物种，但它们的基因存在一些差异。当它们混合在一起时，随机因素会促使它们变成一个基因同源的群体。

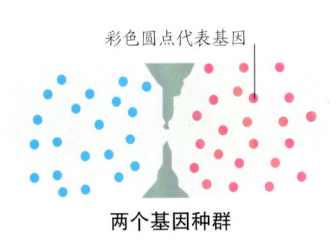

彩色圆点代表基因

两个基因种群

2 基因流动开始
基因在种群之间交换并双向移动。种群中最常见的基因比稀有基因更有可能流向邻近种群。

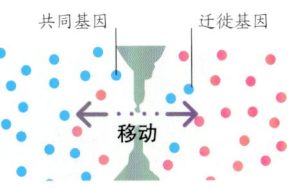

共同基因　迁徙基因

移动

种群之间的基因迁移

3 混合种群
如果基因流动率很高，基因就会混合，两个种群的基因就会变得很相似。如果流动缓慢，演化就有时间发挥作用，单个迁移基因就可以产生显著的差异。

相似的基因种群

导致抗生素耐药性的细菌变化就是微演化的例子

新物种的演化总是显而易见的吗？

在一个被称为神秘物种形成的过程中，两个种群可以演化，因此它们不再杂交，从而成为两个物种，但它们看起来仍无二致。

灭绝

当一个物种的最后一个成员死亡时，该物种就灭绝了——它将永远消失于世间。灭绝是一个自然过程，曾经存在过的物种许多已经灭绝。

灭绝类型

灭绝是自然选择的重要组成部分。正如新物种演化以适应环境变化一样，其他物种无法适应并灭绝——这被称为背景灭绝。环境的快速变化使动物没有时间适应，可能会导致动物灭绝。在这些情况下，许多物种在所谓的大规模灭绝中灭绝，这可能会影响大型分类群，如著名的恐龙或三叶虫（参见第116～117页）。此外，一旦单个基因无法再传递给下一代，它们就会灭绝（参见第112～113页）。

地球上曾经生活过的物种超过99%已经灭绝

一些非鸟类恐龙，可能包括霸王龙，早在鸟类出现之前就演化出了羽毛

恐龙大多是两足动物，这是与鸟类共有的特征

条纹有助于伪装，就像老虎一样

尽管袋狼是袋鼠的近亲，但它看起来更像一只小狗

鸭子被归类为鸟类，可被描述为恐龙的一种

袋狼　　　　　　　　　　　　　　**霸王龙**　　**鸭子**

真正的灭绝

这种类型的灭绝遵循标准定义。袋狼或塔斯马尼亚狼是一种有袋类掠食者，它确实已经灭绝了。到20世纪30年代，袋狼因人类活动（过度狩猎、栖息地破坏和疾病）而灭绝，这是一个演化的死胡同，因为没有任何物种从袋狼中分化出来。

假灭绝

6600万年前的白垩纪大灭绝导致所有恐龙都灭绝了（参见第116页），但作为恐龙直系后代的鸟类却幸存了下来。因此，非鸟类恐龙（除鸟类之外的所有恐龙）可以被描述为假灭绝，因为它们的后代仍然存在。

演化
灭绝

物种为什么会灭绝

作为自然选择的结果，物种适应环境的变化。然而，有些变化非常剧烈，以至于一个物种无法适应，该物种的所有生物都死亡了，进而导致该物种灭绝。增加灭绝风险的因素包括人类活动和自然灾害。

灭绝的主要原因

栖息地的丧失
气候变化会改变栖息地分布。无法迁徙的物种将会灭绝。

气候变化
温度、湿度和盐度的波动对生物圈，特别是海洋产生显著影响。

适应慢
繁殖缓慢的物种可能无法产生新的后代来适应变化，因此种群数量会逐渐减少。

新物种突然出现
生态系统中出现的新物种，包括人类，破坏了生态平衡，导致其他物种无法占据一席之地。

疾病传播
一种疾病导致一个物种灭绝的情况很少见，但与其他因素结合起来，它就可以成为一个主要原因。

转变为新物种
如果一个物种的某些成员演化成更适合生存的新物种，那么该物种就会灭绝。但由于地理、行为、生理或遗传障碍或差异，这些生物体无法与原始成员繁殖。

一个物种可以起死回生吗？
科学家正在尝试编辑与袋狼基因相似的物种的基因，以复活该物种。

翼展约为2.6米

哈斯特鹰重15千克，是有史以来最大的猛禽

哈斯特鹰

恐鸟可长至3.6米高，重约200千克

高大、不会飞的鸟可以用有力的腿快速奔跑

恐鸟

共同灭绝
协同演化的动物——例如，某些捕食者与其猎物（参见第110～111页）——可能会同时灭绝，因为一个物种如果没有另一个物种就无法生存。例如，当恐鸟（一群不会飞的大型鸟类）在新西兰灭绝时，它们的捕食者哈斯特鹰也消失了。

活化石

偶尔会发现属于被认为已经灭绝的群体的物种。尽管所有其他成员均已灭绝，但"活化石"却出人意料地幸存下来。例如，腔棘鱼是唯一现存的鱼类近亲，它在4亿年前就演化出了能够进行如四足陆生动物一样运动的成对鳍。

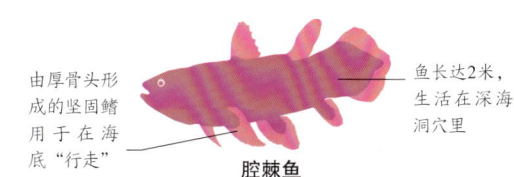

由厚骨头形成的坚固鳍用于在海底"行走"

鱼长达2米，生活在深海洞穴里

腔棘鱼

生物大灭绝

生物大灭绝是一个全球性事件，导致世界各地的大部分物种在短时间内灭绝。这些事件的实际原因往往不明确。

生物大灭绝的时间表

地球上生命的多样性随着时间的推移发生了很大的变化，其自然史中不时出现大规模灭绝事件，这成为地质时间尺度上各个时期之间的界限。这些事件的证据可从化石记录中清楚地看到，其中一些生物的遗骸突然变得没那么清晰可辨了。复杂生命首次在地球上演化以来，已经发生了五次重大的生物大灭绝事件（见下文）。

我们能阻止当前的生物大灭绝吗？

通过保护全球的荒野地区并尽可能多地恢复荒野，可以阻止生物多样性丧失。

超过40%的两栖动物物种目前正面临灭绝的危险

奥陶纪末期——4.44亿年前

全球变冷减少了陆地植物覆盖，降低了海平面，三叶虫等海洋动物的数量也减少了。随后，地球突然变暖，消灭了那些已适应寒冷环境的物种。

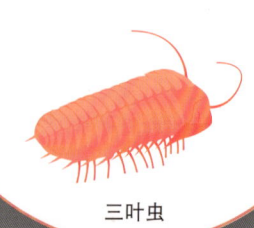

三叶虫

泥盆纪末期——3.59亿年前

一种理论认为，陆地植物演化出了更深的根系，可以接触到土壤中更多的矿物质。这些矿物质最终进入海洋，导致藻类大量繁殖，进而导致包括巨型邓氏鱼在内的许多鱼类灭绝。

邓氏鱼

物种数量

地质年代以纪来作为时间表述单位

85%的物种灭绝

70%~80%的物种灭绝

寒武纪	奥陶纪	志留纪	泥盆纪	石炭纪
541	485	444	419	359

时间（数百万年前）

演化
生物大灭绝

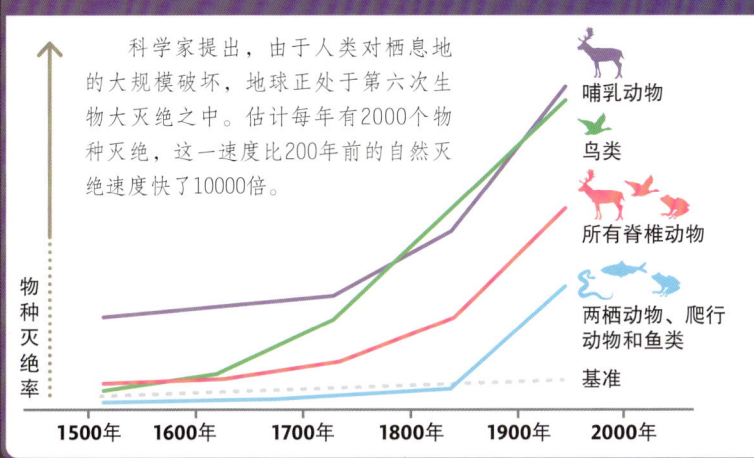

第六次生物大灭绝？

科学家提出，由于人类对栖息地的大规模破坏，地球正处于第六次生物大灭绝之中。估计每年有2000个物种灭绝，这一速度比200年前的自然灭绝速度快了10000倍。

哺乳动物
鸟类
所有脊椎动物
两栖动物、爬行动物和鱼类
基准

物种灭绝率

1500年　1600年　1700年　1800年　1900年　2000年

白垩纪末期——6600万年前

尽管现代鸟类的祖先幸存了下来，但这一事件导致大多数恐龙灭绝，如三角龙。一次大规模的小行星撞击造成了全球性灾难，并可能引发了巨大的火山喷发。

三角龙

二叠纪末期——2.52亿年前

这次灭绝被称为"大灭绝"，其原因被认为是火山活动导致了显著的气候变化。海洋的酸性变得太强，从而导致大多数物种（包括菊石等贝类）都无法生存。

菊石

三叠纪末期——2.01亿年前

可能是由于气候变化或小行星撞击造成的，这次事件造成了当今哺乳动物的许多早期亲戚灭绝，为恐龙统治地球扫清了障碍。

板龙

96%的物种灭绝 | 50%的物种灭绝 | | 80%的物种灭绝 | | |
古近纪 | 新近纪 | 第四纪
二叠纪 | 三叠纪 | 侏罗纪 | 白垩纪

252　　201　　　145　　　　　　66　　23　2.6　0

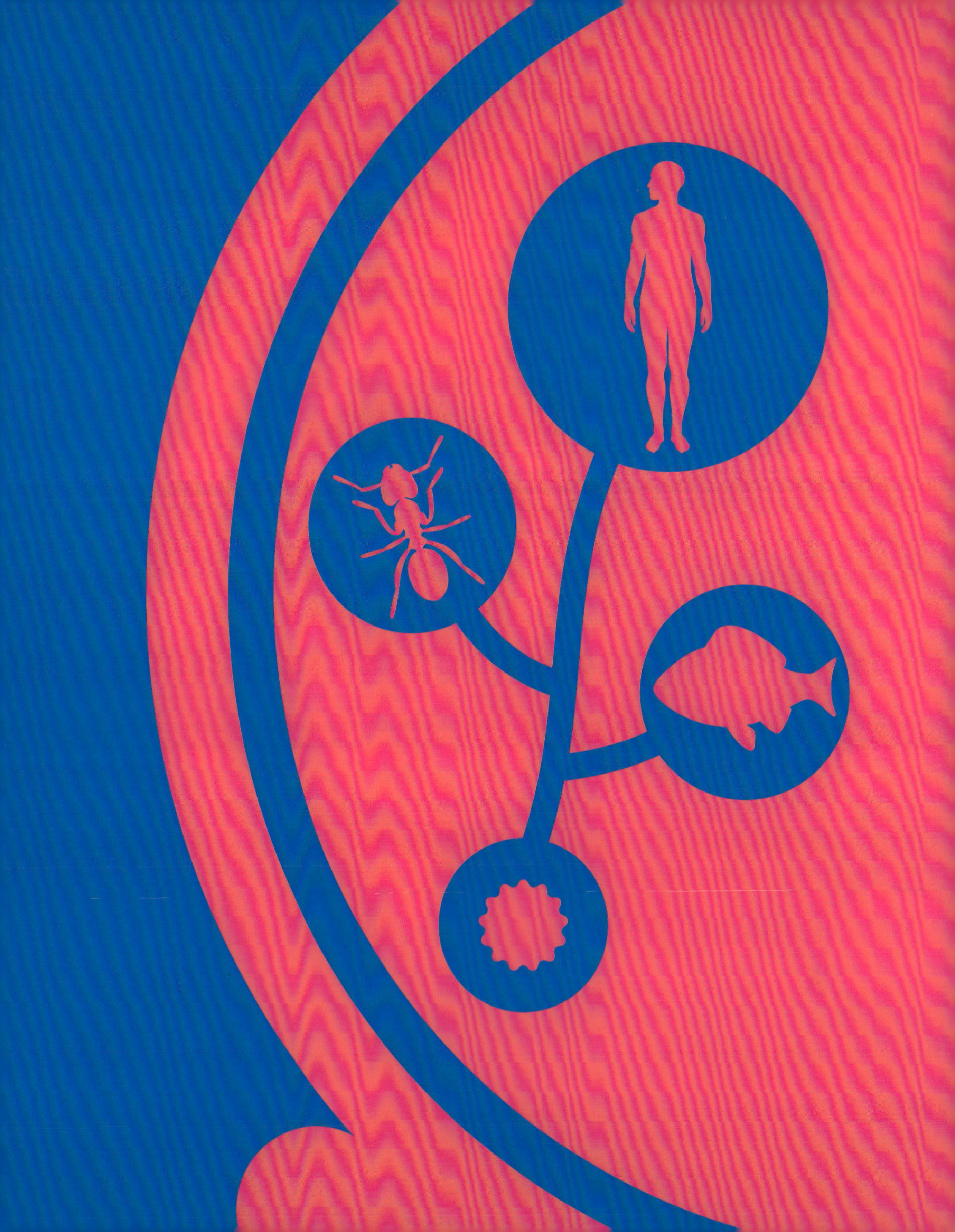

6 生命之树

时间段（数百万年前）

| 古生代（541—252） | 中生代（252—66） | 新生代（66—0） |

← ···· 无脊椎动物

果蝇
学名：*Drosophila melanogaster*

无脊椎动物脊索动物具有一种被称为脊索的脊髓，但没有脊柱

← ···· 无脊椎动物脊索动物

文昌鱼
学名：*Branchiostoma species*

所有脊椎动物（具有脊髓和脊柱的动物）都有一个共同的祖先

硬骨鱼

斑马鱼
学名：*Danio rerio*

四肢动物（四足动物）与硬骨鱼不同

脊椎动物

两栖动物

胚胎在防水膜中发育的动物（羊膜动物）与两栖动物不同

爪蟾
学名：*Xenopus species*

爬行动物

爬行动物和鸟类（蜥龙类）的祖先与哺乳动物的祖先（合弓类）不同

鸡
学名：*Gallus gallus domesticus*

灵长类动物和啮齿类动物有一个相对较近的祖先

鼠
学名：*Muroidea*

模式生物
除了人类，这里所展示的物种被称为模式生物，因为它们易于繁殖，世代时间短且具有易于研究的遗传结构，是遗传学研究的理想选择。

哺乳动物

人
学名：*Homo sapiens*

进化树

进化树展示了物种群体的祖先根源。例如，此处展示的简单进化树重点关注各种脊椎动物物种的祖先从其祖先谱系中分支出来的地方，顶部的条形图显示的是以数百万年为尺度的大致时期。

生物是如何分类的

物种之间的关系曾经基于它们的外在特征或行为方式。科学家结合遗传物质和化石记录进行分析。共享物理特征的演化也可以用于将物种分组。这些信息有助于构建一棵生命之树，它可以用多种方式来展示。

什么是趋同演化？

具有不同祖先的物种在相似的环境压力和自然选择下产生相似的适应时，就会发生这种情况。

生命之树
生物是如何分类的
120 / 121

所有鸟类都是由一群食肉恐龙演化而来的，这些恐龙也是霸王龙的祖先

最后共同祖先

最后共同祖先（LUCA）是当今所有物种的最新共同祖先。虽然LUCA的身份尚不清楚，但它可能生活在大约40亿年前。

最后共同祖先

分支图

这些分支图描绘了物种与共同祖先谱系的分支点，但没有提供关于演化偏差程度的信息。

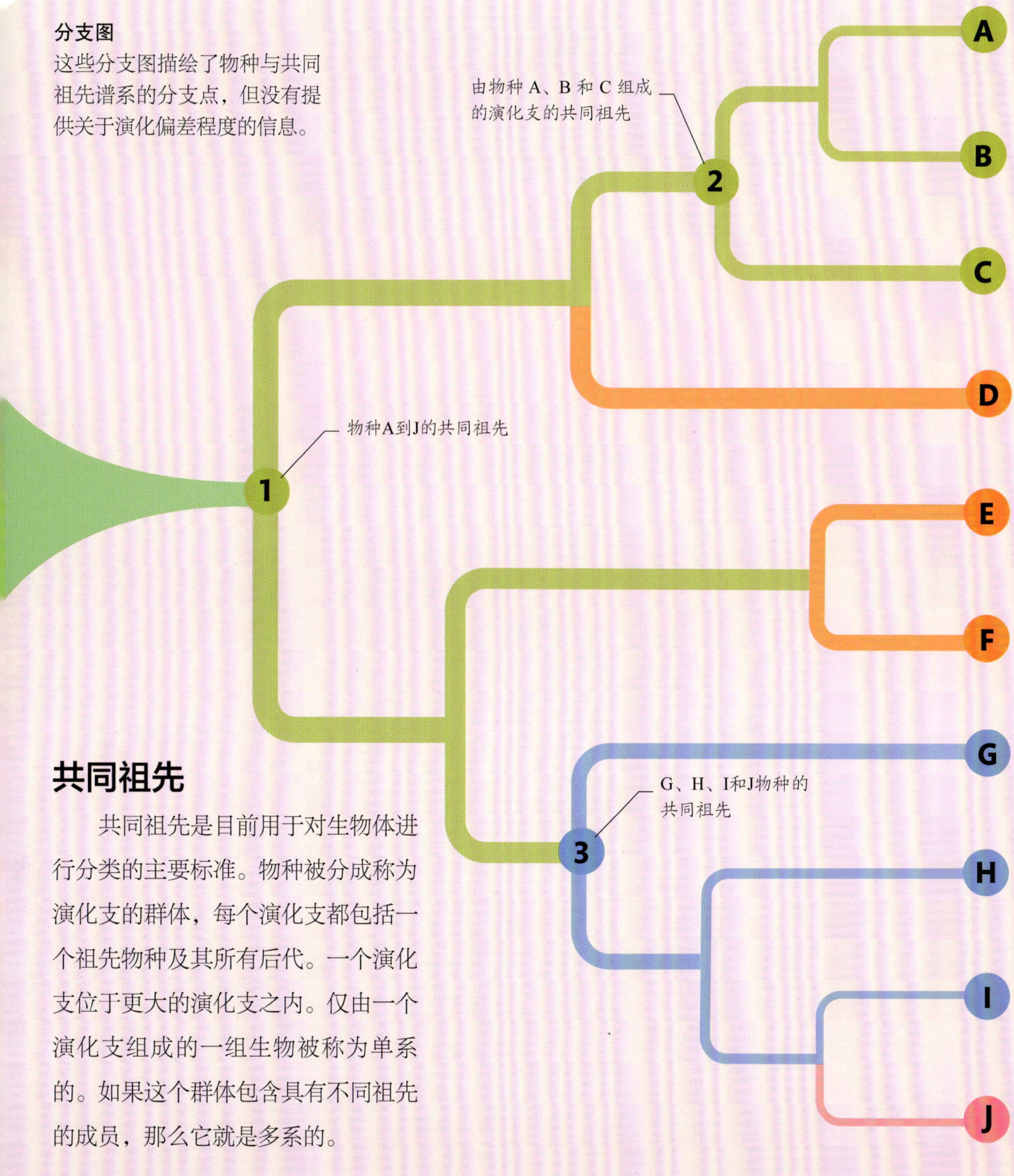

由物种A、B和C组成的演化支的共同祖先

物种A到J的共同祖先

G、H、I和J物种的共同祖先

演化支

演化支是一组物种，包括一个共同祖先及其所有后代。物种A、B和C都有共同的祖先2，并且都包含在该类群内。演化支也被称为单系群。

多系群

这是一个物种群体，其中不包括该群体每个成员最近的共同祖先。E和F有一个相对较新的共同祖先，但它们与D没有共同祖先。

并系群

当一群物种包含共同祖先及其部分（但不是全部）后代时，该分支被称为并系群。物种G、H、I和J有共同的祖先3，但J不包含在该群之中。当不包括鸟类在内时，爬行动物就是此类群的一个例证。

共同祖先

共同祖先是目前用于对生物体进行分类的主要标准。物种被分成称为演化支的群体，每个演化支都包括一个祖先物种及其所有后代。一个演化支位于更大的演化支之内。仅由一个演化支组成的一组生物被称为单系的。如果这个群体包含具有不同祖先的成员，那么它就是多系的。

原核生物会引起疾病吗？

会，尽管在已知的约30000种细菌中只有几百种会导致人类疾病。

一些原核生物拥有鞭毛，有助于运动

原核生物细胞
原核生物可以呈现多种形态，但对于所有原核生物来说，类核中的DNA都没有被膜包围。

细胞壁作为额外的保护层，有助于维持细胞形状并防止脱水

细胞质

荚膜

细胞壁

许多原核生物也有被称为质粒的小DNA分子

类核，含有DNA

类核

毛状菌毛用于与其他细胞相互作用

原核生物

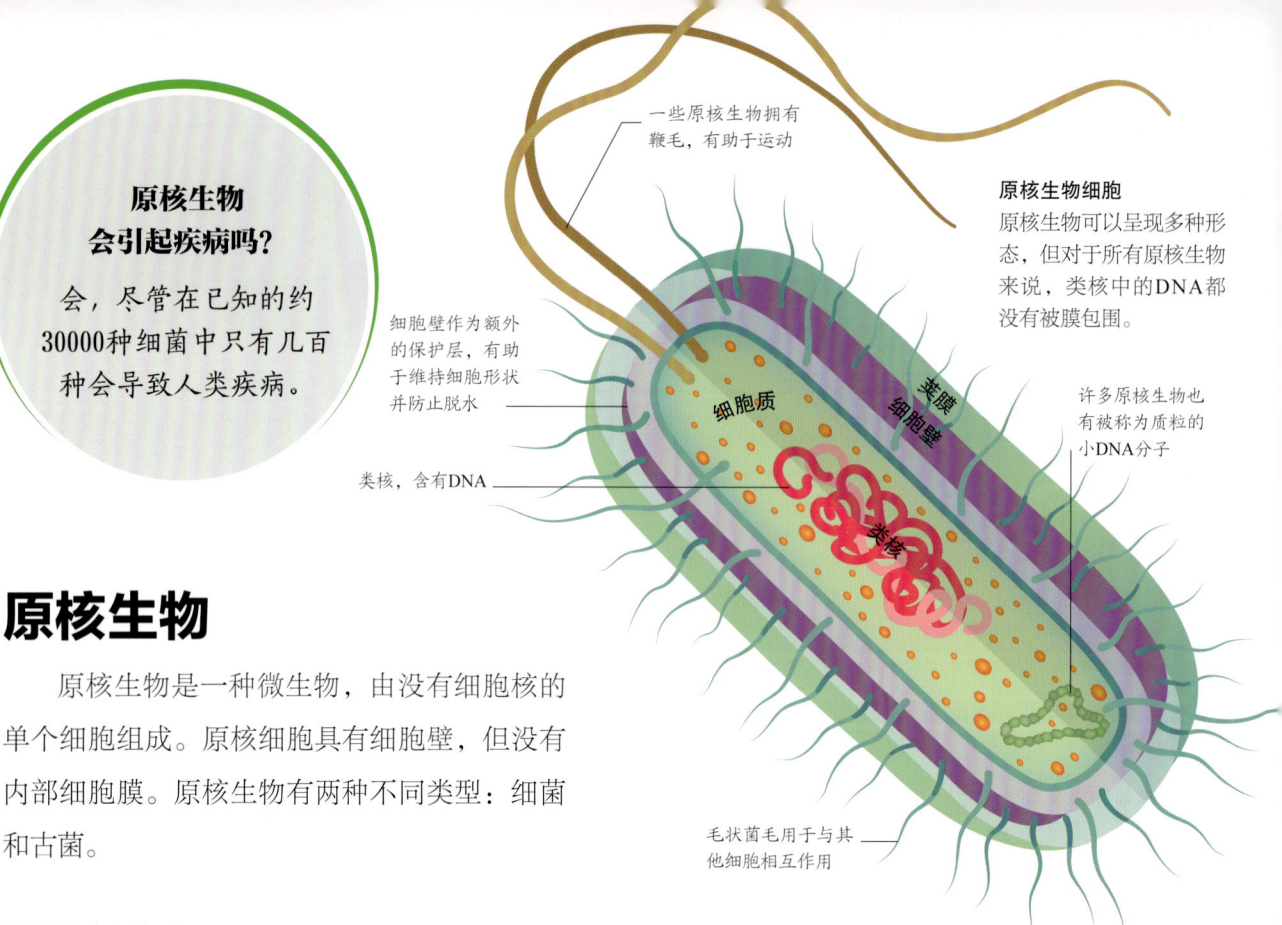

原核生物是一种微生物，由没有细胞核的单个细胞组成。原核细胞具有细胞壁，但没有内部细胞膜。原核生物有两种不同类型：细菌和古菌。

细菌

细菌是微观的、大多为自由生活的单细胞生物。虽然有些是病原体，但大多数发挥着积极作用，如使动物消化食物并推动碳、氮、硫和磷循环。它们与古菌（见对页）的不同之处在于细胞壁的组成、利用能源的范围以及新陈代谢的方式。第一个已知的细菌生活在大约24亿年前，但它们可能在此之前很久就已经开始演化了。

细菌如何转移DNA
细菌通过被称为接合的直接接触过程在彼此之间转移DNA。这种基因转移机制，加上快速繁殖率，使细菌能够迅速适应环境变化并演化。

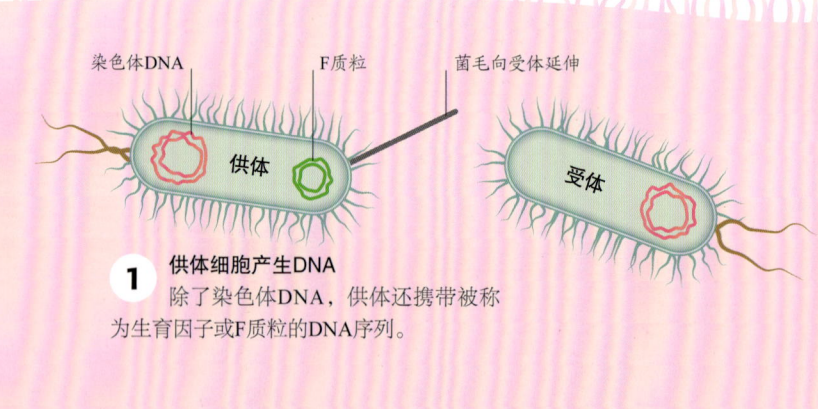

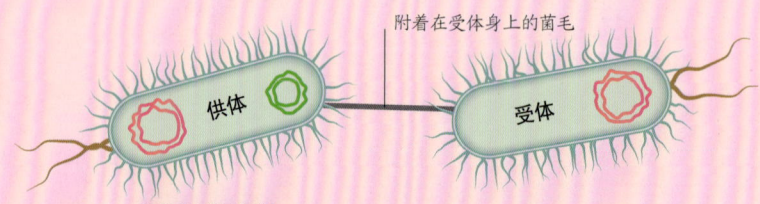

染色体DNA　　F质粒　　菌毛向受体延伸

供体　　受体

1 供体细胞产生DNA
除了染色体DNA，供体还携带被称为生育因子或F质粒的DNA序列。

附着在受体身上的菌毛

供体　　受体

2 供体依附于受体
F质粒使供体能够产生一种细管状结构，被称为菌毛或交配桥，用于接触缺乏F质粒的受体。

生命之树
原核生物
122 / 123

古菌

古菌可能是最早演化的生命形式，已存在超过35亿年了。与细菌不同，它们没有形成孢子的能力。有些古菌能够忍受极端环境，例如，嗜热菌可能生活在高于100℃的温度下，这种环境会导致其他生物体的DNA解体。

某些古菌物种没有氧气也能生存

古菌示例	形状	分布
甲烷短杆菌属	非常短的杆状体或球杆菌	这些古菌是厌氧的（无需氧气便可生存），存在于动物（包括人类）的消化系统中。
甲烷螺菌属	杆状菌	这些生物体广泛存在于海洋、陆地动物、植物和土壤中。有些是好氧的，有些是厌氧的。
热网菌属	圆盘状细胞由被称为插管的空心管连接在一起	热网菌是嗜热菌，存在于深海热液喷口中。
甲烷球菌属	球菌	这些生物是嗜温生物（适应中等温度），被发现于深海热液喷口附近。

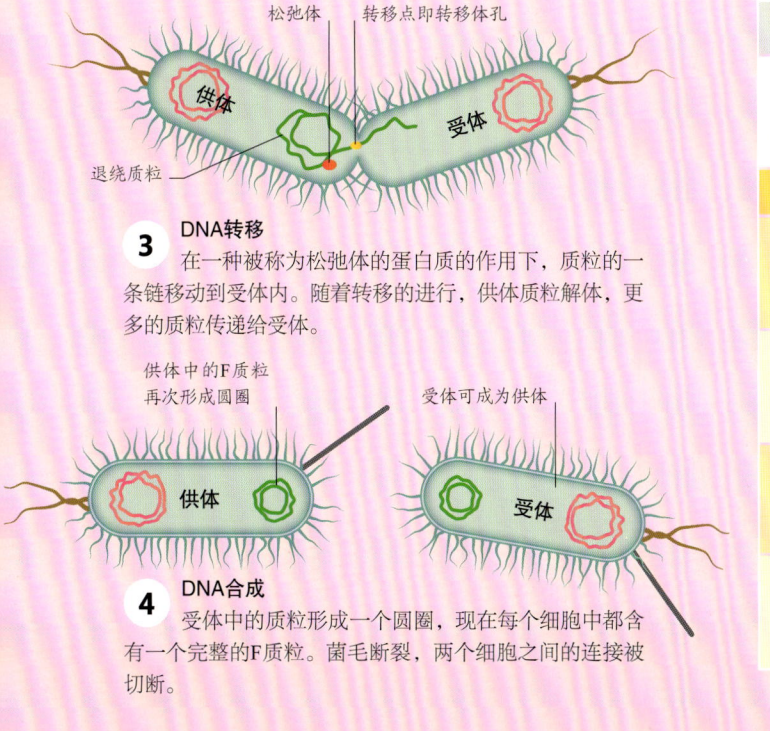

3 DNA转移

在一种被称为松弛体的蛋白质的作用下，质粒的一条链移动到受体内。随着转移的进行，供体质粒解体，更多的质粒传递给受体。

4 DNA合成

受体中的质粒形成一个圆圈，现在每个细胞中都含有一个完整的F质粒。菌毛断裂，两个细胞之间的连接被切断。

细菌性疾病

大约一半的人类疾病是由病原菌引起的。它们通常通过产生毒素引起疾病。有些细菌是通过其他物种（媒介）传播的，如动物蜱。

疾病	影响
莱姆病	蜱虫传播伯氏疏螺旋体，导致发烧、头痛和疲倦。若不治疗，可能会导致面部麻痹和慢性疼痛。
结核	吸入的结核杆菌通常会感染肺部。不治疗的话会致命。
炭疽病	炭疽杆菌的毒素可能会导致恶心、腹泻和呼吸困难。即便经过治疗，它通常也会致命。
青枯病	青枯劳尔氏菌攻击农作物（如马铃薯）的木质部细胞。它会导致植物枯萎、瓦解和死亡。

真核生物

真核生物域的成员,被称为真核生物,是构成生物的三大类之一。它们的细胞有一个被核膜包围的细胞核,通常含有被称为细胞器的特殊膜结合结构。

真核生物的起源

真核生物可能通过被称为内共生的过程演化。在16亿~21亿年前,所有生物都被视为原核生物(参见第122~123页)。古菌细胞通过我们至今尚未完全了解的方式吞噬了留在宿主体内的细菌细胞。随着时间的推移,被吞噬的细菌(内共生体)与其宿主之间形成了互惠互利的关系。经过许多代之后,共生关系发展起来,宿主和内共生体都无法独立生存。

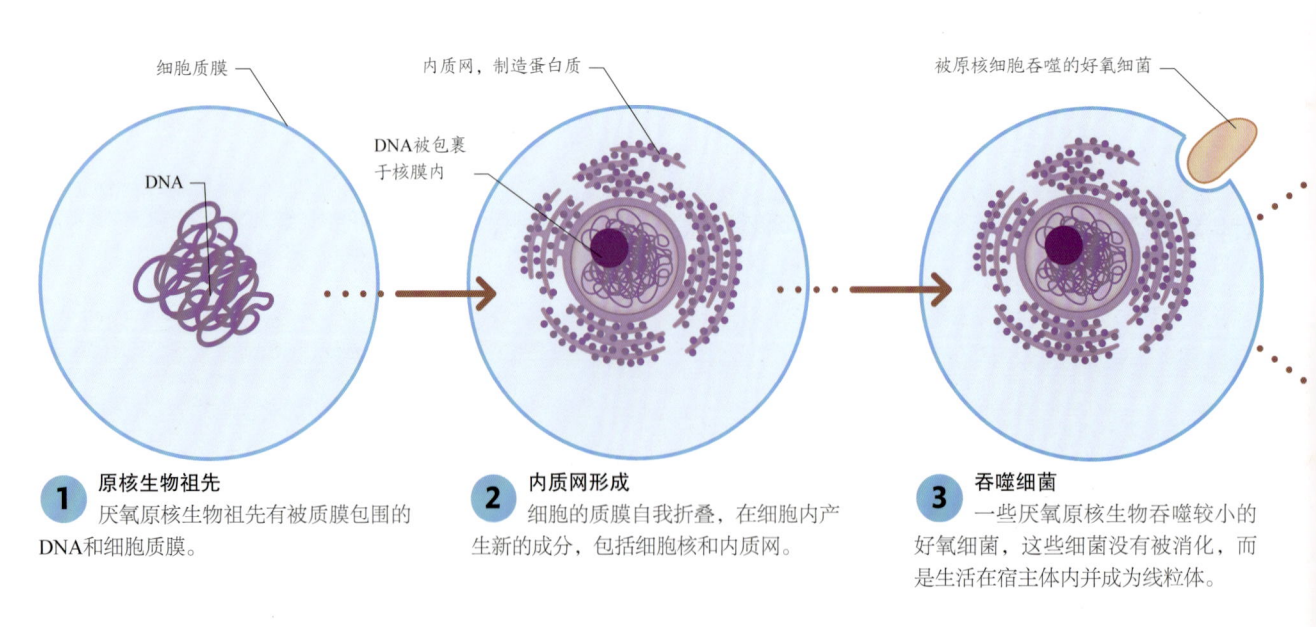

厌氧原核生物

真核生物演化
最早的生命形式是在没有氧气(厌氧)的情况下生存的原核生物。然后,氧气生产者迅速增加了大气中的氧气含量,为复杂的多细胞真核生物的演化铺平了道路。

数百万年前

| 4000 | 3500 | 3000 | 2500 | 2000 | 1500 | 1000 | 750 | 500 | 250 | 0 |

海洋形态 | 产氧原核生物 | 第一个真核生物 | 外骨骼动物 | 人类

细胞质膜 — **DNA**

1 原核生物祖先
厌氧原核生物祖先有被质膜包围的DNA和细胞质膜。

内质网,制造蛋白质 — **DNA被包裹于核膜内**

2 内质网形成
细胞的质膜自我折叠,在细胞内产生新的成分,包括细胞核和内质网。

被原核细胞吞噬的好氧细菌

3 吞噬细菌
一些厌氧原核生物吞噬较小的好氧细菌,这些细菌没有被消化,而是生活在宿主体内并成为线粒体。

内共生

当早期原核细胞吞噬细菌时,真核生物就开始演化了。被吞噬的细菌首次让宿主利用氧气释放储存于营养物质中的能量,从而保护了细菌。

水生藻类杉叶蕨藻的单细胞长度可长至30厘米

生命之树
真核生物 **124 / 125**

真核生物类型

真核生物是一个极其多样的群体，从单细胞原生生物（参见第126~127页）到巨型蓝鲸。传统上认为它由四个界组成：动物界、植物界、真菌界和原生生物界。原生生物是一个多样化的群体，有些原生生物与其他界成员的关系比与其他原生生物的关系更密切。多样性使得它们可以分为几个界级的群体。

类型	主要特点
原生生物	大多数（但不是全部）原生生物是单细胞的。它们的细胞有细胞核以及膜结合细胞器。原生生物通过摄入或吞噬细菌和其他小颗粒来获取食物。
真菌	大多数真菌是多细胞的，细胞具有细胞壁。它们通过孢子进行有性或无性生殖。真菌缺乏叶绿素，因此无法进行光合作用。
植物	植物是多细胞的，细胞具有细胞壁。几乎所有植物都通过光合作用生产自己的食物。大多数植物进行有性生殖，雄性和雌性生殖器官要么在同一植株上，要么在不同的植株上。
动物	动物是多细胞的，但不具有细胞壁。它们通常通过消化其他生物体或其产物来获取能量。动物进行有性或无性生殖。

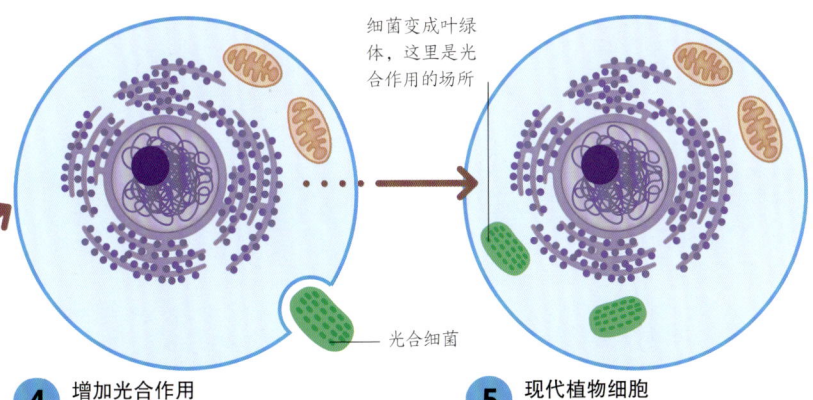

细菌变成叶绿体，这里是光合作用的场所

光合细菌

4 增加光合作用
一些细胞还吞噬生活在宿主体内的光合细菌，这些细菌随着时间的推移演变成叶绿体。

5 现代植物细胞
植物细胞具有线粒体和叶绿体，使其能够进行呼吸作用和光合作用。

线粒体利用氧气从摄入的营养物质中为细胞提供能量

4 异养细胞
动物和真菌的细胞是异养的，即它们不能自己制造食物，而必须摄取营养。

真核生物比原核生物更有优势吗？

是的，真核生物的细胞能够组成复杂的多细胞生物体——这是原核生物的细胞所无法做到的。

真核生物的化石证据

事实证明，通过化石记录追踪真核生物的起源是很困难的。卷曲藻化石来自最古老的真核生物之一，可以追溯到大约21亿年前，但科学家不确定它们到底是什么类型的生物。它们可能是真核藻类、巨型细菌或细菌菌落。

宽约1厘米

卷曲藻化石

放射虫

这些单细胞生物大多是海洋生物，通常是非运动型（无法自行推进）的，具有精细的二氧化硅内部骨架，并且通常表现出径向对称性。其软解剖结构分为中央囊和囊外，由中央囊壁分隔开。放射虫通过用伪足捕捉小型浮游生物来获取能量（见右图），尽管有些与光合藻类有共生关系。

径向对称性
许多放射虫类似于微型珠宝。许多物种因其径向对称性而得名，有些物种具有放射状的二氧化硅刺，能增加在水中的阻力。最大的放射虫直径达2毫米。

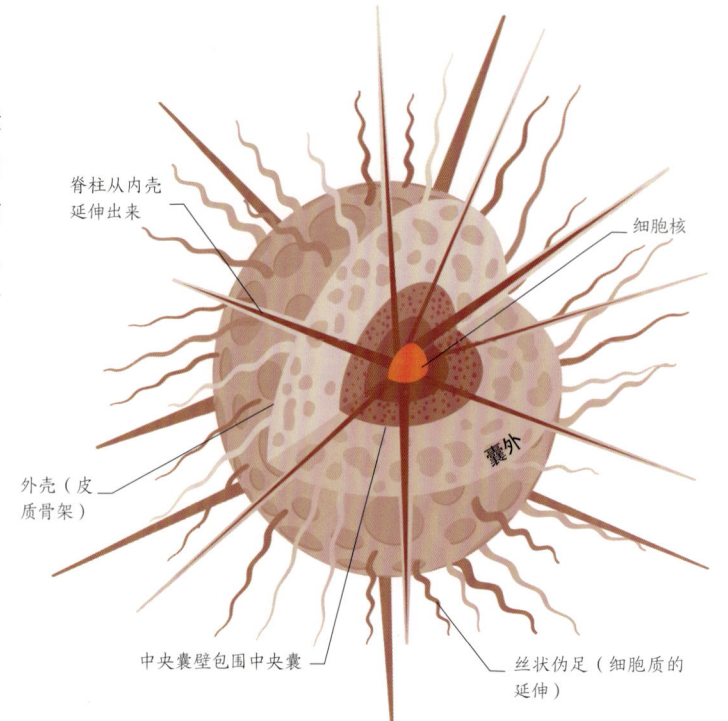

（图注：脊柱从内壳延伸出来；细胞核；囊外；外壳（皮质骨架）；中央囊壁包围中央囊；丝状伪足（细胞质的延伸））

原生生物

术语"原生生物"用于将不属于动物、植物或真菌界的真核生物归为一类。原生生物大多是单细胞生物，具有广泛的结构和生命周期。

"伪足"（Pseudopod）这个词来自希腊语，意为"假脚"

主要原生生物群

虽然几乎所有原生生物都是单细胞的，但许多原生生物拥有最复杂的细胞，其细胞中的细胞器（而非多细胞器官）执行生物功能。原生生物表现出各种各样的摄食、运动和繁殖行为。裂变是无性生殖的一种形式，指身体分裂成两个（二分裂）或更多（多重裂变）的自身副本。

分类	营养	繁殖	运动
放射虫	消耗浮游动物、浮游植物和细菌	二分裂、多重裂变或芽殖（参见第81页）	通常不运动，在水中漂移
硅藻	大多数通过光合作用制造自己的食物	主要是二分裂；一些物种为有性生殖	非运动物种在水中漂移；运动物种利用鞭毛移动
纤毛虫	消耗细菌和藻类	二分裂、芽殖或有性生殖	通过起伏的纤毛移动
甲藻	吃硅藻和浮游动物	二分裂或有性生殖	通过起伏的鞭毛移动
眼虫	光合作用、寄生或消耗其他生物	二分裂	通过起伏的鞭毛移动
变形虫	通过吞噬作用进食（见对页）	二分裂或有性生殖	用伪足移动

变形虫

这个庞大而又多样的群体的成员能够改变形状，通常是通过伸展或缩回伪足（细胞的液体填充凸出物）实现的。有些变形虫是掠食者，有些则以碎屑为食。它们通过吞噬作用来摄取食物，它们的伪足用于吞噬活的猎物。虽然大多数变形虫是单细胞的，但黏菌具有多细胞的生命阶段。

哪些疾病是由原生生物引起的？

多种疾病，包括疟疾、昏睡病、美洲锥虫病、贾第虫病和阿米巴痢疾，是由原生生物引起的。

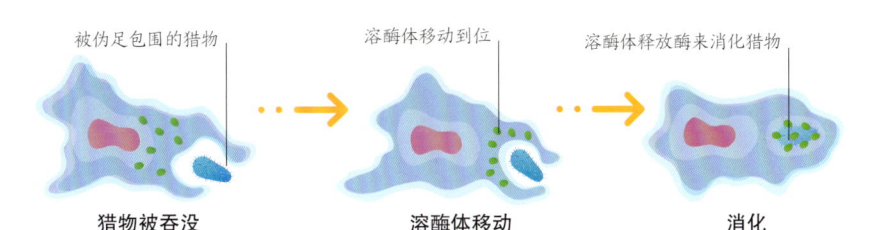

被伪足包围的猎物 → **溶酶体移动到位** → **溶酶体释放酶来消化猎物**

猎物被吞没 → 溶酶体移动 → 消化

吞噬作用
变形虫用伪足吞噬猎物。然后，被称为溶酶体的细胞器开始发挥作用，释放酶来分解猎物。

鞭毛虫和纤毛虫

这两大类原生生物使用专门的细胞器（鞭毛或纤毛）运动或进食。纤毛是短的，呈毛发状结构；而鞭毛是长的，呈鞭状结构。在生命周期的某个阶段，鞭毛虫拥有一根或多根鞭毛。纤毛虫被认为是由鞭毛虫演化而来的。它们的表面可能完全被纤毛覆盖，这些纤毛也可能聚集成数行。

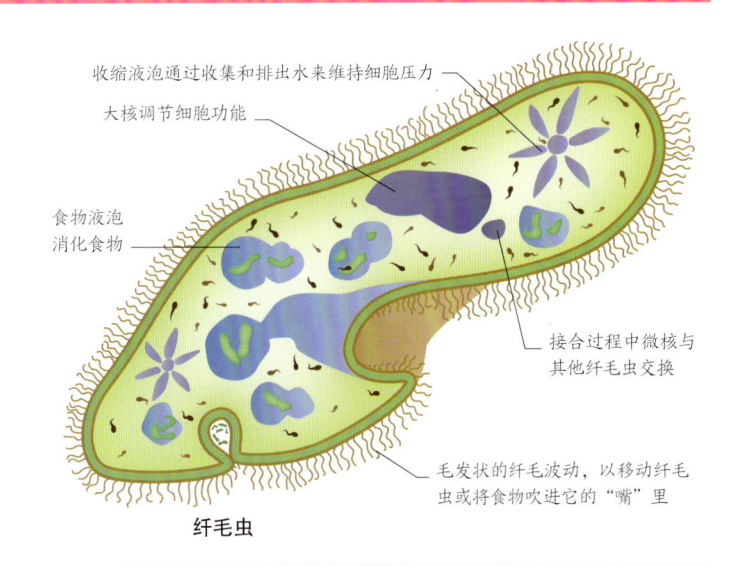

- 收缩液泡通过收集和排出水来维持细胞压力
- 大核调节细胞功能
- 食物液泡消化食物
- 接合过程中微核与其他纤毛虫交换
- 毛发状的纤毛波动，以移动纤毛虫或将食物吹进它的"嘴"里

纤毛虫

两型核
纤毛虫是单细胞生物，利用被称为纤毛的短细胞器来游动。每个纤毛虫都有两种类型的细胞核中的一种或多种——大核和微核。

疟疾的传播

当受感染的蚊子叮咬人时，它会在生命周期的子孢子阶段传播原生疟原虫。这些原生生物迁移到肝细胞中，在那里转变成裂殖子。裂殖子被释放到血液中，破坏红细胞。

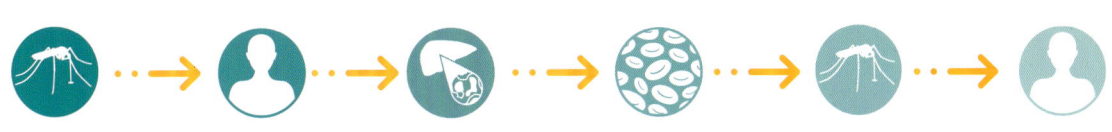

被感染的蚊子 → 第一个人被感染 → 肝脏中的寄生虫 → 被感染的血液 → 被蚊子叮咬 → 第二个人被感染

真菌

从蘑菇到微小的霉菌和酵母，真菌大多是多细胞生物，通过在食物中生长或穿透食物来吸收营养。这使它们不同于通过光合作用制造食物的植物和掠取食物的动物。

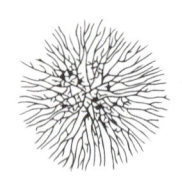

在美国俄勒冈州发现的单个菌丝，体重约400000千克

真菌的主要类型

直至21世纪，真菌都是根据其形式和结构进行分类的。最近，DNA分析的出现对传统分类提出了挑战，真菌界现在分为九个亚门（门）。这里列出了四个主要的门，以及仍在研究和分类中的半知菌门。

分类	主要特点
壶菌门	该类群包括750多个物种。它们是分解者、寄生虫，或者以共生关系生活在动物的消化系统中。其中一种是导致两栖动物罹患致命疾病的根源所在。
球囊菌门	球囊菌门大约有230个物种，其中许多与苔藓植物（参见第132页）和陆地植物有共生关系，在根部形成菌根。
子囊菌门	该类群包含64000多个物种。这些"囊真菌"具有子囊，即产生孢子的有性结构；存在于98%的地衣中。
担子菌门	该类群由约32000个物种组成。这些担子菌包括我们熟悉的蘑菇、鬼笔、多孔菌和马勃的子实体。
半知菌门	这是一组由25000种"不完美"真菌组成的群体，之所以如此命名，是因为它们的有性生殖方式从未被观察到。其中最有名的是青霉属。

1 成熟子实体
真菌的成熟子实体产生孢子。孢子被风、水或动物传播。一旦孢子被释放，子实体就开始分解。

菌根真菌的生命周期

4 幼子实体
菌丝上形成微小的菌丝结，这些菌丝结长成微型子实体或小子实体。其中一些发育成年轻的子实体，而另一些则停止生长。

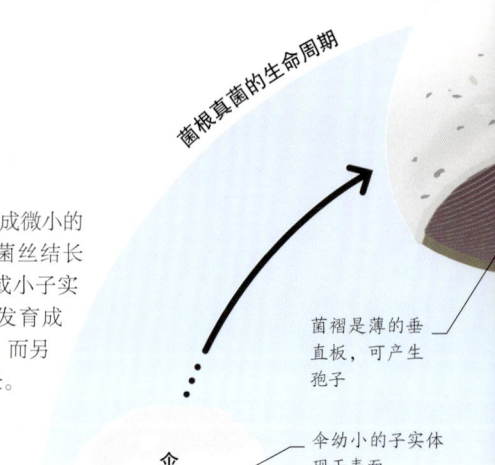

菌褶是薄的垂直板，可产生孢子

伞

茎

伞幼小的子实体现于表面

菌丝的结构

3 菌丝体
菌丝体中的细小菌丝消耗其周围的有机物质。在适当的条件下，真菌会产生子实体。

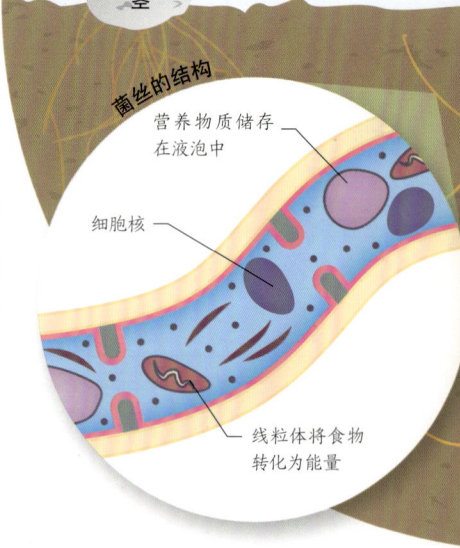

营养物质储存在液泡中

细胞核

线粒体将食物转化为能量

真菌细胞和菌丝

除酵母外，真菌都是多细胞生物。大多数以被称为菌丝的多细胞丝状体形式生长。真菌菌丝结合形成菌丝体，生长于真菌赖以生存的物质中。一些真菌具有被称为吸器的特殊菌丝，这使其能够与宿主交换营养。这类菌根真菌对于生态系统的健康非常重要。

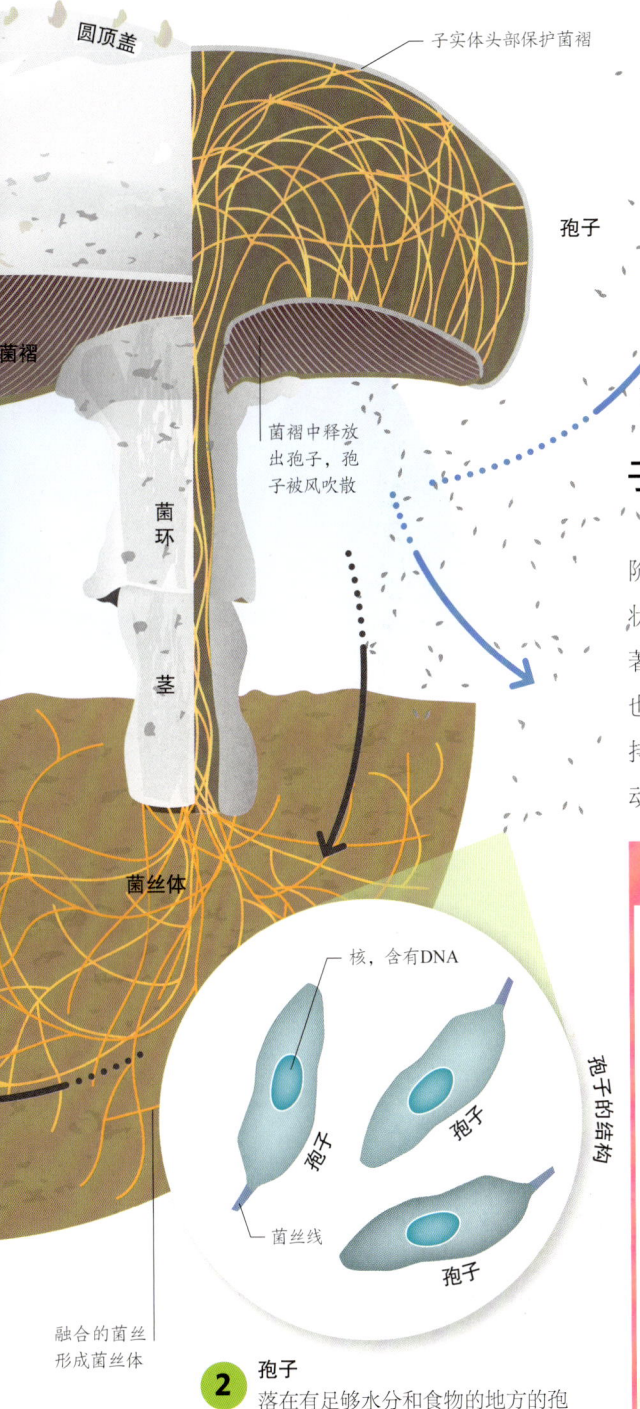

生命之树
真菌
128 / 129

圆顶盖

子实体头部保护菌褶

孢子

菌褶

菌褶中释放出孢子，孢子被风吹散

菌环

茎

菌丝体

融合的菌丝形成菌丝体

什么是地衣？

它们是微小光合生物（通常是藻类）和真菌共生的复合体，其中藻类被包裹在大量真菌菌丝中。

子实体

许多真菌产生子实体，它代表物种生命周期的有性生殖阶段。这些子实体含有孢子，可以让真菌繁殖。子实体的形状、大小、颜色、寿命、气味和孢子传播机制差异很大。最著名的一些具有帽子和茎的结构。许多子实体是单生的，但也有一些子实体聚集成丛或排列成环状。那些多孔菌可能会持续数年，但其他的只会持续数天。子实体营养丰富，常被动物当作食物。

木维网

真菌菌丝扩散时，会与植物的根部相连，形成被称为菌根网络或"木维网"的网络，从而使真菌和植物之间能够进行化学物质的交换。植物提供碳水化合物和维生素。作为回报，它们获得真菌从土壤和有机物中吸收的水和矿物质。

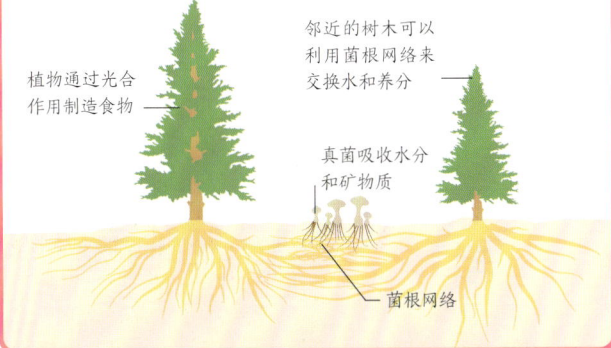

孢子的结构

核，含有DNA

孢子

孢子

菌丝线

孢子

② 孢子
落在有足够水分和食物的地方的孢子开始发芽并形成菌丝。当一个孢子的菌丝与另一个孢子的菌丝相遇时，它们结合并形成更大的菌丝群，被称为菌丝体。

植物通过光合作用制造食物

邻近的树木可以利用菌根网络来交换水和养分

真菌吸收水分和矿物质

菌根网络

藻类

藻类是生活在海洋或淡水中进行光合作用的多种生物的统称。所有藻类都是真核生物（其细胞具有细胞核，与细菌不同）。许多是单细胞的、极小的；而其他的，如海藻，则更大，更为复杂。

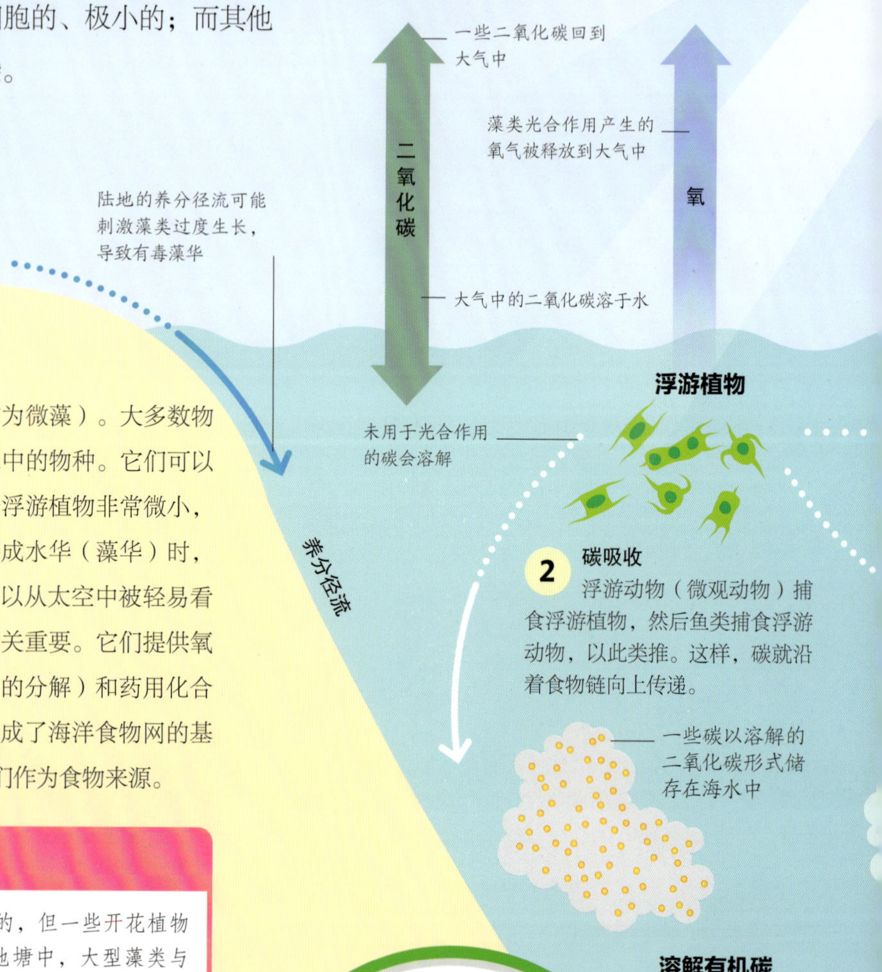

陆地的养分径流可能刺激藻类过度生长，导致有毒藻华

一些二氧化碳回到大气中

藻类光合作用产生的氧气被释放到大气中

二氧化碳

氧

大气中的二氧化碳溶于水

浮游植物

浮游植物是单细胞藻类（也被称为微藻）。大多数物种是海洋物种，尽管也有生活在淡水中的物种。它们可以自由漂浮或形成大型群落。尽管单个浮游植物非常微小，但当数十亿个浮游植物聚集在一起形成水华（藻华）时，它们的直径能达数百千米——大到足以从太空中被轻易看到。藻类对世界生态系统和人类都至关重要。它们提供氧气、食物、燃料（石油来自古代藻类的分解）和药用化合物，同时吸收大量的碳。浮游植物构成了海洋食物网的基础，所有其他海洋生物最终都依赖它们作为食物来源。

未用于光合作用的碳会溶解

养分径流

浮游植物

2 碳吸收

浮游动物（微观动物）捕食浮游植物，然后鱼类捕食浮游动物，以此类推。这样，碳就沿着食物链向上传递。

一些碳以溶解的二氧化碳形式储存在海水中

是藻类还是水生植物？

尽管陆地植物是从藻类演化而来的，但一些开花植物（参见第132页）已在水下重生。在池塘中，大型藻类与水生植物共存。海草不是海藻，而是一种海洋植物，具有花、种子、韧皮部和木质部。

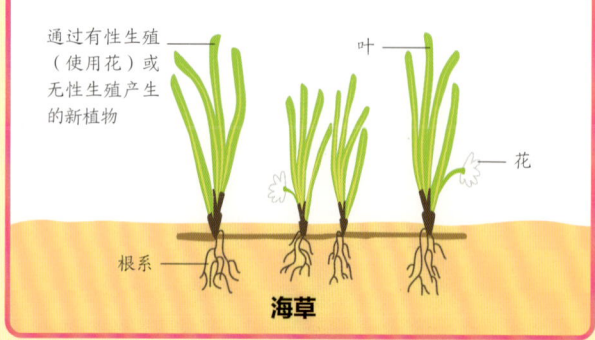

通过有性生殖（使用花）或无性生殖产生的新植物

叶

花

根系

海草

溶解有机碳

分解

所有藻类都生活在水中吗？

并非如此，一些单细胞绿藻能够在陆地潮湿的地方生长，如树干、土壤、潮湿的岩石、潮湿的砖块，甚至动物的毛皮上。

生命之树
藻类
130 / 131

太阳

碳泵
海洋在碳循环中发挥着重要作用，是全球最大的碳储存库。在一种被称为碳泵的现象中，浮游植物从大气中提取二氧化碳，并将其用于新陈代谢或合成有机化合物。这一过程中即使发生微小的变化，也会影响大气中的二氧化碳水平，从而影响气候。

1 光合作用
浮游植物在阳光照射的海洋表层利用溶解的二氧化碳进行光合作用。它们是食物链中的初级生产者。

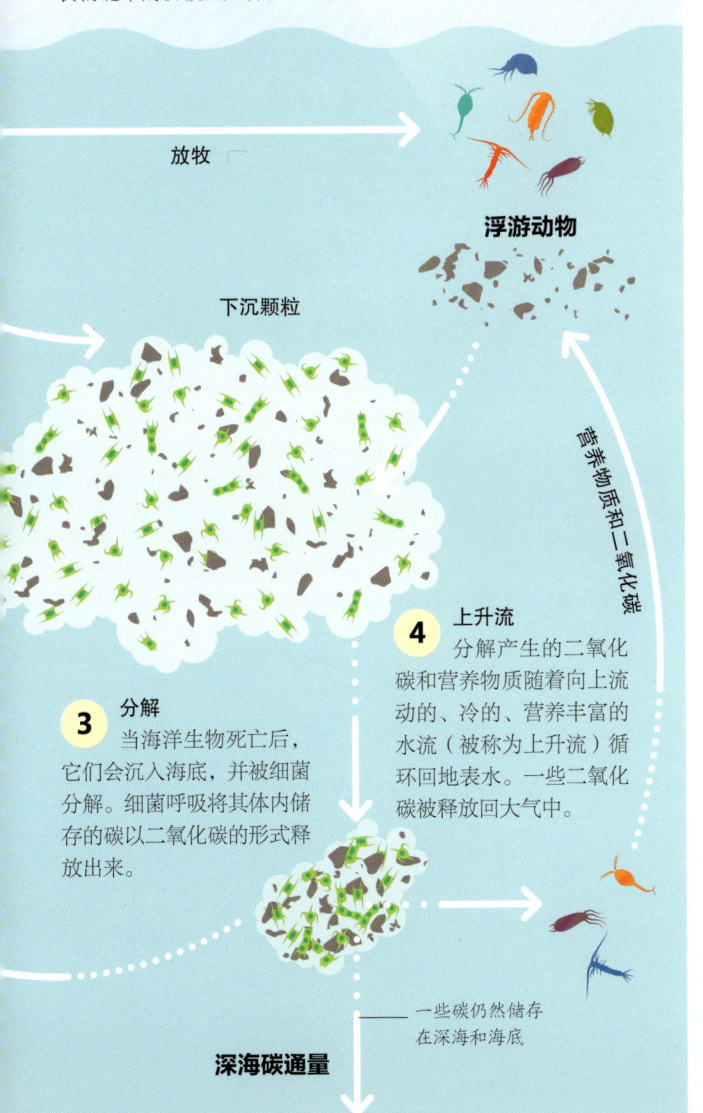

放牧

浮游动物

下沉颗粒

营养物质和二氧化碳

3 分解
当海洋生物死亡后，它们会沉入海底，并被细菌分解。细菌呼吸将其体内储存的碳以二氧化碳的形式释放出来。

4 上升流
分解产生的二氧化碳和营养物质随着向上流动的、冷的、营养丰富的水流（被称为上升流）循环回地表水。一些二氧化碳被释放回大气中。

一些碳仍然储存在深海和海底

深海碳通量

海藻

海藻是大型多细胞海洋藻类。它们分为三类：绿藻、红藻和褐藻。它们使用不同的光合色素，因而呈现出不同的颜色。与植物一样，海藻是自养的（自己制造食物），但缺乏木质部、韧皮部和气孔。它们没有根、茎和叶，但有固着器、柄和叶片。有些还具有浮子，以帮助海藻接触阳光。海藻缺乏花和种子，利用孢子繁殖。

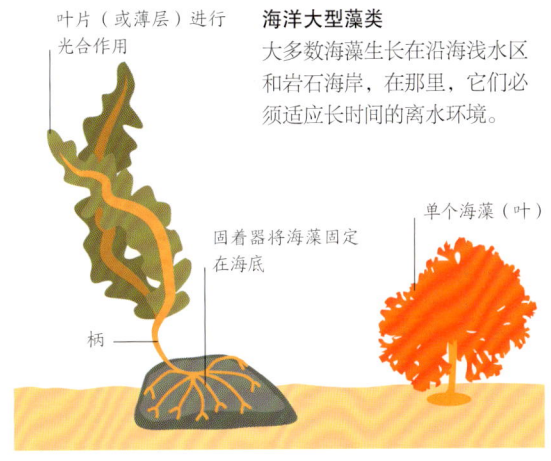

海洋大型藻类
大多数海藻生长在沿海浅水区和岩石海岸，在那里，它们必须适应长时间的离水环境。

叶片（或薄层）进行光合作用

固着器将海藻固定在海底

柄

单个海藻（叶）

淡水大型藻类
海藻有淡水对应物，其中最复杂的是被称为轮藻的绿藻，陆地植物就是从它演化而来的。轮藻（如图所示）是现存陆地植物的最近亲。

叶片状结构的枝条

根茎　　　　　基本根系

地球上80%的氧气产生于海洋

植物

植物是多细胞生物，主要生长在陆地上，通常含有叶绿素。它们常固定在原地生长，通过根吸收水和矿物质，并通过光合作用获取能量。

石松植物和蕨类植物（无籽维管植物）

这些是第一批具有真正根系及木质部和韧皮部运输系统的植物（参见第148~149页）。它们仍然利用孢子繁殖，须在潮湿的环境中生长，但维管组织使它们可以长高并长出大叶子——尤其是真蕨类植物。

陆地植物演化

陆地植物通过控制水分流失来适应陆地生活，后来发展出根系，从岩石中吸收养分，从而形成土壤。

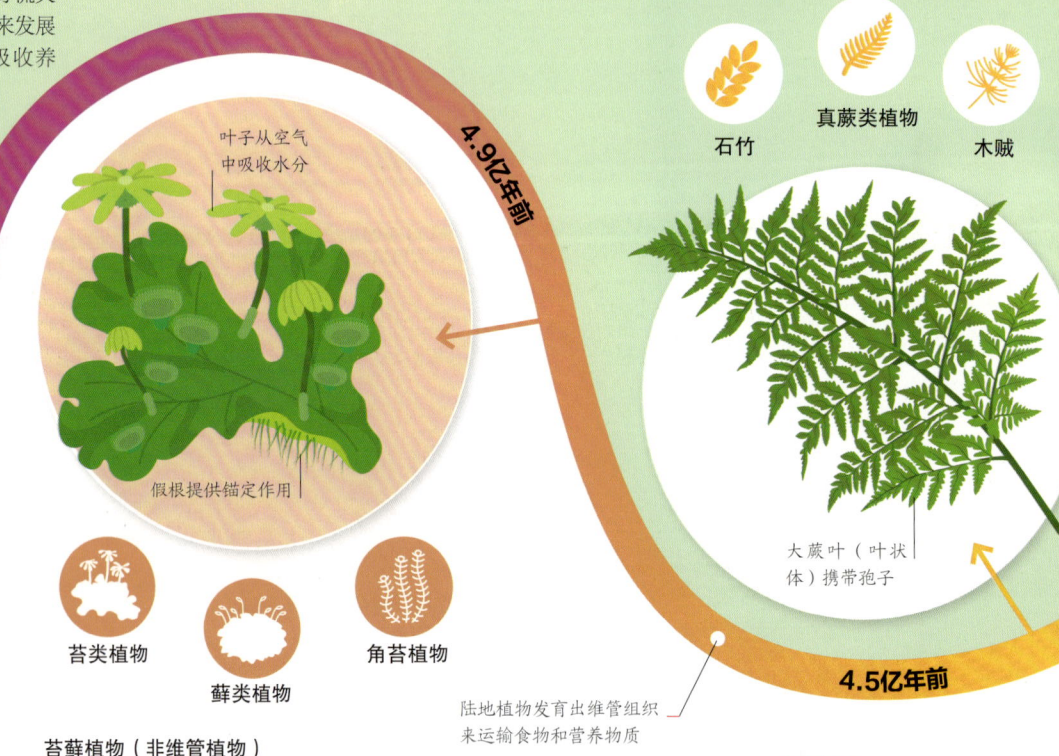

时间

叶子从空气中吸收水分

假根提供锚定作用

苔类植物

藓类植物

角苔植物

4.9亿年前

石竹

真蕨类植物

木贼

大蕨叶（叶状体）携带孢子

所有陆地植物均源自约5亿年前的淡水绿藻

陆地植物发育出维管组织来运输食物和营养物质

4.5亿年前

苔藓植物（非维管植物）

最早的陆地植物是生长缓慢的非维管植物，这意味着它们没有水和养分的运输系统。它们使用类似灰尘的孢子进行繁殖，并且只能生长在潮湿的区域。

非开花植物

约5亿年前植物在陆地上的繁衍，是地球历史上最重要的事件之一。所有最早的陆地植物都是不开花的。最原始的类群，如苔藓和蕨类植物，没有种子，而是利用水或风传播孢子进行繁殖。裸子植物是最早有花粉粒和种子的植物。它们不再依赖水来繁殖，而是可以在新的地区定植。

目前存在多少种植物？

据估计，目前约有450000种植物，已发现并命名的约382000种。大约40%的植物面临灭绝的危险。

生命之树
植物
132 / 133

开花植物

花朵和果实的发育使被子植物（开花植物）取得了巨大的成功，促进了大约370000个物种的大规模多样化，这些物种已经占据地球上除最极端的栖息地以外的所有栖息地。被子植物构成了当今植物物种的绝大多数，主导着陆地上的大多数生态系统。它们的形态多种多样，从参天大树到微小的草本植物，它们通过授粉与动物形成复杂的共生关系。

3.2亿年前

维管植物通过种子繁殖

种子被携带于木质球果中

窄叶适应寒冷天气

针叶树　苏铁植物　银杏

裸子植物（维管种子植物）

这些是第一批种子植物，产生花粉并具有裸露的种子（不被子房包裹）。现代裸子植物以针叶树（松树、冷杉等木本树木）为主，约有600种。

被子植物

在裸子植物演化之后，出现了花和果实（成熟卵巢）这一巨大的演化创新。它们的种子藏在果实里。

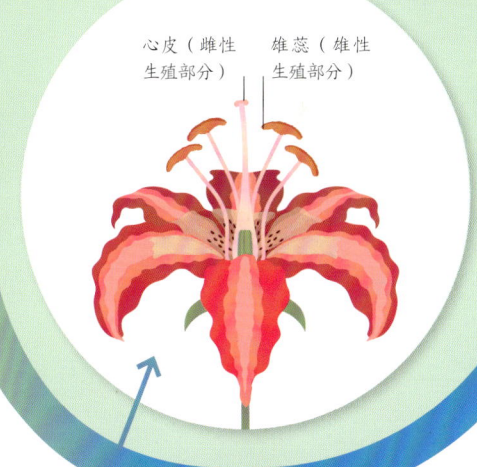

单子叶植物　双子叶植物

心皮（雌性生殖部分）　雄蕊（雄性生殖部分）

2.4亿年前

单子叶植物和双子叶植物

开花植物分为两类：双子叶植物（约占物种的70%）和单子叶植物（占30%）。尽管双子叶植物数量更多，种类更丰富，但单子叶植物包括一些最大的植物科和大多数主要作物。

单子叶植物	双子叶植物
 种子有一个子叶（胚叶或种子叶）。	 种子有两个子叶。
 叶子上的叶脉通常是平行的。	 叶子上的叶脉通常形成分支网络。
 维管束散布在整个茎中。	 维管束排列成环状。
 根通常是纤维状的（没有主中央根）。	 通常有一个主根，其余根系从中分出来。
 花部（如花瓣和雄蕊）的结构通常遵循"三的倍数"的规律。	 花部的结构通常遵循"四或五的倍数"的规律。

最古老的单株树已有5000多年的历史

无脊椎动物

大多数动物是无脊椎动物——缺乏脊柱的多细胞生物。已知的无脊椎动物大约有130万种，但随着新发现的不断出现，总数可能会更多。

无脊椎动物的种类

无脊椎动物的分类并不复杂。某些类型的无脊椎动物与脊椎动物的关系比它们与其他无脊椎动物的关系更为密切。它们几乎占据了地球上的每一个栖息地，无论南极洲的冰冻荒原还是海洋热液喷口。它们展现出一系列令人眼花缭乱的生活方式和身体形态，反映出了其中的多样性。

据估计，地球上约97%的动物是无脊椎动物

主要的无脊椎动物群

无脊椎动物有30个门（门是界的主要部分）。下面列出了一些最大和最有趣的门。迄今为止，最大的类群是节肢动物门，包括所有昆虫和蜘蛛，占已知动物种类的四分之三以上。

分类	分类等级	特征
昆虫 超过100万种	门：节肢动物 纲：昆虫纲	三对腿；触角；身体由头、胸、腹三部分组成
蛛形纲动物 超过10万个物种	门：节肢动物 纲：蛛形纲	四对腿；没有翅膀或触角；头部和胸部融合
甲壳类动物 67000种	门：节肢动物 亚门：甲壳纲	柔性外骨骼或外壳；两对触角
软体动物 85000种	门：软体动物门	身体有头、肌肉发达的脚和外套膜（可能会分泌壳）
海胆 7000种	门：棘皮动物门	径向对称；表皮多刺；仅限海洋中的
环节动物 超过15000种	门：环节动物门	身体分段；通过体表呼吸。

蜻蜓

与其他昆虫一样，蜻蜓有六条腿和三个主体部分——头部、胸部和腹部。蜻蜓有四个翅膀，而苍蝇只有两个，还有许多昆虫完全没有翅膀。

腹部有十节

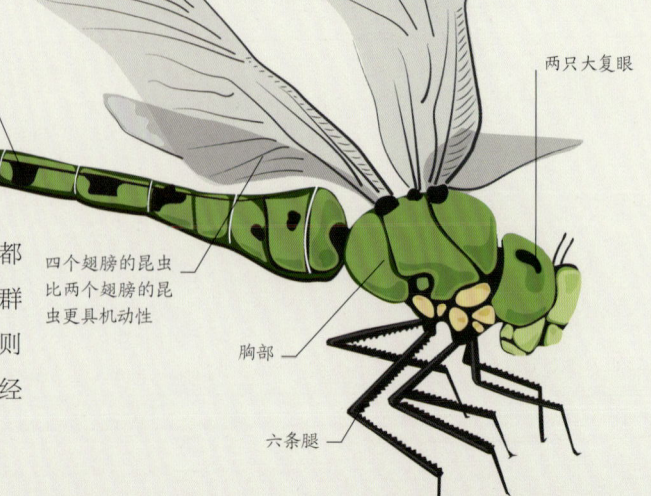

交配时使用的扣环

两只大复眼

四个翅膀的昆虫比两个翅膀的昆虫更具机动性

胸部

六条腿

身体构造

大多数无脊椎动物有有关节的腿或翅膀（或两者都有）用于运动，尽管有些无脊椎动物是不动的。有些族群的消化系统只有一个开口，既充当嘴又充当肛门；其他则有两个单独的开口。虽然一些无脊椎动物只有简单的神经网络，但大多数有脑和感觉器官（参见第165页）。

生长与发育

虽然所有无脊椎动物的身体在生长过程中都会发生变化，但在某些群体（如蜘蛛）中，幼体看起来像成体的缩小版。在其他群体中，转变要戏剧性得多。例如，昆虫会经历不完全变态或完全变态。后者涉及从卵到幼虫、蛹，最后到成虫的过程。在不完全变态中，昆虫在成为成虫之前由卵发育成若虫。

无脊椎动物群落

一些海洋无脊椎动物，如珊瑚和海绵，生活在被称为珊瑚群的大型集合体中。珊瑚群由珊瑚虫（水螅型）组成，它们在生命周期的大部分时间里是静止不动的。

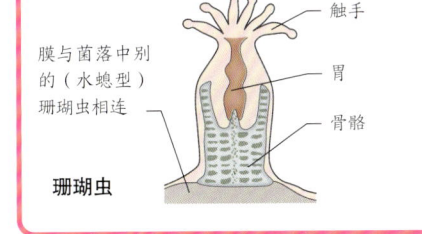

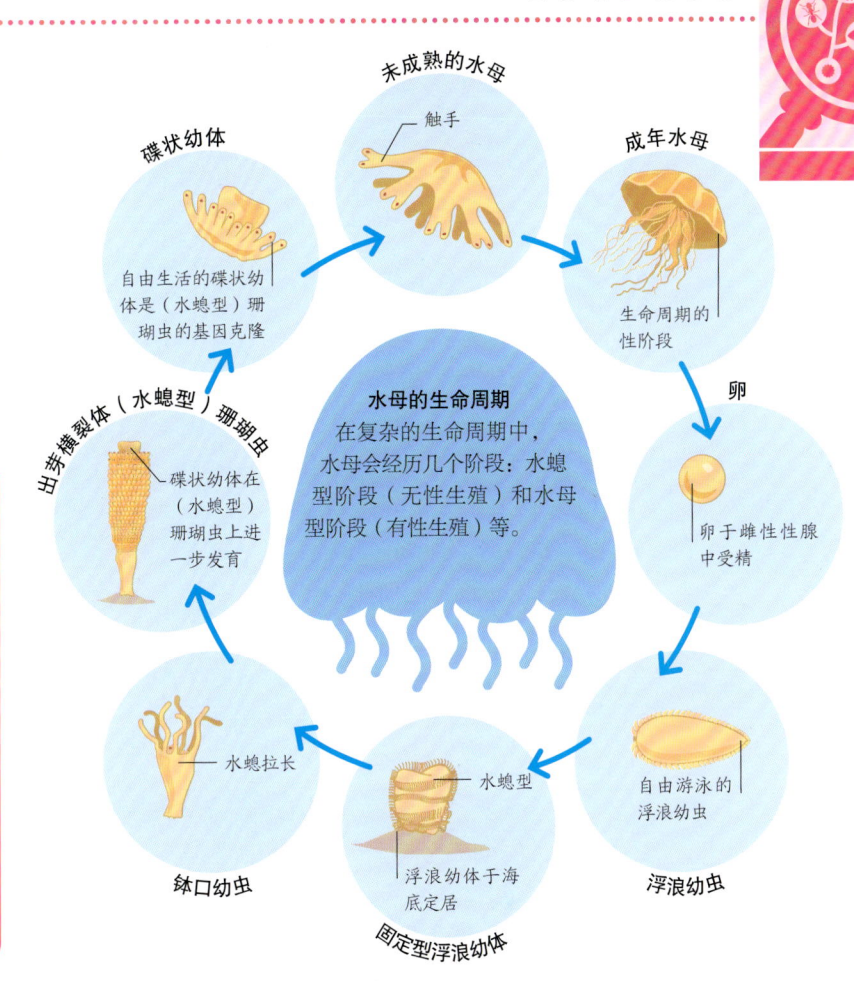

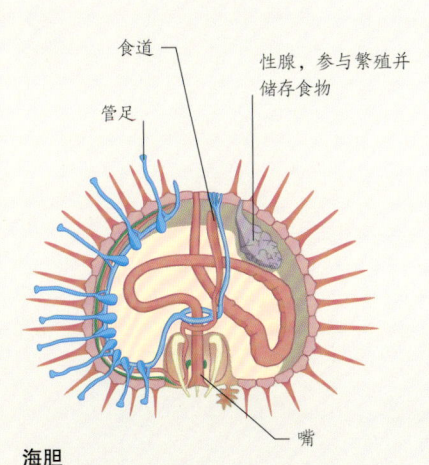

珊瑚虫
- 触手
- 胃
- 膜与菌落中别的（水螅型）珊瑚虫相连
- 骨骼

水母的生命周期

在复杂的生命周期中，水母会经历几个阶段：水螅型阶段（无性生殖）和水母型阶段（有性生殖）等。

- **碟状幼体**：自由生活的碟状幼体是（水螅型）珊瑚虫的基因克隆
- **未成熟的水母**：触手
- **成年水母**：生命周期的性阶段
- **卵**：卵于雌性性腺中受精
- **浮浪幼虫**：自由游泳的浮浪幼虫
- **固定型浮浪幼体**：浮浪幼体于海底定居
- **钵口幼虫**：水螅型、水螅拉长
- **出芽横裂体（水螅型）珊瑚虫**：碟状幼体在（水螅型）珊瑚虫上进一步发育

海胆
海胆大致呈球形，没有手臂，但有五排管足，使其能够缓慢移动。肌肉控制长刺的转动，既提供保护又辅助运动。

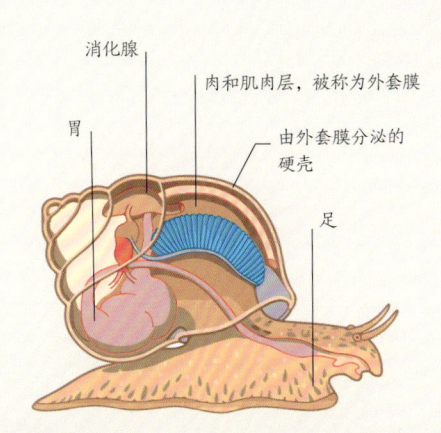

- 食道
- 管足
- 性腺，参与繁殖并储存食物
- 嘴

软体动物
四分之三的软体动物（如这只蜗牛）是腹足类动物。腹足类动物通常有一只扁平的足、一个保护壳及一个长着一双眼睛和触手的头。

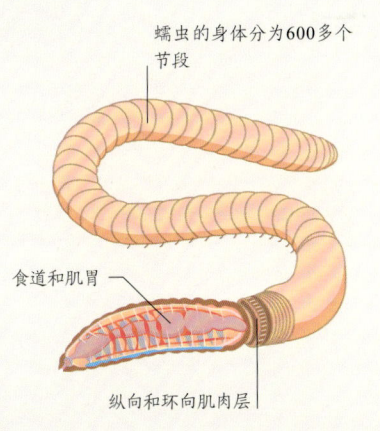

- 消化腺
- 胃
- 肉和肌肉层，被称为外套膜
- 由外套膜分泌的硬壳
- 足

蠕虫
环节动物的节段由纵向肌肉包围，外面覆盖着环形肌肉。蠕虫通过协调这些肌肉组的收缩来运动。

- 蠕虫的身体分为600多个节段
- 食道和肌胃
- 纵向和环向肌肉层

脊椎动物

几乎所有脊椎动物都有内部骨骼，包括脊柱和头骨。这类动物因构成脊柱的骨链（椎骨）而得名。

脊索动物和脊椎动物

脊椎动物是从脊索动物演化而来的，已知最早的脊索动物化石可以追溯到5.3亿年前。虽然所有脊索动物都有一根贯穿身体长度的柔性脊索，但在脊椎动物中，这根脊索被脊柱取代。第一批脊椎动物是无颌鱼，在化石记录中出现的时间约为5.18亿年前。脊椎动物在约1.5亿年的时间里一直是水生生物，直到一群鱼演化出四肢，才为陆地生活铺平了道路。陆栖脊椎动物分化为两栖动物、爬行动物（包括恐龙和鸟类的祖先）和哺乳动物。

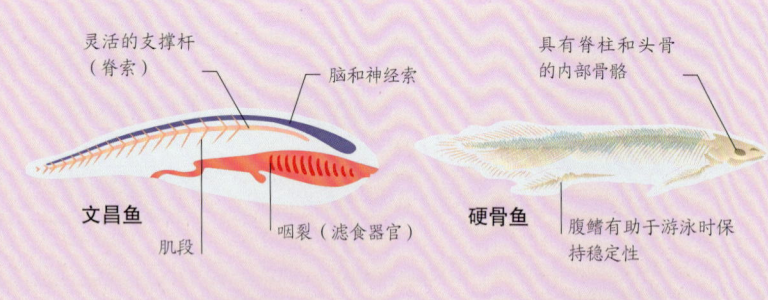

定义特征的符号说明

- 温血
- 被鳞片覆盖
- 冷血
- 无鳞
- 产卵
- 有颌鱼
- 胎生
- 硬骨鱼
- 披羽
- 具有柔性软骨骨架的鱼
- 披毛
- 鱼有软骨骨架，不含胶原蛋白

文昌鱼
- 灵活的支撑杆（脊索）
- 脑和神经索
- 肌段
- 咽裂（滤食器官）

硬骨鱼
- 具有脊柱和头骨的内部骨骼
- 腹鳍有助于游泳时保持稳定性

脊索动物
所有脊索动物都有脊索和空心神经索。脊索动物分为三类：脊椎动物、被囊动物（如海鞘及其近亲）和头索动物（如文昌鱼）。

脊椎动物
所有脊椎动物都有脊柱，盲鳗是个例外，它们只有原始脊索。脊椎动物的嘴位于身体的前端，肛门位于身体后端之前。

地球上数量最多的脊椎动物是什么？

被称为钻光鱼的小型深海鱼类被认为是地球上数量最多的脊椎动物。

世界上最小的脊椎动物——棘蛙，只有7.7毫米长

四足动物的演化

四足脊椎动物（四足动物）的最早证据是3.9亿年前的脚印。四足动物是由生活在浅水中的早期叶鳍鱼演化而来的。最早的四足动物既有腿和肺，也有鳃，但它们主要还是水生的。

提塔利克鱼 — 这种沼泽"居民"的鳍足够坚固，可在陆地上支撑身体

棘螈 — 大部分是水生的，但有脚，能在陆地上行走

引螈 — 两栖（在陆地上和水中都很舒适），有四条长肢

生命之树
脊椎动物

136 / 137

脊椎动物的类型

脊椎动物通常分为七类：全水生的无颌鱼、软骨鱼和硬骨鱼；部分水生的两栖动物；主要陆生的爬行动物、哺乳动物和鸟类。哺乳动物和鸟类是恒温动物（温血动物），这意味着它们可以通过内部产生热量来维持体温。其他脊椎动物是变温动物（冷血动物），主要依赖外部热源。

鸟类
鸟类是大约1.6亿年前从恐龙演化而来的。它们有羽毛，产硬壳卵，大多数物种能进行动力飞行。

哺乳动物
哺乳动物大约在3亿多年前由早期爬行动物演化而来。它们有毛发，生下活的后代，并用乳汁滋养幼崽。

爬行动物
最早的爬行动物可以追溯到3.2亿~3.1亿年前。爬行动物有鳞片且大多是陆生的（生活在陆地上）。大多数物种产卵，但有些物种会诞下幼崽。

硬骨鱼
硬骨鱼大约在4.25亿年前首次出现。它们有骨质骨架，覆盖着鳞片，并有一对鳃孔。现代硬骨鱼的代表要么是辐鳍鱼，要么是叶鳍鱼。

两栖动物
大约3.7亿年前，两栖动物由叶鳍鱼演化而来。它们无鳞且部分陆生，但大多数在水中或水附近产卵。现代两栖动物的例子包括青蛙和蝾螈。

软骨鱼
最早的软骨鱼可以追溯到4.3亿年前。它们的骨骼由相对柔软且有弹性的软骨构成。现代软骨鱼的例子包括鲨鱼和鳐鱼。

无颌鱼
第一条无颌鱼出现在大约5.3亿年前。它的骨骼由不含胶原蛋白的软骨构成。现代无颌鱼的例子包括七鳃鳗。

适应陆地
脊椎动物包括有史以来在陆地上行走的最重的动物。在哺乳动物、爬行动物和鸟类中，胚胎在一种被称为羊膜的防水膜内生长。这种适应使早期四足动物能够在水体之外演化。

无脊椎动物

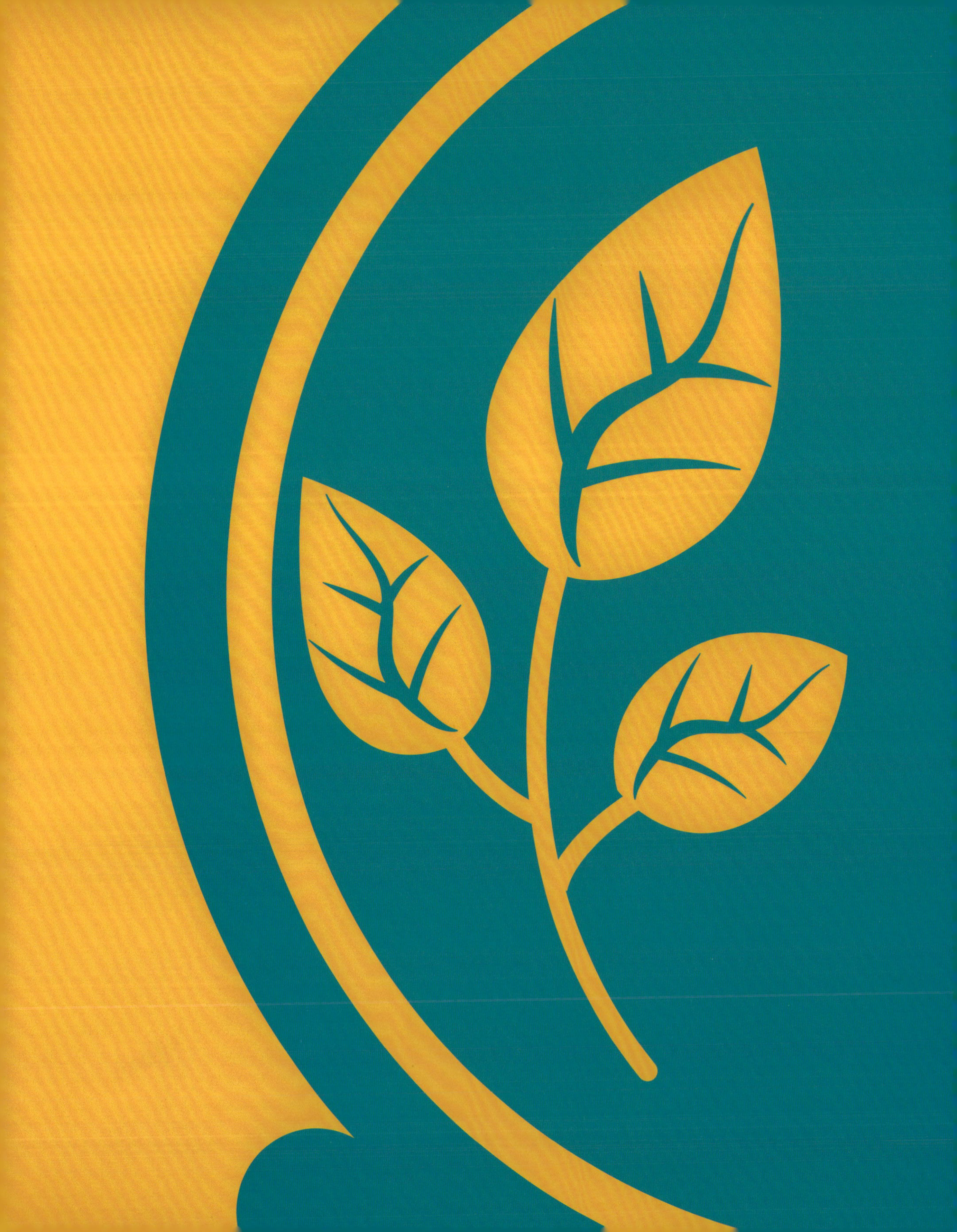

7 植物如何运转

种子

当花粉粒使卵细胞受精时,种子就形成了。种子在胚发芽之前保护它。种子还可以帮助胚在寒冷或干燥的条件下生存,或者助其长距离传播。

种子的结构

在开花植物中,种子在子房内发育。这些植物被称为被子植物("被子"字面意思是"被包裹着的种子")。在裸子植物("裸子"的意思是"裸露的种子")中,种子位于球果内的鳞片上。在所有种子植物中,种子都包含胚(发育中的植物)和营养丰富的组织,这些组织构成了胚的食物库。这些结构被包裹在种皮内。被子植物中会发生双受精过程,产生胚和食物库,即胚乳。胚包括胚芽(芽)、胚根(根)、一个或两个种子叶(子叶)和第一片真叶。有一个子叶的植物被称为单子叶植物,有两个子叶的被称为双子叶植物。

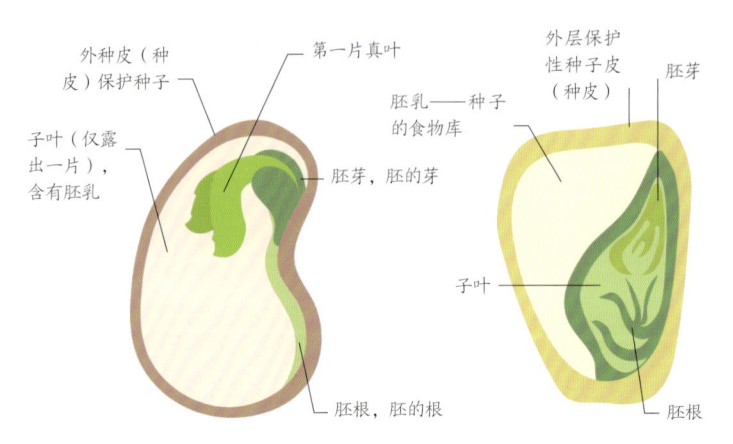

双子叶植物种子
双子叶植物有两个子叶,它们成对出现。胚乳包含在子叶内,因此这些最初的叶子肥厚且呈圆形。

单子叶植物种子
单子叶植物,如草和小麦,只有一个子叶,因此幼苗会长出垂直的第一片叶。子叶中不含胚乳,因此叶子较薄。

发芽和激素

发芽是种子打断休眠并出现胚芽的过程。种子开始新陈代谢以及幼苗开始生长都需要阳光、水分和氧气。发芽的时间和过程受种子中的激素调节。脱落酸(ABA)使种子处于休眠状态,而赤霉素则促使发芽。生长素刺激向性反应——植物对重力和光源的生长变化。在芽中,高浓度的生长素刺激生长,而在根中,高浓度的生长素抑制生长。乙烯也有助于刺激发芽,而被称为细胞分裂素的激素则刺激细胞生长和分裂。

在永久冻土中保存了32000年的种子已被用来种植可存活的植物

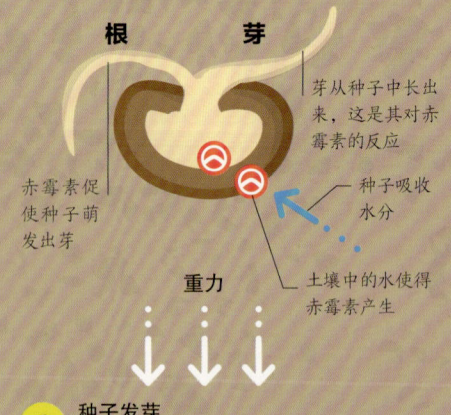

① 种子发芽
当种子从土壤中吸收水分时,胚中释放的赤霉素会促使其打断休眠并开始发芽。酶分解胚乳中的淀粉,释放葡萄糖以提供能量。这便使得根部和芽部陆续生长并从种皮中露出。

植物如何运转
种子
140 / 141

太阳

光

世界上最大的种子是什么?

塞舌尔群岛的海椰子棕榈出产世界上最大的种子。单粒种子重达25千克,长50厘米。

光

芽向上生长,朝向光并远离重力(正向光性和负向地性)

生长素积聚在阴影一侧,刺激该侧的细胞伸长

植物向光生长(正向光性)

植物激素

植物依靠激素来促进发芽,并在整个生命周期中调节生长和对环境的反应。赤霉素、生长素和细胞分裂素控制茎的生长以及芽和花的发育。其他关键激素包括控制果实成熟的乙烯和在秋季控制叶子脱落的脱落酸。

根 **芽**

生长素在重力作用下抑制细胞伸长,导致根向下弯曲

生长素在重力作用下刺激细胞伸长,导致芽向上弯曲

生长素积聚在根部的背面,抑制生长

根向光弯曲(负向光性)

重力 **重力**

2 生长素和重力
对重力的生长反应被称为向地性。在根部,生长素在下侧的积聚抑制细胞生长,从而导致根向下弯曲。在芽部,生长素在面向地面的一侧积聚,促进细胞伸长,从而导致芽向上弯曲。

3 生长素和光
对光的生长反应被称为向光性。在这种反应中,生长素在植物避光的一侧积聚。在芽部,阴影一侧的细胞长得更长,导致芽向光弯曲。在根部,生长素具有相反的作用,因此根部远离光线。

叶子中脱落酸的积累导致叶子脱落

叶子脱落

根

根将植物固定于地下，并从土壤中吸收水和矿物质。根还可以储存光合作用产生的碳水化合物。植物的根，尤其是草的根，在减少水土流失和促进生态群落发展方面起着关键作用。

根停止生长了吗?

并没有，根在植物的整个生命周期都会生长。它们从尖端生长，尖端覆盖着一层坚韧的被称为根冠的死细胞。

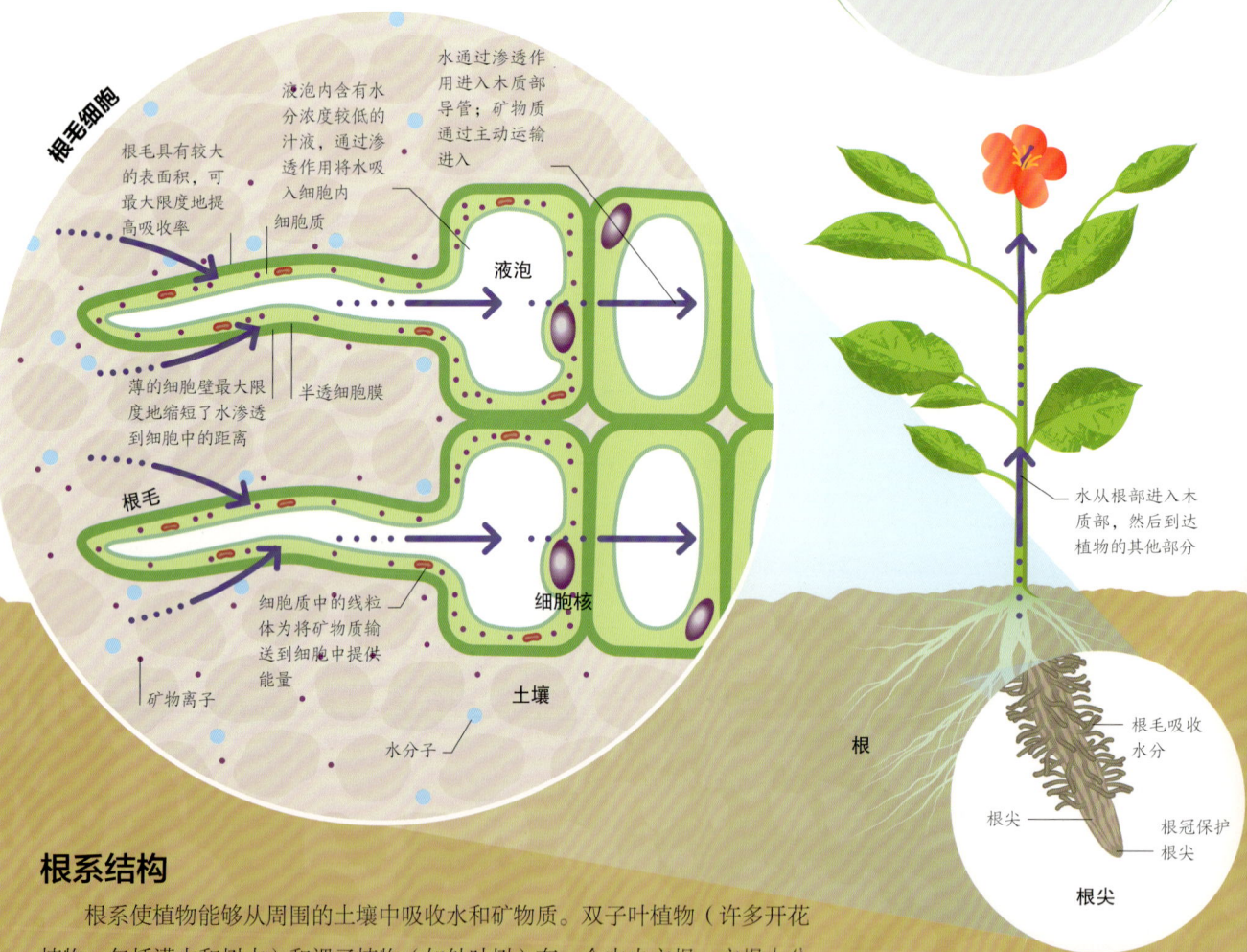

根毛细胞

- 根毛具有较大的表面积，可最大限度地提高吸收率
- 液泡内含有水分浓度较低的汁液，通过渗透作用将水吸入细胞内细胞质
- 水通过渗透作用进入木质部导管；矿物质通过主动运输进入
- 薄的细胞壁最大限度地缩短了水渗透到细胞中的距离
- 半透细胞膜
- 根毛
- 细胞质中的线粒体为将矿物质输送到细胞中提供能量
- 液泡
- 细胞核
- 矿物离子
- 水分子
- 土壤

水从根部进入木质部，然后到达植物的其他部分

根

- 根毛吸收水分
- 根尖
- 根冠保护根尖

根尖

根系结构

根系使植物能够从周围的土壤中吸收水和矿物质。双子叶植物（许多开花植物，包括灌木和树木）和裸子植物（如针叶树）有一个中央主根，主根上分出较小的侧根。单子叶植物（如草类）和蕨类植物的根系较浅，从茎基部向外辐射。两种根系的末端都有覆盖着根毛的细根，这极大地增加了吸收的表面积。此外，大多数植物与土壤中的真菌存在共生关系。真菌充当根的延伸部分，增加了吸收的总表面积。作为回报，植物与真菌分享糖分。

根的解剖和功能

根毛细胞通过渗透作用（水分子通过半透细胞膜从高浓度区域移动到低浓度区域）吸收水分。水从那里进入根皮层，再进入木质部，最后被运输到芽和叶。

植物如何运转
根 **142 / 143**

贮藏器官

除了吸收水和矿物质，一些根系还贮藏碳水化合物，为植物提供能量。双子叶植物和裸子植物的主根通常因储存糖和淀粉而膨胀，就像胡萝卜一样。其他植物将淀粉储存在特殊的地下贮藏器官中，如球茎、块茎和根茎中。这些是经过改造的地下茎或芽，而不是膨胀的根。

球茎
这是一种短而肿胀的茎，被前一年形成的鳞片叶保护着。它没有肉质储存叶。
番红花

根茎
根茎是一种改良的芽，在土壤中水平生长。垂直的芽沿其长度从芽眼中产生。
鸢尾

鳞茎
鳞茎是由前一年的叶子形成的多层压缩芽，其基部已膨胀用于储存。
洋葱

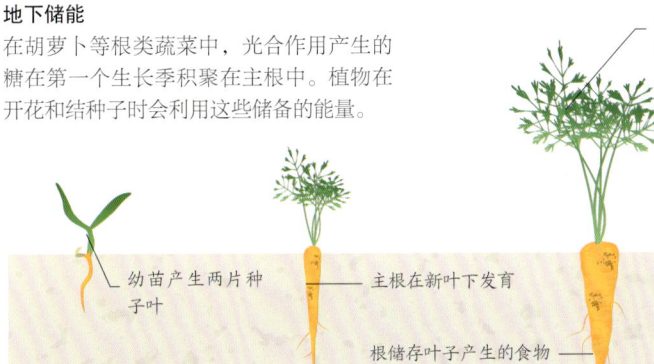

块茎
适于储存大量食物的膨大根茎尖，被称为块茎。芽从块茎上的一簇簇芽眼中生长出来。
土豆

地下储能

在胡萝卜等根类蔬菜中，光合作用产生的糖在第一个生长季积聚在主根中。植物在开花和结种子时会利用这些储备的能量。

- 幼苗产生两片种子叶
- 主根在新叶下发育
- 叶子通过光合作用产生食物（碳水化合物）
- 根储存叶子产生的食物
- 根在第二年开始释放其食物储备
- 花朵发育并耗尽根部的食物储备
- 由于其食物储备被用于花和种子的生长，根继续萎缩

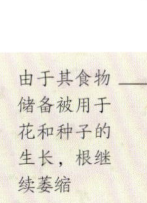

胡萝卜的生命周期

根系构型

双子叶植物和单子叶植物的根系构型不同（见左图）。此外，旱生（沙漠）植物为了适应干燥环境，发展出了不同类型的根结构。仙人掌有宽而浅的根系，可以在水分渗入土壤之前吸收过夜的凝结水和雨水。相比之下，金合欢树的根系又窄又深，可以从地下水位以下获取地下水。这两种根系分布广泛，以最大限度地提高吸收率。

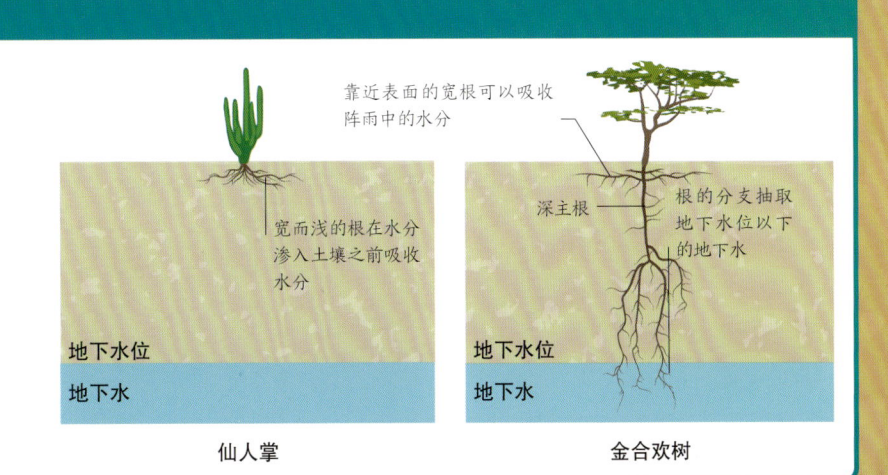

- 靠近表面的宽根可以吸收阵雨中的水分
- 宽而浅的根在水分渗入土壤之前吸收水分
- 深主根
- 根的分支抽取地下水位以下的地下水
- 地下水位
- 地下水

仙人掌   **金合欢树**

茎

植物的茎有两个功能。它支撑植物的地上部分，如花朵和叶子，使它们能够接触到阳光；茎内部拥有一个运输系统，通过被称为维管束的长丝在植物内输送水分和养分（参见第148~149页）。

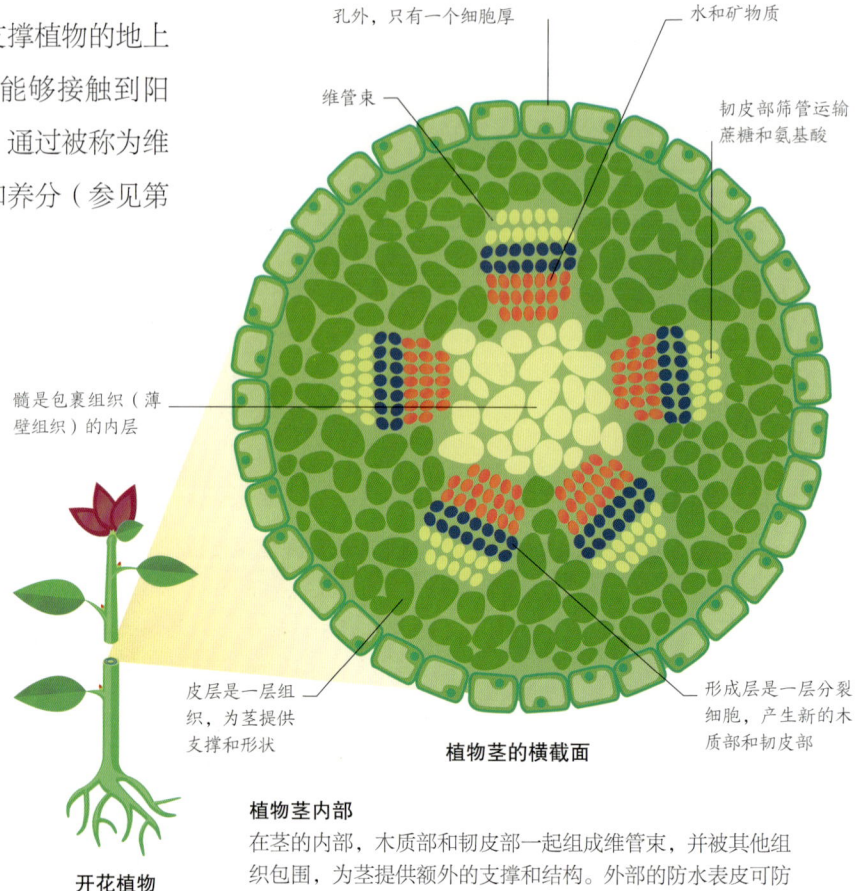

表皮形成外层；除少数气孔外，只有一个细胞厚

木质部导管运输水和矿物质

维管束

韧皮部筛管运输蔗糖和氨基酸

髓是包裹组织（薄壁组织）的内层

皮层是一层组织，为茎提供支撑和形状

形成层是一层分裂细胞，产生新的木质部和韧皮部

植物茎的横截面

茎结构

茎受到表皮的保护，表皮是一层不透水的外层，可防止水分溢出。皮层有助于维持植物的形状，由厚角组织和厚壁组织的外环增强，并充满包裹组织（薄壁组织）。核心的髓部提供进一步的支持。在皮层内，维管束的内部有木质部，外部有韧皮部，中间有一层形成层，以生成新的木质部和韧皮部。

开花植物

植物茎内部
在茎的内部，木质部和韧皮部一起组成维管束，并被其他组织包围，为茎提供额外的支撑和结构。外部的防水表皮可防止水分流失。

维管系统

像动物一样，植物也有维管系统，可以将必需的营养物质和液体从一个部位输送到另一个部位。植物维管系统不是由血管组成的，而是由两种特殊的组织组成的：木质部导管和韧皮部筛管。这些组织各有不同的结构和功能，但它们都是维管束的一部分。随着植物的生长，形成层会产生新的木质部和韧皮部，形成层是维管束中心活跃的分裂细胞区域。

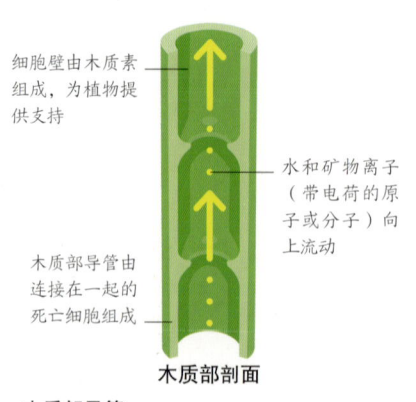

细胞壁由木质素组成，为植物提供支持

水和矿物离子（带电荷的原子或分子）向上流动

木质部导管由连接在一起的死亡细胞组成

木质部剖面

木质部导管
木质部导管将水和矿物质从根部输送到植物的其他部分。它们由死去的空心细胞组成，连接形成管状结构。木质部的细胞壁由一种被称为木质素的坚韧物质进行防水处理。

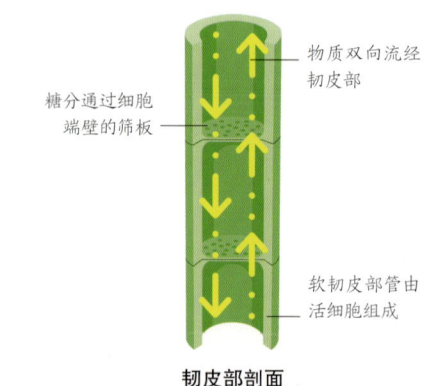

物质双向流经韧皮部

糖分通过细胞端壁的筛板

软韧皮部管由活细胞组成

韧皮部剖面

韧皮部筛管
韧皮部筛管在植物中上下运输蔗糖（由光合作用生成的葡萄糖转化而来）和氨基酸，这一过程被称为输导作用。运输方向取决于植物的哪部分需要糖分。

用茎制作木材

随着植物长高，它的茎也必须变粗，以支撑植物并满足其对水和矿物质不断增加的需求。它通过产生更多的木质部和韧皮部来实现这一点。这种增厚或向外生长被称为次生生长（初级生长是向上的生长）。次生木质部和韧皮部不再停留在单独的维管束中，而是形成完整的环，使茎（或树干）变得越来越木质化。

马铃薯等块茎是适合储存淀粉的地下茎

哪种植物的茎最高？

世界上最高的树是美国加利福尼亚州的一棵海岸红杉，名为亥伯龙树（Hyperion）。这棵参天大树高116米，比一个足球场的长度还要高。

次生生长，第一年

标注：皮层、维管形成层、次生韧皮部、木栓形成层、初生韧皮部、周皮、次生木质部、初生木质部、木髓

1 第一年生长
维管形成层在内侧产生一圈次生木质部，在外侧产生一圈次生韧皮部，使茎变粗。在表皮下方，形成另一层形成层，即木栓形成层。这层形成层生成周皮，周皮取代表皮，成为茎的外层树皮。

次生生长，第二年

标注：次生韧皮部、维管形成层、木栓形成层、周皮、次生木质部（第一轮）、次生木质部（第二轮）

2 第二年生长
随着更多的周皮和次生木质部及韧皮部产生，茎会进一步变粗。木质部和韧皮部变得如此紧密，以至于软韧皮部被压扁。在木质素和纤维素的强化下，硬木质部逐渐占据茎内部的主要空间，使茎整体变得木质化。

标注：顶芽、当年生长的树枝、较上年增长、较2年前增长

叶子的上侧
叶子的上表面覆盖着防水的蜡状角质层，以减少蒸腾（蒸发）造成的水分流失。下面的表皮细胞形成了一层保护层。它们是透明的，因此光线可以透过这些细胞。

中脉沿叶子中心延伸，为叶片提供支撑

静脉有木质部和韧皮部管穿过，输送水和养分

叶片是叶子的扁平部分

叶子的结构

典型的叶子由扁平的叶片组成，叶片通过叶柄附着在茎上。由木质部和韧皮部组成的静脉网络（参见第144～145页）在叶子内输送水和养分。大的中央静脉被称为中脉。叶子由多层细胞组成，包括表皮、栅栏层和海绵状叶肉层的细胞。每种类型的细胞都有不同的功能，并具有特定的适应能力以执行其功能。

亚马逊王莲的叶子宽达3米

叶子

动物通过进食来获取能量，而植物则自己制造食物。它们通过光合作用来实现这一点（参见第46～47页）。叶子是植物光合作用的主要器官。它们利用叶绿素（叶绿体中的绿色色素）捕获光能，并利用光能将二氧化碳和水转化为糖（葡萄糖）和氧气。

非光合叶子

在一些植物中，叶子被改造成其他结构，其主要功能不再是进行光合作用。仙人掌的叶子变成了具有保护作用的刺，其光合作用发生在茎中。豌豆的一些叶子变成了卷须，帮助植物攀爬。一品红的红色"花瓣"（苞片）实际上是模仿花朵来吸引传粉者的叶子。

刺 — 仙人掌
卷须 — 豌豆
红色苞片 — 一品红

植物如何运转
叶子 **146 / 147**

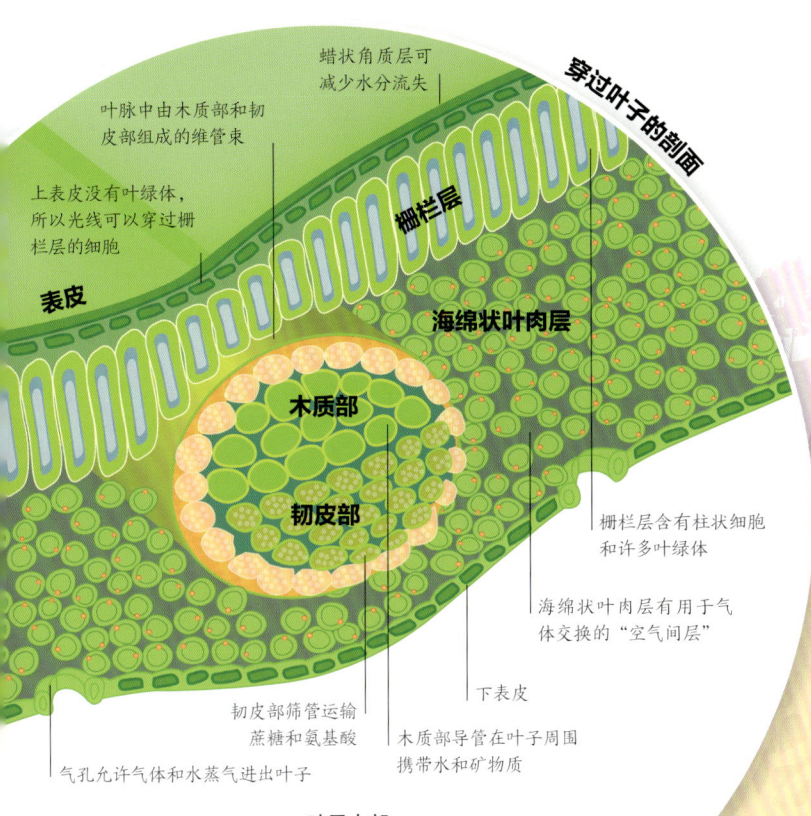

穿过叶子的剖面

- 叶脉中由木质部和韧皮部组成的维管束
- 蜡状角质层可减少水分流失
- 栅栏层
- 上表皮没有叶绿体，所以光线可以穿过栅栏层的细胞
- 表皮
- 海绵状叶肉层
- 木质部
- 韧皮部
- 栅栏层含有柱状细胞和许多叶绿体
- 海绵状叶肉层有用于气体交换的"空气间层"
- 下表皮
- 韧皮部筛管运输蔗糖和氨基酸
- 木质部导管在叶子周围携带水和矿物质
- 气孔允许气体和水蒸气进出叶子

叶子内部

大多数光合作用发生在栅栏层，栅栏层含有大量叶绿体来捕获光能。海绵状叶肉层的细胞也进行光合作用，细胞之间的"空气间层"允许氧气和二氧化碳扩散。木质部和韧皮部则负责运输。

为什么叶子会变色？

当秋季温度和光照水平下降时，叶子中的绿色色素——叶绿素首先分解，留下其他色素，如黄色的胡萝卜素和红色或粉红色的花青素。

气孔

叶子的背面有一些开口，被称为气孔。这些开口可以让二氧化碳扩散到叶子中进行光合作用，并让光合作用产生的氧气和水蒸气扩散出去。气孔通常在白天开放，在夜间关闭，以便进行光合作用。如果植物缺水，植物就会关闭气孔以减少水分流失，因此枯萎的植物无法进行光合作用。气孔的打开和关闭是由一对香肠状的保卫细胞控制的。

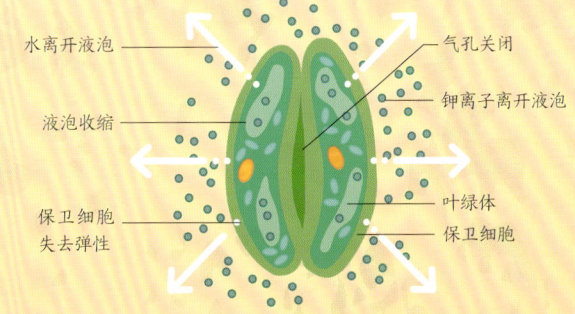

- 水进入液泡
- 气孔打开
- 液泡扩大
- 钾离子进入液泡
- 叶绿体
- 保卫细胞变得更加肿大（膨胀）
- 保卫细胞

1 气孔打开
光刺激保卫细胞积累钾离子。钾离子的积累导致水通过渗透作用进入细胞（参见第64~65页）。保卫细胞的内壁比外壁厚，因此它们吸水膨胀时会弯曲，从而打开气孔。

- 水离开液泡
- 气孔关闭
- 液泡收缩
- 钾离子离开液泡
- 保卫细胞失去弹性
- 叶绿体
- 保卫细胞

2 气孔关闭
在夜间或者当植物受到水或热胁迫时，植物会产生应激激素脱落酸。脱落酸的结合导致钾离子离开保卫细胞。水随后通过渗透作用离开，使保卫细胞收缩并变得松弛，从而导致气孔关闭。

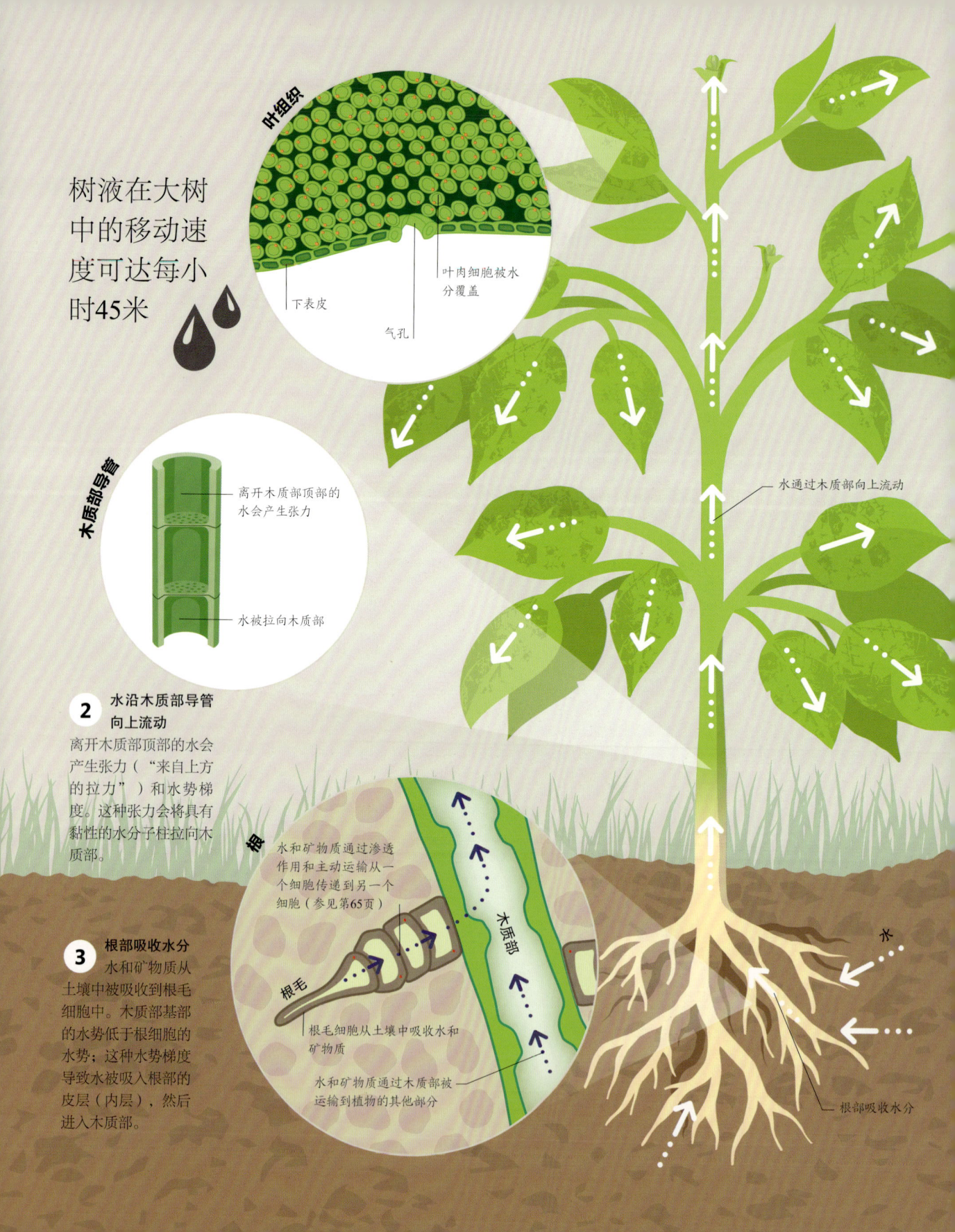

树液在大树中的移动速度可达每小时45米

叶组织

下表皮 | 气孔 | 叶肉细胞被水分覆盖

木质部导管

离开木质部顶部的水会产生张力

水被拉向木质部

2 水沿木质部导管向上流动

离开木质部顶部的水会产生张力("来自上方的拉力")和水势梯度。这种张力会将具有黏性的水分子柱拉向木质部。

根

水和矿物质通过渗透作用和主动运输从一个细胞传递到另一个细胞(参见第65页)

木质部

根毛

根毛细胞从土壤中吸收水和矿物质

水和矿物质通过木质部被运输到植物的其他部分

3 根部吸收水分

水和矿物质从土壤中被吸收到根毛细胞中。木质部基部的水势低于根细胞的水势;这种水势梯度导致水被吸入根部的皮层(内层),然后进入木质部。

水通过木质部向上流动

水

根部吸收水分

植物如何运转
植物内运输

148 / 149

输导作用

蔗糖和氨基酸通过韧皮部的输导作用进行运输（参见第144页），即从生产区域（源）移动到用于呼吸或生长的区域（库）。这些营养物质由被称为汁液的液体携带。附近组织中的水被吸入源的浓缩汁液中，并将其推向库。根据季节的不同，源可能是叶子或块茎等贮藏器官，而库是枝条、芽、花、果实、种子或贮藏器官。

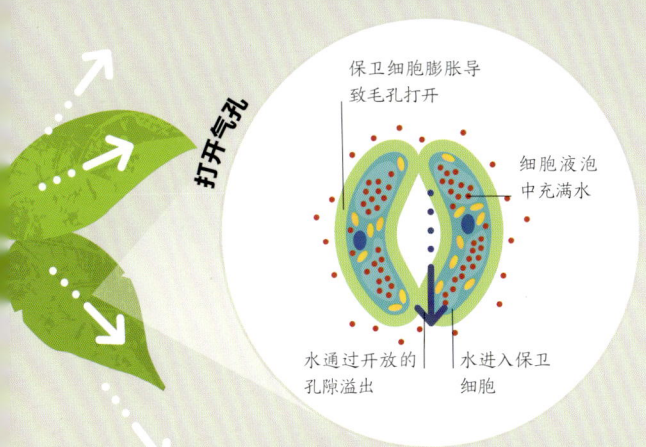

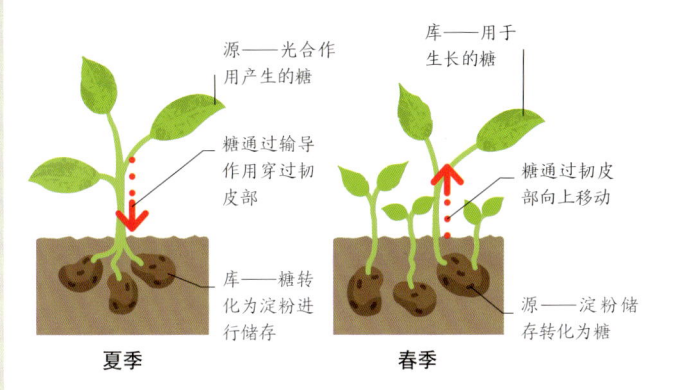

1 水通过气孔蒸发

水从叶细胞的内层蒸发，并通过被称为气孔的孔隙扩散出来。这降低了叶子的水势，从而使水从木质部被吸入叶子中。

（图示标注：打开气孔；保卫细胞膨胀导致毛孔打开；细胞液泡中充满水；水通过开放的孔隙溢出；水进入保卫细胞；水通过气孔被排出）

蒸腾和根压

蒸腾作用是水分从叶子中蒸发的过程。这会在植物中产生水势梯度。水势是水从高水势区域（水分子含量高的区域）移动到低水势区域（水分子含量低的区域）的趋势。蒸腾作用使水通过根部被吸入，并通过木质部向上运输（参见第144页）。在夜间，当气孔关闭时，植物通过根压吸收水分。矿物质仍然从根部被吸入木质部，降低了木质部的水势。在木质部底部积聚的水会产生压力，迫使水沿茎向上流动。

马铃薯中的输导作用

夏季，叶子是葡萄糖的源：葡萄糖通过光合作用产生并转化为蔗糖。生长的块茎是库，蔗糖在这里转化为淀粉进行储存。冬季，树叶枯死，块茎成为唯一的源。春季，块茎开始发芽。这些芽成为新的库。

（图示标注：夏季 — 源——光合作用产生的糖；糖通过输导作用穿过韧皮部；库——糖转化为淀粉进行储存。春季 — 库——用于生长的糖；糖通过韧皮部向上移动；源——淀粉储存转化为糖）

植物内运输

动物有心脏或类似的泵系统来将物质输送到身体各处，而植物利用化学和生物过程将水和营养物质输送给细胞。这些过程由压力和液体浓度的差异驱动。

萎蔫

在水合植物中，细胞内水分的向外压力（膨压）将细胞膜压向细胞壁，并使细胞相互挤压。这些紧密排列的细胞使植物保持直立。当蒸腾作用超过吸水量时，植物就会发生萎蔫。当细胞失去水分时，它们就会变得松弛。细胞膜收缩远离细胞壁（质壁分离）。松弛的细胞不会相互挤压，因此植物会萎蔫。

（图示标注：叶子和茎因失水而松弛）

萎蔫的植物

风媒花	虫媒花
不产生花蜜	通常为了吸引昆虫而生产花蜜（食物）
不产生甜味	通常会产生甜味来吸引昆虫
如有的话，花瓣小而平淡——通常是绿色的	色彩缤纷的花瓣，通常带有只有昆虫才能看到的引导图案
下垂的柱头和雄蕊悬挂在花的外面，因此它们暴露在风中	柱头和雄蕊位于花内，可将花粉擦到昆虫上或从昆虫上擦掉
柱头表面积大	柱头表面积小
柱头呈羽状排列，可以捕捉空气中的花粉	柱头不是羽状排列的，但通常具有黏性
花粉粒小、轻、光滑，很容易被风携带	花粉粒很大，有倒刺或尖刺，可以附着在昆虫身上
产生大量花粉，增加了花粉到达目的地的机会	昆虫产生的少量花粉确保了花粉在花朵之间的准确传递

花

开花植物，或称被子植物，是陆地植物的主要形式，其数量和多样性远远超过针叶树等裸子植物。除了花，它们还以多种多样的传播花粉和种子的方式闻名。

花的结构

花是植物的生殖系统。雄蕊是雄性器官，产生花粉。雌性性器官——被统称为雌蕊——由子房、花柱和柱头组成。许多花还具有颜色鲜艳的花瓣，并散发香味来吸引昆虫等传粉者。大多数花有雌性和雄性性器官，但有些植物（如西葫芦）有单独的雄花和雌花。某些物种，如冬青，具有完全独立的雄性和雌性植物，这些植物上分别只开雄花或雌花。

哪种植物的花最大？

阿诺德大花草（*Rafflesia arnoldii*）是一种原产于印度尼西亚雨林的寄生植物，其花朵直径可达1米。

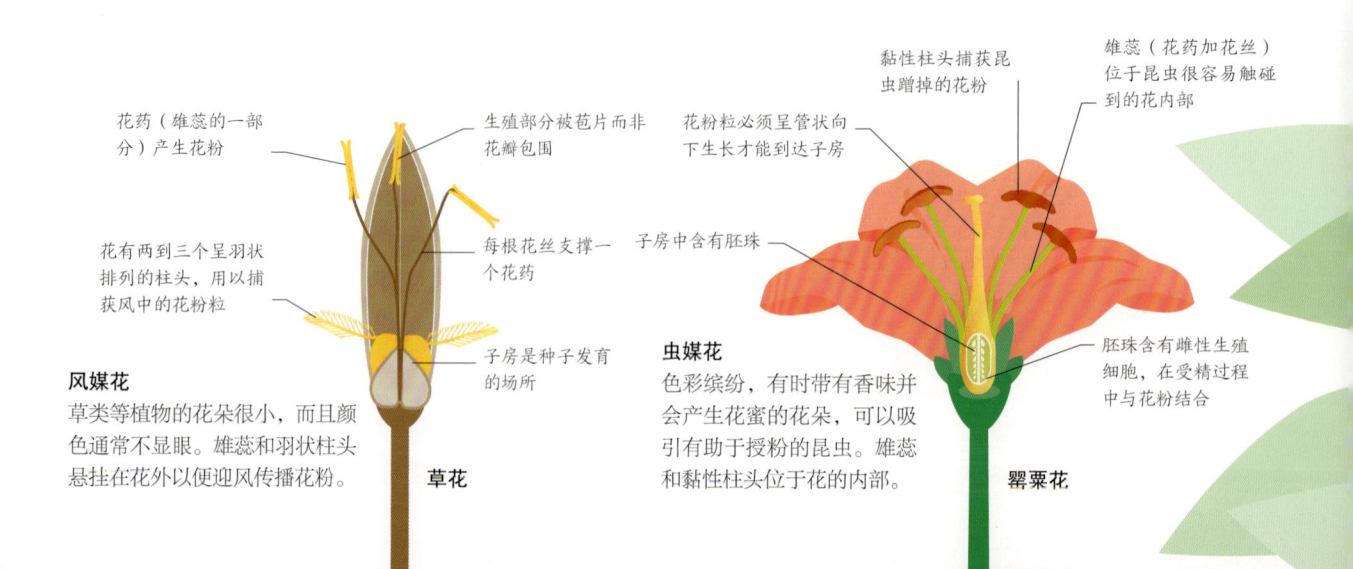

风媒花
草类等植物的花朵很小，而且颜色通常不显眼。雄蕊和羽状柱头悬挂在花外以便迎风传播花粉。

草花

- 花药（雄蕊的一部分）产生花粉
- 生殖部分被苞片而非花瓣包围
- 花有两到三个呈羽状排列的柱头，用以捕获风中的花粉粒
- 每根花丝支撑一个花药
- 子房是种子发育的场所

虫媒花
色彩缤纷，有时带有香味并会产生花蜜的花朵，可以吸引有助于授粉的昆虫。雄蕊和黏性柱头位于花的内部。

罂粟花

- 黏性柱头捕获昆虫蹭掉的花粉
- 雄蕊（花药加花丝）位于昆虫很容易触碰到的花内部
- 花粉粒必须呈管状向下生长才能到达子房
- 子房中含有胚珠
- 胚珠含有雌性生殖细胞，在受精过程中与花粉结合

植物如何运转 花 150 / 151

球果

裸子植物没有花。它们的种子保存在球果中，而不是果实中。针叶树有小的雄球果和大的雌球果。雄球果产生大量花粉，并通过风传播。花粉落在雌球果上并使其受精后，种子需要长达三年的时间形成。然后，雌球果打开并将种子释放到风中。

雄球果 — 年轻球果
成熟的雌球果 — 受精球果

澳大利亚西部地下兰花完全在地下生长和开花

昆虫异花授粉

超过80%的动物授粉是由昆虫完成的，包括蜜蜂、蝴蝶、飞蛾和苍蝇。其他传粉媒介还包括鸟类和蝙蝠。

蜜蜂用后腿上的花粉篮将一些花粉带回蜂巢

3 花粉转移到第二朵花上
在采食花蜜时，昆虫会将第一朵花的花粉蹭到第二朵花的黏性柱头上。

2 昆虫飞向第二朵花
五颜六色的花瓣，有时还带有香味，吸引蜜蜂飞向下一朵花。花瓣上通常有只有昆虫才能看到的引导图案。

蜜蜂爬进花里，触碰柱头并传播花粉

1 昆虫造访第一朵花
当蜜蜂着陆并获取花蜜时，花朵雄蕊上的花粉会蹭到它的身体上。

当蜜蜂造访花朵时，花粉粒会附着在蜜蜂身体的毛发上

花

传粉媒介

授粉

授粉是指花粉从花的花药转移到同一朵花或另一朵花的柱头上的过程。大多数花必须通过授粉受精才能发育成种子和果实。花可以通过动物（生物媒介）或通过风，偶尔也通过水（非生物媒介）进行授粉。大约80%的开花植物通过动物授粉，其他的则通过风媒授粉。草和许多树木都是通过风媒授粉的。

果实

每种开花植物都会结出果实。用植物学术语来讲，果实是含有种子的成熟子房。该词不仅包括人们熟悉的水果，如苹果，还包括西红柿、辣椒和西葫芦，以及坚果和罂粟头。果实具有双重功能：它们保护种子，并帮助种子传播。

果实发育

花必须受精才能发育成果实。在此过程中，雄性花粉粒的精子细胞与卵巢内胚珠中的卵细胞融合。每个胚珠需要单独的花粉粒来受精。受精后，每个胚珠发育成种子，子房本身发育成果实。在转变成果实的过程中，子房会变大，其壁会变厚，成为果实的肉质外层（果皮）。随着果实的成熟，果实内部会积聚糖分，枯萎的花瓣和其他花部也会脱落。果实的发育和成熟受激素控制。

哪种水果最臭？

榴莲是一种原产于东南亚的体积大、带刺的可食用水果，具有令人不快的腐臭味，以至于一些国家禁止在公共交通工具上携带它。

双受精

被子植物（开花植物）在双受精方面是独一无二的。来自花粉粒的两个精子使每个胚珠内的不同细胞核受精。一个精子与卵细胞融合形成受精卵，发育成胚。另一个精子与极性雌核融合形成胚乳，为胚提供营养储备。

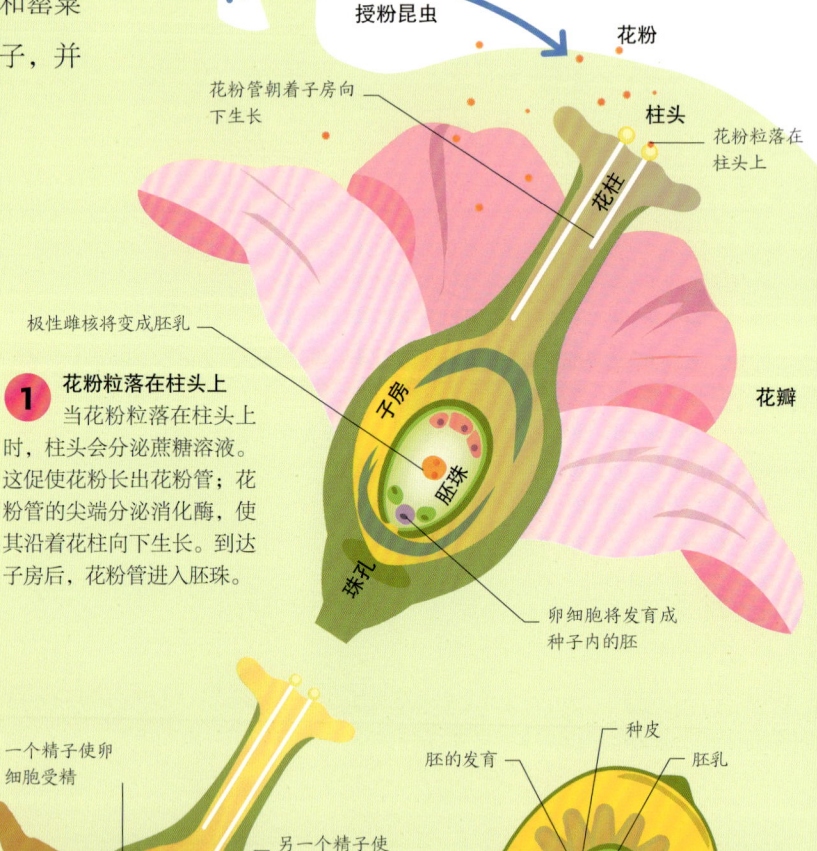

1 花粉粒落在柱头上
当花粉粒落在柱头上时，柱头会分泌蔗糖溶液。这促使花粉长出花粉管；花粉管的尖端分泌消化酶，使其沿着花柱向下生长。到达子房后，花粉管进入胚珠。

2 子房受精
花粉粒中的两个精子沿着花粉管进入胚珠。一个精子与卵细胞融合形成受精卵，然后发育成胚。另一个精子与另外两个极性雌核融合形成胚乳（食物储存）。

3 果实生长
受精后，胚珠发育成种子，子房发育成果实。子房壁变成果皮（果实的肉质壁）。花瓣脱落。果实逐渐生长，积累糖分，并随着种子的成熟而成熟。

植物如何运转
果实
152 / 153

种子和果实传播的主要方法

动物传播

番茄
果实甜美，颜色鲜艳，可以吸引动物（尤其是鸟类）食用，种子通过动物粪便传播。

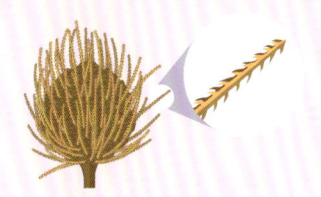

刺果
果实有钩状刺，指向各个方向；这些钩状刺很容易附着在动物毛皮上。

水传播

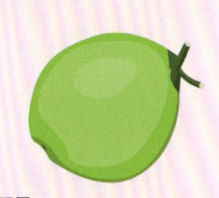

椰子
这些果实有浮力，周围有一层厚厚的纤维状外壳，使它们能够在海上存活数月甚至数年。

莲花
莲花生长在水中。种子从果实中掉落，被水流冲走，随后种子在泥土中发芽。

风传播

悬铃木
果实有坚硬的双翼，可以飞翔。翅膀是扭曲和平衡的，故果实可以旋转。

蒲公英
每个果实只含有一颗轻质种子，并带有一个羽毛状降落伞，可以在微风中将其带到很远的地方。

自我传播

喷瓜
果实内部积聚的压力使其从茎上飞出，并在落到地面时喷出一些种子。

金凤花
植物上的果皮（种荚）变干，然后猛烈地扭开，弹出种子。

传播方法

一旦种子成熟，果实就会发挥作用来帮助其进行传播。传播使植物在新地区扎根成为可能，同时防止幼苗与亲本植物及彼此之间争夺空间、光线、水和养分。果实非常适合传播，不同种类的植物采用不同的方法。有些物种利用动物传播（生物传播）；其他物种则通过风、水或机械自分散等非生物方式传播种子。

热带沙匣树具有爆裂果，能够以高达257千米/时的速度喷射种子

果实种类

果实有多种分类方法。一是基于其生长方式进行分类。单果，如柠檬，是从一朵花中生长出来的；聚合果，如覆盆子，是由一朵花形成的一小簇果实。在苹果等假果实中，果实的大部分由子房以外的组织构成。更宽泛地说，果实可以分为干果或肉质果。干果，如坚果和豌豆荚，果皮坚硬或薄如纸；肉质果，如樱桃，果皮柔软、多汁。

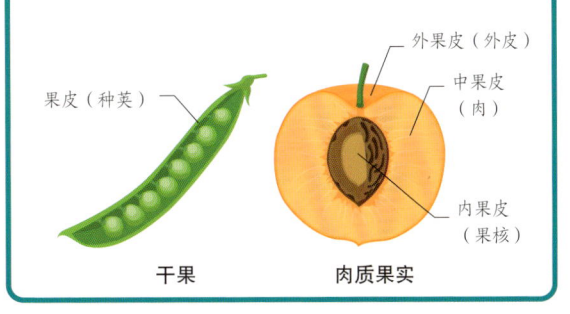

果皮（种荚）

外果皮（外皮）
中果皮（肉）
内果皮（果核）

干果　　肉质果实

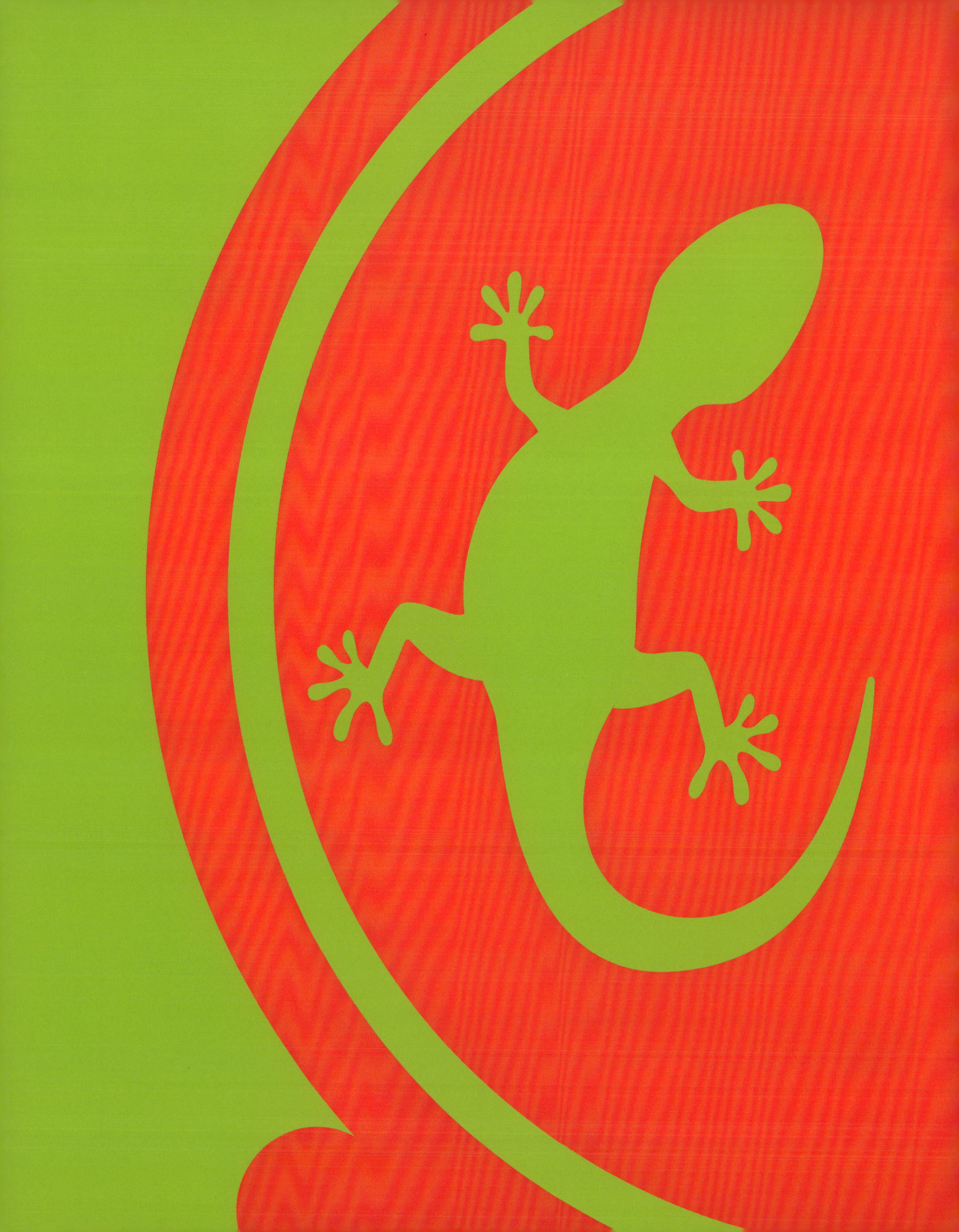

8 动物如何运转

骨骼

骨骼由嵌入结缔组织基质中的活细胞组成，结缔组织基质被钙基矿物质硬化。这种结构使骨骼既轻盈又坚固，从而使这只蜘蛛猴能够在树木间荡来荡去。

蜘蛛猴

- 尾巴
- 颅骨保护着脑
- 颅骨
- 内骨骼会随着动物的生长而生长
- 肱骨
- 胸腔保护心肺
- 长骨，如肱骨，能储存脂肪并产生血细胞
- 脊柱
- 胸腔
- 尾巴是脊柱或脊柱的延伸部分；它有助于动物保持平衡，使得它们能够抓握物体
- 韧带是一种坚韧的组织，关节处的骨骼正是通过它们连接在一起的
- 骨盆
- 骨头之间灵活的关节使得骨头能够移动
- 手和脚上的多块骨骼能够让动物灵活地抓握物体
- 股骨
- 手腕中的小块骨骼提供了最大的运动灵活性

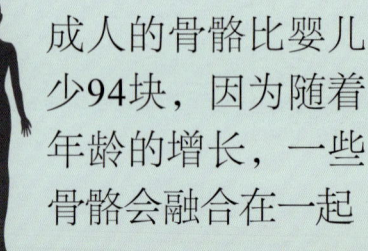

内骨骼

许多动物——包括哺乳动物、鱼类、两栖动物、爬行动物和鸟类——都有内部骨骼，称为内骨骼。内骨骼保护动物柔软的内部器官，如脑和心脏。在大多数动物中，内骨骼由坚硬的骨骼组成，但在某些鱼类中，内骨骼由轻盈的软骨构成。

成人的骨骼比婴儿少94块，因为随着年龄的增长，一些骨骼会融合在一起

支撑与运动

就像帐篷的支柱一样，骨骼为动物提供了基本的框架，赋予其形状，保护其重要器官免受伤害，并形成肌肉可以拉动的刚性结构以产生运动。

龟有内骨骼和外骨骼吗？

没有，龟的坚硬外壳并不是真正的外骨骼，而是其内骨骼的一种适应性结构。

静水骨骼

一些原始动物，如蚯蚓，有一个由肌肉包围且充满液体的柔性腔室，以提供支撑、形状和运动。这种结构被称为静水骨骼。

向前移动 — 前段的环形肌肉收缩和拉长，推动头部向前移动

拉起 — 纵向肌肉收缩变短，拉动尾部向前移动；刚毛抓住土壤，固定体节

向前移动 — 体节的刚毛释放，以便移动；纵向肌肉放松，环形肌肉收缩，再次向前移动

外骨骼

许多无脊椎动物有盔甲状的外骨骼。与内骨骼一样，外骨骼为运动提供支撑结构，保护动物柔软的内部组织，并且在像昆虫这样的动物中，它还可以防止动物脱水。一些外骨骼不会随着动物的生长而增长，因此动物在生长过程中必须蜕去旧的外骨骼。

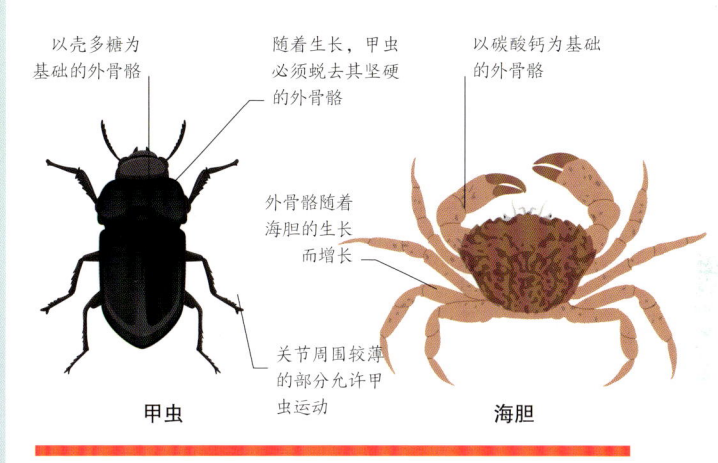

- 以壳多糖为基础的外骨骼
- 随着生长，甲虫必须蜕去其坚硬的外骨骼
- 以碳酸钙为基础的外骨骼
- 外骨骼随着海胆的生长而增长
- 关节周围较薄的部分允许甲虫运动

甲虫　　**海胆**

大白鲨

- 鳍由一种弹性蛋白丝支撑
- 鳍
- 颌
- 鳃弓
- 脊柱
- 颌骨的结构通过钙化（钙沉积物的形成）过程得到加固
- 鳃弓使鳃缝保持打开状态
- 灵活的软骨使鲨鱼能够进行急转弯

软骨

鲨鱼是软骨鱼，这意味着它们的内骨骼由被称为软骨的结缔组织组成。软骨比骨骼轻得多，可以让鲨鱼在水中保持浮力。

肌肉如何运转

骨骼通过骨骼肌的拉动来移动。在内骨骼中，肌肉通过被称为肌腱的坚韧纤维组织附着在骨骼上，但在外骨骼中，肌肉直接附着在骨骼上。关节中的肌肉以相反的方式工作——其中一块肌肉收缩产生运动，另一块肌肉则放松（参见第72～73页）。

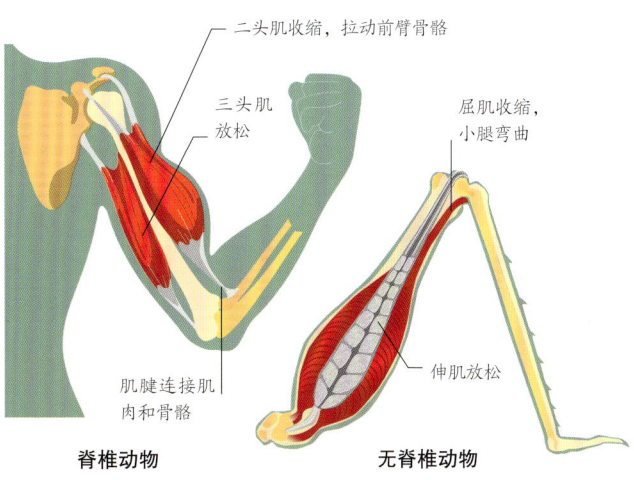

- 二头肌收缩，拉动前臂骨骼
- 三头肌放松
- 屈肌收缩，小腿弯曲
- 肌腱连接肌肉和骨骼
- 伸肌放松

脊椎动物　　**无脊椎动物**

呼吸

动物需要氧气来维持生命，但不同的动物群体根据自身体形及是在空气中呼吸还是在水中呼吸，已经进化出了各自获取氧气进入体内的方法。

肺

哺乳动物、鸟类、爬行动物以及一些两栖动物和鱼类使用肺来呼吸。肺就像一个吸气泵，通过扩张来降低肺内部的气压，从而将空气吸入体内。除了作为强大的泵，肺还包含一些允许氧气进入血液、二氧化碳排出血液的结构。

我们为什么打鼾？

当人在睡眠状态呼吸时，上颌后部的软组织放松并发生颤动，或者鼻腔内的气道变窄并振动，就会导致打鼾。

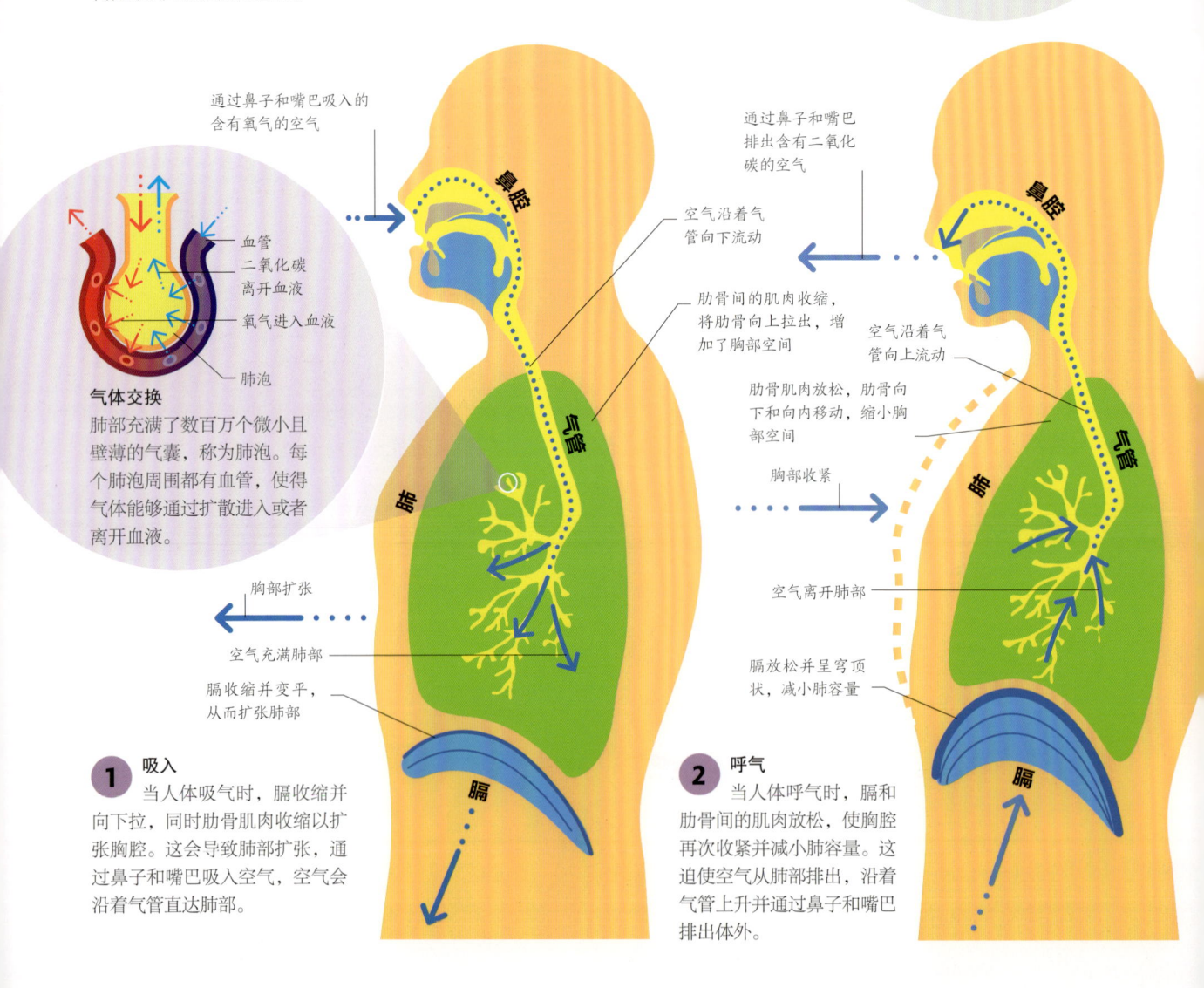

气体交换
肺部充满了数百万个微小且壁薄的气囊，称为肺泡。每个肺泡周围都有血管，使得气体能够通过扩散进入或者离开血液。

- 血管
- 二氧化碳离开血液
- 氧气进入血液
- 肺泡

通过鼻子和嘴巴吸入的含有氧气的空气 → 鼻腔

空气沿着气管向下流动

肋骨间的肌肉收缩，将肋骨向上拉出，增加了胸部空间

气管

肺

胸部扩张
空气充满肺部

膈收缩并变平，从而扩张肺部

膈

1 吸入
当人体吸气时，膈收缩并向下拉，同时肋骨肌肉收缩以扩张胸腔。这会导致肺部扩张，通过鼻子和嘴巴吸入空气，空气会沿着气管直达肺部。

通过鼻子和嘴巴排出含有二氧化碳的空气

鼻腔

空气沿着气管向上流动

肋骨肌肉放松，肋骨向下和向内移动，缩小胸部空间

胸部收紧

气管

肺

空气离开肺部

膈放松并呈穹顶状，减小肺容量

膈

2 呼气
当人体呼气时，膈和肋骨间的肌肉放松，使胸腔再次收紧并减小肺容量。这迫使空气从肺部排出，沿着气管上升并通过鼻子和嘴巴排出体外。

动物如何运转
呼吸
158 / 159

鳃

　　鱼类、螃蟹、软体动物以及其他一些在水中开始生命历程的动物的幼虫，都使用鳃进行呼吸。鳃由一系列细丝组成，其形状旨在提供最大的表面积以进行气体交换。就像肺部的气囊一样，这些细丝周围环绕着微小的血管，这些血管将氧气吸收到血液中，并允许二氧化碳排出。鳃必须保持湿润，防止干燥和塌陷。

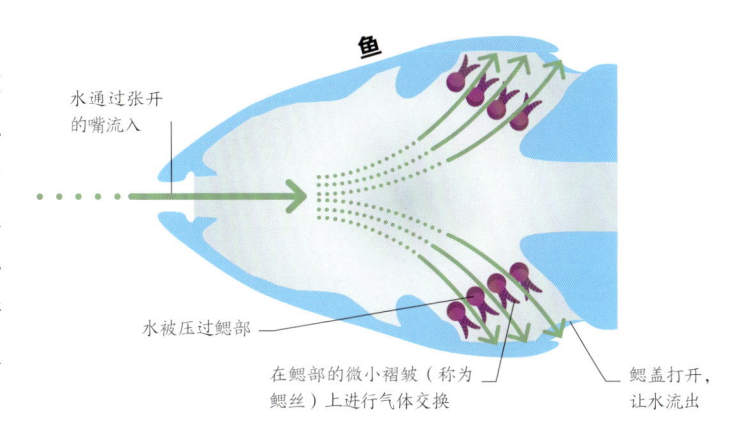

鱼

水通过张开的嘴流入

水被压过鳃部

在鳃部的微小褶皱（称为鳃丝）上进行气体交换

鳃盖打开，让水流出

气管和呼吸孔

　　昆虫（如蟑螂）的呼吸系统与其循环系统完全分开，因此它们的血液不携带气体。它们具有气管系统，通过身体上的毛孔吸入空气，并通过一系列被称为气管的空气管网络传输空气。该气管系统将呼吸所需的氧气直接输送至身体的各个组织，并排出二氧化碳。

蜂鸟每分钟大约呼吸250次，而人类平均每分钟呼吸12次

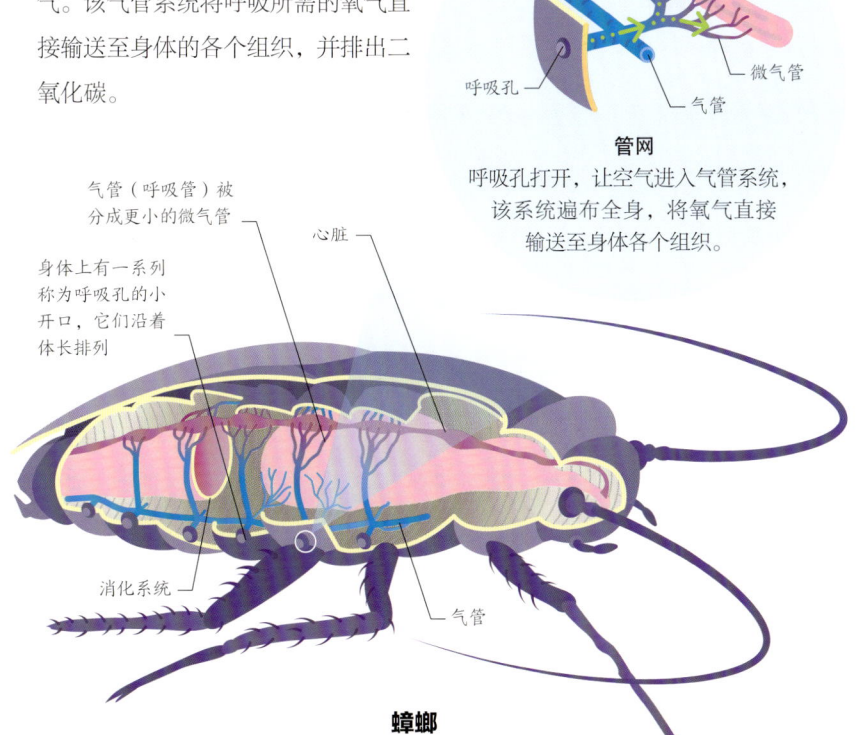

管网

身体组织
呼吸孔
微气管
气管

呼吸孔打开，让空气进入气管系统，该系统遍布全身，将氧气直接输送至身体各个组织。

皮肤呼吸

　　一些动物——包括海绵、珊瑚、水母和蠕虫——能够完全通过皮肤呼吸。两栖动物，如青蛙，用鳃（幼体蝌蚪时期）或肺（成体时期）连并皮肤呼吸。皮肤必须湿润且薄，这样气体才能通过这个屏障——这一过程被称为弥散。

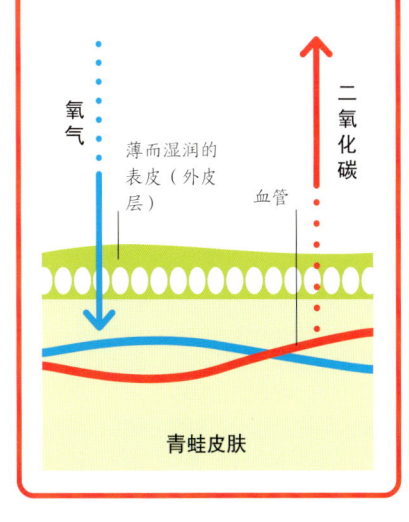

氧气
二氧化碳
薄而湿润的表皮（外皮层）
血管

青蛙皮肤

气管（呼吸管）被分成更小的微气管
心脏
身体上有一系列称为呼吸孔的小开口，它们沿着体长排列
消化系统
气管

蟑螂

循环系统

循环系统是重要的运输系统，负责为动物体内的每个细胞提供其正常运作所需的营养物质和免疫细胞，并排出废物。

生命支持系统

所有复杂的动物都需要一个在体内输送营养物质和废物的系统。就像高速公路和卡车组成的网络一样，动物拥有由血管网络组成的循环系统，这些血管能够将血液输送至体内的每个细胞。心脏是这个系统的中心，它是一个强大的泵，使血液在系统中不断流动。

单循环和双循环

脊椎动物可以拥有单循环或双循环系统。在单循环系统中，血液在一个完整的循环中仅通过心脏一次。在双循环系统中，如在人体中，血液会经过心脏两次——一次是在血液流经肺部之后，另一次是在血液被输送至身体的其他部位之后。

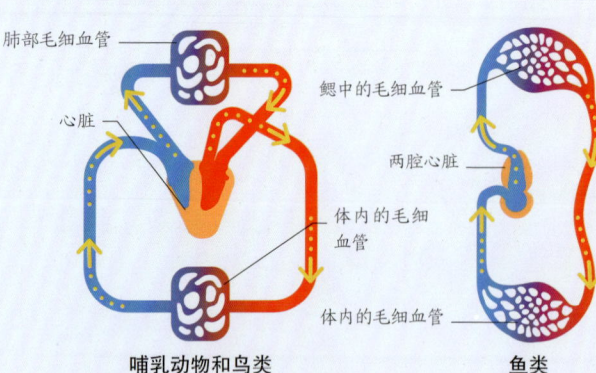

蚯蚓有多少颗心脏？

蚯蚓没有像人类心脏那样的腔室器官，但有五对被称为主动脉弓的类心脏器官，它们负责将血液泵送至全身。

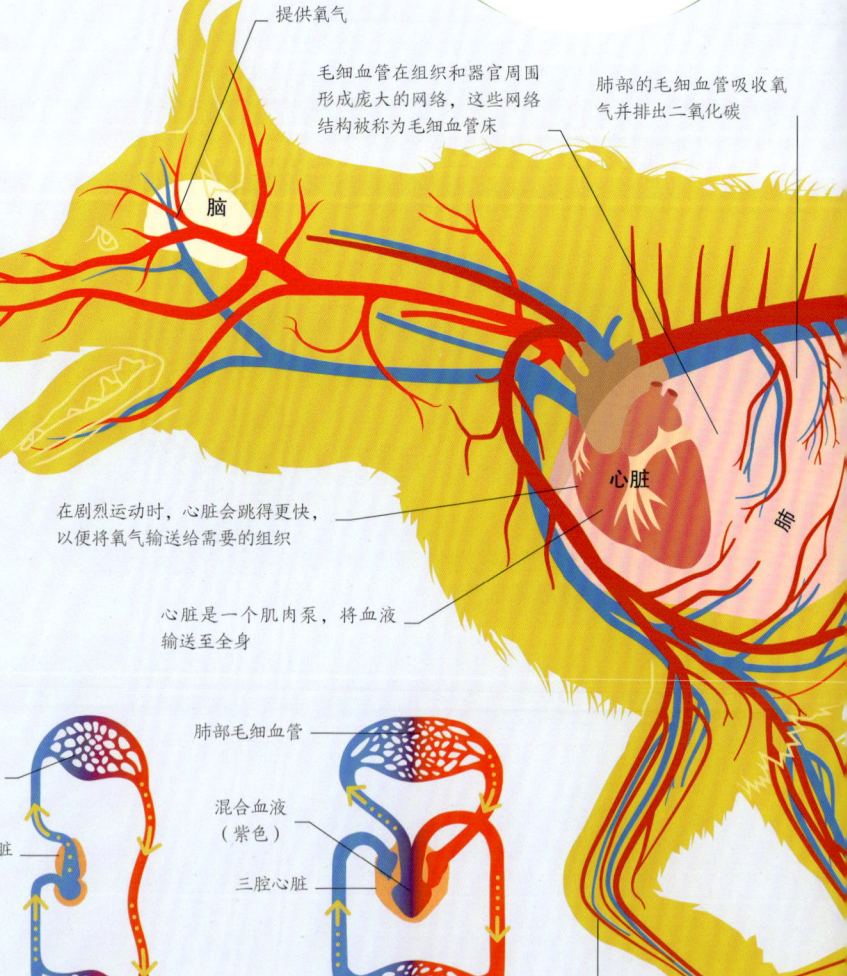

脑部动脉为脑提供氧气

毛细血管在组织和器官周围形成庞大的网络，这些网络结构被称为毛细血管床

肺部的毛细血管吸收氧气并排出二氧化碳

脑

在剧烈运动时，心脏会跳得更快，以便将氧气输送给需要的组织

心脏是一个肌肉泵，将血液输送至全身

心脏

肺

血液由红细胞、白细胞以及血浆中的血小板组成

哺乳动物和鸟类
肺部毛细血管
心脏
体内的毛细血管

哺乳动物和鸟类有双循环系统。血液首先被泵送到肺部进行氧合，之后被泵送到身体的其他部位。

鱼类
鳃中的毛细血管
两腔心脏
体内的毛细血管

在鱼类中，血液从心脏出发，经过一个单一的循环到达鳃部，并在到达身体其他部位的途中吸收氧气。

两栖动物
肺部毛细血管
混合血液（紫色）
三腔心脏
体内的毛细血管

两栖动物拥有双重系统，含氧量低和含氧量高的血液在心脏汇聚，混合之后再被泵送到全身。

动物如何运转
循环系统
160 / 161

开放循环系统

小型且结构简单的动物，如蚯蚓和昆虫，具有开放循环系统。在这种系统中，一种被称为血淋巴的液体通过动物长的管状心脏直接泵入体腔，以便在液体和细胞之间进行化学物质的交换。

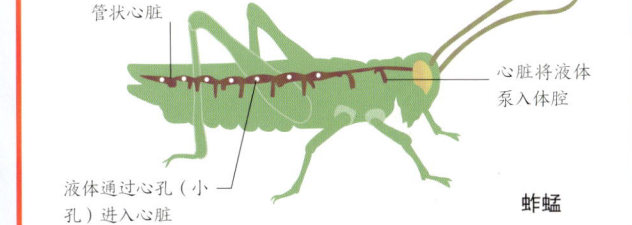

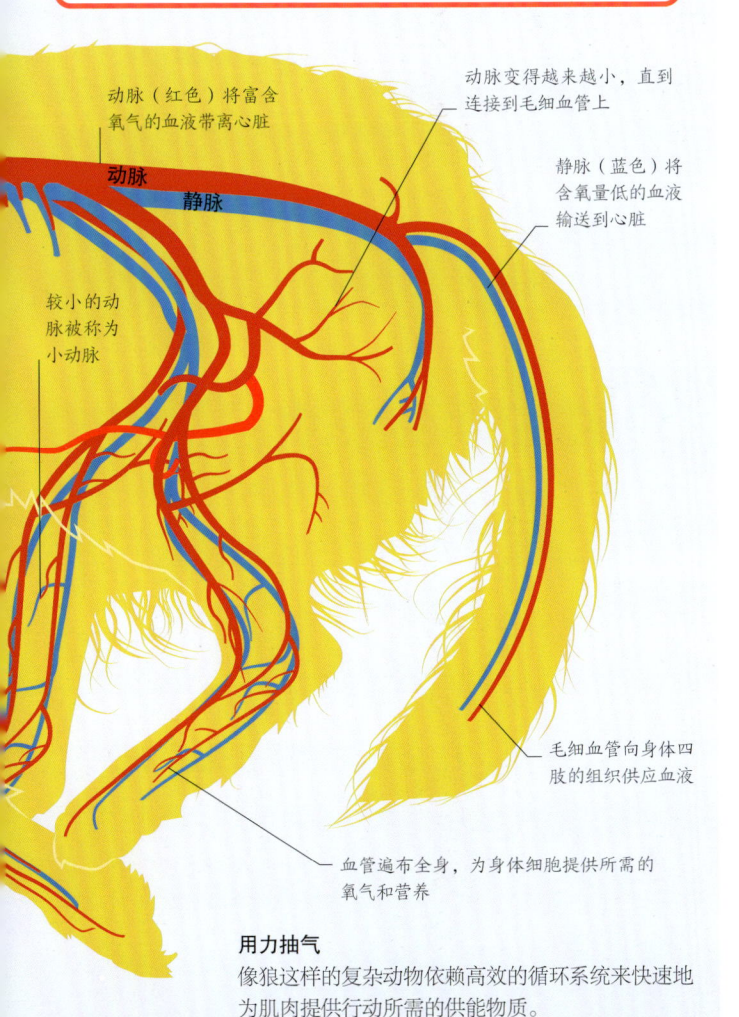

- 管状心脏
- 心脏将液体泵入体腔
- 液体通过心孔（小孔）进入心脏

蚱蜢

血管类型

哺乳动物体内有三种主要的血管类型：动脉、静脉和毛细血管，它们负责将血液输送至全身。动脉将血液从心脏输送到身体各部位，并能通过扩张或收缩来控制血液流动。静脉将血液从身体各部位输送回心脏。毛细血管则是组织和细胞之间进行营养物质和废物交换的场所。

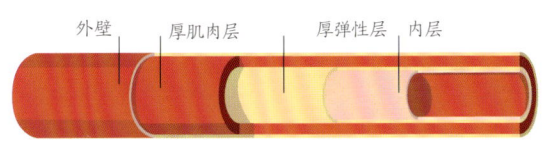

外壁　厚肌肉层　厚弹性层　内层

动脉
动脉被一层结缔组织包围，并具有厚实、富有肌肉的弹性管壁，这种结构使得动脉能够承受血液泵送时产生的压力波动。

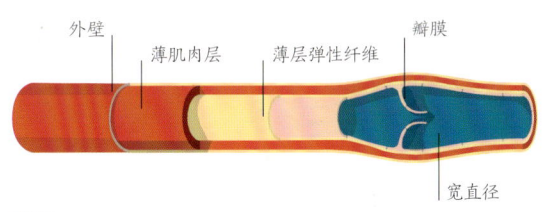

外壁　薄肌肉层　薄层弹性纤维　瓣膜　宽直径

静脉
静脉的管壁相对较薄，因为返回心脏的血液产生的压力较小。静脉内含有单向瓣膜，这些瓣膜确保血液不会逆流。

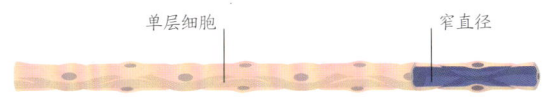

单层细胞　窄直径

毛细血管
毛细血管壁非常薄，可以让营养物质、气体和其他分子在血液和组织之间自由流动。有些毛细血管还具有间隙或孔隙，以便更大的分子通过。

- 动脉（红色）将富含氧气的血液带离心脏
- 动脉
- 静脉
- 动脉变得越来越小，直到连接到毛细血管上
- 静脉（蓝色）将含氧量低的血液输送到心脏
- 较小的动脉被称为小动脉
- 毛细血管向身体四肢的组织供应血液
- 血管遍布全身，为身体细胞提供所需的氧气和营养

用力抽气
像狼这样的复杂动物依赖高效的循环系统来快速地为肌肉提供行动所需的供能物质。

蓝鲸的心脏长1.5米，宽1.2米，重181千克

消化系统

动物通过摄入食物来获取能量。消化系统分解食物，以便动物能够获取生存所需的营养。不同动物的消化系统因其营养需求不同而有所差异。

从食物到粪便

所有动物的食物之旅都是从嘴开始的。对于许多动物来说，嘴是食物通过漫长胃肠道（消化道）的起点。胃肠道利用肌肉收缩和化学物质将食物分解成营养成分，之后这些营养成分才能穿过肠道内壁进入血液。而那些难以消化的部分则会形成粪便，并被排出体外。

2 食管
食管通过一种被形容为蠕动的波状运动来挤压食物和液体，使它们从口腔进入胃部。

3 胃
胃壁上的肌肉会收缩，与酸性的胃液和酶一起搅拌食物，并将其分解成一种被称为食糜的消化性浆体。然后，食糜被释放到小肠中。

8 直肠
粪便储存在直肠（大肠的一部分）中。直肠壁收缩，推动粪便通过一个称为肛门的开口排出体外。

7 大肠
大部分营养物质已被吸收，到达大肠的只剩下难以消化的食物残渣和水。水将被吸收到血液中，而未消化的食物残渣则会被挤压形成粪便。

山猫

直肠是大肠的最后一段
食肉动物的盲肠很小
大肠
肝
小肠
胃
粪便通过肛门排出体外
小肠的肠壁覆盖着许多手指状的突起物，称为绒毛，将营养物质吸收率提升至最大
肝脏分泌消化液并清除血液中的毒素
食物在胃里停留数小时

4 肝脏和胰腺
肝脏产生胆汁，这是一种能够乳化脂类的消化液，而胰腺（位于肝脏旁边）向小肠释放富含酶的胰液，以进一步消化食糜中的内容物。

5 小肠
食糜通过一段长而蜿蜒的管道，即小肠。在那里，它们继续被分解成小分子营养物质，这些营养物质通过肠壁被吸收进血液中。

6 盲肠
在食肉动物中，盲肠是大肠起始端的一个小室，用于吸收盐和矿物质。在食草动物中，盲肠很大且更发达，以应对它们以植物为主的饮食。

食肉动物
主要以肉类为食的动物被称为食肉动物。食肉动物的消化道很短，因为肉类富含易于提取的营养物质。它们的胃较大且酸性较高，以便分解肉类。

所有动物都有消化系统吗？
寄生绦虫没有消化系统，它们通过皮肤直接从外界吸收营养。

袋熊是世界上唯一一种能排出立方体形状粪便的动物

动物如何运转
消化系统
162 / 163

① 嘴
嘴、牙齿、舌头和唾液腺协同作用,将食物分解成适合一口一口吃的大小,并在吞咽前将其软化。

兔子吃粪便是为了从中获取更多营养

兔子

兔子有一个单腔的胃,但一些食草动物(称为反刍动物),如牛,有多个胃室来发酵食物

食草动物盲肠很大,含有有助于消化植物的细菌

盲肠

食管

食管是一个长且肌肉发达的管状结构

食草动物的小肠相对较长,以便最大限度地吸收营养物质

食草动物
植物材料难以分解且营养匮乏,因此食草动物演化出了更长的消化道,以助其充分利用食物并获取营养。

消化多样性

尽管消化道的功能普遍相似,但不同动物群体的消化道结构存在显著差异。消化系统是根据动物的食性、摄食方式和生存环境而演化的。这些系统从上图所示的脊椎动物的高级多腔胃肠道,到一些无脊椎动物(如海葵)的原始空腔,范围广泛。

牙齿

从食肉动物的尖锐犬齿到食草动物的磨齿,牙齿是获取和准备食物的重要工具。因此,它们已经根据动物的食性而特化了。

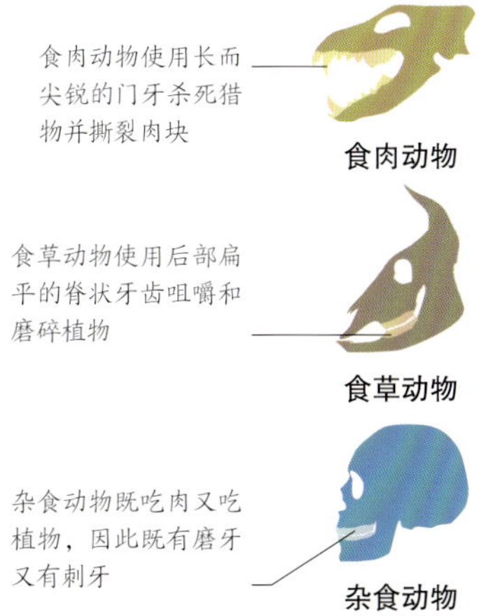

食肉动物使用长而尖锐的门牙杀死猎物并撕裂肉块

食肉动物

食草动物使用后部扁平的脊状牙齿咀嚼和磨碎植物

食草动物

杂食动物既吃肉又吃植物,因此既有磨牙又有刺牙

杂食动物

口腔和肛门

单开口
海葵通过同一个开口进食和排泄。它们将食物通过这个开口送入中央的胃,并从同一个开口排出废物。

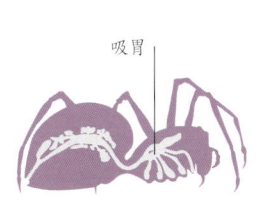

吸胃

体外消化
蜘蛛在体外开始消化过程,它们会向猎物吐出消化酶来软化它们,然后使用吸胃将其吞下。

嗉囊

砂囊

研磨仓
鸟类没有牙齿,但演化出了一个肌肉发达的囊(嗉囊),用于储存和润湿食物。此外,鸟类还有一个砂囊,在这里,食物与砂砾和小石子一起被机械磨碎。

神经系统

脑和神经的关系就像指挥中心和光纤网络：脑处理来自外部环境的信息，并通过神经纤维网络协调身体各部分进行活动。

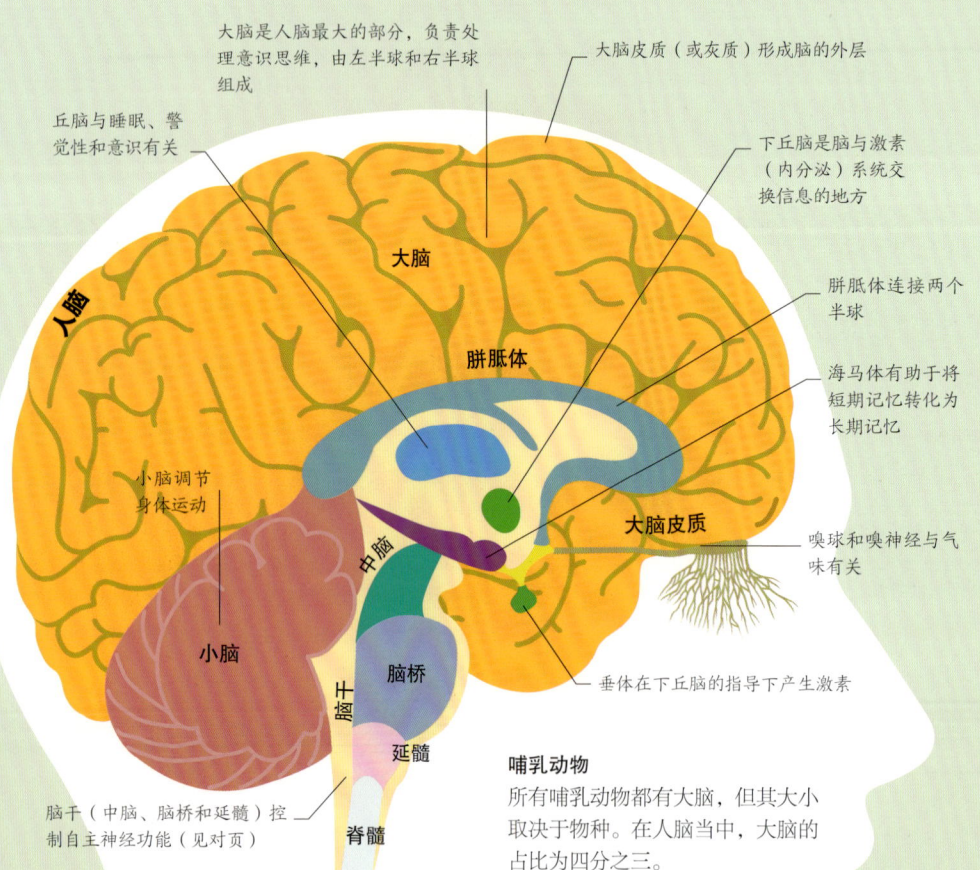

人脑

- 大脑是人脑最大的部分，负责处理意识思维，由左半球和右半球组成
- 大脑皮质（或灰质）形成脑的外层
- 丘脑与睡眠、警觉性和意识有关
- 下丘脑是脑与激素（内分泌）系统交换信息的地方
- 胼胝体连接两个半球
- 海马体有助于将短期记忆转化为长期记忆
- 小脑调节身体运动
- 嗅球和嗅神经与气味有关
- 垂体在下丘脑的指导下产生激素
- 脑干（中脑、脑桥和延髓）控制自主神经功能（见对页）

标注：大脑、胼胝体、中脑、小脑、脑桥、脑干、延髓、脊髓、大脑皮质

脑如何工作

脑不断处理信息，将其与储存的信息进行比较，并协调身体的反应。脊椎动物的脑由多个区域组成，每个区域都有数十亿个相互连接的神经细胞或神经元，它们协作以执行特定功能。脑需要消耗大量能量，各个物种的脑已演化到其功能区域所需的最大极限。

哺乳动物
所有哺乳动物都有大脑，但其大小取决于物种。在人脑当中，大脑的占比为四分之三。

鱼类
鱼脑的很大一部分专门用于处理视觉信息（视叶），而其大脑相对较小。

（金鱼脑）

两栖动物
相对于身体大小而言，两栖动物的脑比人类的脑要小得多。它们脑部各区域的比例表明，两栖动物在很大程度上依赖反射运动。

（牛蛙脑）

鸟类
鸟类脑的很大一部分用于嗅觉（气味）。与整个脑部的其他部分相比，小脑和大脑相对较大。

（鹌鹑脑）

符号说明
- 🔴 小脑
- 🟡 视叶
- 🟠 大脑
- 🟢 垂体
- 🩷 延髓
- 🟤 嗅球

动物如何运转
神经系统

164 / 165

脑包含约1.8亿个神经元；剩下的3.2亿个在手臂和皮肤上

食管穿过脑中央

神经元从神经节分支出来，延伸到身体的各个部位

神经细胞簇被称为神经节

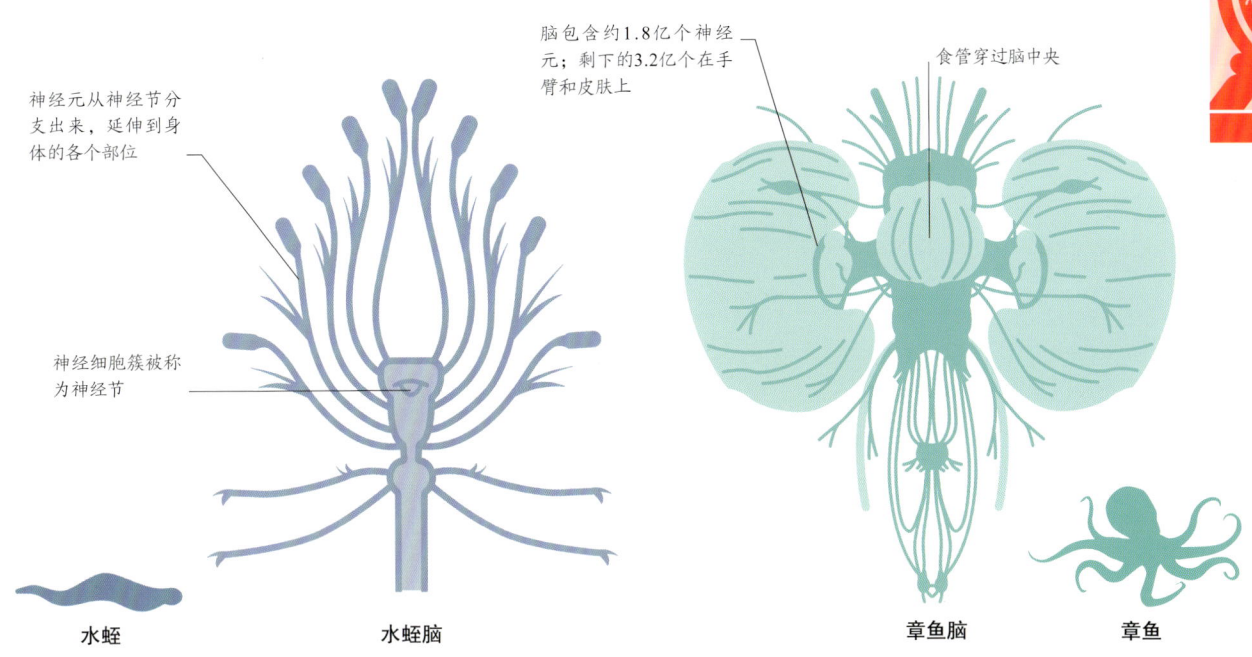

水蛭　　　水蛭脑　　　　　　　章鱼脑　　章鱼

无脊椎动物的神经系统

无脊椎动物在动物界的比例高达97%，其脑的形状比脊椎动物更为多变。这种变化范围从完全没有神经元的海绵到拥有环状脑和约5亿个神经元的章鱼。许多无脊椎动物拥有被称为神经节的结构——由相互连接的神经细胞簇组成，但它们并没有像脑那样高度组织化的结构。

鱿鱼的食管穿过它环状脑中的一个孔

周围神经系统

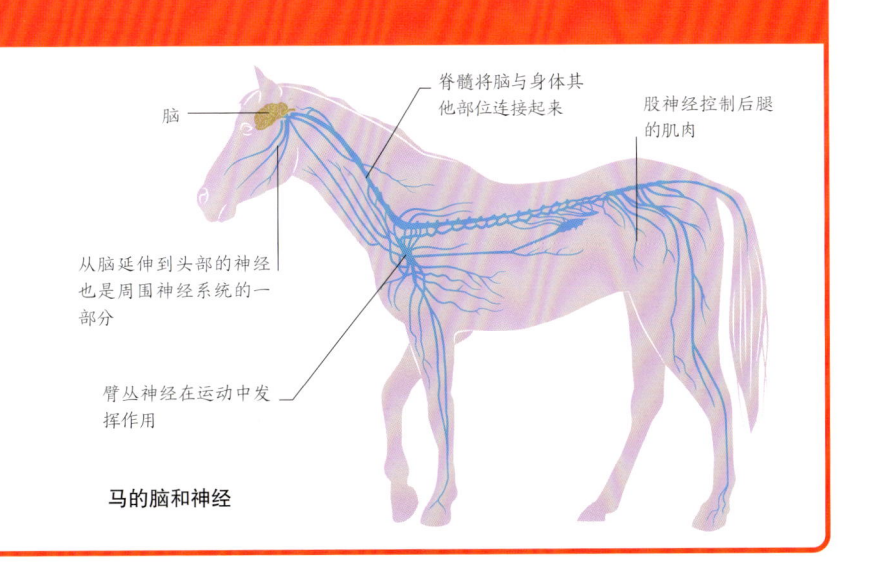

神经系统分为中枢神经系统（包括脑和脊髓）和周围神经系统（其余部分）。脊髓是脑和身体之间传递信息的主要通道，成对的脊神经从这里分支出来，将脊髓与身体的其他部分连接起来。这些周围神经中的一部分负责执行随意动作和收集感觉信息（躯体神经系统），另一部分则负责在体内执行非随意动作，如消化或呼吸（自主神经系统）。

脊髓将脑与身体其他部位连接起来

脑

股神经控制后腿的肌肉

从脑延伸到头部的神经也是周围神经系统的一部分

臂丛神经在运动中发挥作用

马的脑和神经

视觉

动物通过视觉感知外界，将光线转化为电信号，并由脑进行处理。简单的视觉系统，如眼点，只能感知明暗变化，而复杂的眼睛能让动物发现远处的猎物。

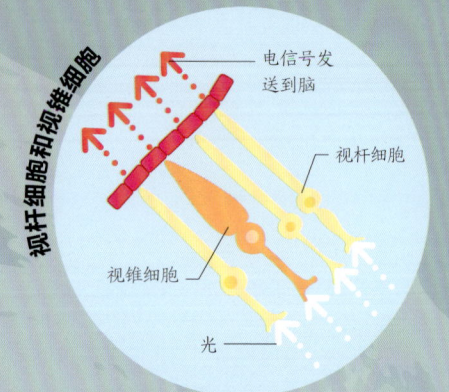

视杆细胞和视锥细胞

电信号发送到脑

视杆细胞

视锥细胞

光

感光细胞
视网膜上存在两种类型的光敏感细胞。视锥细胞在高光条件下对颜色敏感，而视杆细胞可以在低光条件下看到物体的形状（但无法分辨颜色）。

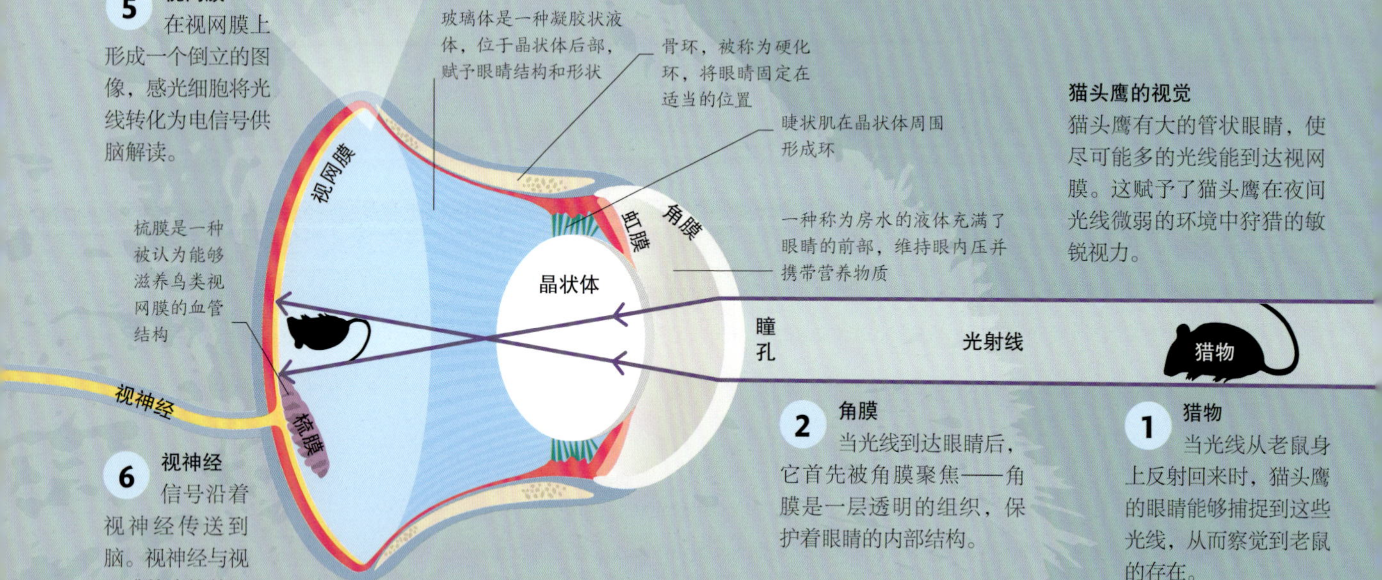

5 视网膜
在视网膜上形成一个倒立的图像，感光细胞将光线转化为电信号供脑解读。

玻璃体是一种凝胶状液体，位于晶状体后部，赋予眼睛结构和形状

骨环，被称为硬化环，将眼睛固定在适当的位置

睫状肌在晶状体周围形成环

猫头鹰的视觉
猫头鹰有大的管状眼睛，使尽可能多的光线能到达视网膜。这赋予了猫头鹰在夜间光线微弱的环境中狩猎的敏锐视力。

梳膜是一种被认为能够滋养鸟类视网膜的血管结构

视网膜

角膜

虹膜

一种称为房水的液体充满了眼睛的前部，维持眼内压并携带营养物质

晶状体

瞳孔

光射线

猎物

视神经

梳膜

6 视神经
信号沿着视神经传送到脑。视神经与视网膜的连接处没有感光细胞，从而形成了盲点。

4 晶状体
灵活的晶状体可微调图像的焦点。睫状肌拉动晶状体，改变其形状以产生更清晰的焦点。

3 虹膜
肌肉虹膜控制瞳孔的大小，以调整光线通过。例如，在弱光下，虹膜会扩大瞳孔。

2 角膜
当光线到达眼睛后，它首先被角膜聚焦——角膜是一层透明的组织，保护着眼睛的内部结构。

1 猎物
当光线从老鼠身上反射回来时，猫头鹰的眼睛能够捕捉到这些光线，从而察觉到老鼠的存在。

猛禽的紫外线视觉有助于它们探测到啮齿动物猎物沿途留下的尿液

脊椎动物的眼

在脊椎动物的眼睛中，光粒子首先穿过一层透明的前部组织（角膜），然后通过瞳孔进入眼睛。随后，一个单一的晶状体将光线聚焦在眼睛后部的一层光敏组织（视网膜）上，在那里光线被转化成电信号。最后，脑对这些信号进行解读。

为什么猫的瞳孔是竖着的？

垂直瞳孔在伏击型捕食者（如猫科动物）中很常见，因为它们优化了深度感知能力。这种能力有助于捕食者估算与猎物之间的距离。

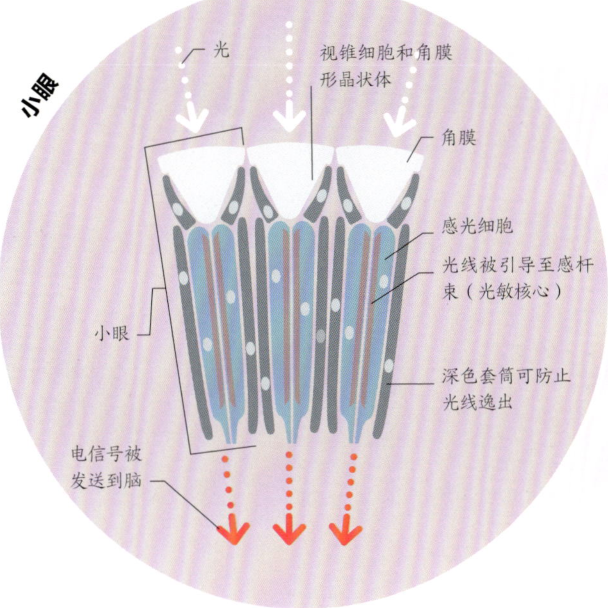

动物如何运转
视觉   166 / 167

小眼

- 光
- 视锥细胞和角膜形晶状体
- 角膜
- 感光细胞
- 光线被引导至感杆束（光敏核心）
- 小眼
- 深色套筒可防止光线逸出
- 电信号被发送到脑

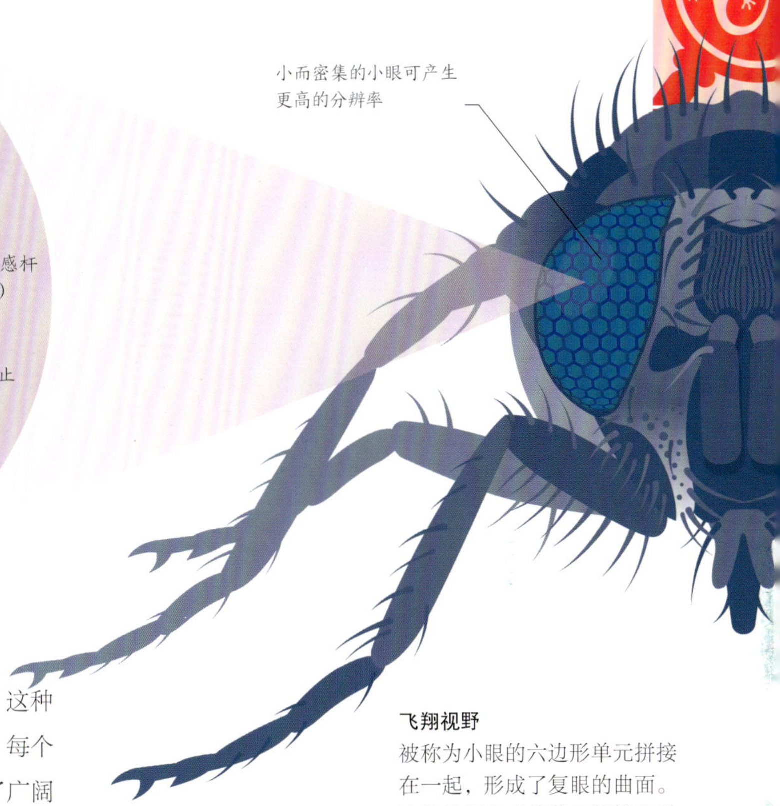

小而密集的小眼可产生更高的分辨率

复眼

大多数昆虫和甲壳类动物（如螃蟹）拥有复眼，这种眼睛由成千上万个称为小眼的小而独立的单元组成。每个单元包括角膜、晶状体和感光细胞。这种系统提供了广阔的视野，但与脊椎动物的眼睛相比，复眼的图像分辨率较低。复眼是一种适应性特征，有助于动物侦测快速移动。

飞翔视野
被称为小眼的六边形单元拼接在一起，形成了复眼的曲面。这种排列方式使苍蝇能够几乎360度地观察周围环境；每个单元都能捕捉到图像的一部分。

单眼和双眼视觉

在单眼（一只眼）视觉中，每只眼睛各自形成独立的图像，而在双眼（两只眼）视觉中，两只眼睛协同工作。捕食者通常拥有更多的双眼视觉，因为这样可以产生更清晰的图像和更好的深度感知。而被捕食的动物往往有更多的单眼视觉，因为这能使它们探知到危险。

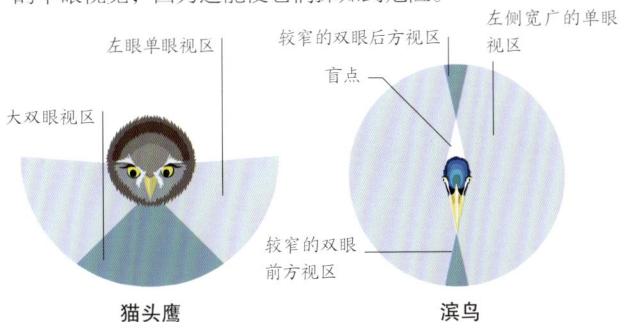

- 大双眼视区
- 左眼单眼视区
- 较窄的双眼后方视区
- 盲点
- 左侧宽广的单眼视区
- 较窄的双眼前方视区

猫头鹰

滨鸟

可见光谱之外

许多动物能看到超出人类可见光波长范围的光线。例如，大黄蜂拥有对紫外线（UV）敏感的光感受器。这使得它们能够探测到花朵上看似不可见的标记，这些标记引导着它们找到花蜜的来源，就像跑道上的灯光指引着飞机那样。

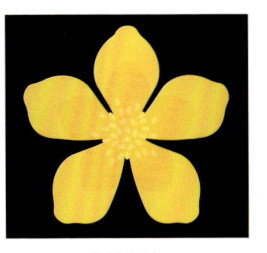

人的视角    大黄蜂的视角

听觉

声音可以为动物提供有关环境的重要信息，对于捕杀猎物、躲避捕食者或寻找配偶的动物来说，声音有时甚至能决定生死。动物已经进化出不同的方式来检测声音振动——从昆虫触角上的简单毛发，到哺乳动物的复杂的耳朵。

许多哺乳动物，如狗，会移动外耳以捕捉来自特定方向的声波，而另一些哺乳动物，如海豹，则完全没有可见的外耳部分

物体振动时会产生声音，导致空气中的粒子随之振动

声波

耳郭

耳郭将声音引入耳道

哺乳动物如何听到声音

所有哺乳动物的耳朵都拥有三个部分：外耳、中耳和内耳。外耳负责收集声波并将其汇集到中耳，在那里，声波被放大并传递到内耳。内耳将声波的机械刺激转化为电信号，这些电信号随后被发送给脑进行解释和反应。

1 外耳
外耳捕捉声波。它通常包括耳郭（可见的"耳朵"部分）、耳道和移动耳郭的肌肉。

声音以波的形式传播

昆虫有耳朵吗

昆虫的听觉能力在进化过程中经历了多次演变，这意味着不同类型的昆虫具有不同的听觉器官。一些昆虫的听觉器官位于触角上，而另一些昆虫的听觉器官长在前腿、翅膀上甚至嘴巴中。虽然躲避捕食者显然是听觉的一个重要优势，但寻找配偶似乎也同样重要，因为只有那些通过歌唱来吸引配偶的蝉类昆虫才进化出了听觉能力。

触角毛

振动沿着触角传播

受体

触角轴振动

腿

鼓膜

放大板

感觉细胞

蚊子
蚊子通过触角上的细毛检测声音振动。雄性蚊子对雌性蚊子翅膀振动的声音特别敏感。

螽斯
螽斯（或灌木蟋蟀）前腿上的鼓膜将声音振动传输到放大板，然后放大板将声音传递到类似耳蜗的器官。

动物如何运转
听觉

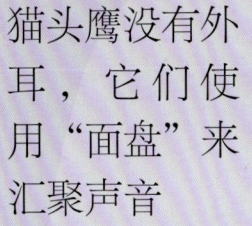

猫头鹰没有外耳，它们使用"面盘"来汇聚声音

3 内耳
内耳包括负责平衡的半规管和将声波转换为电信号的耳蜗。

充满液体的半规管含有微小的毛发，这些毛发会随着液体的流动而弯曲，以响应身体的运动；这种运动被转化为电信号传递到脑

前庭神经向脑传递有关平衡的信息

听小骨的振动将声波传递到内耳的液体中

半规管

砧骨

锤骨

听小骨

前庭神经

耳蜗神经

耳蜗神经将听觉（声音）信号传送到脑

声波引起鼓膜振动，然后振动传递到听小骨

镫骨

椭圆形窗口连接中耳和内耳

鼓膜

耳道

耳蜗

听小骨是三块微小的骨头，分别被称为锤骨、砧骨和镫骨，由下颌骨演化而来

咽鼓管连接中耳和喉咙，排出液体，平衡耳内气压

咽鼓管

充满液体的耳蜗内有数千根细毛，可将声波转化为电信号

2 中耳
中耳放大声音。三块小骨头（锤骨、砧骨和镫骨）协作，接收、放大声波并将其从鼓膜传输到内耳。

在太空中能听到声音吗？
不能，因为太空中没有空气，所以没有介质供声波传播。

在人类听觉范围之外

声源每秒振动的次数被称为频率。有些动物能够发出和听到频率低于（次声波）或高于（超声波）人类听觉范围的声音。大象通过感知脚部的振动来听到低频声音，而蝙蝠则利用一种高频声音检测技术，即回声定位（参见第175页）。

大象	人类	蝙蝠
20赫兹以下	20赫兹至20000赫兹	超过20000赫兹

化学传感

动物能够通过嗅觉和味觉等系统检测化学物质，这对于它们来说可能是生死攸关的事情，因为它们依赖这些感官来躲避危险和寻找食物。

哺乳动物的鼻子

嗅觉系统，也被称为嗅觉器官，是哺乳动物用来从空气中检测气味化学物质（称为嗅质），以获取周围环境有用信息的系统。当气味进入鼻子时，感官细胞会吸收气味，并向脑部的嗅球发送信号。不同哺乳动物之间嗅球的大小以及感官细胞的数量和类型存在显著差异。

什么动物的嗅觉最好？

非洲丛林象拥有2000个嗅觉传感器，是血猎犬等著名"嗅觉传感器"的2.5倍，更是人类的50多倍。

结构为嗅觉受体创造了大面积的表面

细骨如卷轴般折叠起来

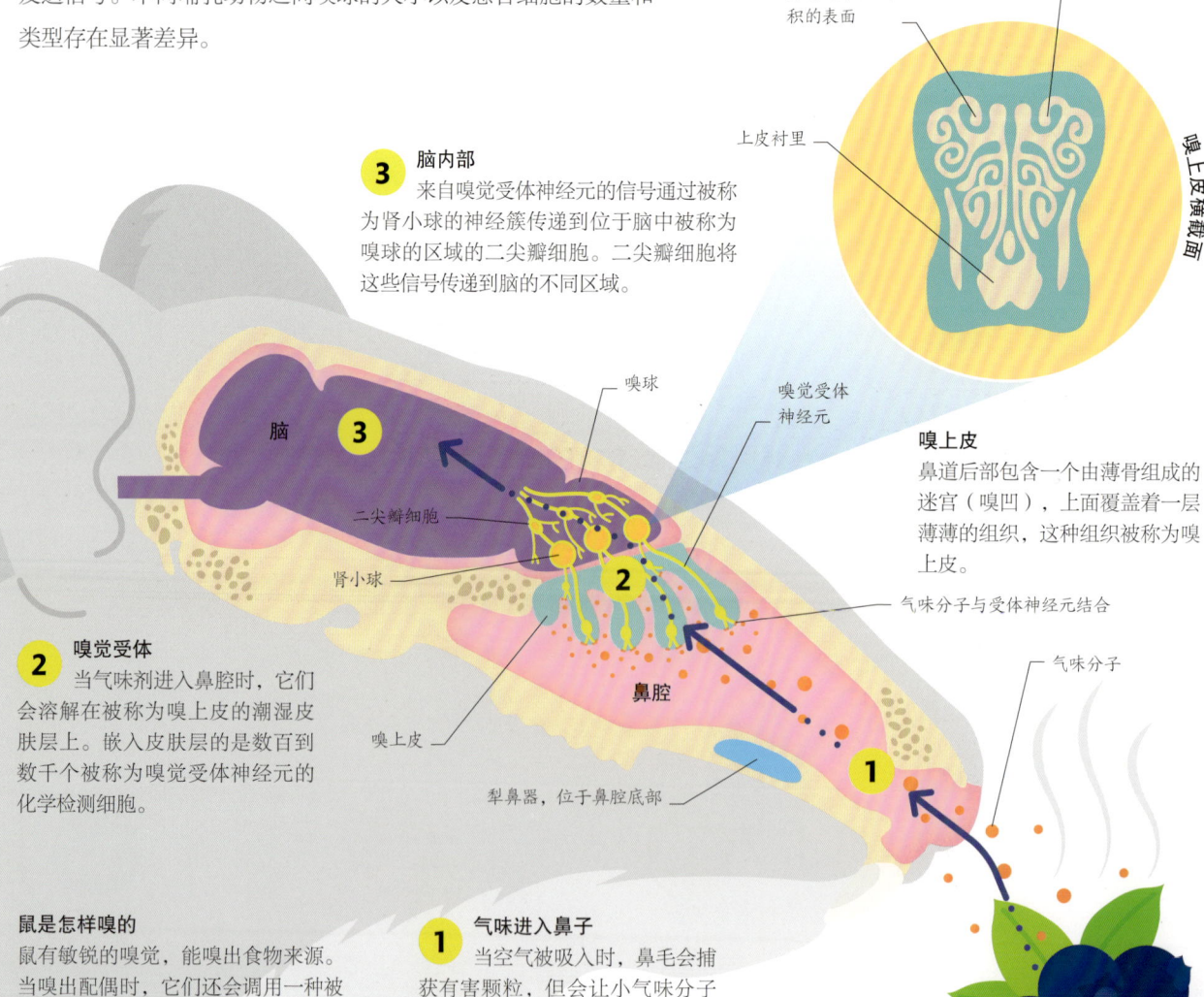

上皮衬里

嗅上皮横截面

3 脑内部
来自嗅觉受体神经元的信号通过被称为肾小球的神经簇传递到位于脑中被称为嗅球的区域的二尖瓣细胞。二尖瓣细胞将这些信号传递到脑的不同区域。

嗅球

嗅觉受体神经元

嗅上皮
鼻道后部包含一个由薄骨组成的迷宫（嗅凹），上面覆盖着一层薄薄的组织，这种组织被称为嗅上皮。

脑

二尖瓣细胞

肾小球

气味分子与受体神经元结合

鼻腔

嗅上皮

气味分子

犁鼻器，位于鼻腔底部

2 嗅觉受体
当气味剂进入鼻腔时，它们会溶解在被称为嗅上皮的潮湿皮肤层上。嵌入皮肤层的是数百到数千个被称为嗅觉受体神经元的化学检测细胞。

鼠是怎样嗅的
鼠有敏锐的嗅觉，能嗅出食物来源。当嗅出配偶时，它们还会调用一种被称为犁鼻器的特殊器官。

1 气味进入鼻子
当空气被吸入时，鼻毛会捕获有害颗粒，但会让小气味分子（气味剂）穿过鼻腔。

蓝莓

动物如何运转
化学传感 170 / 171

1 舌头
舌头是由肌肉构成的，它不仅能在口腔内推动食物，其表面还覆盖着一层黏膜，这层黏膜可以溶解化学物质以供味觉感知，帮助脑判断食物是否可食用。

舌头

哺乳动物的舌头

哺乳动物的舌头拥有一系列味觉探测器，这些探测器与鼻子协同工作，帮助动物确定食物的营养价值和安全性。大多数哺乳动物有五种味觉受体细胞，分别应对甜、酸、苦、咸和鲜（大地风味）。不过，猫是严格的食肉动物，它们已经失去了对甜味物质的敏感性。

"全副武装"的味蕾：
鲇鱼——游动的舌头

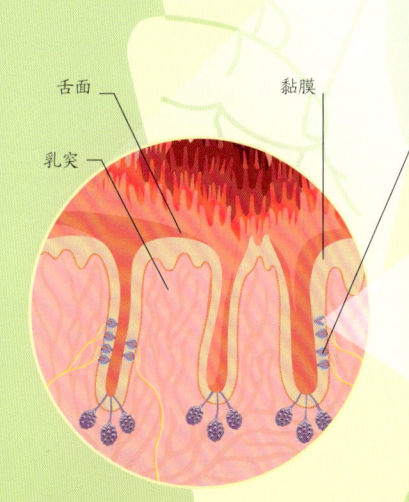

舌面
乳突
黏膜
味蕾
味觉受体细胞
味孔
神经纤维
支持细胞
微绒毛含有可与食物中的化学物质结合的受体
风味分子
化学信使

2 乳突
舌头顶部的小凹凸结构是乳突。乳突的主要作用是增加舌头的表面积，使得更多黏膜与食物接触。

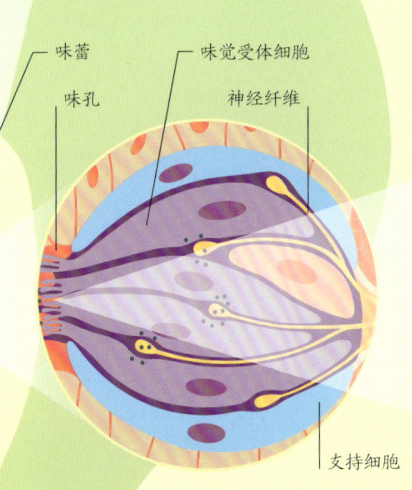

3 味蕾
味蕾是味觉受体细胞、神经纤维和支持细胞组成的一个集合体。味蕾的一端有一个味孔，这是感官细胞尖端突出到黏膜外的地方。

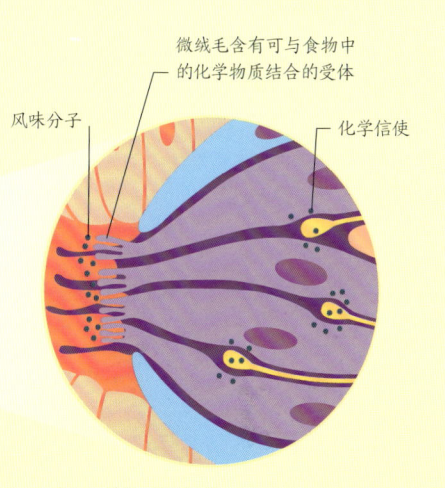

4 味觉受体细胞
味蕾中的每一个味觉受体细胞专门负责与食物中的特定化学物质如糖分或盐分结合。这些化学物质与受体细胞结合时，会沿着神经纤维向脑发送信号。

分叉的舌头和犁鼻器

蛇的舌头将气味物质运送到一个被称为犁鼻器的特殊囊中。这些分子与该器官的受体结合，从而向脑发送信息。蛇可以根据落在其舌头每个分叉上的分子数量来判断气味的方向。

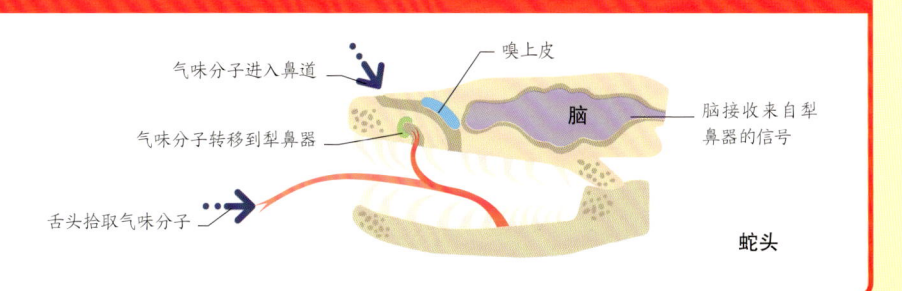

气味分子进入鼻道
嗅上皮
脑
脑接收来自犁鼻器的信号
气味分子转移到犁鼻器
舌头拾取气味分子
蛇头

触觉

触觉是动物王国中最古老、最基本的感官系统之一。即使是没有复杂感觉器官（如眼睛或耳朵）的简单动物，通常也具有某种方式来检测和响应触摸。

触觉感受器

触觉感知是由多种类型受体接收到信号共同构建的。这些触觉受体是感觉神经末端的特殊结构。大多数触觉受体位于皮肤中；其中一些受体靠近皮肤表面，可以检测到非常轻微的接触，而另一些则位于皮肤深层，需要更强的刺激才能被激活。当物理信息（如热、压力、冷、拉伸和接触）作用于这些受体时，它们会将信息转化为神经冲动。这些神经冲动被传输到脑，脑随即对信号做出响应。

哪种动物的触觉最为敏感？

星鼻鼹鼠的鼻子是为触觉（而非嗅觉）而生的，其星形附肢上有25000个微型触觉传感器。

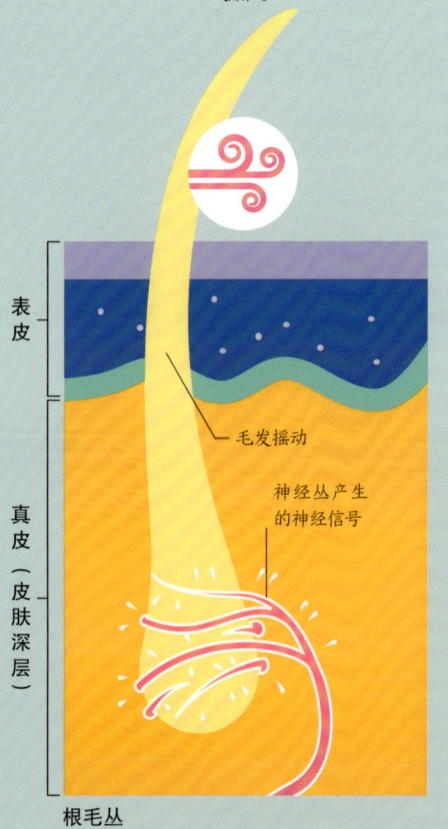

微风 — 毛发摇动 — 神经丛产生的神经信号

温度变化 — 表皮中靠近皮肤表面的游离神经末梢

羽毛刷 — 梅克尔触盘位于表皮基部

表皮 / 真皮（皮肤深层）

根毛丛
神经末梢网络围绕着头发或胡须的根部。当头发移动或接触某物时，它会触发神经丛向神经发送信号。

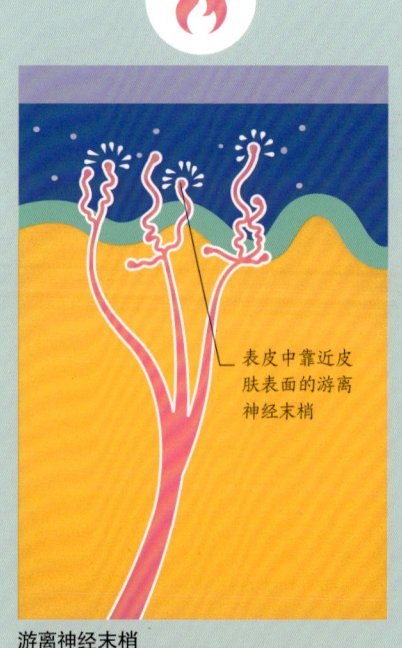

游离神经末梢
有些神经的末端没有特殊结构。这些游离端延伸到皮肤表层，对热、冷、疼痛和瘙痒敏感。

梅克尔触盘
这些盘状结构对非常轻微的触摸很敏感，有助于检测物体的形状和边缘。它们在指尖等区域非常密集。

动物如何运转
触觉 172/173

侧线

鱼类通过一种被称为侧线的感觉系统来检测水压和水流的变化。水通过鱼体两侧的孔道进入侧线管。侧线管内存在一种名为神经丘的专门神经末梢。当水压或水流发生变化时，这些神经丘会发生弯曲，并将这种机械弯曲转化为电信号传递到脑。

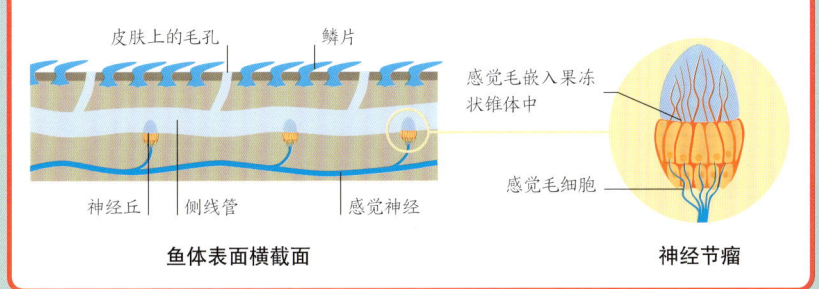

皮肤上的毛孔　鳞片
感觉毛嵌入果冻状锥体中
神经丘　侧线管　感觉神经
感觉毛细胞
鱼体表面横截面　神经节瘤

海豹可以用胡须来探测100米以外游动的鱼

轻柔触碰　　紧致按摩　　振动

触觉小体位于真皮中被称为乳突的凸起中

球状小体位于真皮深处

环层小体位于真皮基底

触觉小体（迈斯纳小体）
在皮肤浅层，存在着对轻微压力和振动敏感的神经末梢。这些神经末梢能够感知物体的形状和纹理。它们主要分布在无毛区域，如指尖和手掌。

球状小体（鲁菲尼小体）
这些神经末梢能够感知持续的压力和拉伸。同时它们可以探测关节角度的变化，从而帮助鱼类感知自身的位置和运动状态。

环层小体（帕奇尼小体）
在皮肤深层，存在对振动敏感的大型神经末梢。它们在皮肤中的分布密度较低，但在肠道和关节等部位有所发现。

特殊传感器

许多动物已经演化出高度灵敏的超级感官，帮助它们在各自的环境中生存，比如，可以在130千米外探测到火源的"火焰追逐者"甲虫和使用像金属探测器一样的喙部的鸭嘴兽。

脑通过洛伦齐尼瓮的神经纤维接收信号

神经纤维

洛伦齐尼瓮

每个洛伦齐尼瓮都有一束与神经纤维相连的受体细胞

为什么甲虫需要探测火灾？

它们的幼虫只以烧焦的木材为食，因此它们使用传感器来探测热量发出的红外辐射，以定位火源。

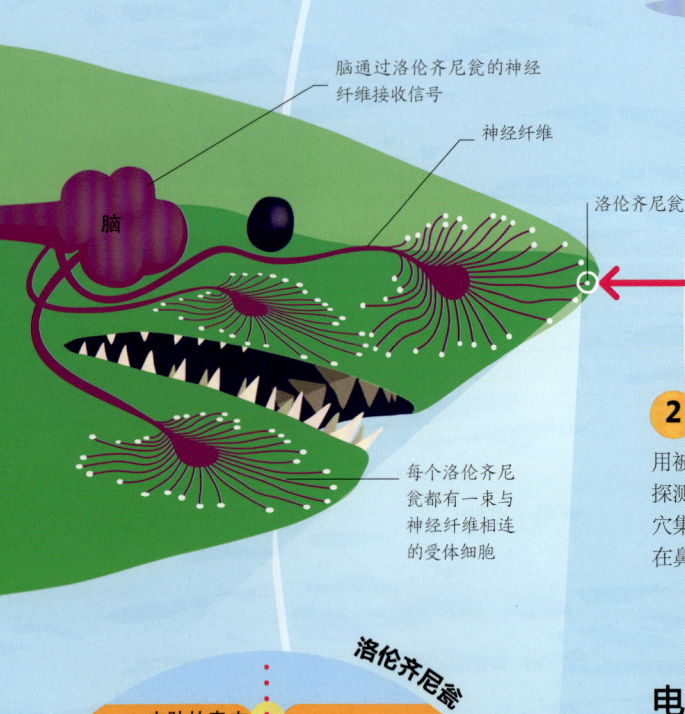

电信号通过周围的水传播

② 鲨鱼

当鲨鱼在水中游动时，它会利用被称为洛伦齐尼瓮的电感受器束来探测附近鱼类的电场。这些可见的孔穴集中在鲨鱼的头部周围，主要分布在鼻部和下颌处。

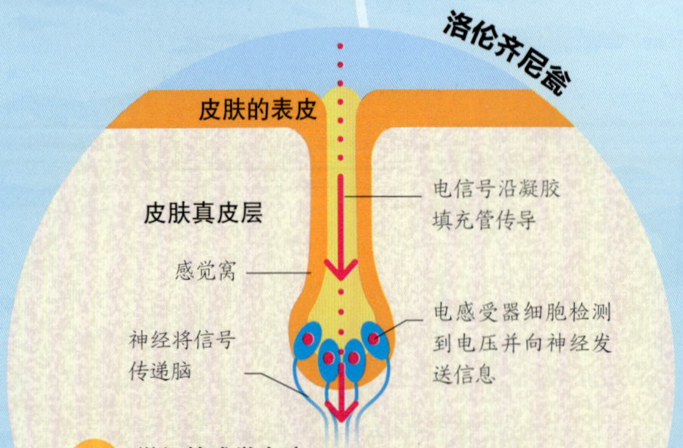

洛伦齐尼瓮

皮肤的表皮

皮肤真皮层

感觉窝

电信号沿凝胶填充管传导

神经将信号传递脑

电感受器细胞检测到电压并向神经发送信息

③ 微细的感觉小孔

洛伦齐尼瓮的毛孔通向充满胶状物的管道。这种导电凝胶将水中的电信号传递给感觉窝底部的电感受器细胞。随后，这些信号被发送到鲨鱼的脑，鲨鱼便准备发起攻击。

电传感器

一些动物能够探测到其他动物肌肉运动产生的微弱电信号。这种感官能力对于生活在弱光环境（如浑浊的河流）中的动物，以及那些在夜间狩猎或寻找埋在沙子中的猎物的动物来说尤为有用。有些动物甚至会产生微弱的电信号，并利用电信号产生的磁场扭曲来检测本身不产生电信号的物体，如岩石。这种感官能力被称为电感受，在水生环境中最为常见，因为水比空气更能有效地传递电信号。鲨鱼天生就是为了狩猎而生的，它有一个由数百到数千个电感受器组成的网络，可以帮助其感知附近猎物的位置，并列队进行精准攻击。

动物如何运转
特殊传感器

174 / 175

鸟类在迁徙过程中通过感知地球磁场来导航

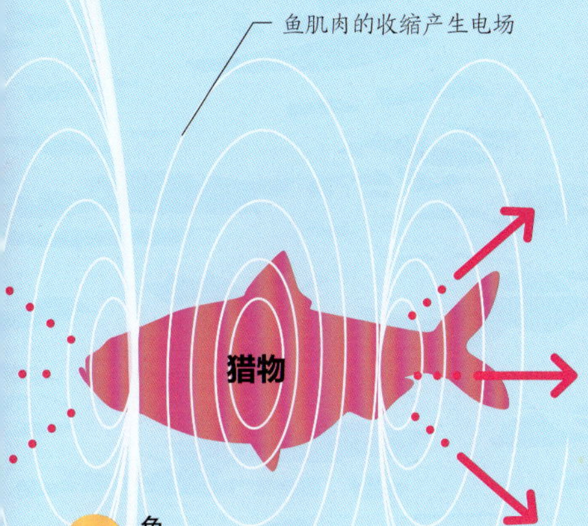

回声定位

包括海豚和蝙蝠在内的一些动物，使用高频声波来感知它们周围的世界。它们产生高频声波并监听从物体反射来的回声。这种能力被称为回声定位，可以帮助动物确定物体的距离（回声返回的速度）、大小（回声有多大）和方向（每只耳朵接收的回声强度）。

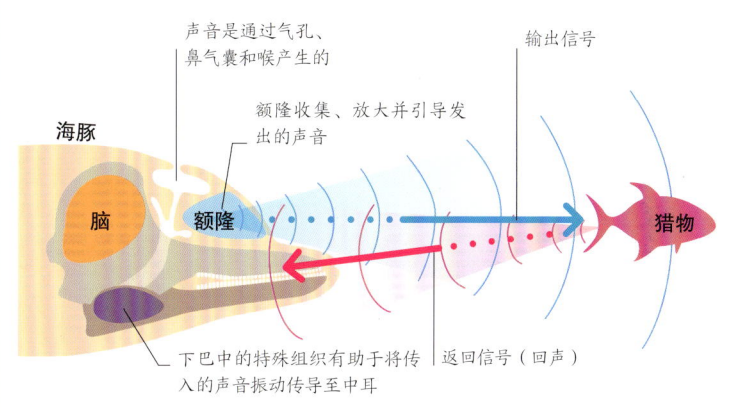

鱼肌肉的收缩产生电场

猎物

1 鱼
当鱼在水中游动时，它的肌肉收缩会产生微弱的电信号，从而在鱼周围产生电场。即使鱼完全静止，它的心脏也会产生电场。

声音是通过气孔、鼻气囊和喉产生的

额隆收集、放大并引导发出的声音

输出信号

海豚

脑

额隆

猎物

下巴中的特殊组织有助于将传入的声音振动传导至中耳

返回信号（回声）

海豚回声定位
海豚通过它们头部被称为额隆的脂肪区域发出定向的声束。当声波击中鱼类时，声波会反弹回来，产生回声。

触角

大多数节肢动物（包括昆虫和甲壳类动物）有触角，可以感知各种信息，包括气味、触觉、味道、风速、热量、湿度及声波。许多物种的触角结合了这些不同的感官功能，但它们主要被用于嗅觉。动物根据其使用触角的方式进化出了形状各异的触角。例如，蚂蚁在寻找路径时会用肘形触角接触地面，而蛾类用羽毛状触角来探测空气中的气味分子。

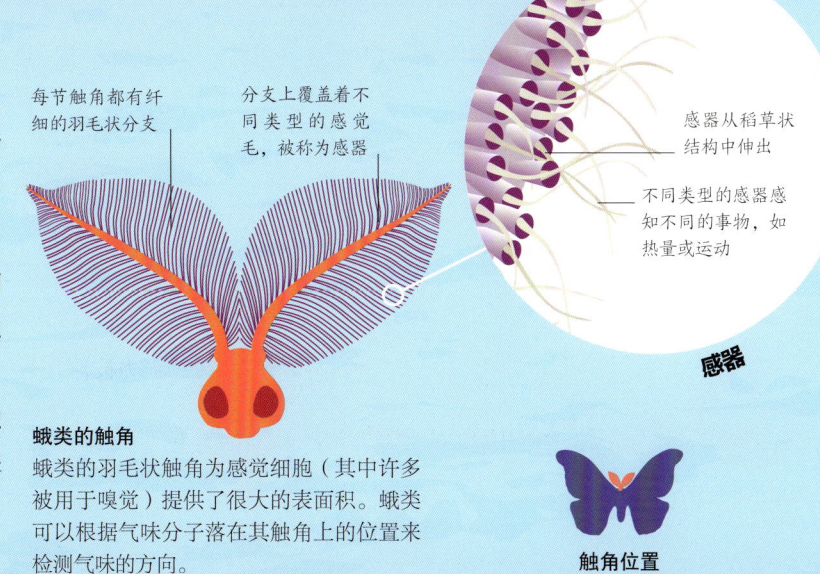

每节触角都有纤细的羽毛状分支

分支上覆盖着不同类型的感觉毛，被称为感器

感器从稻草状结构中伸出

不同类型的感器感知不同的事物，如热量或运动

感器

蛾类的触角
蛾类的羽毛状触角为感觉细胞（其中许多被用于嗅觉）提供了很大的表面积。蛾类可以根据气味分子落在其触角上的位置来检测气味的方向。

触角位置

身体可能需要20~60分钟才能从压力中恢复过来

战斗或逃跑
威胁的存在会立即触发一系列激素和生理反应，释放能量并为肌肉做好行动准备。这使得动物或人能够抵御或逃离威胁。

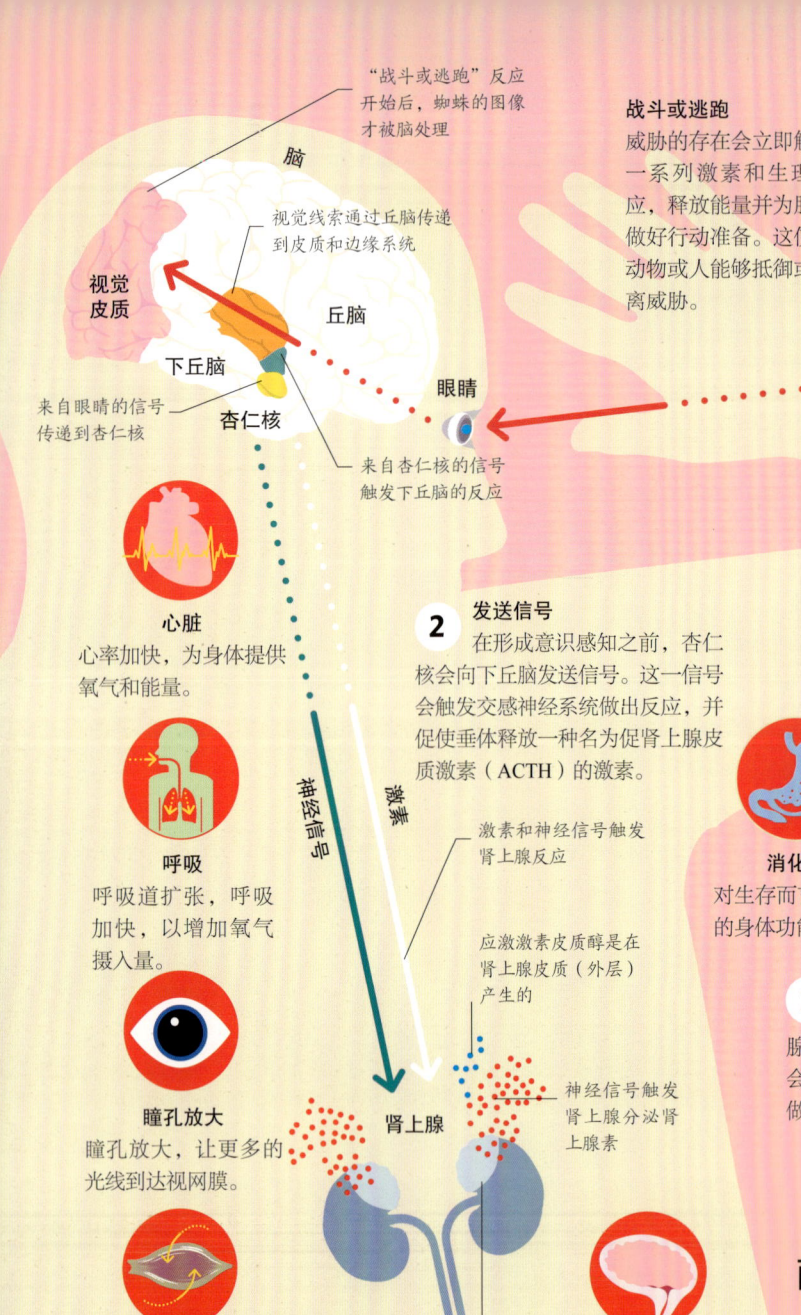

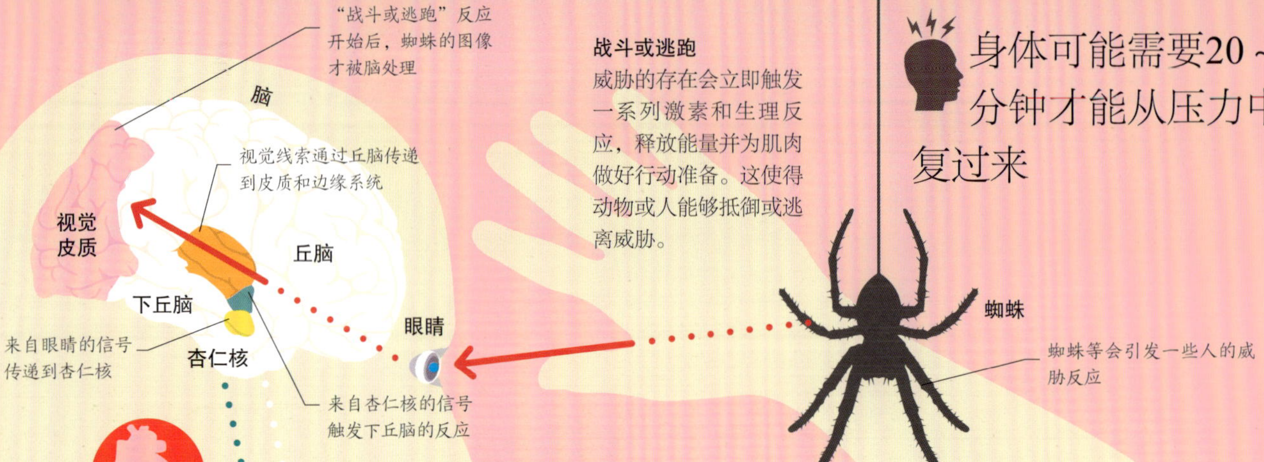

脑
"战斗或逃跑"反应开始后，蜘蛛的图像才被脑处理

视觉线索通过丘脑传递到皮质和边缘系统

- 视觉皮质
- 丘脑
- 下丘脑
- 杏仁核
- 眼睛

来自眼睛的信号传递到杏仁核

来自杏仁核的信号触发下丘脑的反应

蜘蛛
蜘蛛等会引发一些人的威胁反应

1 检测威胁
特定的线索——尤其是视觉线索，如威胁物的形状、位置或运动等——会引发无意识甚至本能的反应。

2 发送信号
在形成意识感知之前，杏仁核会向下丘脑发送信号。这一信号会触发交感神经系统做出反应，并促使垂体释放一种名为促肾上腺皮质激素（ACTH）的激素。

神经信号 / 激素

激素和神经信号触发肾上腺反应

应激激素皮质醇是在肾上腺皮质（外层）产生的

神经信号触发肾上腺分泌肾上腺素

肾上腺
肾上腺位于每个肾脏上

消化减慢
对生存而言无关紧要的身体功能被搁置。

免疫系统
发生变化是为了让身体为可能的伤害做好准备。

3 身体的反应
来自垂体的激素触发肾上腺产生肾上腺素和皮质醇，这会导致身体发生变化，使动物做好应对威胁的准备。

4 意识感知
在大脑皮质中形成图像并进行分析，以评估威胁是否真实；回溯记忆以确认先前是否遇到过此番情况。

心脏
心率加快，为身体提供氧气和能量。

呼吸
呼吸道扩张，呼吸加快，以增加氧气摄入量。

瞳孔放大
瞳孔放大，让更多的光线到达视网膜。

血液流向肌肉
血液从身体的其他部位转移到肌肉。

膀胱
膀胱放松，这可能会导致在极端压力下失去控制。

脂肪用作能量
丰富的能量来源——脂肪被释放，准备为肌肉提供动力。

血管收缩
血液流动被重新分配到肌肉，而身体的其他部位则受到限制。

出汗增加
人类会由于体温升高而出汗。

面临威胁的可能反应
面临威胁的动物或人可以根据威胁的严重程度和自卫的可能性以不同的方式做出反应。最常见的反应或许是一动不动以避免被注意到。动物或人也可以采取行动——反击攻击者或逃离困境。这些反应是由自主神经系统的交感神经激活的。在人类身上，它们可能既是对精神威胁的反应，也是对身体威胁的反应——例如，发生在患有恐惧症的人身上。

威胁响应

面对威胁的动物在脑有意识地感知到威胁之前就必须做出反应。脑与身体之间有一条快速通道，为动物的行动做好准备。这关系着生死存亡。

自主神经系统

自主神经系统是周围神经系统的一部分，包括除脑和脊髓（中枢神经系统）之外的所有神经结构。自主神经系统控制无意识的身体功能，如心率、消化道肌肉收缩、血流调节和呼吸。自主神经系统内部有两个网络：交感神经系统和副交感神经系统。前者使身体做好战斗或逃跑准备（见左图）；后者为身体的休息和恢复做好准备。这两个系统控制相同的器官及身体的其他部位，但方式完全相反。

昆虫有"战斗或逃跑"反应吗？

昆虫没有肾上腺素，但它们有一种类似的激素——章鱼胺，可以提高其心率并释放脂肪储备，为战斗或逃跑做好准备。

休息和消化

当动物处于非"战斗或逃跑"模式时，副交感神经系统会从脊髓向各个器官发送信号，使其平静下来，并使身体进入休息和消化模式。能量用于维持身体功能，如吸收营养和修复身体（通过免疫系统）。

眼睛
瞳孔收缩，仅在弱光下放大。

血管
动脉恢复正常直径，确保血流均匀。

肝脏
肝脏通过储存糖或将糖转化为脂肪来建立能量储备。

膀胱
膀胱颈收紧以防止尿液渗漏。

肺
肺部气道恢复正常直径。

心脏
心脏以正常静息心率跳动。

胃
刺激胃收缩以助消化。

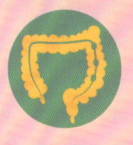

肠
肠壁平滑肌收缩以挪动废物。

装死

有些动物不采用"战斗或逃跑"模式，而是选择装死——这种反应被称为强直性不动或死亡状态——使其看起来已经死亡或患病，不值得食用。此反应比单纯的一动不动还要奏效。心率和呼吸频率减慢；身体变得僵硬，嘴巴可能会张开；动物可能会排出尿液、粪便或有恶臭气味的液体。这种效果十分惊人，以至于一些动物在恢复之前会"死"上数小时。

蛇认为负鼠已死，转身离开

口水和唾液制造出生病了的假象

蛇（捕食者）

来自肛门腺的恶臭液体威慑捕食者

露牙的死亡鬼脸

负鼠

防御疾病

动物需要建立防御机制来抵御病原体、寄生虫和污染物，以防止它们滋生并引发疾病。

物理障碍

动物抵御疾病的第一道防线是其外部物理屏障，如外骨骼（参见第157页）。一些动物拥有厚厚的皮肤层。为了增强防御力，皮肤还含有能够产生黏液的特殊细胞，这些黏液有助于捕获和清除入侵者，其作用就像护城河让城墙更难被攻破一样。然而，这道屏障需要允许动物体内外环境进行物质交换，因此入侵者有时能突破这道防线。

鲨鱼皮肤具有的独特结构使细菌很难附着在上面

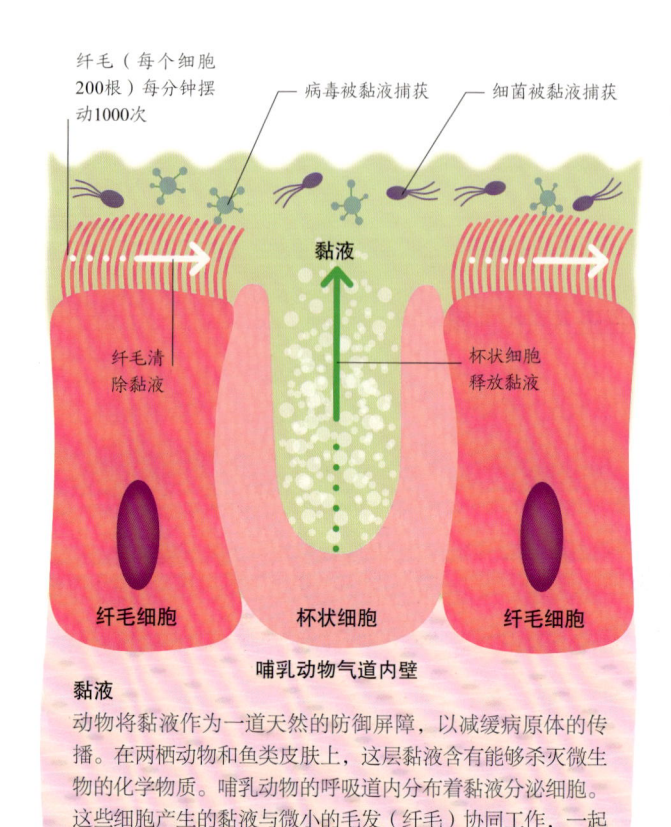

纤毛（每个细胞200根）每分钟摆动1000次 — 病毒被黏液捕获 — 细菌被黏液捕获

黏液

纤毛清除黏液 — 杯状细胞释放黏液

纤毛细胞 — 杯状细胞 — 纤毛细胞

哺乳动物气道内壁

黏液
动物将黏液作为一道天然的防御屏障，以减缓病原体的传播。在两栖动物和鱼类皮肤上，这层黏液含有能够杀灭微生物的化学物质。哺乳动物的呼吸道内分布着黏液分泌细胞。这些细胞产生的黏液与微小的毛发（纤毛）协同工作，一起捕获入侵者，随后可以将其从鼻子中吹出或直接吞入。

免疫系统如何运作

如果入侵者或病原体突破了人体的物理屏障，一个复杂的免疫系统细胞团队就会严阵以待。免疫系统有两道防线。第一道是先天免疫系统，包含白细胞（参见第74页），它们立即对来自患病或受损细胞的警报信号做出反应。这些细胞会寻找入侵者并将其吞噬。如失败，第二道防线——适应性免疫系统将利用之前病原体攻击或感染所储存的信息来做出有针对性的反应。

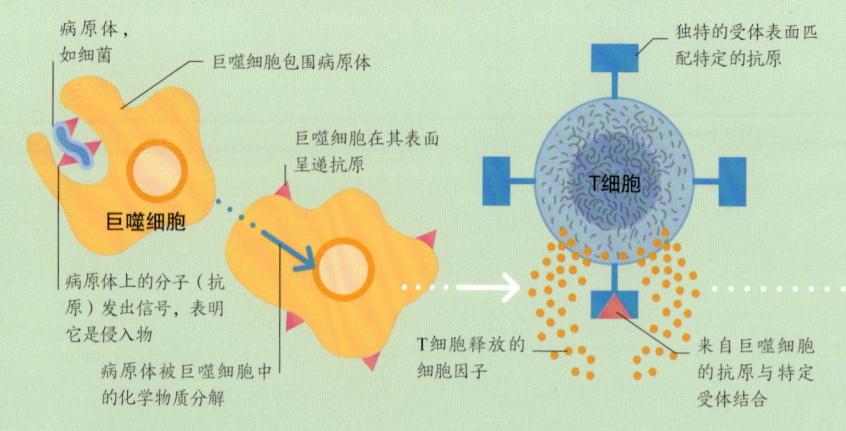

病原体，如细菌 — 巨噬细胞包围病原体

巨噬细胞 — 巨噬细胞在其表面呈递抗原

病原体上的分子（抗原）发出信号，表明它是侵入物

病原体被巨噬细胞中的化学物质分解

独特的受体表面匹配特定的抗原

T细胞

T细胞释放的细胞因子 — 来自巨噬细胞的抗原与特定受体结合

1 病原体巡检
被称为巨噬细胞的白细胞通过吞噬病原体来攻击病原体。然后，巨噬细胞分解病原体并将其抗原分子呈递在自身表面，向其他细胞发出警报。

2 T细胞复制
有一种白细胞被称为T细胞，能够识别和结合抗原，并触发免疫反应来协调免疫系统中的细胞活动。细胞因子告诉自然杀伤T细胞复制并激活B细胞。

动物如何运转
防御疾病
178 / 179

皮肤

外表面的细胞死亡并不断脱落

微生物与死皮细胞一起脱落

基底细胞分裂形成新的皮肤细胞

新的皮肤细胞不断取代死亡的皮肤细胞

表皮

基底细胞

真皮

血管

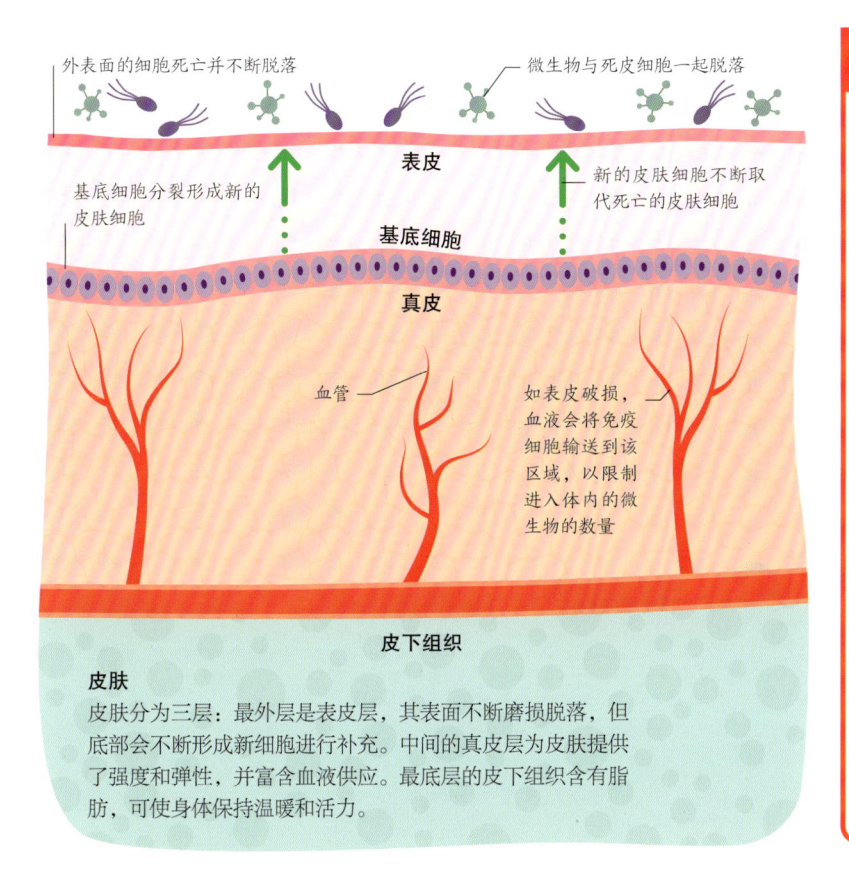

如表皮破损，血液会将免疫细胞输送到该区域，以限制进入体内的微生物的数量

皮下组织

皮肤
皮肤分为三层：最外层是表皮层，其表面不断磨损脱落，但底部会不断形成新细胞进行补充。中间的真皮层为皮肤提供了强度和弹性，并富含血液供应。最底层的皮下组织含有脂肪，可使身体保持温暖和活力。

黏液茧

鱼类会分泌一层黏液，这层黏液不仅能减缓微生物的入侵速度，还含有能杀死细菌等微生物的化学物质。鹦嘴鱼在夜间会围绕自己建造一个大型的黏液茧，以防止寄生虫和微生物在它们睡眠时攻击它们。

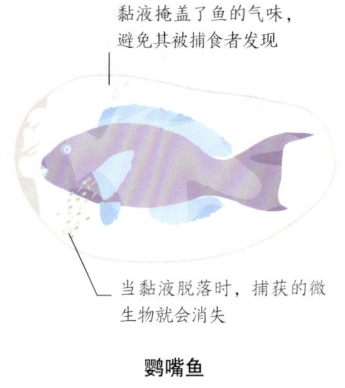

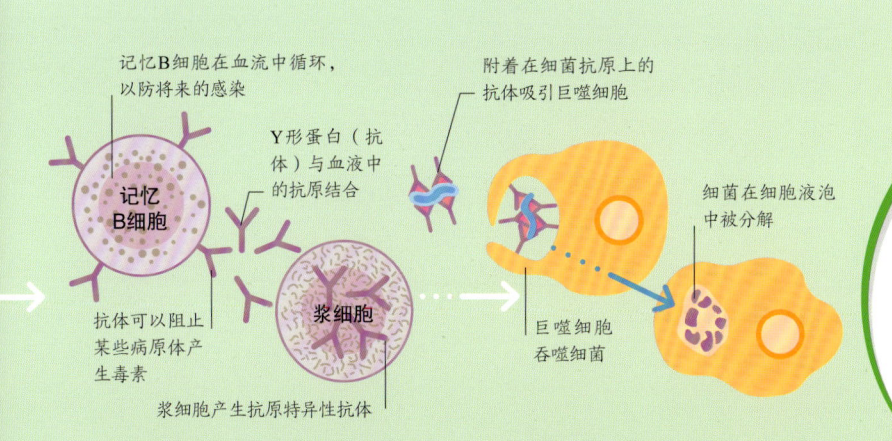

黏液掩盖了鱼的气味，避免其被捕食者发现

当黏液脱落时，捕获的微生物就会消失

鹦嘴鱼

记忆B细胞在血流中循环，以防将来的感染

附着在细菌抗原上的抗体吸引巨噬细胞

Y形蛋白（抗体）与血液中的抗原结合

记忆B细胞

细菌在细胞液泡中被分解

抗体可以阻止某些病原体产生毒素

浆细胞

巨噬细胞吞噬细菌

浆细胞产生抗原特异性抗体

3 B细胞攻击
被激活的B细胞会复制并形成记忆B细胞和浆细胞。记忆B细胞储存关于特定抗原的信息；浆细胞则释放抗体，这些抗体会黏附在特定病原体表面。

4 标记为歼灭
抗体可以防止病原体与细胞结合并感染细胞。它们还有助于将病原体黏在一起，形成团块，从而使病原体更容易被巨噬细胞识别和清除。

为什么蝙蝠会携带这么多病原体？

蝙蝠的DNA中似乎存在一种突变，使得它们能够比其他哺乳动物携带更多的病原体而不受影响。

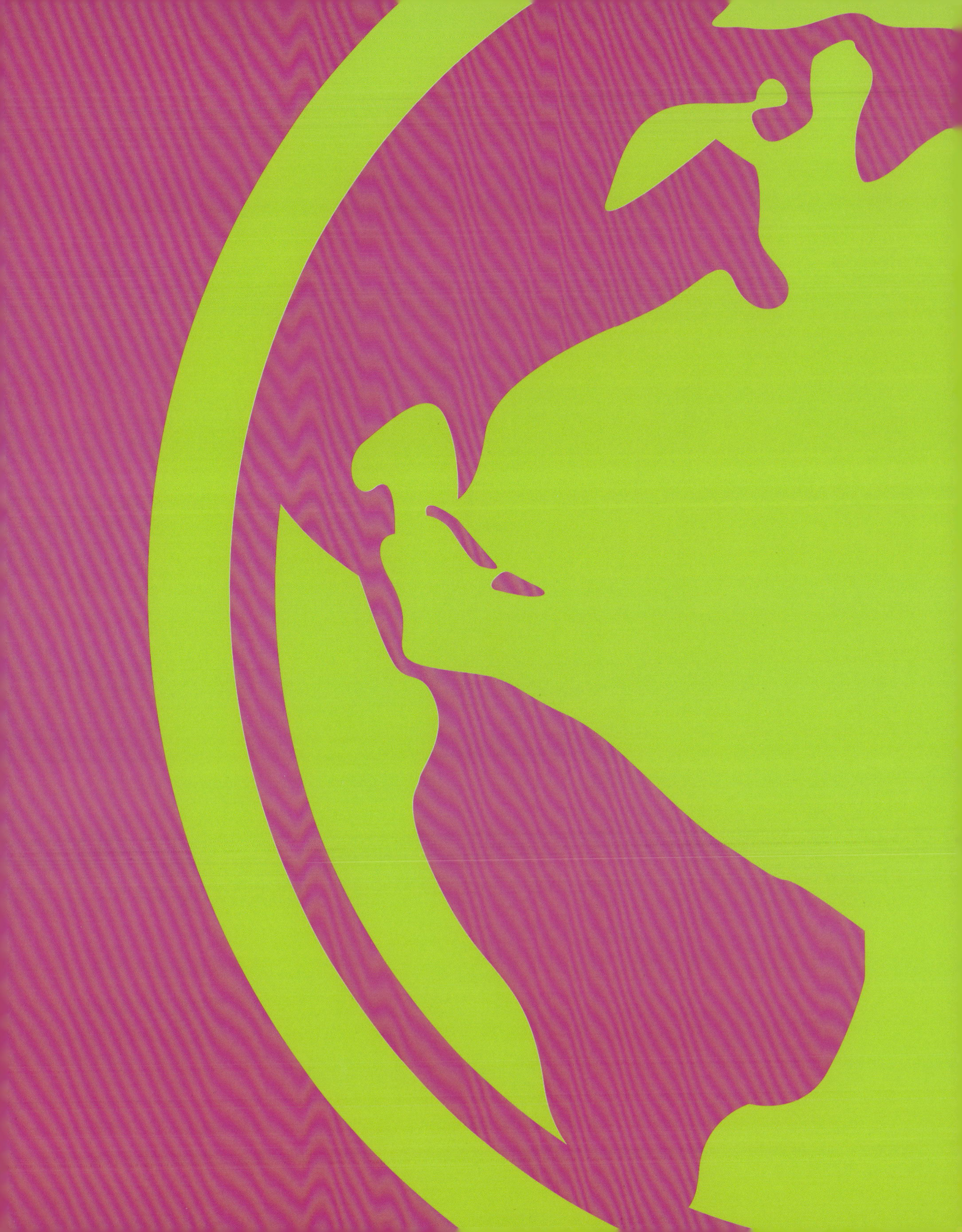

9 生态

生态系统

生态系统是植物、动物和其他生物体以及彼此之间、与物理环境之间相互作用形成的群落。它们可小如池塘，也可大如沙漠。

1 能源
生态系统的大部分能量来自阳光，这使得植物和藻类能够利用光合作用将二氧化碳和水转化为有机化合物。在没有光的环境中，如热液喷口（参见第25页）中，一些生物体会通过一种被称为化能合成的过程从化学物质中获取能量。

2 生产者
植物和藻类是生产者，或称自养生物。它们通过光合作用和化能合成过程产生自己的能量并为其他生物体提供食物。食物链的每一个层级都被称为一个营养级，生产者是其中的第一营养级。当生产者被消费者吃掉时，能量就会传递到下一个营养级。

稳定的生态系统
当生态系统健康时，不同生物与其环境之间存在平衡关系。食物链，如林地生态系统的食物链，展示了所有生物如何相互依赖以获取食物，能量如何在它们之间流动，以及废物如何被循环利用。

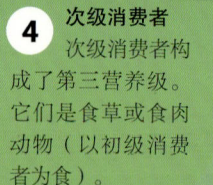

3 初级消费者
在一个生态系统中，第二营养级由初级消费者组成，它们只吃生产者、植物和藻类。

4 次级消费者
次级消费者构成了第三营养级。它们是食草或食肉动物（以初级消费者为食）。

5 分解者
分解者从碎屑（无生命的有机物质），如木材、落叶和动物尸体中获取能量。

（蛆虫　蠕虫　细菌）

符号说明

能量流
从一个营养级到下一个营养级，能量流经生物体。因为大部分能量在代谢过程中以热量的形式释放和通过运动而损失，所以只有大约10%的能量可以在每个营养级之间传递。

营养循环
植物通过其根部吸收重要的营养物质，如碳、氧、氮和钙。这些营养物质要么被食用植物的消费者吸收，要么在植物死亡后重新循环到土壤中。

生态
生态系统
182 / 183

生物群落

生物群落由生活在某一区域内的所有生物体组成。环境变化，如养分供应的增加或降水量的减少，都会对其产生影响。任何物种种群数量的变化都会对整个群落产生连锁反应。例如，捕食者的增加会影响猎物种群的数量（参见第187页）。

什么是生态位？

"生态位"一词源自法语"nicher"，意为"筑巢"。在生态学中，它指的是一个物种与生态系统中一个特定位置的匹配关系。

生物和非生物因素

塑造一个生态系统的因素分为两大类：生物因素和非生物因素。生物因素是指生态系统中的所有生物体，因为每一个生物体都会直接或间接地影响其他生物体。非生物因素是影响生物体多样性和数量的许多非生物变量。它们包括光、温度、土壤、水的可用性和酸度、养分供应和污染。非生物因素由气候、地质和地形等因素决定。

生物的
- 食物供应
- 捕食
- 疾病
- 竞争

非生物的
- 光源
- 风
- 温度
- 降雨

微生境

生态系统中一个具有自身特定条件（如温度、光照等）及独特物种的小部分区域，被称为微生境。一些拥有自身动植物群的微生境包括沙滩上的岩石水坑、树上充满水的孔洞，以及草地上的裸露地块。

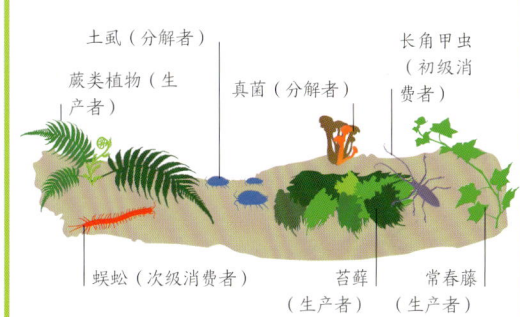

- 土虱（分解者）
- 蕨类植物（生产者）
- 真菌（分解者）
- 长角甲虫（初级消费者）
- 蜈蚣（次级消费者）
- 苔藓（生产者）
- 常春藤（生产者）

腐烂原木
尽管一根腐烂的原木只是周围森林栖息地的一小部分，但它具有独有的特征，拥有自己特有的生物种群。

相互依存

生态系统中的所有生物体在一定程度上都彼此依赖。有些关系特别紧密，这意味着生态系统中一个物种的种群变化可能会影响同一群落中的许多其他物种。这被称为相互依存。

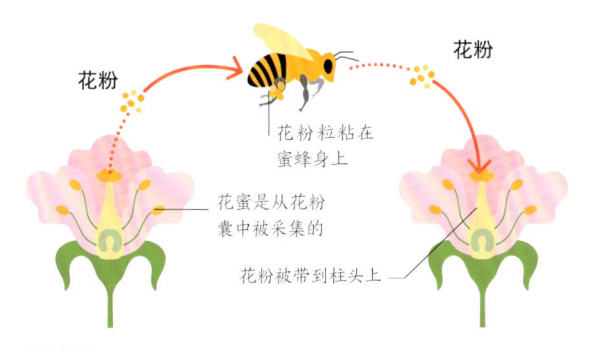

花粉 — 花粉
花粉粒粘在蜜蜂身上
花蜜是从花粉囊中被采集的
花粉被带到柱头上

互惠关系
有些植物依赖昆虫为其授粉，而这些昆虫又需要植物提供食物。蜜蜂在花丛中飞来飞去，并在这个过程中为植物授粉。

生物群区

生物群区是共享相似气候、土壤、植物种类和动物种类的大型区域。鉴于其规格庞大，每个生物群区内部都存在很大的差异。

生物群区类型

地球表面可大致划分为10个主要生物群区，其分布主要由气候决定。同一类型的生物群区跨大洲存在，如非洲和澳大利亚的草原。虽然每个生物群区都有其独特的生物群落，包括不同的植物、动物、真菌和许多生态系统模式，但它们之间存在许多相似之处。

世界生物群区地图

生态区

生物群区由生态区组成，每个生态区的物种群落都更加紧密地联系在一起。例如，马达加斯加岛以热带雨林、沙漠和稀树草原生物群落为主。由于其独特的环境条件，这些生物群区被划分为拥有许多特有植物物种和动物的生态区。

符号说明
- 干燥落叶林
- 多刺的灌木丛
- 灌木丛
- 半湿润森林
- 低地雨林
- 多肉林地
- 红树林

针叶林
6～8个月的严寒天气意味着只有非常耐寒的植物和动物才能在这里生存。该地区植物以松树和冷杉为主。许多哺乳动物会冬眠，大多数鸟类会迁徙到南方过冬。

海洋
地球上最大的生物群区，其生命形态从地球上最大的动物蓝鲸到微小的浮游生物都有。大多数生命集中在沿海浅水区和冷流海域中。

稀树草原
这片热带和亚热带草原及开阔的林地，气候特征鲜明，有明显的干季和湿季。这里是大型哺乳动物的家园，有斑马、长颈鹿、大型猫科动物和大象等。

极地
这些地区尽管气候极端恶劣，一年中大部分时间被冰雪覆盖，但仍然孕育着一些顽强的动物，包括北极熊、企鹅、海豹和独角鲸。

热带雨林
这些炎热潮湿的地区全年都有降雨。茂密的森林孕育着世界上最多样的树木、无脊椎动物、两栖动物、鸟类和哺乳动物。

生态
生物群区 184 / 185

温带森林
这片落叶和针叶混交林四季分明，全年栖息着种类丰富的野生动物。夏季的亚热带来访者和冬季的迁徙鸟类增加了鸟类数量。

温带草原
在这个具有炎热夏季和寒冷冬季的生物群区中，草类是主导植物，但也有丰富的野花种类。哺乳动物包括土狼、狐狸、黄鼠狼，以及以种子为食的鸟类。

地中海
这里冬季潮湿，夏季炎热干燥。该生物群区通常以小树和阔叶灌木为主，栖息着猞猁、野猪、野山羊和许多猛禽，并拥有地球上10%的植物种类。

苔原
由于树木生长受到短暂的生长季节和一年中大部分时间内的冰冻温度的阻碍，因此该生物群区中的植被由坚韧的草本植物、苔藓和小灌木组成。

沙漠
在这些极其干旱的环境中，仙人掌等植物和骆驼等动物非常适合生存。沙漠可分为干热沙漠、半干旱沙漠、沿海沙漠和寒冷沙漠4类。

生物多样性

生物多样性是指生活在一个地区（无论大小）的不同生物体的范围。造成这种情况的因素有很多，包括气候、地质和长期稳定性。一般来说，越靠近赤道，生物多样性越丰富，热带森林和温暖的沿海海域的物种数量最多。生物多样性在维持健康的生态系统方面发挥着至关重要的作用。

低多样性　　中等多样性　　高多样性

生物多样性丰富的大堡礁拥有9000种海洋生物

生物多样性热点地区

国际保护组织根据生物多样性的丰富程度及其受威胁程度，确定了36个全球热点地区。这些地区都有超过1500种特有植物物种，并且已经失去了至少70%的植被。

符号说明
● 热点地区

人类在海洋食物网中扮演什么角色？

人类食用海洋动植物。目标物种的过度捕捞会影响食物链，石油泄漏等污染也是如此。

北极熊是顶级捕食者，因为没有任何生物以它们为食

北极熊

环形海豹

北极燕鸥

北极燕鸥通过潜入水面进食

北极鳕鱼是关键物种，因为它们对生态系统具有重大影响，可调节猎物和捕食者的数量

虎鲸

虎鲸是第四级消费者，是该食物链中最高级的消费者

斑海豹

这些海豹是敏捷的游泳者，能够捕捉各种鱼类

北极鳕鱼

虾和微生物以浮游植物为食

北极红点鲑

竖琴海豹

浮游动物

以浮游动物为食的小型鱼类形成大鱼群

食物网

食物网是一个单一的生态系统中所有食物链之间关系的直观表示。它表明了驱动生命的能量如何通过群落流动。

喂养关系

在任何生态系统中，由生产者和几个级别的消费者（从初级消费者开始，见第182~183页）组成的线性食物链并不是孤立的单元，而是相互关联的。现实生活中的食物网极其复杂。例如，一些消费者或在其生命周期的不同阶段互相残杀，顶级捕食者可能会捕食生产者以及较低级别的消费者。

毛鳞鱼

北冰洋
这个简化的北冰洋食物网展示了生产者（浮游植物）和不同级别的消费者之间的关系。

浮游植物

生态
食物网

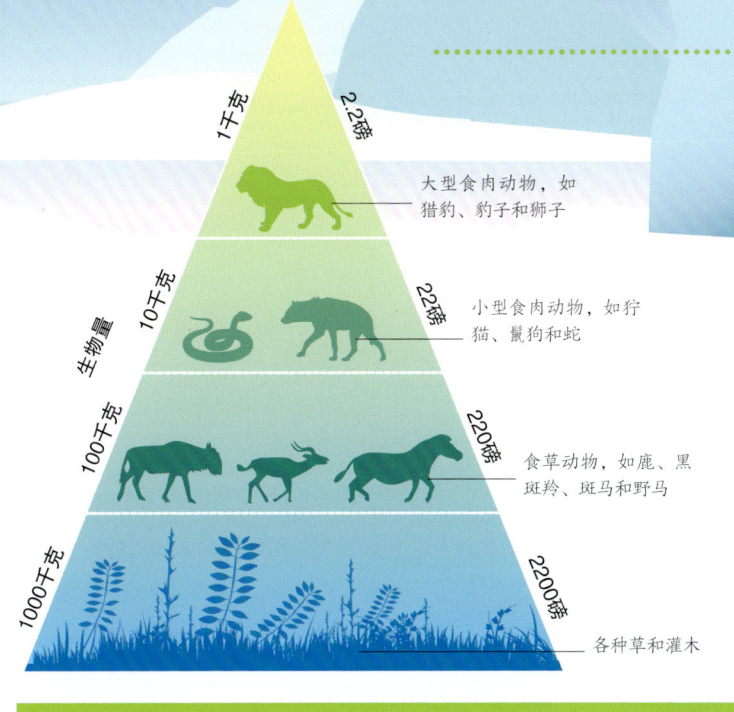

塞伦盖蒂生物量金字塔
在塞伦盖蒂草原的生物量金字塔中，植物位于最低的营养级，拥有最大的生物量和能量。

生物量
- 1千克 / 2.2磅 — 大型食肉动物，如猎豹、豹子和狮子
- 10千克 / 22磅 — 小型食肉动物，如狞猫、鬣狗和蛇
- 100千克 / 220磅 — 食草动物，如鹿、黑斑羚、斑马和野马
- 1000千克 / 2200磅 — 各种草和灌木

能源和生物量

在生态系统中，食物网每个阶段（被称为营养级）的生物体总质量可以用生物量金字塔来表示。生物量金字塔有两种。在陆地的"直立"金字塔中，底层营养级的生产者（植物）的生物量远远超过消费者，而最高级别的消费者的生物量最小。能量水平也由低营养级向高营养级递减。而在海洋生态系统中，通常会出现"倒置"的金字塔，即生产者的生物量小于消费者的生物量。

分类饲喂

有多种方法可对动物进食方法进行分类。一个广义的系统根据动物是否吃植物（食草动物）、肉类（食肉动物）或两者兼而有之（杂食动物）来对动物进行分类。有些动物在这些组中是高度专业化的。例如，食虫动物，好比吃昆虫的食蚁兽；食果动物，好比吃水果的果蝠。另一个系统则将动物分为捕食者、猎物和食腐动物。

捕食者 通过杀死和食用活体动物来获得大部分食物的次级、第三级或第四级消费者。

食草动物 大部分食物来自植物的初级消费者，如兔子和羊。

猎物 被其他动物猎杀和食用的活体动物。除了顶级捕食者，任何消费者都可能成为猎物。

食肉动物 一种偶尔杀死猎物的"机会性捕食者"，如秃鹫（也是食腐动物）。

食腐动物 一种肉食动物，以被杀死或因自然原因而死亡的生物为食。

杂食动物 既以植物为食又以动物为食的动物，如熊、猪和许多鸟类。

捕食者-猎物循环
生态系统中捕食者和猎物数量的变化构成了捕食者-猎物循环。例如，猞猁捕食野兔，所以若野兔数量下降，几年后猞猁的数量也会下降。

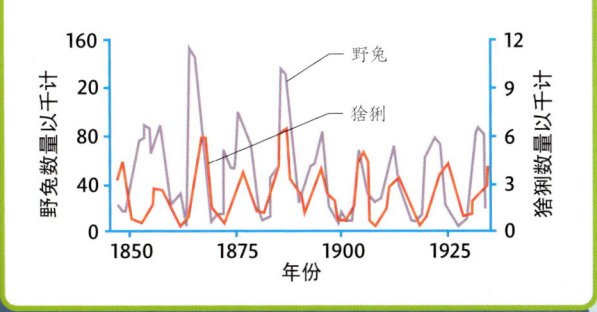

有些蓝鲸每天会吃掉多达16吨的浮游植物和磷虾

蒲公英种子的最佳生长条件是无风、产生热上升气流的大晴天

种子通过茎附着在被称为冠毛的帆状结构上,这有助于种子随风飘荡

虽然大多数种子落在亲本植株附近,但有些种子能传播到100千米之外

风传播

种子

每朵花通常有150~200粒种子

蒲公英种子头

种子是通过无性生殖产生的,这意味着无须受精

蒲公英花

从开花到种子成熟的时间为9~12天

数量育种

对于生活在不稳定环境中的寿命短的生物体来说,将能量投到种群的快速增长、产生大量的小型后代上是有意义的。这种快速生命史,或者说 r 策略 ("r" 代表繁殖),使得种群数量在有利的条件下迅速增加,但当条件发生变化时,种群可能会快速地崩溃。具有快速生命史的动物通常妊娠期短,性成熟快,很少或没有亲代抚育,并且寿命不长。

传播种子

蒲公英是快速生命史生物的典型代表。它们产生大量的种子作为后代,但在这些种子的健康或福祉上几乎不投入任何努力;它们生长迅速,但寿命短暂。蒲公英能够迅速占领新的地区,但如果条件发生变化,它们就会死亡。

是否存在兼具快速和慢速生命史特征的生物体?

许多物种混合了这两种策略。例如,海龟和树木的寿命很长,但会产生大量未培育的后代。

育种策略

有些生物体终其一生只产下少量后代,但会集中精力很好地保护它们的"投资"。有些生物体则会产生大量后代,但只投入少量的能量来培育后代。

生态
育种策略

优质繁殖

一些生活在稳定环境中的动物遵循缓慢的生命史，也被称为K策略（"K"代表环境容纳量）。在这种策略中，生物体会投入大量精力来培育"高质量"的后代。这种策略的典型特征是妊娠期长、后代数量少但体型大、成熟缓慢、种群数量相对稳定及寿命长。许多大型哺乳动物，包括人类在内，甚至大型鸟类如信天翁等，都是这种策略的代表。

雄性海马能够携带2000多枚卵，但其中只有0.5%的卵能存活下来

有的小象要到5岁才完全断奶

母象会一直陪伴在小象身边，即使在小象断奶之后很久也是如此

小象　母象

大象
雌性非洲象的妊娠期为22个月，一生中只产下4~5只幼崽。

成长和生存

一个特定环境的容纳量是指它能够支持某一物种的最大种群数量。在一个新形成的环境中，具有快速生命史的动物或植物的数量将很快超过这个数字，然后它们再次崩溃，因为这将使环境变得不可持续。具有慢速生命史的物种达到最大容纳量的速度更慢，但会继续保持在这个数字附近。

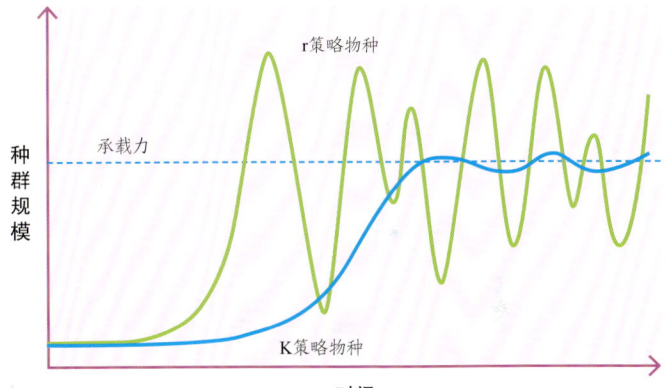

生长曲线
快速生命史物种的种群数量会随着环境的变化而剧烈波动，而慢速生命史物种的种群数量则保持稳定。

种群规模　r策略物种　承载力　K策略物种　时间

巢寄生

欧亚杜鹃是巢寄生动物，它们依赖其他物种来抚养幼崽，从而极大地减少了它们在抚养下一代方面所需投入的精力。雌性欧亚杜鹃将蛋产在其他鸟类的巢中，欺骗宿主在蛋孵化后照顾雏鸟。随着时间的推移，欧亚杜鹃的雏鸟最终会长得比宿主还大。

欧亚杜鹃会移走宿主的一枚蛋，换上自己的蛋

欧亚杜鹃雏鸟首先孵化并移走其他蛋

成长中的欧亚杜鹃雏鸟获得了宿主带来的所有食物

外来的蛋 　移走宿主的蛋 　欧亚杜鹃占巢

社会生活

同种动物生活在一起组成群体是很常见的现象。这些社会群体从简单的聚集形式开始,逐渐发展到具有明确角色分工的复杂社会结构。

社会行为类型

在动物当中,社会行为涉及同一物种的不相关和相关个体之间的相互作用,这对整个群体有利。许多动物物种,如狮子,全年都是群居的。有些动物只在繁殖季节聚集在一起,其余时间则独自生活,如海鸟。一些最复杂的社会行为出现在昆虫世界中,群体社会的运作得益于许多个体之间的合作。

植物也能形成社会群体吗?
白杨树的根部相互连接,因此它们可以共享养分和其他资源以相互支持。

小组成员轮流值守,监视捕食者,并在出现危险迹象时发出警告

在这个狐獴群体中,占主导地位的狐獴是群体中的首领,大多数其他成员是雌性首领的后代或兄弟姐妹

雄性首领的重要性仅次于雌性首领,其与雌性首领组成了首领夫妻

哨兵狐獴

雄性首领

雌性首领

狐獴社群
狐獴社群或群体生活在由洞穴和房间组成的网络中。这些动物作为一个整体来狩猎、抚养幼崽和防御捕食者。有的狐獴群有50多只狐獴。

真社会性

真社会性是一种极端的社会生活形式,其中存在明确的劳动分工和个体间的专门化角色。大多数蚂蚁都表现出社会性,即蚁群中的所有个体都作为工作团队的一部分,它们共同协作以确保蚁群有效运作。切叶蚁巢中的大多数蚂蚁是不具生殖能力的雌性工蚁,它们被组织成不同的功能群体,包括专门从事觅食的蚂蚁、负责保护的"士兵"蚂蚁,甚至还有负责照顾蚁巢内植物的"园丁"蚂蚁。

食叶

觅食蚁
觅食蚁寻找无毒的树叶,并留下一条踪迹,告知同伴其所处位置。随后许多觅食者会切割这些叶子并将其带回家。

蚁后
蚁后是蚁群中唯一会产卵的蚂蚁,它会建立一个新的巢穴,一生中可能会产下数百万枚卵。除此之外,蚁后没有其他职责。

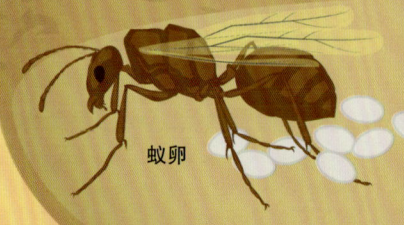

蚁卵

生态
社会生活

● 饱腹的吸血蝙蝠常在其社群栖所中反刍血液，喂食肌饿的同伴

群居

虽然群居生活相比独居生活有诸多优势，但同样存在一些劣势。群体成员很有可能发生争斗，此外，还有其他潜在问题。

优点

拥有更多的眼睛来侦测捕食者，增加了保护能力，使得它们更容易抵御捕食者从而提高了生存率。同时，这也为合作狩猎和觅食提供了更多机会，就像狮群和狼群一样。此外，它们还可以分担职责，如照顾幼崽，这在长颈鹿和企鹅等动物中也很常见。

缺点

在个体聚集的情况下，对资源的竞争会加剧，特别是对食物和巢穴空间的抢夺。这增加了寄生虫和疾病迅速传播的风险，同时使群体更容易被捕食者发现。此外，近亲繁殖的可能性也会增加，导致后代出现不良特性的风险上升。

年幼的狐獴（幼崽）通过观察和模仿成年狐獴行为来学习，例如，观察年长的狐獴如何去除蝎子的毒刺

保姆

幼崽

贝塔雄性和雌性

既不是幼崽，也不属于首领夫妻的群体成员，被描述为贝塔雄性和雌性

保姆是一只成年狐獴，在其他成员离开洞穴觅食时，负责照看狐獴幼崽

沟通

有效的沟通可以减少身体上的冲突，这对于群居动物来说尤为重要。沟通可以通过发声、肢体语言或面部表情来进行。黑猩猩会使用一系列表情来表达自己的情绪。

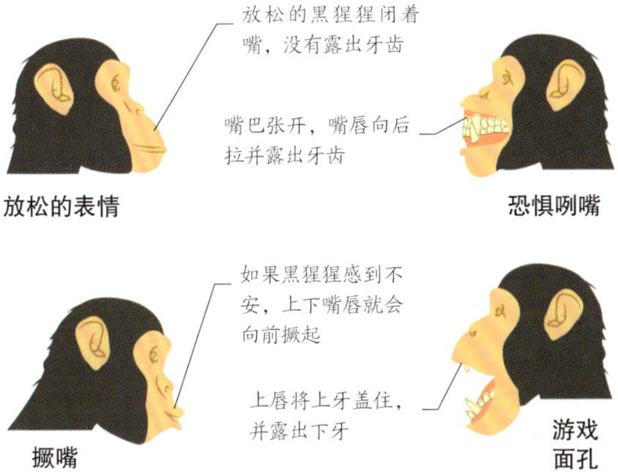

放松的黑猩猩闭着嘴，没有露出牙齿

嘴巴张开，嘴唇向后拉并露出牙齿

放松的表情　　恐惧咧嘴

如果黑猩猩感到不安，上下嘴唇就会向前撅起

上唇将上牙盖住，并露出下牙

撅嘴　　游戏面孔

雄蚁

雄蚁仅在新群落形成之前才会出现在巢中。雄蚁拥有翅膀，在与有生育能力的雌性交配后飞行离开，不久便会死亡。

工蚁

工蚁有许多职责，包括照顾卵、幼虫和蛹，园艺，清洁巢穴，以及保护巢穴免受攻击。

幼虫

生态破坏

数千年来，自然栖息地一直受到自然和人类活动的破坏，近几个世纪，破坏的速度已经加快。这威胁到众多动植物物种的生存。

环境威胁

自然过程——包括恶劣天气、森林火灾、火山喷发和冰川活动——一直在破坏生态系统。人们还砍伐了大片森林用于农业，排干湿地用于开发，过度放牧使大片草原变成了沙漠，城市规模不断扩大。这种情况最初发生在欧洲和北美，现在也发生在其他地方。

什么是海洋酸化？

溶解在海水中的多余二氧化碳会形成酸，这会阻止海洋动物形成足够厚的外壳，并扰乱海洋的食物链。

人类影响

科学家估计，地球75%以上的陆地面积已受到人类活动的严重破坏。我们对环境的负面影响大致可分为污染、栖息地破坏和外来物种入侵三个方面。这些影响是由对自然资源的无度开采和滥用——特别是在化石燃料、矿产、树木、水和土壤方面——及工业活动产生的有毒废物造成的。

- 石油燃烧释放二氧化碳
- 二氧化硫和氮氧化物产生酸雨
- 工厂排放二氧化硫
- 发电厂烟囱排放二氧化碳
- 来自城市的人造光干扰了夜间活动的野生动物
- 酸雨杀死树木和植物
- 道路车辆是空气中细颗粒物排放的主要来源
- 土壤和地下水被毒素污染
- 油轮漏油导致海洋生物死亡
- 船舶噪声干扰鲸和海豚
- 未经处理的污水通过河流排入海洋

2021年，每分钟就有10个足球场大小的热带森林消失

污染

人为污染对各类环境均产生了深远影响。这包括但不限于：陆地、水体及空气中源自工厂的毒性废弃物排放，农场中无机肥料流入湖泊与河流导致的水体富营养化污染，对海龟和蝙蝠等生物产生负面生态效应的光线污染，以及扰乱了海洋中的水生哺乳动物和鸟类觅食行为的噪声污染。

生态
生态破坏
192 / 193

演替

当新的土地因山体滑坡、火山爆发或人类活动而裸露出来时，一个被称为演替的过程就会在这片裸露的土地上开始，进而发展出生物群落。初生演替发生在某一区域首次被生物占据之时。次生演替则发生在环境经历重大扰动（如毁灭性森林火灾）后的恢复过程中。在这两种情况下，居住在该区域的植物和动物都会逐渐发生变化。

初级演替

- 地面几乎是光秃秃的 — 起始
- 苔藓和草类定居 — 1~2年
- 草和多年生植物生长
- 木本植物定植 — 3~4年
- 快速生长的树木出现
- 顶级群落出现，这标志着稳定且复杂的森林生态系统建立 — 150多年

先锋物种　　中间物种　　顶级群落

- 随着气温升高，野火发生得更加频繁和剧烈
- 污染产生的废气在大气中滞留，捕获来自太阳的热能
- 一些非本土鸟类在与本土鸟类竞争食物和筑巢地点时占据优势地位
- 入侵的藤蔓在树木上蔓延，遮挡了树木所需的阳光
- 森林砍伐破坏了生态系统
- 融化的冰盖对野生动物的栖息地和食物来源构成了严重威胁

栖息地破坏

栖息地破坏有自然原因，但工业革命以来，人为导致的栖息地变化的情况迅速增加，现已达到前所未有的程度。栖息地破坏形式多样，包括森林砍伐，将天然草地转变为农业用地，为建造水库而淹没河谷，为发展而破坏沿海栖息地，以及城市化。

外来物种入侵

被引入非原生环境中的植物和动物可能会与当地的自然物种形成竞争，甚至可能占据优势地位。例如，原产于北美的灰松鼠已经在英国占据了主导地位，对当地的红松鼠构成了威胁。此外，被引入的植物也可能面临一些问题。这些植物在新环境中可能没有适应无脊椎动物的捕食，因此它们在食物链中发挥的作用非常有限。

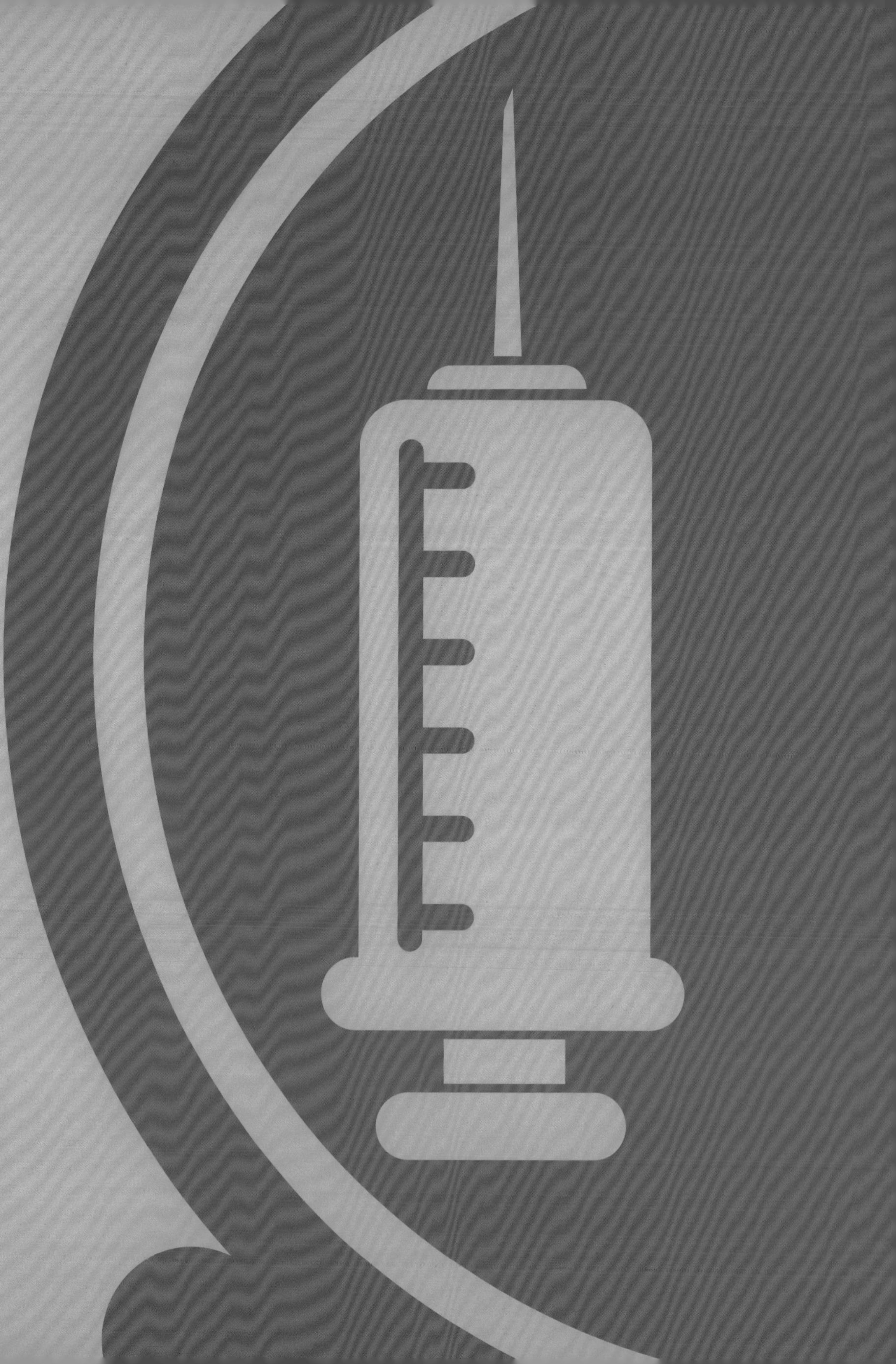

10 生物技术

选择性育种

人类从第一次形成定居点开始，就一直在以某种形式实践生物技术，并通过选择性育种来推动动物品种和植物品种的培育。

什么是选择性育种

在野外，植物和动物通过基因突变和有性生殖导致的基因随机混合而缓慢演化（参见第84~85页）。"最适者"能够生存并繁衍后代、传递基因。这个过程是由偶然因素和环境变化共同驱动的（参见第104~105页）。在选择性育种中，偶然因素的影响显著降低，因为能够繁殖并传递基因的动植物是由农民或育种者精心挑选的。选择性育种的结果是，动物能生产出更多的肉、蛋或奶，而植物能产出更多的果实，或者提供更丰富的蛋白质、更好的风味，或者消耗更少的能源。

绿色革命

通过多物种杂交和基因检测，可以加速并加强选择性育种的过程。由遗传学家诺曼·布劳格（Norman Borlaug）领导的始于20世纪50年代的一项倡议，利用这种方法培育出了更矮、更耐旱的小麦、水稻和玉米品种。这场绿色革命提高了许多面临饥荒的国家的粮食产量，拯救了数百万人的生命。

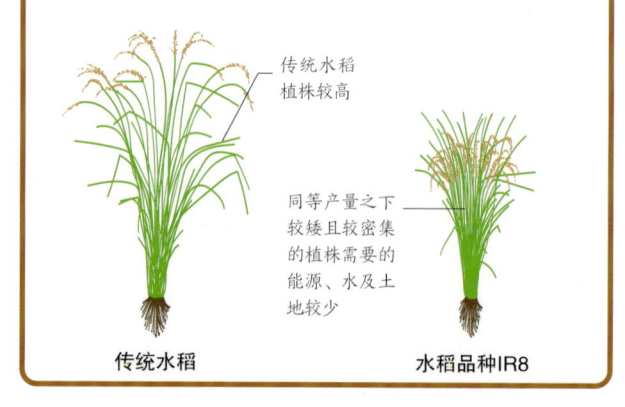

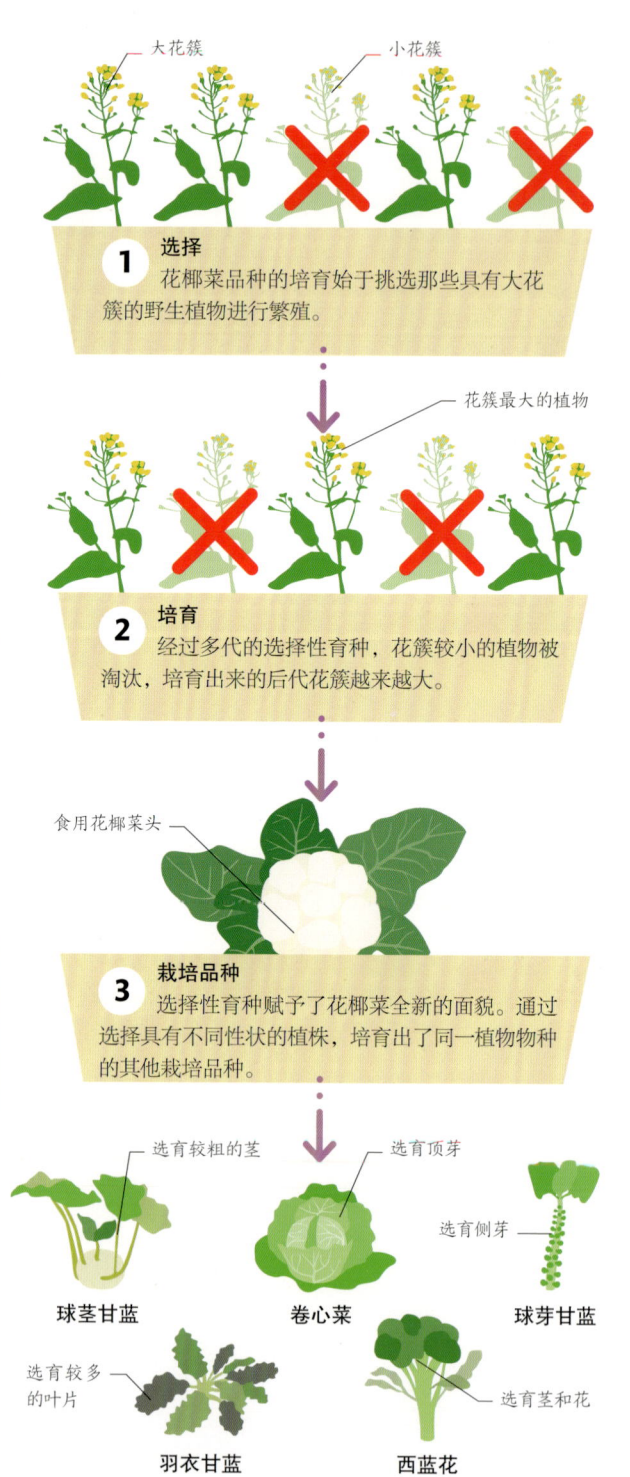

- 传统水稻植株较高
- 同等产量之下较矮且较密集的植株需要的能源、水及土地较少

传统水稻   **水稻品种IR8**

大花簇   小花簇

1 选择
花椰菜品种的培育始于挑选那些具有大花簇的野生植物进行繁殖。

花簇最大的植物

2 培育
经过多代的选择性育种，花簇较小的植物被淘汰，培育出来的后代花簇越来越大。

食用花椰菜头

3 栽培品种
选择性育种赋予了花椰菜全新的面貌。通过选择具有不同性状的植株，培育出了同一植物物种的其他栽培品种。

- 选育较粗的茎 —— **球茎甘蓝**
- 选育顶芽 —— **卷心菜**
- 选育侧芽 —— **球芽甘蓝**
- 选育较多的叶片 —— **羽衣甘蓝**
- 选育茎和花 —— **西蓝花**

选择性状
十字花科蔬菜的育种过程就是选择性育种的一个典型例子。数百年来，植物育种专家为同一物种培育出了几个不同的品种或栽培品种，每个品种都有变异，赋予其特定的性状。

野生类型

我们今天所熟知的农作物和其他栽培植物，以及家畜和宠物，都起源于自然存在的植物和动物。这些被称为野生类型的植物与被驯化的植物大相径庭。例如，玉米起源于一种被称为墨西哥类蜀黍的野生植物，这种植物原产于墨西哥。它的种子很硬，玉米穗轴很小，但通过选育种子最软、穗轴最大的植物品种，这种植物逐渐发展成我们今天看到的样子。往前追溯一万多年，所有野犬的祖先都是狼。

野生香蕉可以食用吗？

野生香蕉许多种子周围的少量果肉是可食用的。它比栽培香蕉更加坚硬，含糖量也更低。

山羊是最早被驯化的动物

狼祖先

更新世的狼是所有犬和所有现代狼的共同祖先。世界各地出现了各种不同的犬种。

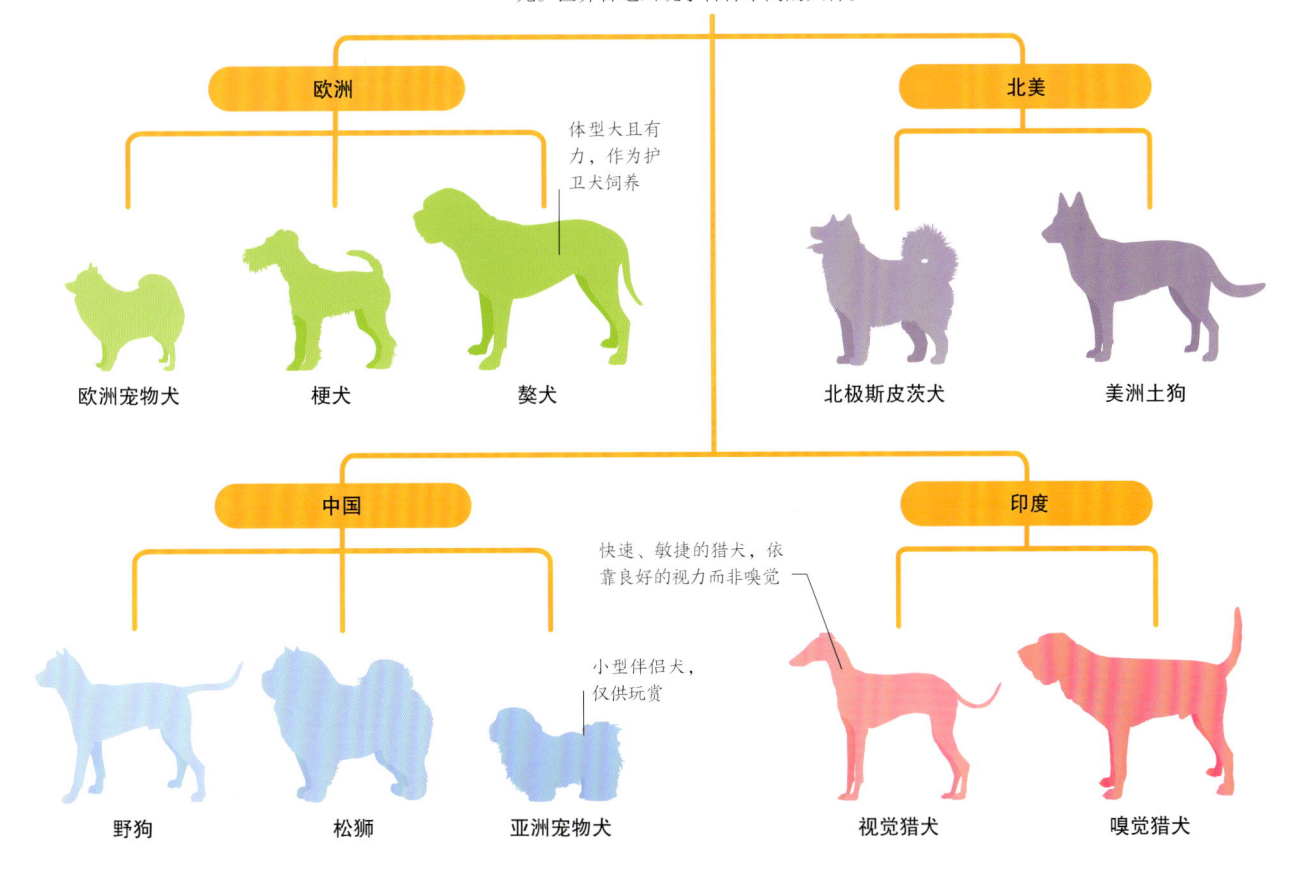

欧洲
- 欧洲宠物犬
- 梗犬
- 獒犬（体型大且有力，作为护卫犬饲养）

北美
- 北极斯皮茨犬
- 美洲土狗

中国
- 野狗
- 松狮
- 亚洲宠物犬（小型伴侣犬，仅供玩赏）

印度
- 视觉猎犬（快速、敏捷的猎犬，依靠良好的视力而非嗅觉）
- 嗅觉猎犬

制造食物

生物技术最古老的例子之一是利用生物体内发生的自然过程,如发酵,来制备食物和饮料。

发酵的水果会让动物喝醉吗?

天然的酵母会使水果或花蜜发酵。因此,许多动物确实会摄入酒精,有些甚至会表现出醉酒迹象。

1 糖酵解
发酵(和呼吸)的原材料是一种被称为丙酮酸的有机化合物。两个丙酮酸分子是由一个葡萄糖分子分解而成的,葡萄糖存在于食品和饮料中。此过程为生物体释放能量,即ATP(参见第48页)。

2 发酵过程
在发酵过程中,丙酮酸进一步反应,释放更多的ATP。一些生物的代谢产物是乳酸,另一些生物的代谢产物是二氧化碳和乙醇(酒精)。乳酸和乙醇可以杀死食物中的其他微生物,有助于储存食物。

由霉菌是一种发酵中常用的霉菌

葡萄糖 → 丙酮酸

糖酵解的最终产物

乳酸发酵 — 真菌 / 细菌

乙醇发酵 — 真菌

真菌通常被称为面包酵母或啤酒酵母

增添风味 — 酱油
酱油是由大豆、小麦和盐水(salty water)混合发酵制成的,发酵过程产生的乳酸赋予了酱油明显的酸味。

蛋白凝集 — 奶酪
牛奶中含有一种名为酪蛋白的蛋白质,在酸性条件下会凝集沉淀(蛋白凝集)。牛奶发酵产生的乳酸为奶酪制作提供了酸性条件。

产乳酸菌

碳酸饮料 — 啤酒
啤酒是由发芽的谷物制成的(发芽然后煮沸,以释放糖分)。发酵产生二氧化碳和乙醇使啤酒起泡。

软性饮品 — 葡萄酒
葡萄酒酿造采用的发酵方式与啤酒酿造相同,但二氧化碳在酿造过程中被释放,留下的是无气泡饮品(起泡酒除外)。

酵母菌

发酵面包 — 面包
大多数面包之所以会膨胀,是因为发酵过程中产生的二氧化碳气体被固定在了面团中。同时,这个过程也会产生乙醇,但它在烘烤过程中蒸发掉了。

发酵

由细菌或真菌引起的发酵过程,被用来保存食品和饮料,改善其风味、质地或营养。乳酸和二氧化碳等发酵代谢产物对食品制造至关重要。

生物技术
制造食物

控制条件

在食品制备中，使用生物过程或酶等生物化合物（参见第40~41页）时，控制温度和酸度等变量以提供最佳口感非常重要。了解自然过程（包括微生物生长、温度和氧化）如何污染或降解食物，对于安全地保存食物到食用之日非常必要。

制作面包

面包是一种历史悠久的预制食品，在一些面包的烘烤过程中，发酵起着重要作用。

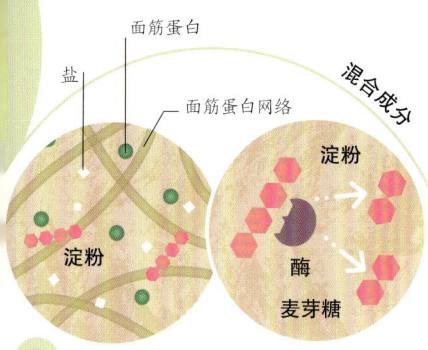

混合成分

- 盐
- 面筋蛋白
- 面筋蛋白网络
- 淀粉
- 淀粉
- 酶
- 麦芽糖

1 将面粉、水、盐和酵母混合制成面团。面团中的面筋蛋白形成网络，面粉中的酶分解淀粉，使其转化为麦芽糖（一种糖类物质）。

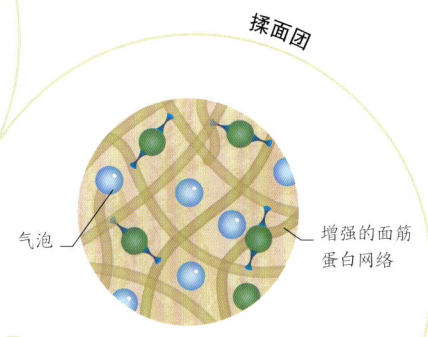

揉面团

- 气泡
- 增强的面筋蛋白网络

2 揉捏面团可以促进面筋蛋白之间形成更多的键合，并将空气捕获在面团内部的键合网络中。

发酵

- 麦芽糖
- 乙醇
- 葡萄糖
- 二氧化碳
- 酵母
- 麦芽糖转化为葡萄糖

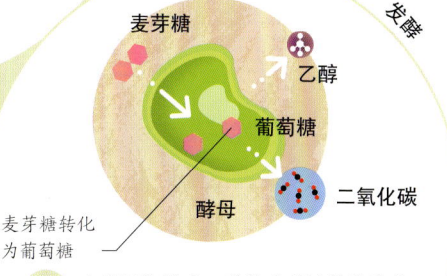

3 在酵母细胞内，酶将麦芽糖转化为葡萄糖，并使葡萄糖发酵，产生乙醇和二氧化碳气体，从而扩大气泡并导致面团起泡。

烘烤

- 乙醇因烘烤过程中产生的热量而挥发掉
- 糖和蛋白质结合，形成棕色化合物
- 气泡进一步膨胀
- 面包皮

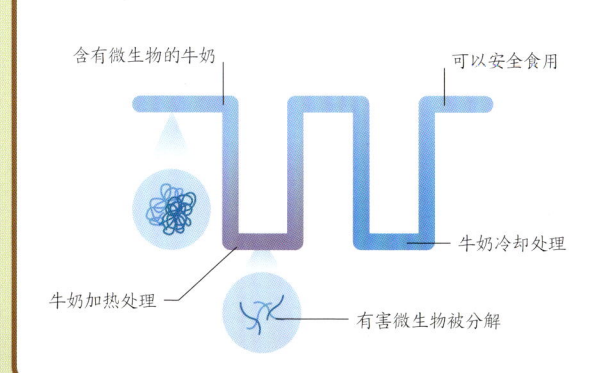

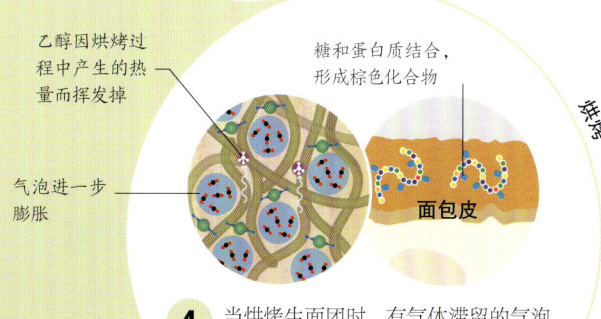

4 当烘烤生面团时，有气体滞留的气泡会膨胀，使面包轻盈、松软。面团表面的糖和蛋白质发生反应形成棕色面包皮。

泡菜曾被带上国际空间站，这是一种发酵腌制的菜

巴氏灭菌

巴氏灭菌的目的是利用热量杀死食品中天然存在的大多数微生物，从而中止生物过程，保障一系列食品的安全。最初，这项技术是为了预防葡萄酒变质而发明的，但它与牛奶的关联最为密切。

- 含有微生物的牛奶
- 可以安全食用
- 牛奶加热处理
- 牛奶冷却处理
- 有害微生物被分解

制药

药物被用于预防或治疗疾病。大多数现代药物是在实验室或工厂生产的，须经过严格的测试以确保其安全有效。

天然来源

数百年甚至数千年以来，人们一直在使用从自然界中发现的化合物来预防或治疗疾病。许多传统药物是有效的——包括以下的大多数例子——然而，也有一些药物几乎完全无效。现代制药公司通过研究这些传统药物，大量合成具有预期效果的化合物。在某些情况下，如果活性化合物难以合成，人们会提取并使用天然化合物。

什么是药物？

药物是对身体有影响的化合物或化合物的混合物。药物即药品。

开发和批准一种新药大约需要12年的时间

罂粟
种皮
鸦片中含有强效阿片类止痛药吗啡和可待因，鸦片是从罂粟壳中提取的。

柳树
树皮含有药用化合物
数千年来一直被用于治疗发热和疼痛。阿司匹林是合成的活性化合物。

金鸡纳树
奎宁存在于树皮当中
几个世纪以来一直被用于治疗疟疾，其活性成分为奎宁，现在已经实现了大规模生产。

毛地黄
洋地黄是从叶子中提取的
含有地高辛或洋地黄药物分子，被用于治疗心律失常（心律不齐）和心力衰竭。

缬草
叶子和根是提取物的来源
缬草提取物的使用历史至少有两千多年，提取物中的油可能有助于减少焦虑和改善睡眠。

小白菊
在整株植物中发现潜在的药用化合物
传统上被用于治疗发热和头痛，但几乎没有科学证据表明这种植物的提取物是有效的。

水仙花
加兰他敏存在于水仙花中，但也可以人工合成
水仙花传统上被用于治疗多种疾病。它还含有一种名为加兰他敏的化合物，可用于缓解阿尔茨海默病的症状。

太平洋紫杉树
紫杉醇存在于树皮当中
在对植物中的抗癌化合物进行广泛研究后，研究人员于1971年发现了一种有效的药物——紫杉醇。

生物技术
制药 200 / 201

药物试验

一种药物在可以对人类进行测试之前，必须首先通过实验室中严格的临床前试验。通常要在小鼠等动物身上进行测试，以确保其在人体中使用的安全性。接下来的临床试验分为三个主要的阶段，每个阶段都只有在前一个阶段的测试通过后才会开展。

I期临床试验
I期临床试验涉及将药物给予数十名健康志愿者，目的是检查药物的安全性和确定剂量。

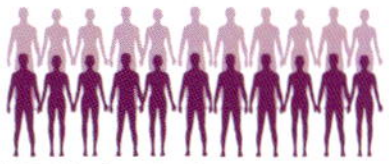

II期临床试验
将药物给予患有该疾病（或处于疾病风险中）的个体，以监测副作用。

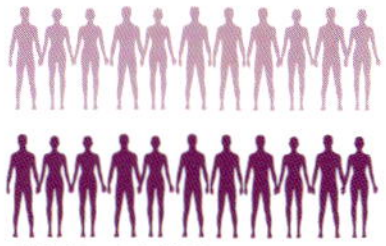

III期临床试验
这一阶段涉及数千名志愿者参与"双盲试验"：其中一半的人服用药物，另一半人服用安慰剂。

开发新药

开发新药首先要寻找阻断疾病代谢通路的化合物，疾病代谢通路是导致疾病或其症状的一系列化学反应。一些候选化合物存在于自然界中，而另一些化合物是经过计算机设计，再在实验室中合成的。所有展现出应用前景的化合物都会经过进一步的试验，以确保它们的安全性和有效性。在试验成功后，新药会在药品监管机构注册，并进行大规模生产。

1 鉴定代谢通路
研究人员从研究一种疾病着手。在大多数情况下，这包括寻找由病原体（致病微生物）或身体本身产生的一系列蛋白质。正是这些蛋白质之间的相互作用，即代谢通路，导致了疾病或其症状的出现。

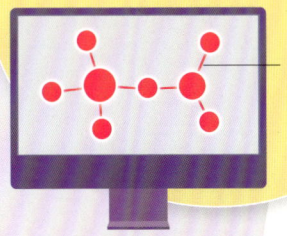

蛋白质网络扰乱细胞活动

2 发现先导化合物
接下来，研究人员搜索能够直接与靶蛋白结合并阻断疾病代谢通路的先导化合物。这可以通过在实验室中筛选数千种潜在化合物，或者通过设计并合成预期能够与靶蛋白结合的分子来实现。

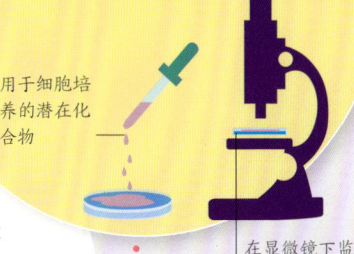

用于细胞培养的潜在化合物

在显微镜下监测药物的潜在作用

3 新药试验
一旦在实验室中发现某种化合物具有应用前景，研究人员就必须进行活体试验——首先进行的是临床前试验，通常在小鼠等动物身上进行，之后才会进入涉及人类的临床试验阶段。临床试验分为多个阶段进行（见上文）。

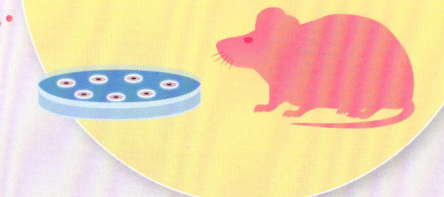

4 制造
一旦新药被证明是安全有效的，它就会在政府药品监管机构注册。注册后，新药便可以进行大规模生产，并被提供给医生用于治疗疾病。此外，该药物还需在IV期临床试验中继续进行长期副作用监测。

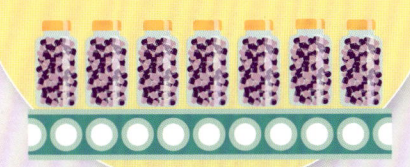

疫苗

疫苗是一种辅助免疫系统做好准备对抗传染病的制剂，它可以预防疾病的发生或降低病症的严重程度，并有助于限制疾病的传播。

疫苗如何发挥作用

疫苗为人体提供了用于对抗传染病的抗体。这一过程与人体在患病后建立自然免疫的过程相似——不同之处在于，疫苗可以让人们在未患病的情况下获得免疫。

疫苗的保护期有多长？

与自然免疫一样，有些疾病通过疫苗获得的免疫可以持续一生，而有些疾病，则可能在几年甚至几个月内就需要接种加强针。

疫苗反应

1 疫苗接种
大多数疫苗通过注射到肌肉、脂肪或血液中来实现递送。

递送

2 抗原检测
疫苗向人体提供抗原——一种与病原体中的抗原相同的蛋白质或其他物质。

抗原
B细胞
抗体
浆细胞
释放抗体

3 抗体释放
免疫系统的B细胞检测到抗原并释放与抗原匹配的抗体。

抗体

如果病原体再次入侵，记忆B细胞就会变成浆细胞。

记忆B细胞

4 指令存储
特殊的记忆B细胞具备产生大量抗体的能力，随时准备对抗实际出现的疾病。

接种疫苗后对感染的反应

1 感染
随后，病原体通过肺、割伤或咬伤、食物或饮料进入体内。

吸入
病原体进入呼吸道
病原体

2 记忆细胞响应
记忆B细胞识别病原体中的抗原，并迅速启动免疫反应。

记忆B细胞

5 病原体休止
抗体与抗原结合，病原体的作用被破坏，并启动其他免疫反应。

4 抗体释放
浆细胞释放大量抗体。抗体附着于病原体的抗原上。

抗体

3 新浆细胞
免疫反应促进许多浆细胞产生，这些细胞在血液中循环。

浆细胞

生物技术
疫苗　202 / 203

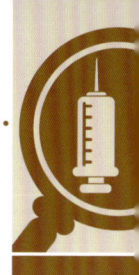

疫苗类型

最早的疫苗是在200多年前生产的,它们源自一种相关但较轻微的疾病的病原体。如今,有多种方式可以使疫苗提供产生必要免疫反应所需的抗原。

疫苗类型	作用方式	具体示例
灭活	病原体被热、辐射或化学物质杀死或灭活,因此不会引起疾病。	流感、脊髓灰质炎、甲型肝炎、霍乱和鼠疫疫苗
相关微生物	这种疫苗通常含有会在另一个物种中引起相关疾病的病原体。	天花(现已被根除)和结核病疫苗
DNA	这类疫苗含有小DNA片段,人体细胞使用这些DNA来编码疾病抗原。	新型冠状病毒感染(COVID-19)疫苗
减毒毒素	这些疫苗含有某些病原体产生的安全型致病毒素。	白喉、百日咳和破伤风疫苗
病原体碎片	它们含有在病原体表面发现的蛋白质或蛋白质片段,可激发免疫反应。	乙型肝炎和人乳头瘤病毒(HPV)疫苗
减毒活疫苗	这些疫苗包含一种可存活的,或者说是"活的"病原体,这些病原体是经无害化培育获得的。	麻疹、腮腺炎、风疹和黄热病疫苗
mRNA	疫苗中的mRNA指导人体细胞制造与目标病原体相同的蛋白质。	新型冠状病毒感染(COVID-19)疫苗

新型疫苗

与所有新药一样(参见第201页),新型疫苗首先在实验室中被研发,然后必须经过一系列严格的临床前和临床试验才能获得批准。在COVID-19大流行的早期阶段,第一种mRNA疫苗的开发和批准过程比大多数疫苗都要快,以便迅速建立针对该疾病的病原体——新型冠状病毒(SARS-CoV-2)的免疫力。

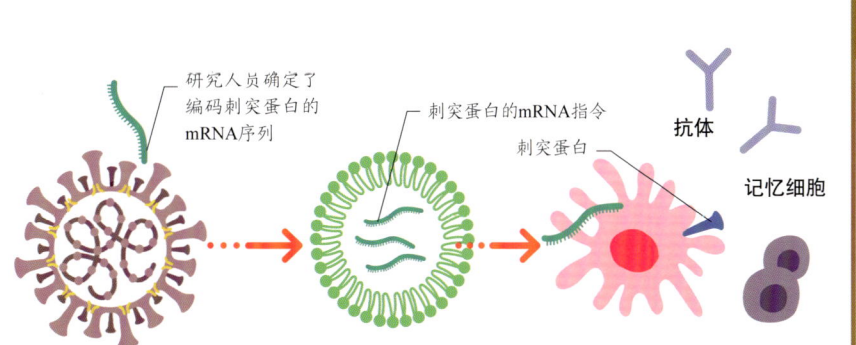

> 疫苗每年可拯救四五百万人的生命

1 确定目标
新型冠状病毒感染(COVID-19)疫苗的靶标是病毒外壳上帮助病毒进入细胞的刺突蛋白。

2 研制疫苗
该疫苗包含数百万个编码刺突蛋白的mRNA拷贝,它们被封装于微小的脂肪球中。

3 疫苗接种
一旦将其注射到体内,体内的细胞就会利用mRNA来制造刺突蛋白,从而引发免疫反应。

抗体

抗体是与抗原结合的Y形蛋白质分子。几乎所有的抗原都有与其对应的抗体;那些与人体已经免疫的疾病相关的抗体会快速、大量地产生。

DNA芯片

多种DNA检测技术会用到DNA芯片：它是一个小的玻璃或塑料基底，上面覆盖着数百到数千个探针点，每个探针点都固定着不同的DNA探针，每个探针都是一小段DNA。特定长度的待测DNA与这些探针进行杂交。探针上附有荧光标记，当待测DNA与探针结合时，荧光标记会发光。然后，计算机会分析这些荧光的高分辨率照片，以确定存在哪些基因，或哪些基因是活跃的。

对比试验
DNA芯片可以用于检测特定基因的突变，或识别在不同细胞中差异表达的基因。这项技术可用于比较病理（患病）组织和健康组织之间的基因表达差异。

成像阵列

荧光标记在激光照射下会发光

由微小探针点组成的网格，每个探针点上都附有不同的DNA探针

DNA芯片

符号说明
- 存在于正常细胞中
- 存在于两种细胞中
- 存在于病理细胞中
- 不存在

DNA检测

DNA检测可用于发现遗传性疾病、在亲子鉴定中识别个人身份、通过犯罪现场留下的样本确认嫌疑人身份、追溯个人的血统，或者对整个基因组进行测序。

聚合酶链反应

在大多数DNA检测前，会使用限制性内切酶将待测的长链DNA切割成更小的片段，这种酶能够识别并沿着DNA链切割特定序列。为了获得可靠的检测结果，接下来会利用聚合酶链反应（PCR）来扩增这些DNA片段，从而大量复制这些DNA片段。在每次反应中，各DNA片段的数量都会加倍。

什么是环境DNA？

所有生物体都会脱落DNA。通过研究从土壤和水中收集的环境DNA，生物学家可以确定哪些生物体存在于特定的栖息地。

复制DNA
在PCR中，DNA会经历数百次变性、退火和延伸（或合成）阶段，从而使每个DNA片段产生数百万个拷贝。

1 双螺旋
细胞内的DNA以双螺旋形式存在，就像一个扭曲的梯子，碱基沿着"绳索"串在一起，由氢键"横档"连接。

互补的DNA碱基
氢键

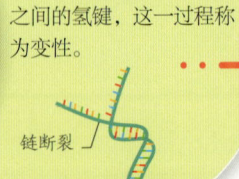

2 变性
PCR的第一步是通过升高温度来破坏碱基之间的氢键，这一过程称为变性。

链断裂

3 退火
混合物冷却后，被称为引物的短DNA序列就可以连接或退火到DNA单链的末端。

引物连接到目标DNA上

4 合成
一种称为聚合酶的酶从混合物中获取碱基，并将其添加到每条单链DNA上，使其成为双链DNA。

重复过程

复制DNA
聚合酶

生物技术
DNA检测   **204 / 205**

DNA测序

DNA测序是使用复杂机器实现的，这些机器可以读取DNA特定部分或整个基因组的碱基序列。将测序结果与相应部分或基因的健康版本进行直接比较，可揭示诸如癌症等疾病，或了解疾病发生、发展或传播的倾向。

第一个人类基因组测序用了13年

读取DNA

存在几种不同的DNA测序技术。其中最复杂的技术可以在不到一天的时间内读取整个人类基因组。一种被称为桑格测序的技术如下所示。

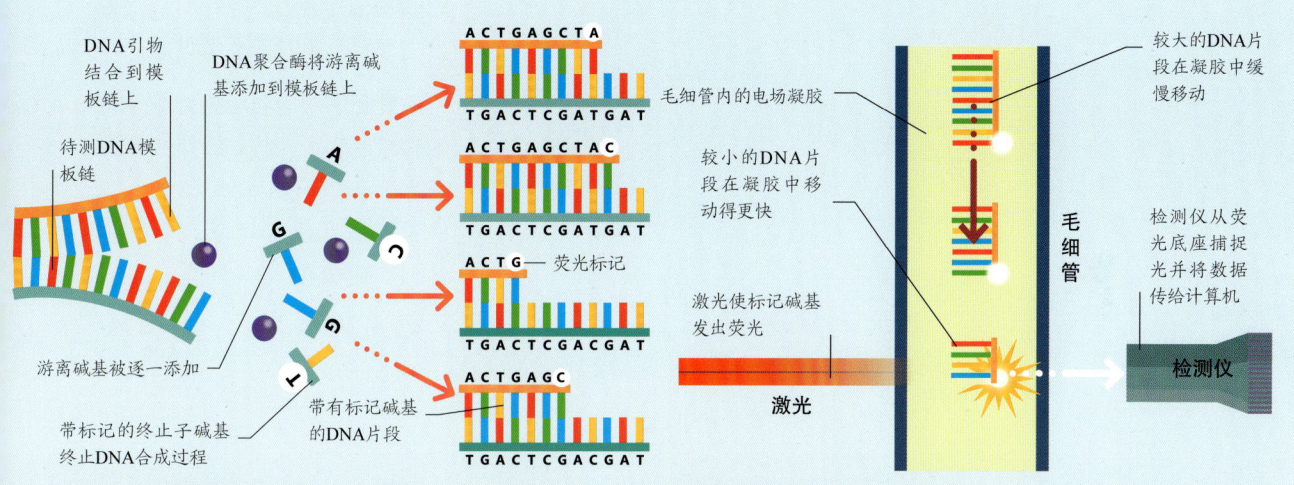

1 DNA碱基标记

首先，引物附着在待测DNA模板链上的特定位置。聚合酶每次都将一个DNA碱基添加到链上。在含正常碱基的溶液中，存在一些特殊的终止子碱基。这些终止子碱基会停止DNA合成过程，并被荧光标记。

2 激光读取碱基

新生成的互补DNA链从原始链上断裂。在电场的作用下，单链DNA沿着毛细管穿行。毛细管远端的激光照射使终止子碱基在检测仪的附近发光。DNA片段从小到大依次抵达激光。

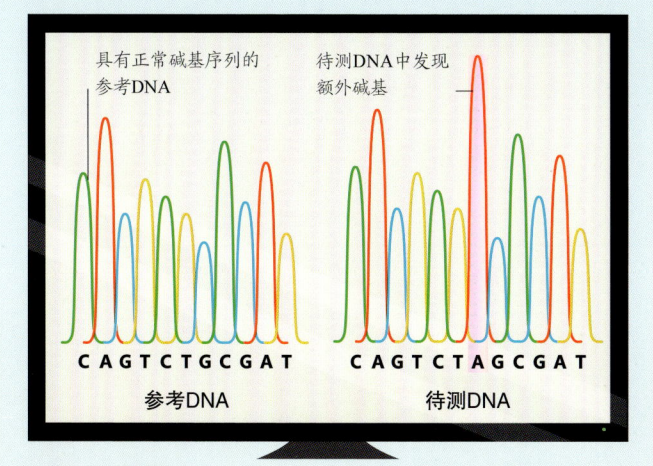

3 序列分析

计算机记录下彩色的闪光，并拼凑出碱基的确切序列。通过将一名患者的特定基因序列与已知的健康基因版本进行比较，便可以识别可能导致疾病的碱基插入或缺失。

染色体检测

一个人体细胞中有23对染色体（参见第58页）。科学家通过研究一个人的全套染色体（称为核型），以查看是否存在额外的、缺失的或异常的染色体。

染色体按大小成对排列

1	2	3	4	5	6	7	8
9	10	11	12	13	14	15	16
17	18	19	20	21	22	23	

人类核型　　性染色体（参见第98~99页）

基因工程

基因工程（或基因改造）改变一个生物体的基因组以增强该生物体的能力。它通常涉及将一个物种的基因转移到另一个物种中。

基因改造

数千年来，人类一直通过驯化和选择性育种来改造植物和动物的基因组（参见第196页）。基因工程使研究人员能够进行更有针对性、更快速的改造。所有细胞都共享相同的遗传语言——DNA，这使得在物种之间转移基因成为可能——甚至是从人类到细菌。基因工程的应用包括生产疫苗和其他药物以及转基因植物和动物。

修饰基因能扩散吗？

在自然界中确实发生过水平基因转移，因此农作物中的修饰基因有可能扩散——但这种情况极其罕见，不大可能引起什么问题。

抗病性
从土壤中发现的某些细菌携带能产生对昆虫有毒的蛋白质的基因。将这些基因插入玉米的基因组中，可保护玉米免受虫害，从而降低其对农药的需求。

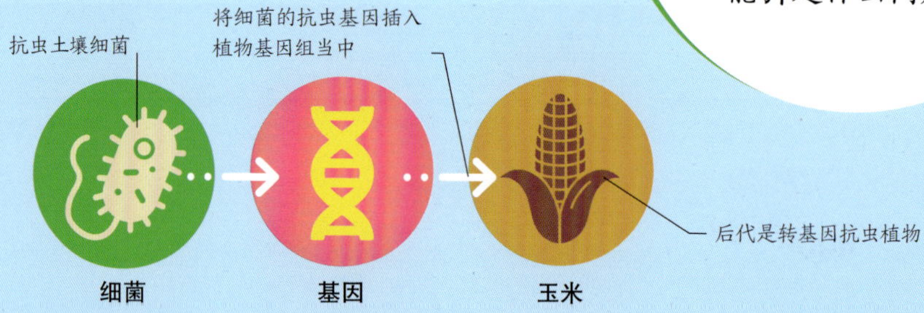

细菌 → 基因 → 玉米

- 抗虫土壤细菌
- 将细菌的抗虫基因插入植物基因组当中
- 后代是转基因抗虫植物

调节产量
有些人的身体无法产生足够的生长激素，这是一种对健康发育非常重要的化合物。一种便捷的生产方式是将这个基因从人类基因组转移到山羊卵细胞或胚胎的基因组中。

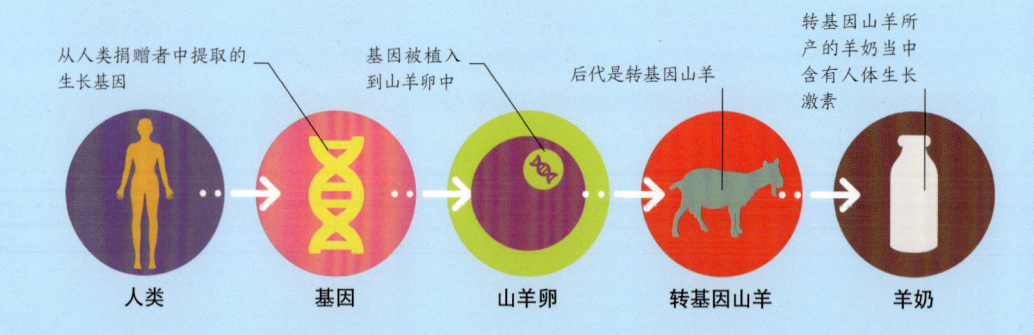

人类 → 基因 → 山羊卵 → 转基因山羊 → 羊奶

- 从人类捐赠者中提取的生长基因
- 基因被植入到山羊卵中
- 后代是转基因山羊
- 转基因山羊所产的羊奶当中含有人体生长激素

生命工厂
数百万名糖尿病患者依赖转基因（基因工程）细菌产生的胰岛素，这些细菌携带生产人类胰岛素的基因。

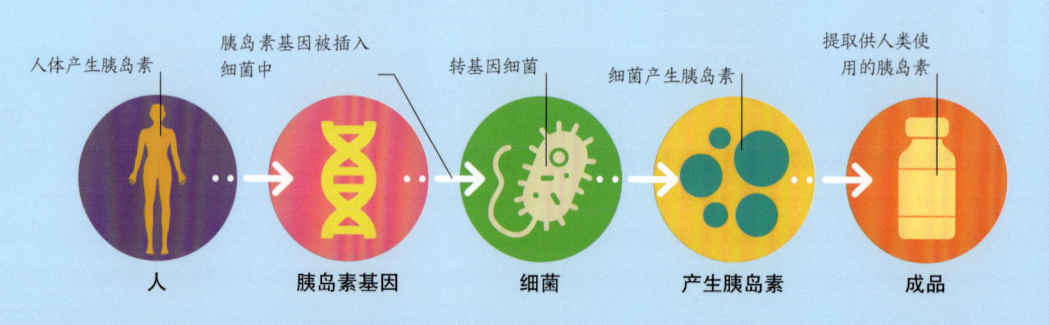

人 → 胰岛素基因 → 细菌 → 产生胰岛素 → 成品

- 人体产生胰岛素
- 胰岛素基因被插入细菌中
- 转基因细菌
- 细菌产生胰岛素
- 提取供人类使用的胰岛素

生物技术
基因工程
206 / 207

基因重组

来自不同生物体的基因混合被称为基因重组。它在减数分裂期间自然发生（参见第82~83页）——来自两个亲本的基因被包含在后代的基因组中——以及在水平基因转移过程中发生，该过程通常是指单细胞生物从其他物种那里获取基因。有几种方法可人工创造重组DNA，包括通过物理方式将基因注入活细胞中，以及使用酶将基因插入细菌细胞中。

市场上90%的大豆经过了基因改造

转基因生物

农作物可以通过基因工程改造，使其对害虫或疾病有更强的抵抗力，或者能够保持更长时间的新鲜度。尽管出现了许多转基因生物——包括生长更快的三文鱼、保鲜时间更长的番茄以及抗虫的棉花——但在食品行业中应用基因工程仍是一个颇有争议的话题。

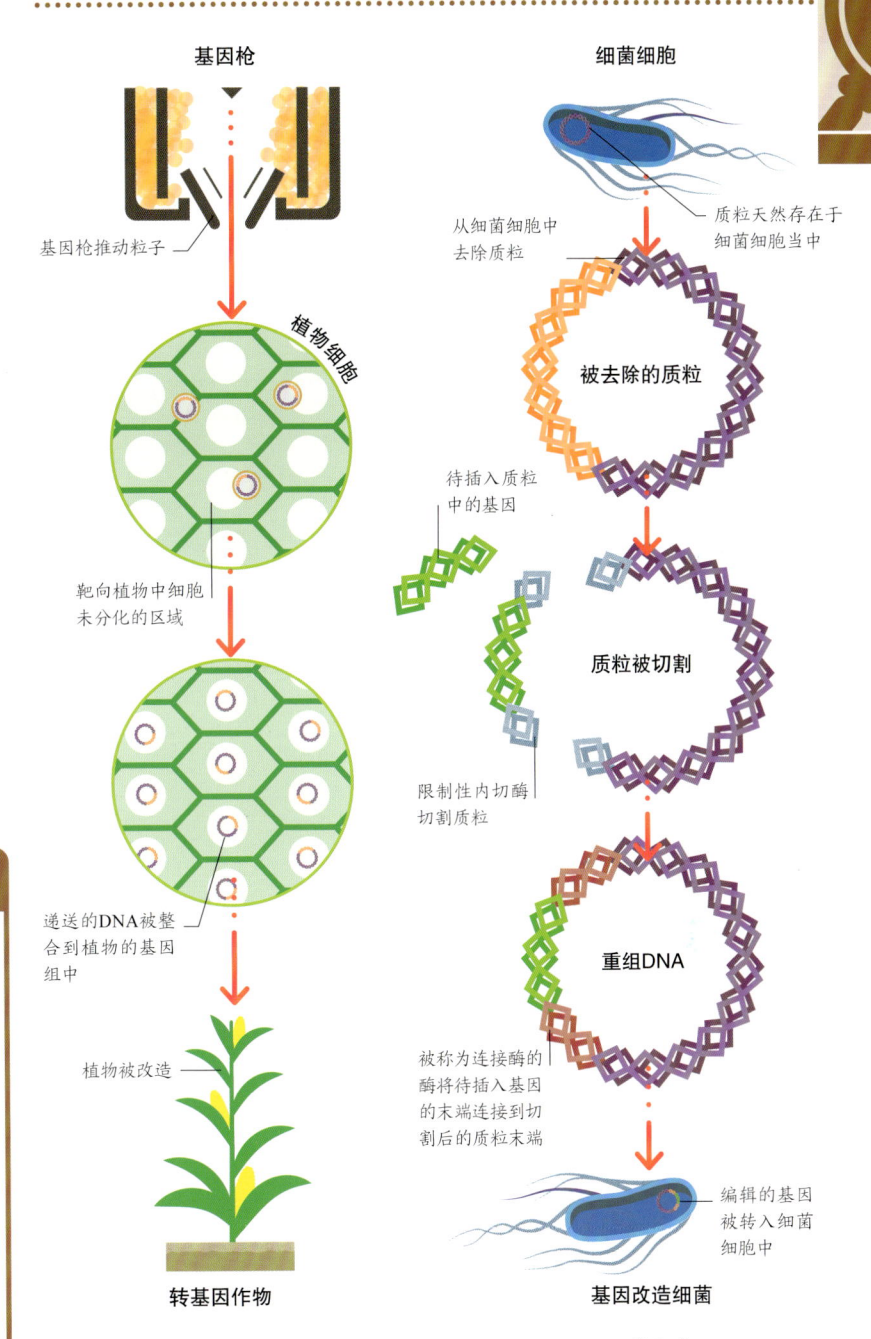

三文鱼

番茄　**棉花**

基因枪

基因枪推动粒子

植物细胞

靶向植物中细胞未分化的区域

递送的DNA被整合到植物的基因组中

植物被改造

转基因作物

生物弹道学

生物弹道学，简称生物弹道，是一种常用于创造转基因植物的方法。涂有基因的微小金属颗粒被高速射入目标细胞中。如果递送的DNA被整合到植物基因组中，它就会被传递给该植物的后代。

细菌细胞

质粒天然存在于细菌细胞当中

从细菌细胞中去除质粒

被去除的质粒

待插入质粒中的基因

质粒被切割

限制性内切酶切割质粒

重组DNA

被称为连接酶的酶将待插入基因的末端连接到切割后的质粒末端

编辑的基因被转入细菌细胞中

基因改造细菌

细菌和酶

除了主要基因组，细菌还有称为质粒的小环状DNA。遗传学家使用限制性内切酶来切割质粒，以便在其中插入来自其他物种的基因。一旦质粒被改造，遗传学家就会使用热或电击的方法来促使细菌吸收改造后的质粒。

基因治疗

有些疾病是由错误的等位基因（基因版本）导致的，其DNA碱基序列存在错误（参见第37页）。对于这些遗传疾病，可以通过一种名为基因治疗的技术进行治疗。

基因治疗安全吗？

基因治疗伴随着一些风险，但与所有新兴医疗技术一样，基因治疗也要经过严格的测试，受到严格的监管。

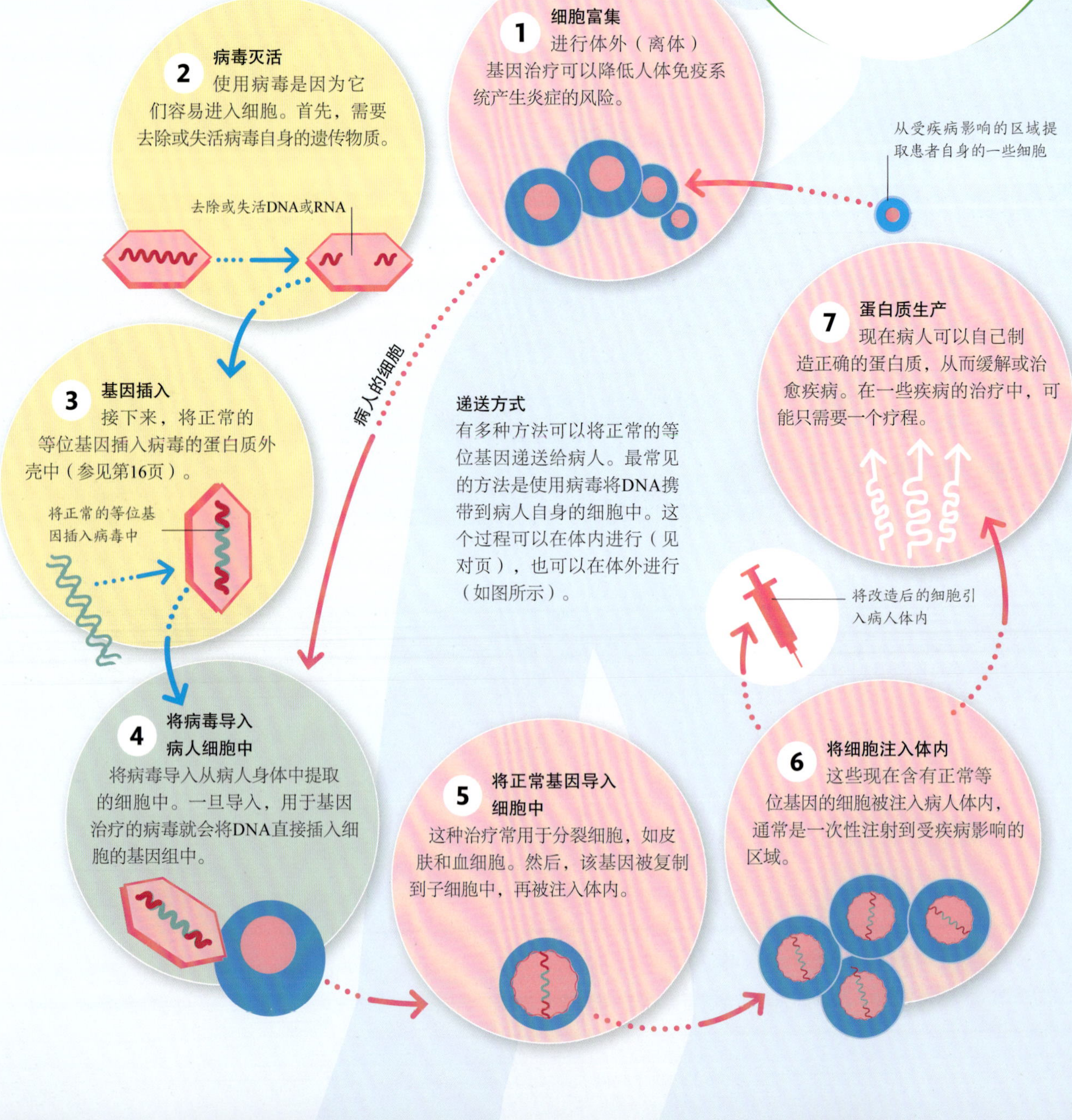

1 细胞富集
进行体外（离体）基因治疗可以降低人体免疫系统产生炎症的风险。

从受疾病影响的区域提取患者自身的一些细胞

2 病毒灭活
使用病毒是因为它们容易进入细胞。首先，需要去除或失活病毒自身的遗传物质。

去除或失活DNA或RNA

3 基因插入
接下来，将正常的等位基因插入病毒的蛋白质外壳中（参见第16页）。

将正常的等位基因插入病毒中

递送方式
有多种方法可以将正常的等位基因递送给病人。最常见的方法是使用病毒将DNA携带到病人自身的细胞中。这个过程可以在体内进行（见对页），也可以在体外进行（如图所示）。

病人的细胞

4 将病毒导入病人细胞中
将病毒导入从病人身体中提取的细胞中。一旦导入，用于基因治疗的病毒就会将DNA直接插入细胞的基因组中。

5 将正常基因导入细胞中
这种治疗常用于分裂细胞，如皮肤和血细胞。然后，该基因被复制到子细胞中，再被注入体内。

6 将细胞注入体内
这些现在含有正常等位基因的细胞被注入病人体内，通常是一次性注射到受疾病影响的区域。

将改造后的细胞引入病人体内

7 蛋白质生产
现在病人可以自己制造正确的蛋白质，从而缓解或治愈疾病。在一些疾病的治疗中，可能只需要一个疗程。

生物技术
基因治疗 208 / 209

递送正常的等位基因

缺陷等位基因的DNA突变可能是遗传性的，也可能是随机的。无论是哪种原因导致的缺陷等位基因，这类等位基因都可能产生缺陷蛋白，或根本无法产生蛋白。基因治疗递送正常的等位基因，或者在某些情况下去除或修改遗传物质。它对于治疗由单个缺陷基因引起的疾病或影响单一类型组织（如血液或肺细胞）的疾病最为有效。

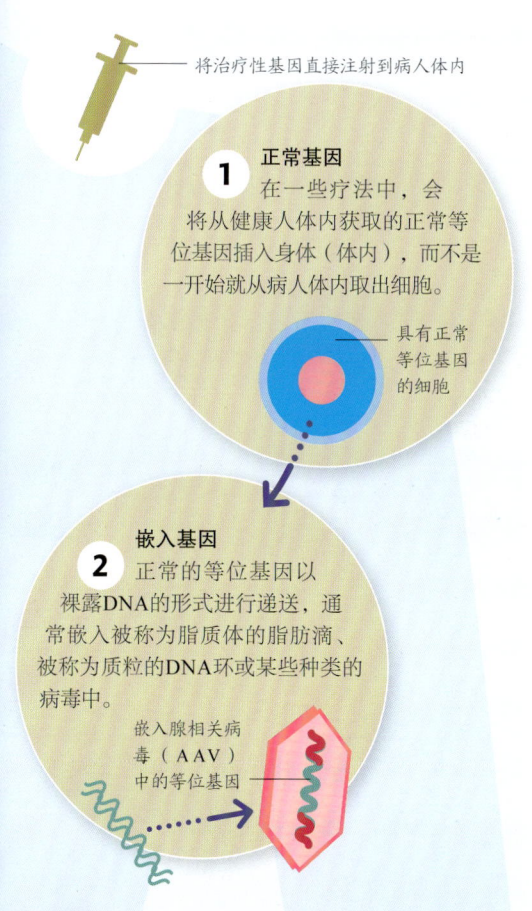

将治疗性基因直接注射到病人体内

1 正常基因
在一些疗法中，会将从健康人体内获取的正常等位基因插入身体（体内），而不是一开始就从病人体内取出细胞。

具有正常等位基因的细胞

2 嵌入基因
正常的等位基因以裸露DNA的形式进行递送，通常嵌入被称为脂质体的脂肪滴、被称为质粒的DNA环或某些种类的病毒中。

嵌入腺相关病毒（AAV）中的等位基因

基因治疗试验已展现出在成功治疗某些癌症方面的潜力

基因编辑

使用传统的基因疗法时，人们无法确保携带到细胞中的基因能够被准确插入基因组的预定位置。更精确的方法是使用一种被称为CRISPR（成簇规律间隔短回文重复）的基因编辑技术（在体内或体外）直接对基因进行编辑。有缺陷的等位基因可被去除或修复，或者在相应位置插入正常的等位基因。

1 准备编辑
一种名为Cas9的基因切割酶与一小段RNA形成复合物，该复合物的RNA被设计成与特定的DNA序列互补配对。

Cas9基因切割酶
向导RNA与目标DNA适配

2 搜寻目标
该复合物沿着DNA移动，直至找到病人基因组上的匹配序列，然后附着到该序列上。

向导RNA找到目标DNA序列
目标DNA
CRISPR/Cas9复合物附着到匹配序列上

3 切割
Cas9基因切割酶在病人基因组中预定位置精确切割DNA。切割完成后，向导RNA和Cas9基因切割酶就会分离。

Cas9切割DNA链
编码DNA取代切口

4 粘贴
递送替换的DNA片段，细胞利用其自身的修复机制将DNA插入合适的地方。

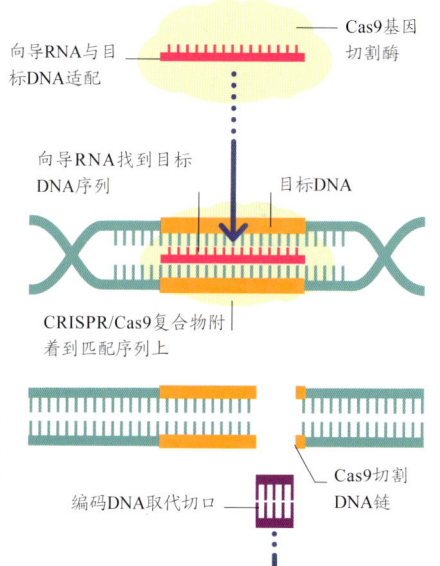

体细胞治疗与生殖细胞治疗

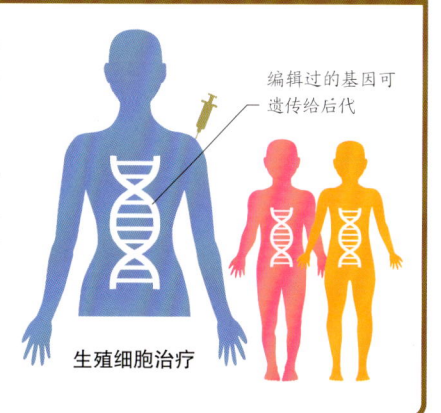

体细胞治疗针对的是卵子和精子细胞之外的体细胞中的基因，因此它只影响接受治疗的个体。生殖细胞治疗则作用于卵子或精子细胞中的基因，这意味着如果接受治疗的个体生育后代，这种治疗的效果就可能会遗传至下一代。大多数国家禁止进行生殖细胞治疗。

编辑过的基因可遗传给后代

生殖细胞治疗

克隆动物

克隆动物主要通过两种方法实现。第一种方法是胚胎分割，科学家将一个胚胎分割成两半：每一半都有潜力发育成一只成年动物。然而，这一方法仅限于对发育中的胚胎进行克隆，并不能用于克隆成年动物。第二种方法是体细胞核移植（SCNT），适用于成年哺乳动物的克隆。在SCNT过程中，科学家从哺乳动物体细胞（非卵子或精子细胞）中提取细胞核，并将其植入一个已经被移除了自身细胞核的卵细胞中。

1952年蝌蚪细胞成为首个被克隆的动物细胞

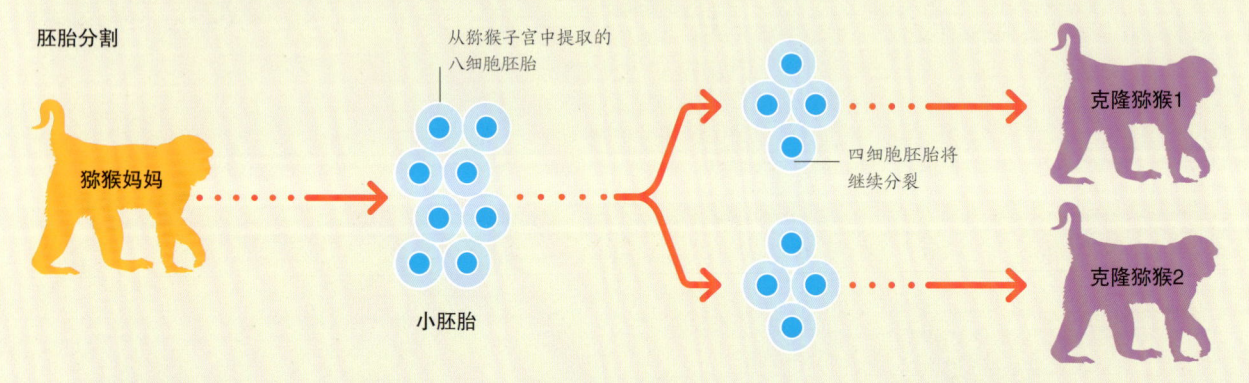

胚胎分割

猕猴妈妈 → 从猕猴子宫中提取的八细胞胚胎（小胚胎）→ 四细胞胚胎将继续分裂 → 克隆猕猴1 / 克隆猕猴2

1 胚胎提取
胚胎分割，也称双生，已在许多物种中进行。此过程的第一步是从怀孕雌性的子宫中取出胚胎，这些胚胎通常由大约八个细胞组成。

2 分裂胚胎
技术人员在显微镜下将胚胎分成两部分。每一部分都由相同的多能细胞组成，这些多能细胞具有分化成任何类型细胞的潜力，并且能够产生任何类型的组织。

3 植入与发育
分割后的胚胎与发育早期阶段的胚胎相同。当将其植入同一物种成年雌性的子宫后，两者都能正常发育，产生相同的后代。

体细胞核移植

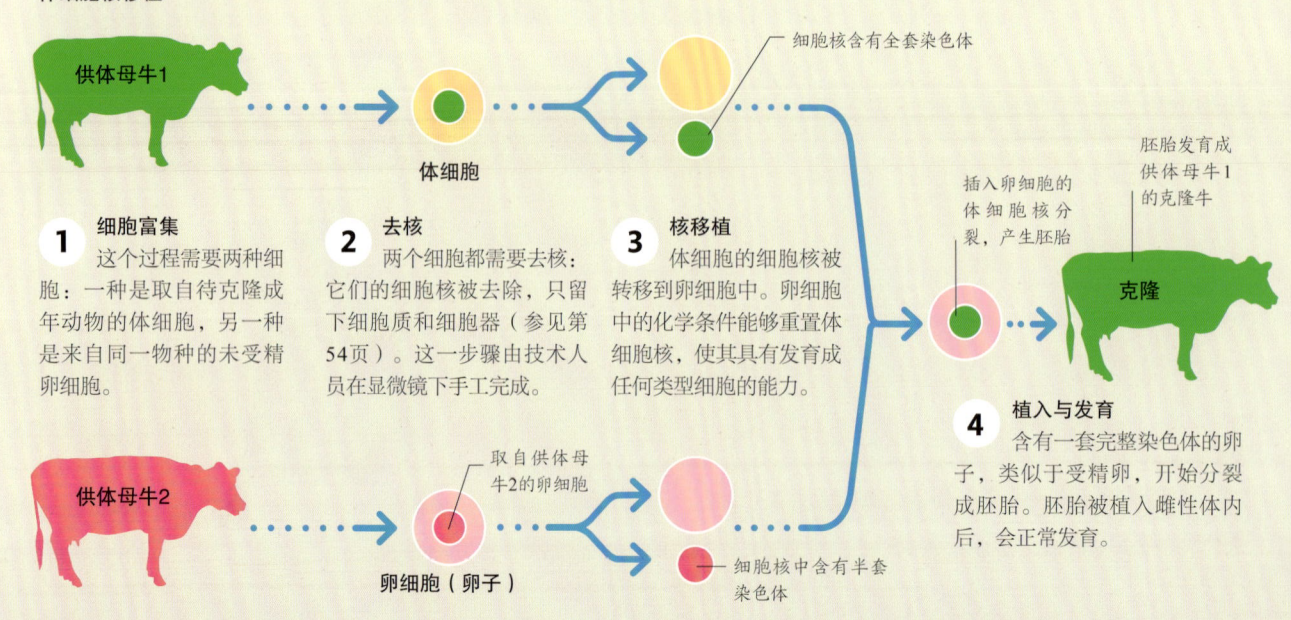

供体母牛1 → 体细胞（细胞核含有全套染色体）

供体母牛2 → 卵细胞（卵子）（取自供体母牛2的卵细胞）（细胞核中含有半套染色体）

插入卵细胞的体细胞核分裂，产生胚胎 → 胚胎发育成供体母牛1的克隆牛 → 克隆

1 细胞富集
这个过程需要两种细胞：一种是取自待克隆成年动物的体细胞，另一种是来自同一物种的未受精卵细胞。

2 去核
两个细胞都需要去核：它们的细胞核被去除，只留下细胞质和细胞器（参见第54页）。这一步骤由技术人员在显微镜下手工完成。

3 核移植
体细胞的细胞核被转移到卵细胞中。卵细胞中的化学条件能够重置体细胞核，使其具有发育成任何类型细胞的能力。

4 植入与发育
含有一套完整染色体的卵子，类似于受精卵，开始分裂成胚胎。胚胎被植入雌性体内后，会正常发育。

克隆

克隆是具有相同基因组的细胞、组织或整个生物体。克隆在自然界中很常见：任何无性生殖的生物体都会产生自身的克隆。克隆也可以在实验室中人工完成。

扦插和组织培养

所有植物都是有性生殖的，但也可以进行无性生殖，在这种情况下，后代是亲本植物的克隆。这被称为营养繁殖。例如，新的草莓植株从细长的匍匐茎上的节点生长出来，而新的马铃薯植株从肿胀的块茎中生长出来。营养繁殖也可以通过人工方式实现，通常是通过扦插。一种被称为微繁殖的生物技术被用来大量制造相同的植物，用于研究或在园艺中心出售。

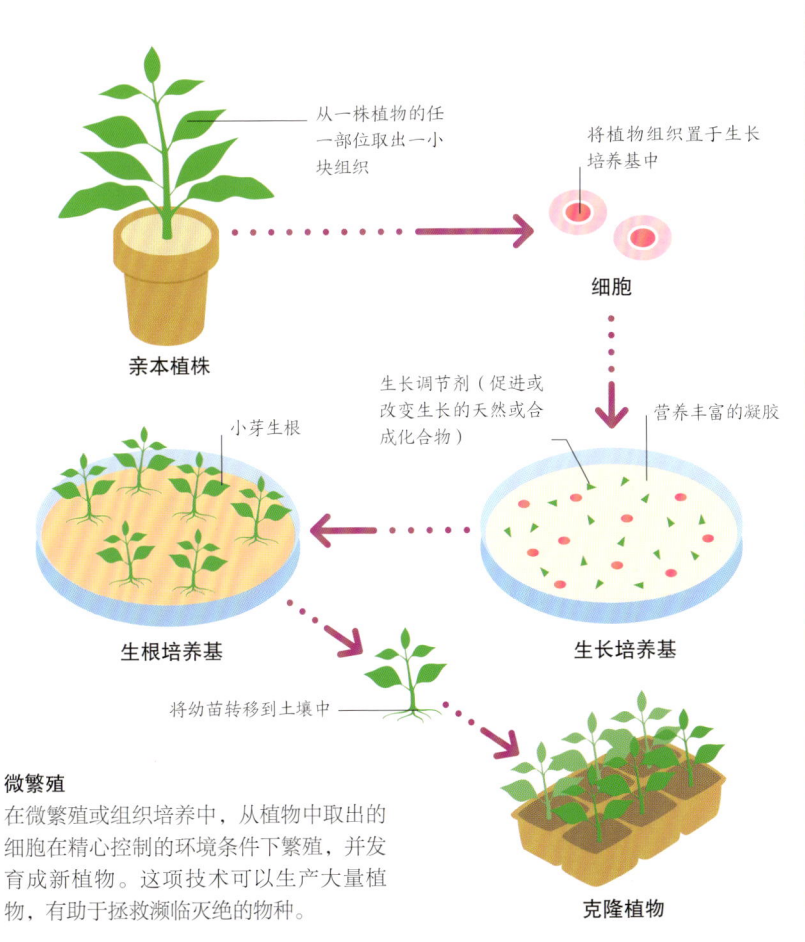

恐龙可以被克隆吗？

尽管一些生物材料可以保存数百万年，但DNA不能。由于克隆需要整个基因组的DNA，因此我们永远无法克隆出恐龙。

从一株植物的任一部位取出一小块组织

将植物组织置于生长培养基中

细胞

亲本植株

生长调节剂（促进或改变生长的天然或合成化合物）

营养丰富的凝胶

小芽生根

生根培养基

生长培养基

将幼苗转移到土壤中

克隆植物

微繁殖
在微繁殖或组织培养中，从植物中取出的细胞在精心控制的环境条件下繁殖，并发育成新植物。这项技术可以生产大量植物，有助于拯救濒临灭绝的物种。

自然克隆

在每1000名人类新生儿中，大约有4例同卵双胞胎，即两个婴儿源自同一个受精卵。在受精后的最初几天内，发育中的胚胎一分为二。由于构成胚胎的所有细胞都具有相同的基因组，因此同卵双胞胎也是如此。

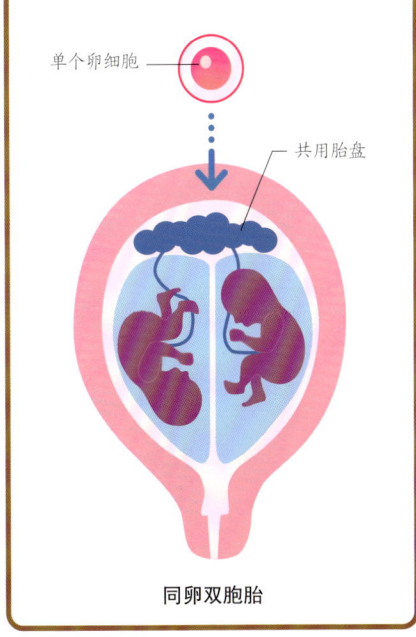

单个卵细胞

共用胎盘

同卵双胞胎

抗衰老

抗衰老技术旨在减缓衰老过程。它们的目的不一定是延长我们的寿命，而是让我们更不容易患上与年龄相关的疾病，如癌症和阿尔茨海默病。

什么是衰老

衰老是指成年人的身体随着时间的推移而逐渐恶化的过程。随着年龄的增长，人体会受到各种损伤——尤其是分子层面的损伤。细胞内的正常生理过程会产生被称为活性氧的化学物质，这些物质会对DNA造成损害。衰老也与细胞分裂有关（参见第68~69页）。每次分裂时，单个细胞都会变老，并最终停止分裂——这种现象被称为细胞衰老。

细胞在经历大约50轮的分裂后便开始衰老

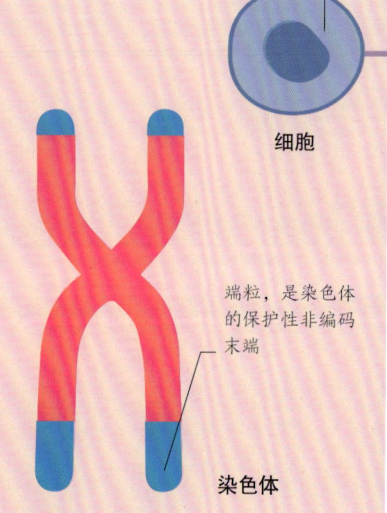

符号说明：健康细胞、衰老细胞

染色体存在于细胞核中

细胞

端粒，是染色体的保护性非编码末端

染色体

衰老和染色体
细胞衰老不仅是由损伤引发的，也与染色体末端的区域——端粒的缩短有关。

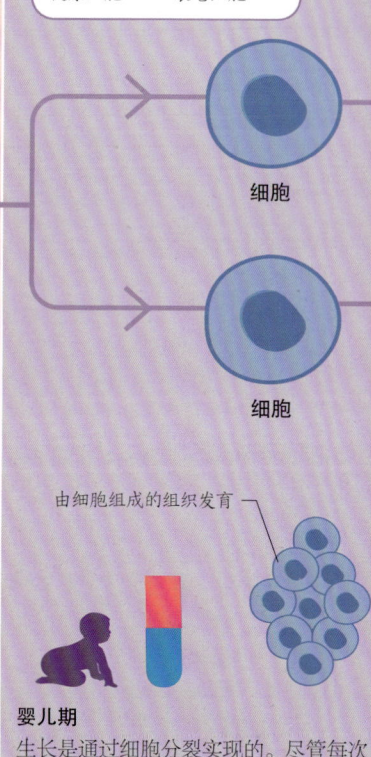

由细胞组成的组织发育

婴儿期
生长是通过细胞分裂实现的。尽管每次分裂时，端粒都会受到一定的损伤，但由于它们主要由非编码DNA构成，所以这些损伤通常不会影响细胞的功能。

驻颜疗法

在开发旨在实现细胞年轻化的抗衰老技术方面，有多种方法。其中一种有应用前景的方法是细胞重编程。随着细胞老化，一类名为甲基的化学物质会附着在DNA链的特定碱基上。某些化合物能够去除这种甲基化，将细胞重置为更年轻的状态。这一过程必须谨慎操作，因为过度去除甲基化可能导致细胞恢复为多能干细胞，这种细胞具有分化为任何类型细胞的潜力。如果控制不当，这种变化可能会引发不受控制的细胞生长，进而导致癌症。

1 干细胞
所有细胞都源自干细胞（参见第88~89页），它们的甲基化水平很低，也非常年轻。

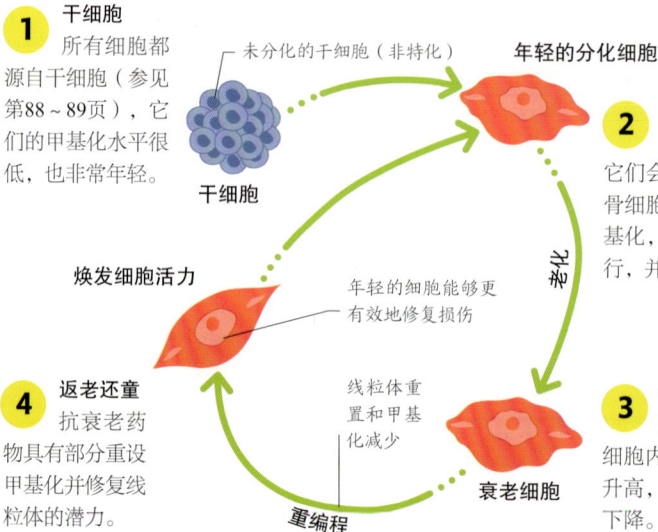

未分化的干细胞（非特化）

干细胞

年轻的分化细胞

2 年轻细胞
当干细胞分裂时，它们会分化成皮肤细胞或骨细胞。这个过程涉及甲基化，这种变化会持续进行，并导致细胞衰老。

老化

焕发细胞活力

年轻的细胞能够更有效地修复损伤

3 衰老细胞
随着时间的推移，细胞内的甲基化水平逐渐升高，导致细胞功能逐渐下降。同时，线粒体（参见第60页）也开始退化。

衰老细胞

线粒体重置和甲基化减少

4 返老还童
抗衰老药物具有部分重设甲基化并修复线粒体的潜力。

重编程

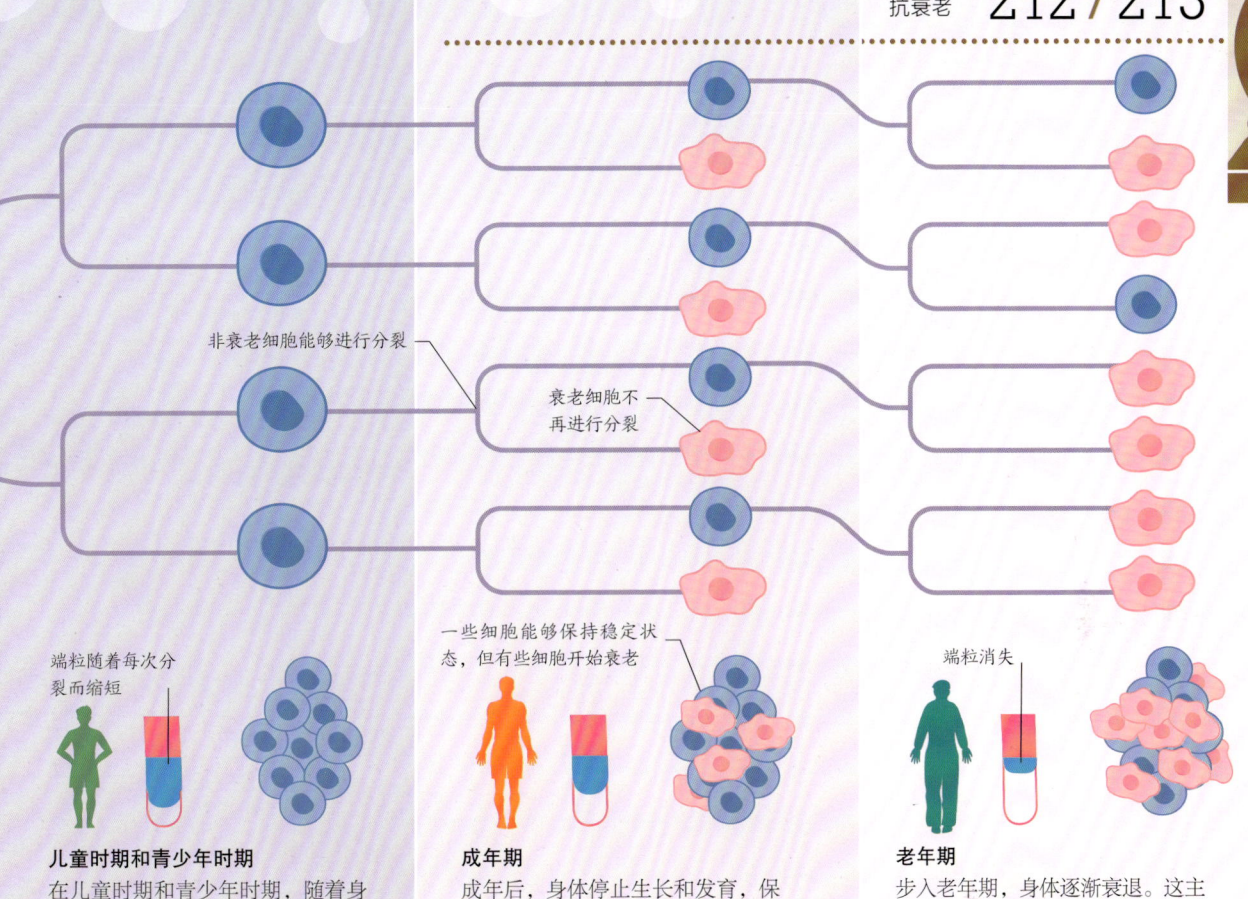

生物技术
抗衰老   212 / 213

非衰老细胞能够进行分裂

衰老细胞不再进行分裂

一些细胞能够保持稳定状态，但有些细胞开始衰老

端粒随着每次分裂而缩短

端粒消失

儿童时期和青少年时期
在儿童时期和青少年时期，随着身体的发育，生长持续进行。端粒随着每轮细胞分裂而逐渐缩短。

成年期
成年后，身体停止生长和发育，保持稳定状态。端粒继续缩短，导致一些细胞完全停止分裂。

老年期
步入老年期，身体逐渐衰退。这主要是由于细胞衰老的加剧，即端粒持续缩短和消失导致更多细胞停止分裂。

衰老迹象

随着越来越多的细胞进入衰老状态并停止分裂，身体的组织不再得到补充，损伤也不再被修复。这些变化导致了人们熟悉的衰老迹象。例如，皮肤中的胶原蛋白分解，当它不再以相同的速率更新时，皮肤就开始出现皱褶和下垂。在眼睛中，细胞碎片堆积，导致一种称为黄斑变性的常见病症，这种病症会影响视力。

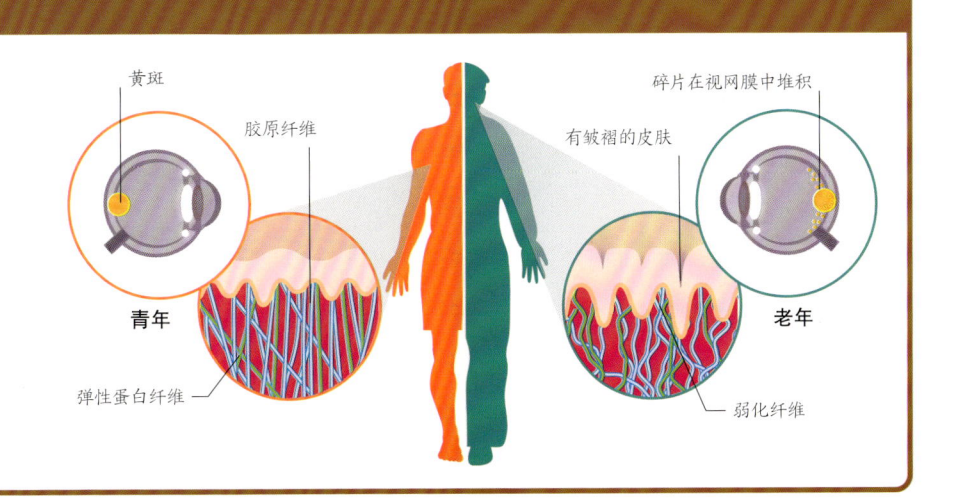

黄斑　胶原纤维　碎片在视网膜中堆积　有皱褶的皮肤

青年　弹性蛋白纤维　老年　弱化纤维

身体修复

因疾病或受伤而失去的身体部位或能力，可以通过一些技术得到替换或恢复，包括整形手术、义肢及心脏起搏器和人工耳蜗等设备。

替换肢体

制造义肢已有数百年的历史。一些现代义肢结合了电子和机械技术，以及对神经系统的深入理解。尽管这些机器人义肢大多仍处于实验阶段，但其中一些已经能够帮助恢复肢体的大部分功能，包括触觉。

脑

运动神经元传递来自脑的信号

感觉神经元将信号从手传递到脑

1 脑发出信号
机器人下臂义肢接收来自脑的指令，这涉及监测手臂神经或剩余手臂肌肉中的电信号。

2 信号解析
义肢的机载计算机可以解析信号，并确定哪些神经信号模式与预期运动相关。

指尖的传感器可以检测压力和振动

机械连杆支持多种手部运动

手部的电动机驱动机械部件

微处理器转换脑的信号

从手部传感器传到处理器的信号

接受腔

传感器

手臂肌肉

来自传感器的信号被传递至微处理器

传感器接收义肢安装处肌肉中的微小电信号

3 仿生手
处理器向手发送指令，手上有一个强大的电动机。电动机通过机械连杆（由杆和铰链组成的系统）连接到手指。

4 向脑发出信号
许多现代机器人义肢也有感觉反馈。手指中的触摸和应变传感器将信号传输到处理器，处理器通过神经将信号传递到脑。

造成残肢的主要原因是什么？

在许多国家，糖尿病引起的足部溃疡和感染是截肢的主要原因。事故原因导致的截肢紧随其后。

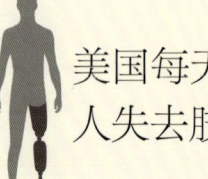

美国每天有超过500人失去肢体

生物技术
身体修复
214 / 215

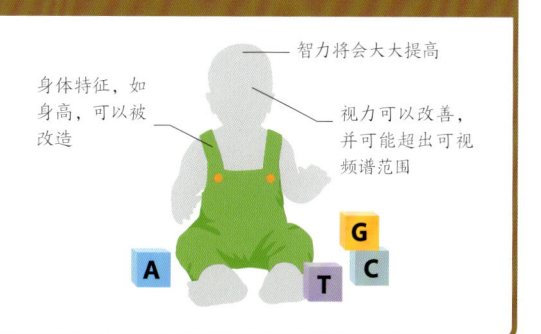

人工感官

数百万人丧失了视觉或听觉。多年来，生物技术专家一直致力于寻找能够提供或恢复这些感觉的技术解决方案。根据失去感官的原因，人工视网膜可能有助于恢复视力，人工耳蜗可能有助于恢复听力。尽管在人群中普及常规有效的人工视网膜还有很长的路要走，但人工耳蜗的应用已经非常广泛。

1 传声器接收声音
安装在佩戴者耳朵上的传声器检测声音，并将其转换为电信号。传声器内的语音处理器对信号进行分析，并对识别为语音的声音进行增强。

过滤后的信号通过无线电波穿过颅骨

2 从发射器到接收器
处理后的信号被传递到通过磁铁固定在头部的发射器，发射器将信号无线广播到植入颅骨内的接收器。

3 转换信号
接收器将信号转换成脑能够理解的形式，并通过电线将它们绕过中耳直接发送到耳蜗（参见第169页）。

发射器
接收器
传声器
声波携带语音和其他声音
耳道
电线
耳膜振动，但没有信号传递到脑
电线将信号从接收器传送到耳蜗
信号被输入耳蜗
耳蜗
听觉神经
电脉冲沿着听觉神经传递到脑
听觉神经连接耳蜗和脑

4 向脑发出信号
耳蜗将电脉冲传递到听觉神经，听觉神经将其传送到听觉皮质——脑中处理和感知听觉输入的部位。

人体增强术

未来，替代感官或身体部位可能会变得非常先进，以至于人们可能会选择性地安装它们，即便自身没有需求。工程改造和编辑人类基因组可给后代带来新的感觉、巨大的力量或对抗疾病的能力。

智力将会大大提高
身体特征，如身高，可以被改造
视力可以改善，并可能超出可视频谱范围

合成生物学

合成生物学为科学家提供了创造基因、蛋白质、整个染色体,甚至以前从未存在过的整个生物体的方法。它具有许多令人兴奋的潜在应用。

铅污染
合成基因被插入细菌中,当存在受污染的水时,这些基因被激活并产生荧光蛋白。

病原体检测仪
纸条上的冻干合成细胞,可以通过改变颜色来报告病原体的存在。

纯素肉
通过合成蛋白质并将其插入微生物中,可以生产出具有肉类质地和味道的替代肉类产品。

奶萃
未来可能创造出的微生物,它能够生产牛奶,而无须依赖奶牛。

药用化合物
通过合成基因并将其插入细菌中,将有可能生产出可定制的新型药用化合物。

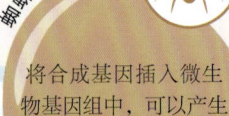

蜘蛛丝
将合成基因插入微生物基因组中,可以产生像蜘蛛丝一样坚固耐用的蛋白质。

合成颜料
研究人员正在开发能更持续地生产颜料的合成生物体,用于对纺织品进行批量染色。

作物保护
合成昆虫信息素被放置在田地边缘的容器中,诱使昆虫远离农作物,从而减少杀虫剂的使用。

实际应用
自然界中不存在的基因和蛋白质的合成,在医学、材料科学、环境监测等众多技术领域展现出了巨大的潜力。全球的合成生物学家正在开展各种项目,并取得了一些令人鼓舞的成果。

定制蛋白质

合成生物学比基因工程更有发展前景(参见第206~207页)。生物学家并不是简单地在不同物种之间转移现有基因,而是创造全新的基因,这些基因编码自然界中尚不存在的蛋白质。将合成基因插入细菌等生物体后,这些生物体便开始产生新的蛋白质。蛋白质的功能通常是由其三维构象决定的。然而,从编码指令中预测蛋白质的三维构象仍是一个难题,因此这项技术目前仍处于早期发展阶段。

异源核酸(XNA)

合成生物学的研究领域之一是扩展遗传密码,科学家正在探索使用六个碱基而不是传统的四个碱基来合成核酸(参见第37页)。这些在活细胞中合成的核酸编码了一些自然密码无法产生的氨基酸,从而能够编码自然界中不可能存在的蛋白质。

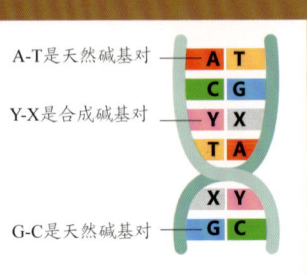

A-T是天然碱基对
Y-X是合成碱基对
G-C是天然碱基对

六个核苷酸三个碱基对

生物技术
合成生物学
216 / 217

合成生物体

在确定能够维持生命并繁殖的最小基因组这一里程碑式的项目中，研究人员创造了一种具有合成基因组的生物体（被称为实验室支原体）。这是一种简单的细菌，其基因组是在实验室中以逐个碱基对的方式产生的。该基因组基于天然存在的细菌DNA序列，并且被插入去除了天然DNA的细胞中，实现了细胞的成功复制。

符号说明
- 基因表达
- 基因组的保存
- 细胞膜功能和结构
- 代谢
- 未知功能

Syn–3.0
41% 7% 17% 18% 17%

NASA为何要探索合成生命？

创造地球上不存在的生命形式，可以帮助NASA探索其他行星上可能存在的生物学，即所谓的外空生物学。

新型生命

实验室支原体（又称Syn-3.0）的基因组包含473个基因。基因组的遗传密码都源自已有的细菌，尽管基因组中某些部分对细菌生命至关重要，但其确切功能仍然未知。

154 首莎士比亚十四行诗已被编码并储存于合成的DNA当中

适体

科学家能够合成DNA或RNA的短片段，这些片段可以与生物体内的特定DNA序列结合。这些适体分子可以充当靶向药物或药物递送系统。有些适体被设计用作合成抗体或用于检测某些疾病。适体的制造过程包括使用基因机器生成RNA或DNA的随机序列，然后筛选出能与目标序列，如病原体的特定序列特异性结合的序列。

靶向药物输送

设计适体的目标是使其三维构象能够靶向病原体，实现药物分子的精确递送。这种靶向方法在治疗癌症等疾病方面具有潜在应用前景。

适体的靶标通常是细胞膜上的蛋白质

如果适体构象能与靶标结合，适体的设计就是成功的

细胞

单链DNA的短序列

序列自动装配成特定形状

1 序列
适体是单链DNA或RNA的序列。研究人员通常会创建数百万种可能的序列，然后通过实验筛选出能够折叠成所需构象的序列。

2 三维构象
双链DNA可以通过碱基间的相互作用形成双螺旋结构，这些相互作用也可以使单链DNA折叠成特定的三维形状，与蛋白质类似。

3 与靶标结合
研究人员将药物分子附着在精心设计的适体上。这些适体进入体内后，能够特异性地结合到病原体或患病细胞的特定部位，而不与其他组织发生反应。

索引

粗体页码指的是主要条目

A
阿尔茨海默病 200, 212
阿片类 200
阿司匹林 200
癌症 96, 200, 209, 212
氨 21
氨基酸 24, 31, 38, 41, 64, 93, 96, 97, 149, 216
奥陶纪 116

B
B细胞 74, 178, 179
巴氏灭菌 **199**
霸王龙 114, 121
白垩纪 114, 117
白细胞 66, **74**, 75, 160, 178
白杨树 190
板块构造 27
板龙 117
膀胱 176, 177
孢子 84, 123, 129, 131, 132
胞嘧啶 37, 59, 90, 93
胞吐作用 57
胞质分裂 69
薄壁组织 144
饱和脂肪酸 34–35
保护 185
保护色 105
北冰洋 186
北方森林 184
北极熊 186
北极燕鸥 186
贝茨拟态 111
被动运输系统 64, 65
被囊动物 136
被子植物 133, 140, 150, 152
鼻子 170, 172
边缘系统 176
蝙蝠 110、169、175、179
鞭毛 55, 66, 84, 122, 126, 127
鞭毛虫 14, 127
扁形虫 81
变态 135
变形虫 14, 66, 67
变形虫（门） 126, 127
变形虫运动 66, 67
变性 204
变性酶 41
表皮
　叶 146, 147, 148
　植物茎 144, 145
　皮肤 159, 172, 179

表型 94
冰川 192
丙酮酸盐 48, 198
并系群 121
病毒 **16–17**, 178, 179, 208
　突变 96, 97
病原体 122, 178–179, 202, 203, 216, 217
玻璃体 166
钵口幼体 135
捕食者 104, 168, 183, 186, 187
　生存 113
哺乳动物 15, 120, 136, 137, 160–161, 164, 178
不饱和脂肪酸 34-5
不朽的生物 81

C
Cas9 209
CRISPR Cas9基因编辑 209
苍蝇 167
草 150, 151
草莓 211
侧线 173
插入突变 96
蝉 168
肠道 162, 163, 177
超寄生虫 110
超声波 169
巢 87, 189
巢寄生鸟 **189**
沉积作用 20
承载力 189
城市化 192, 193
赤霉素 140, 141
出芽 69, 81
初级消费者 182, 183, 186, 187
初级演替 193
储藏蛋白 39
触角 168、175
触觉 **172–173**, 214
触觉感受器 172
垂体 164
纯素肉 216
雌蕊 150
雌性，性别决定 98, 99
雌雄同体 **100–101**
雌雄同株植物 100, 101
雌雄异株植物 100, 101
次级消费者 182, 183, 187
次生演替 193
次声波 169
刺胞动物 15
促肾上腺皮质激素 176
催化剂 40, 41

D
DNA 11, 24, **36–37**
　衰老 212
　适体 217
　细菌 122–123
　细胞分裂 68
　细胞 54, 55, 58–59
　染色体 58–59
　克隆 211
　基因治疗 208, 209
　基因检测 **204–205**
　基因组 92–93
　减数分裂 82, 83
　有丝分裂 68
　突变 **96–97**
　蛋白质 38, 39
　读取基因 90–91
　测序 205
　疫苗 203
　病毒 16, 17
DNA超螺旋 59
打鼾 158
大堡礁 185
大肠 162
大杜鹃 189
大规模灭绝 **116–117**
大灭绝 117
大脑皮质 164
大气 18, 19, 21, 24
　和生活 27
大象 169, 170, 189
大型藻类 130, 131
代谢副产物 31
代谢率 30, 31, 97
袋狼 114, 115
袋鼠 112–13
袋熊 162
单倍体细胞 **83**, 84, 85
单核细胞 74
单果 153
单系群 121
单眼视觉 167
单子叶植物 140, 143
单子叶植物（简称）133, 142
胆固醇 35, 56
胆汁 162
淡水 12
蛋白酶 41
蛋白质 22, 31, 37, **38–39**, 41, 56, 58, 59
　载体 65
　基因治疗 208
　基因 90–91, 92, 93
　合成生物学 216
蛋白质折叠 38, 39, 91
氮 20

氮循环 21
导航 175
地理隔离 106, 107
地下水 143, 192
地下水位 143
地衣 129
地中海生物群系 185
等位基因 94, 208, 209
邓氏鱼 117
抵御
　对抗疾病 178–179
　威胁响应 111, **176–177**
底物 40–41, 65
第六次大规模灭绝 117
点突变 96
电感受 174
电化学信号 70
电子显微镜 52, **53**
淀粉 33, 55, 145, 149
动脉 160, 161
动物 15, 125
　无性生殖 **80–81**
　脑和神经系统 **164–165**
　呼吸 **158–159**
　碳水化合物 32–33
　细胞 **54, 60**, 63, 64
　循环系统 **160–161**
　克隆 210
　协同演化 **110–111**
　交流 **191**
　防御疾病 178–179
　消化系统 **162–163**
　生态系统 **182–183**
　产卵 87
　脂肪储存 35
　听觉 **168–169**
　雌雄同体 **100–101**
　无脊椎动物 **134–135**
　胎生 86
　大规模灭绝 **116–117**
　授粉 151
　种子传播 153
　选择性育种 196, 197, 206
　性染色体 **98–99**
　有性生殖 **84–85**
　嗅觉和味觉 **170–171**
　群居生活 **190–191**
　特殊传感器 **174–175**
　干细胞 88–89
　支撑与运动 **156–157**
　威胁响应 **176–177**
　组织和器官 **76–77**
　触觉 **172–173**
　脊椎动物 **136–137**
　视觉 **166–167**
动物粪便 153
毒素 104, 203

索引

毒液 111, 113
端粒 212, 213
短吻鳄 99
多倍体 106
多能细胞 89, 210
多肽链 38, 39
多糖 32, 33
多系群 121

E

evo-devo（演化发育生物学）87
额隆 175
额外的囊泡 126
鳄鱼 99
耳朵 168–169
耳郭 168
耳蜗 169
二倍体细胞 83, 84
二叠纪 117
二分裂 68, 69, 126
二尖瓣细胞 170
二磷酸腺苷（ADP）49
二氧化硅 43
二氧化碳 57
　大气层 19, 21
　血液 75
　呼吸 158, 159
　碳循环 20, 21
　发酵 198–199
　在海洋中 21, 130, 192
　光合作用 46, 47, 61, 146, 147
　呼吸作用 20, 48, 64

F

发电站 192
发酵 198–199
发声 191
发芽 140–141
翻译 91
繁殖 10
　无性 80–81
　育种策略 188–189
　雌雄同体 100–101
　减数分裂 82–83
　动物模式 86–87
　植物 132, 133, 150–151
　有性 80, 84–85
　营养 81
繁殖策略 86, 100, 188–189
繁殖成功 109
反馈回路 12
反密码子 91, 93
犯罪现场 204
房水 166
仿生手 214
纺锤体纤维 68, 69, 82, 83
放射虫 126

放射性 22, 96
飞蛾 175
非开花植物 132
非生物制剂/因子 18, 151, 153, 183
肥胖 31
肺 66, 75, 158, 159, 160, 177
废物 48, 74
分叉的舌头 171
分化（细胞）88, 89
分解 20, 21, 28, 131, 183
分解代谢 31
分解者 182, 183
分类 14–15, 120–121
分类单元 14
分生组织 88–89
分支图 121
分子、简单和复杂的有机分子 24
粪便 162
风媒授粉 150, 151
风种子传播 153, 188
浮游动物 126, 130, 131, 186
浮游植物 130, 131, 186
负鼠 177
复极 70
复眼 167
腹足动物 135

G

改变性别 101
钙 42, 45, 87
甘油三酯 34
肝脏 32, 127, 162, 177
感官
　人工 215
　听觉 168–169
　嗅觉和味觉 170–171
　触觉 172–173
　视觉 166–167
感器毛 175
感染 74, 202
　和突变 96, 97
干果 153
干细胞 88–89, 212
肛门 162, 163
高尔基体 54, 55, 57
睾丸 99
膈 158
根 77, 133, 140, 141, 142–143, 148
根茎 81, 143
根毛丛 172
根毛细胞 142, 148
根冠 142
根压 149
共生 110, 111
共生关系 60, 110, 124, 126, 128, 129, 133, 142
共同祖先 121

共显性 94
狗 110, 168, 197
骨骼 42, 156, 157
骨骼肌 72, 73
孤雌生殖 80
古菌 14, 69, 122, 123
骨架 43, 136, 156–157
鼓膜 168, 169
固着器 131
寡糖 33
关节 157
光（光学）显微镜 52
光感受器 166, 167
光合作用 21, 32, 46–47, 55, 60, 61, 76, 125, 126, 130, 132, 142, 146, 147, 149
光污染 192
光子 47
硅藻 14, 126
果胶 56
果皮 152, 153
果实 133, 149, 151, 152–153
过氧化物酶体 54, 55

H

哈斯特鹰 115
海岸红杉 145
海豹 108, 168, 173, 186
海草 130
海带 15
海胆 134, 135, 157
海龟 99, 156, 188
海葵 163
海葵 81
海马体 164
海绵 43, 101, 135, 159
海气交换 21
海豚 105, 175
海洋 19, 21
　酸化 192
　二氧化碳 21, 130, 192
　碳 130–131
海洋翻车鱼 87
海洋生物群系 184, 187
海洋食物网 186
海椰子 141
海藻 130–131
合成 216
合成代谢 31
合成色素 216
合成生物学 216–217
合子 85, 152, 211
合作 190–191
核苷酸 216
核仁 54, 55, 58, 59
核酸 36–37
核糖体 54, 55, 57, 58, 59, 60, 68, 90, 91

核糖体 RNA（rRNA）36, 59
核小体 58
核型 205
核质 58
黑猩猩 191
恒温动物 13, 137
红皇后效应 112–113
红外辐射 174
红细胞 55, 59, 74, 75, 127, 160
红血球 参见红细胞
虹膜 166
后代
　适应和自然选择 104–105
　育种策略 86, 188–189
　克隆 210
　演化发育生物学 87
　性别 98
后期（细胞分裂）69, 82, 83
厚壁组织 144
厚角组织 144
呼气 158
呼吸 10, 20, 32, 48–49, 64, 149
呼吸 19, 48, 158–159, 176, 177
呼吸孔 159
呼吸系统 77
狐獴 190–191
胡萝卜 143
胡萝卜素 147
胡须 173
蝴蝶 111
虎鲸 186
琥珀蜗牛 111
互利共生 110
互利关系 183
花 130, 133, 143, 149, 150–151
花瓣 150, 151, 152
花粉 84, 100, 101, 132, 140, 150, 151, 152
花青素 147
花香 150, 151
花药 100, 101, 150, 151
花椰菜 196
花柱（花）150, 152
滑坡 193
化石 116, 120, 136
　真核生物 125
　活的 115
化石燃料 20, 21, 192
化学合成 182
环节动物 15, 134, 135
环境
　和育种策略 188–189
　和进化 120
　和灭绝 114
　和突变 96
　和自然选择 105

90, 91

和性别决定 99
环境DNA 204
黄斑变性 213
回声定位 169, **175**
活化石 115
活性氧 212
火山活动 117, 192, 193

J
机器人 214
肌动蛋白 72, 73
肌浆72
肌节 72, 73
肌球蛋白 72, 73
肌肉 30, 32, **157**, 176
　　肌细胞 **72–73**
　　肌蛋白 39
　　呼吸 48, 49
肌肉收缩 73
肌束（肌肉）72
肌原纤维72
鸡 87
基粒 47
基因
　　组织 92–93
　　读取 90–91
　　性染色体 98–99
　　大小 91
基因工程 **206–207**
基因间DNA 92, 93
基因检测 **204–205**
基因库 106, 112–13
基因流动 106, 112–113
基因型 94
基因治疗 **208–209**
基因组 **92–93**, 206, 211
　　基因组编辑 215
　　合成 217
基质 47
激素 39
　　植物140, **141**
　　压力 176
极地地区 184
极端天气 192
极端微生物 **22–23**
疾病
　　与年龄相关 212–13
　　细菌性 123
　　人体增强术 215
　　抵御 **178–179**
　　灭绝 115
　　基因治疗 **208–209**
　　基因工程 206
　　基因检测 **204–205**
　　遗传 94
　　制药 **200–201**
　　朊病毒 38

原核生物 122
原生生物 127
疫苗 **202–203**
病毒 16–17, 96, 97, 178, 179, 208
疾病途径 202
棘蝾 136
脊髓 136, 165, 177
脊索 136
脊索动物 120, 136
脊椎动物 104, 120, 134, **136–137**
　　脑 164
　　循环系统 160–161
　　肌肉 157
　　视觉167
记忆B细胞 179, 202
寄生虫/寄生 110, 111, 178
家畜 197
甲虫 157, 174
甲基化212
甲壳类动物 43, 134, 167
甲壳素 42, 43
甲藻 126, 127
钾45
假根 132
假果 153
假灭绝 114
间期（细胞分裂）68, 82
减数分裂 **82–83**, 84, 207
碱基（核酸）37, 59, 90, 91, 92, 93, 96, 97, 204, 205, 208, 216
浆细胞 202
僵尸蜗牛 111
交感神经系统 176, 177
交流 **191**
交配，雌雄同体 100
交替 **193**
胶原蛋白 43, 213
角蛋白42
角膜 166, 167
角苔 132
角质层 146
酵母 15, 49, 81, 198, 199
接合 122
节肢动物 175
结构材料 **42–43**
结构适应 105
金合欢树 143
筋膜（肌肉）72
进化
　　适应和自然选择 **104–105**
　　协同演化 **110–111**
　　早期生命 **24–25**
　　真核生物 124
　　灭绝 **114–115**
　　大规模灭绝 **116–117**
　　微进化 **112–113**
　　拟态 111

突变 96
植物 132, 133
性选择 **108–109**
物种形成 **106–107**
进化树 120–121
茎（植物）42, 77, 81, **144–145**
晶状体 166
精子 66, 82, 84–85, 98, 100, 152, 209
景天酸代谢 参见CAM植物 47
竞争 108, 112
静脉（血管）161
静水骨架 157
静息电位 70
静止中心 89
酒精 198, 199
菊石 117
巨噬细胞 178, 179
聚合果 153
聚合酶 90
聚合酶链反应 23, 204
聚合物 25, 38, 42, 43
蕨类植物 132
蕨类植物 14, 132, 142
菌根真菌 **128–129**
菌丝 128, 129
菌丝体 128

K
卡尔·林奈 14
卡尔·乌斯 14
卡尔文循环 47
卡路里 30, 31
开放循环系统 161
开花植物 14, 84, 85, 89, 100–101, 130, 133, 142, 150–151, 152
抗虫 206
抗旱小麦 196
抗生素耐药性 **104**, 113
抗衰老 **212–213**
抗体 179, 202, **203**
抗原 178、202、203
蝌蚪 159, 210
壳 43, 87
克隆 **210–211**
孔雀109
恐惧症 176
恐龙 114, 117, 136, 211
恐鸟 115
枯萎 149
块茎 143, 145, 149, 211
快慢生活史 188, 189
矿物质 45, 148, 149, 192
奎宁 200
昆虫 15, 98, 134, 161, 167, 168
昆虫授粉 150, 151
扩散 64, 65, 159

L
垃圾DNA 93
蜡 34, 35
蓝鲸 161, 187
狼 197
劳动分工（动物群体）190–191
酪蛋白198
类固醇 34, 35
类胡萝卜素61
类囊体 47, 61
冷凝 143
犁鼻器 170, **171**
镰状细胞性贫血 97
两栖动物 80, 100, 116, 120, 136, 137, 159, 160, 164, 178
猎物 183, 187
　　生存 112
裂解 81
裂殖子 127
临床试验 201, 203
磷 45
磷脂 34, 35, 56
鳞茎 143
硫 45
榴莲 152
柳树 200
鲁菲尼小体 173
鹿
　　基因流 112–113
　　性选择108, 109
卵
　　克隆 210
　　鳄鱼 99
　　杜鹃 189
　　产卵动物 87
　　生殖细胞基因疗法 209
　　人类 98
　　无脊椎动物 135
　　植物 100, 152
　　有性生殖 82, 84–85
卵巢 84, 100, 133, 150, 152
卵黄囊 87
卵生动物 87
卵胎生动物 86–87
轮藻 131
罗伯特·胡克 52
骡子 107
裸子植物 132, 140, 142, 143, 150, 151
洛伦齐尼瓮 174
骆驼 105
驴 107
绿色革命 **196**
氯 45

M
马 86, 107, 165

蚂蚁 190–191
迈斯纳小体 173
麦芽糖 199
盲肠 162, 163
猫 166, 171
猫头鹰 166, 167, 168
毛地黄 200
毛发 42, 168, 169, 172
毛细血管 72, 160, 161
梅克尔触盘 172
酶 22, 39, **40–41**, 90, 199, 204, 205, 207
霉菌 15
镁 45
米 196
密码子 91, 93
蜜蜂 84, 151, 167, 183
免疫 202
免疫系统 176, 177, **178–179**
面包 198–199
面部表情 191
面筋 199
灭绝 **114–117**
敏感 10
膜 25
　　细胞 54, **56–57**
蘑菇 15
末期（细胞分裂）69, 82, 83
缪勒拟态 111
木材 145
木维网 129
木卫二 27
木贼 132
木质部 88, 130, 132, 142, 144, 145, 146, 147, 148, 149

N
NADPH（烟酰胺腺嘌呤二核苷酸磷酸）47
钠 45
奶 33, 199, 216
奶酪 41
囊泡 25, 54, 55, 57, 62, 63
囊胚 89
囊性纤维化 97
囊肿 23
脑 32, **164–165**
　　听觉 168–169, 215
　　神经元 **70–71**
　　义肢 214
　　嗅觉和味觉 170–171
　　特殊传感器 174–175
　　威胁响应 176–177
　　触觉 172
　　视觉 166, 167
脑干 164
内共生 124

内骨骼 156–7
内含子 92, 93
内吞作用 57
内质网 54, 55, 57, 58, 124
能量
　　生物圈 18, 19
　　碳水化合物 32, 33
　　细胞 **60–61**
　　生态系统 182
　　能量交换 31
　　食物网 187
　　新陈代谢 30
　　光合作用 46–47
　　呼吸 48–49
泥盆纪 116
拟态 111
鲇鱼 171
黏液 178
鸟类 15, 98, 105, 112, 136, 137, 160, 163, 164, 166, 167, 189
　　恐龙的后裔 114, 121
鸟嘌呤 37, 59, 93
尿液 12, 13
农作物
　　转基因 206, 207
　　保护 216
浓度梯度 64, 65
疟疾 15, 127
诺曼・布劳格 196

P
爬行动物 15, 80, 100, 120, 136, 137
帕奇尼小体 173
排泄 11
旁氏表 94
胚乳 140, 152
胚胎
　　克隆 210
　　胚胎分割 210
　　演化发育生物学 87
　　卵生 **86–87**
　　卵胎生 **86–87**
　　植物 152
　　种子 140
　　干细胞 88–89
　　双胞胎 211
　　胎生 **86–87**
胚芽 140
胚珠 100, 101, 150, 152
配子 82, 84, 85, 98
膨压 149
皮层（茎）144
皮肤 42, 43, 64, 77, 178, 179, 213
　　呼吸通过 159
　　触觉 **172–173**
皮下组织 179
片段化 81

胼胝体 164
频率（声音）169, 175
平滑肌 73
匍匐茎 81
葡萄糖 32, 46, 47, 48, 61, 65, 140, 146, 149
蒲公英 188

Q
栖息地
　　生态破坏 **192–193**
　　极端 22–23
　　栖息地分化 106, 107
　　丧失/破坏 115, 192, 193
气管 158, 159
气候 184–185
气候变化 21, 115, 116, 117, 193
气孔 47, 147, 148, 149
气泡 63, 179
气体交换 158, 159
器官 **76–77**
扦插 211
前期（细胞分裂）68, 82, 83
前庭神经 169
腔棘鱼 115
羟基磷灰石 43
亲代抚育 188–189
亲子鉴定 204
青蛙 164
氢 20
清除废物 160
蜻蜓 134
丘脑 164, 176
蚯蚓 101, 157, 160, 161
球茎 143
趋同进化 120
去极化 70
缺失突变 97
缺氧隐生 23
群居生活 191
群落
　　藻类 130
　　蚂蚁 190
　　海洋无脊椎动物 135

R
RNA 16, 25, **36**, 37, 59, 90, 217
染色单体 58, 68, 69, 82
染色体 37, 39, 85, 92, 106
　　老化 212
　　细胞分裂 68–69
　　克隆 210
　　和DNA 58–59
　　减数分裂 82–83
　　有丝分裂 68–69
　　性别 **98–99**
　　测试 205

染色质 58, 59
热带雨林 184
热液喷口 25, 182
人工耳蜗 214, 215
人工生物圈 **19**
人类
　　脑 164
　　细胞运动 **66**
　　胚胎 87
　　生殖策略 189
　　性染色体 98
　　有性生殖 85
人类活动 21, 114, 186, 192, 193
人类基因组计划 93, 205
人体增强术 215
韧皮部 88, 130, 132, 144, 145, 146, 147
绒毛 162
溶酶体 54, 55, 57, 127
蝾螈 88
融化的冰, 193
肉质果实 153
蠕虫 134, 135, 157, 159, 160, 161
乳酸 49, 73
乳糖 33
乳突 171
入侵物种 192, 193
软骨 43, 157
软骨鱼 137, 157
软体动物 43, 100, 134, 135
朊病毒 38

S
SRY基因 99
塞伦盖蒂 187
鳃
　　动物 159
　　真菌 129
三叠纪 117
三角龙 117
三磷酸腺苷（ATP）47, 49, 60, 61, 72, 73
三叶虫 16, 114
桑葚胚 88
扫描电子显微镜 53
色盲 95
色藻 15
森林火灾 192, 193
森林砍伐 192, 193
沙漠 185
砂囊 163
鲨鱼 86, 157, 174, 178
山猫 162–163
珊瑚 135, 159
珊瑚虫 135
熵 **11**
上升流 131

舌头 171
蛇 111, 112–13, 171, 177
社会生活 190–191
射电望远镜 27
身体系统 76–77
身体修复 214–215
神经冲动 70, 71
神经递质 70, 71
神经节165
神经丘 173
神经系统 165
神经系统 70, 164–165
神经元 39, 70–71, 164, 165
肾上腺 176
肾上腺素 176
肾小球 170
肾脏 176
渗透 12, 64, 65, 142
渗透调节 12
生产者 182, 183, 186, 187
生理适应 105
生命
  生物圈 18–19
  生物分类 120–121
  极端环境下的 22–23
  王国 14–15
  新陈代谢 30–31
  起源 24–25
  在其他行星上 26–27
  过程 10–11
  合成生物 217
生命王国 14-15
生态学
  生物群系 184–185
  育种策略 188–189
  生态损害 192–193
  生态系统 182–183
  食物网 186–187
  社会生活 190–191
  演替 193
生态区 184
生态位 104, 110, 183
生态系统 18, 182–183, 186
生物 76, 77
生物多样性 116, 185
生物多样性热点 185
生物弹道学 207
生物技术
  抗衰老 212–213
  身体修复 214–215
  克隆 210–211
  DNA检测 204–205
  基因治疗 208–209
  基因工程 206–207
  食品制造 198–199
  制药 200–201
  选择性育种 196–197

合成生物学 216–217
疫苗 202–203
生物量 46, 187
生物圈 18–19
生物群区 183
生物群系 184–185
生物制剂/因素 151, 153, 284
生长 10, 31, 212–213
  植物145, 149
生长激素206
生长素 140, 141
生殖隔离 106
生殖细胞基因治疗 209
声波 168–9, 175
十字花科蔬菜 196
石化 20
石松 132
石油（化石燃料）130
实验室支原体 217
食草动物 32, 163, 187
食腐动物 187
食管 162, 163
食糜162
食肉动物 32, 162, 163, 187
食欲 30
  消化系统 162–163
  转基因 207
  制造 198–199
食物储存液泡 63
食物链 60, 193
食物网 130, 186–187
世代交替（植物）84
视杆细胞 166
视觉 166–167, 215
视神经 166
视网膜 166, 215
视锥细胞 166, 167
适体 217
适应 104–5, 112, 113, 115, 120
适者生存 105
嗜碱性粒细胞 74
嗜冷菌 22
嗜热生物 22, 23, 123
嗜酸菌 23
嗜酸性粒细胞 74
嗜盐菌23
收缩性液泡 63
寿命 188, 189
受精 84, 85, 98, 99, 100, 140, 151, 152
  双 152
授粉 85, 110, 133, 150, 151, 183
梳膜 166
输导作用149
输卵管 85
树木 14, 133, 151, 188, 192
树突 70, 71

树液 148, 149
衰老 212-213
双胞胎 211
双名法 15
双性恋 100
双循环系统（动物）160
双眼视觉 167
双子叶植物 133, 142, 143
双子叶植物 140, 143
水 18
  平衡 12–13
  和生活 26
  渗透作用 65, 142
  光合作用 46, 47
  植物 144, 148–149
  授粉 151
  呼吸 48
  根结构 143
  种子传播 153, 188
水母 135
水母 81, 100, 135, 159
水圈 18, 19
水生植物 130
水螅 81
水仙花200
水熊虫23
水蛭 165
顺序性雌雄同体 101
四足动物 136, 137
苏铁 133
嗉囊（鸟类消化系统）163
塑料 41
酸化 192
酸雨 192
随机机会 112, 113
髓鞘 70
锁钥模型 40–41

T
T细胞 74, 178
胎盘 88, 89
胎生动物 86
苔藓 132
苔藓植物 128, 132
苔原 185
肽 24, 38
碳 11, 20, 27
  碳循环 20–1, 130–1
  在海洋中 130–1
碳汇 21, 131
碳水化合物 32–33, 41, 56
碳酸钙 43
碳碳键 34
碳通量，深海 131
碳吸收 130
糖 33, 46, 47, 142, 143, 146, 149, 152

糖酵解 198
糖酶 41, 142, 143
糖尿病 206, 214
糖原 32, 54
绦虫 162
疼痛 71
提高产量 196
提塔利克鱼 136
体内元素 45
体温调节 13
体细胞核移植（SCNT）210
体细胞基因治疗 209
体细胞神经系统 165
替换突变 97
替换肢体 214
天堂鸟 109
听觉 168–169, 215
听小骨 169
同卵双胞胎 211
同卵双胞胎211
同时雌雄同体 100
同域物种形成 106–107
同源染色体 82, 83
瞳孔 166, 176, 177
头索动物 136
透射电子显微镜53
突变 96–97, 104
突触 70, 71
土豆 149, 211
兔子 84, 163
退火204
吞噬作用 126, 127
脱落酸 140, 141
脱氧血红蛋白 75

W
外骨骼 157, 178
外空生物学 217
外温动物 13, 137
外显子 92, 93
外星生命 26–27
外周神经系统 165
威胁反应 176–177
微繁殖 211
微管 62, 63
微管蛋白 63
微量营养物 44–45
微量元素 45
微生境 183
微丝 62
微演化 112–113
维管束 144, 145
维管植物 76, 132, 133
维生素 44、45
伪足 67
伪足（复数）126, 127

索引

味道 170, **171**
味觉感受器细胞 171
味蕾 171
胃 162, 163, 177
温带草原 185
温带森林 185
温度
　生物的界限 19, 22, 26
　调节 13
　上升 193
　传感 172
文石 43
蚊子 127, 168
稳态 **12–13**
蜗牛 100, 111
乌鸦 105
污染 178, 192, 193
污水 192
无颌鱼 136, 137
无脊椎动物 80, 100, 120, **134–135**
无融合生殖 188
无性生殖 **80–81**, 100, 211
无氧呼吸 **49**
物种 **107**
　分化成不同的 112, 113
　灭绝 **114–115**
　基因工程 206–207
　入侵 192, 193
　灭绝物种的复活 115
物种形成 **106–107**

X

X染色体 95, 98, 99
西部响尾蛇
　菱形 112–13
吸入 158
吸血蝙蝠 191
稀树草原 184
蟋蟀 104–105
洗衣粉 41
细胞 11, 39, 76
　老化 212, 213
　动物 **54**
　血液 160
　细胞周期 **68**
　细胞分裂 62, 63, **68–69**, **82–83**, 106, 212
　细胞膜 35, **56–57**, 62, 64, 65
　细胞运动 **66–67**
　细胞运输 **64–65**
　细胞壁 56
　细胞骨架和液泡 **62–63**
　早期 25
　真菌 128
　基因治疗 208, 209
　减数分裂 **82–83**
　肌肉 **72–73**

神经 **70–71**
细胞核 **58–59**, 71
组分 **54–55**
植物 47, **55**, 125
原核生物 122
大小 53
体细胞 210
茎 **88–89**
研究 **52–53**
病毒 16–17
细胞分裂素 141
细胞骨架 54, **62–63**
细胞核
　细胞 54, 55, **58–59**, 92
　细胞分裂 68
　克隆 210
　卵 85
细胞器 54, 55, 58, 60, 61, 63, 64, 68, 71, 76, 124, 127
细胞衰老 212, 213
细胞因子 178
细胞质 47, 54, 57, 59, 62, 64, 65, 69, 85, 90, 92
细菌 14, 66, 104, 122–123, 126, 178
　细胞分裂 68, 69
　和真核生物 124
　转基因 207
　微观进化 113
　和突变 97
硝化作用 21
食岩 18
土壤 49
合成生物学 216, 217
下丘脑 164
仙人掌 47, 105, 143, 146
先雌后雄生物 101
先雄后雌生物 101
纤毛 55, 66, 67, 126, 127, 178
纤毛虫 67, 126, 127
纤维 33
纤维素 33, 42, 46, 55, 56
显微镜 **52–53**
显性等位基因 94, 95
显性性状 104, 105
限制性内切酶 204, 207
线粒体 48, 54, 55, **60**, 68, 72, 142, 212
线粒体DNA 36, 60
线粒体呼吸 97
腺嘌呤 37, 59, 90, 93
相互依存 183
香蕉 197
香料 198
向光性 141
向性 140
象海豹 108
消费者 182, 183, 186, 187

消化酶 39, 41
消化系统 32, 77, **162–163**
小白菊 200
小肠 162, 163
小丑鱼 101
小鼠 170
小桶状态 23
小行星 117
小眼 167
协同灭绝 115
协同演化 **110–111**, 115
携带者，伴性遗传 95
缬草 200
泄漏 192
心肌 73
心皮 133
心脏 32, 160, 161, 176, 177
新陈代谢 25, **30–31**, 40, 44, 45
新型冠状病毒感染（COVID-19）17, 23, 96, 203
信使RNA（mRNA）36, 59, 90, 91, 92, 93, 203
信天翁 189
星鼻鼹 172
行为适应 105
形成层 144、145
杏仁核 176
性别决定
　遗传 **98–99**
　非遗传性 **99**
性别间选择 108
性别内选择 108
性二态性 108, **109**
性连锁遗传 95
性染色体 **98–99**
性细胞 66, **82–83**, **84–85**, 100
性选择 **108–109**
性状 **94–95**
　以及寻找配偶 108, 109
　选择性育种 196–197
胸腺嘧啶 37, 59, 93
雄蕊 84, 100, 133, 150
雄性，性别决定 98, 99
休息和消化模式 177
嗅觉 170
嗅觉受体 170
嗅球 164, 170
嗅上皮 170
选择性育种 **196–197**, 206
血红蛋白 75
血浆 74, 75, 160, 179
血淋巴 161
血小板 74, 160
血液 32, 39
　呼吸 158
　细胞 **74–75**
　循环 75, **160–161**

颜色 75
呼吸 48
血管 160, 161, 176, 177
血液凝固 74
寻找配偶 108, 168
循环系统 **160–161**
驯化 197, 206

Y

Y染色体 95, 98, 99
压力 176
鸭子 114
鸭嘴兽 99, 174
牙齿 43, **163**
芽 140, 141, 142, 149
蚜虫 80
亚群 106
岩石 20
岩石圈 18, 19
盐草植物 23
盐水 13
颜色
　吸引配偶 108, 109
　红皇后效应 112
眼虫（门）126
眼虫 66
眼点 109
眼睛 **166–167**, 176, 177, 213
演化支 121
咽鼓管 169
羊膜囊 87
阳光 46, 47, 60, 61, 182
洋地黄 200
氧 18, 24, 57
　藻类 130
　大气层中 19
　血液中 74
　呼吸 158, 159
　来自海洋 131
　氮循环 21
　光合作用 47, 61, 146, 147
　呼吸作用 48, 49, 64
　水循环 20
氧合血红蛋白 75
氧化 199
药物
　开发 201, 216
　药物试验 201
　靶向递送 217
　DNA检测 **204–205**
　基因治疗 **208–209**
　制造 **200–201**
　干细胞疗法 88
　疫苗 **202–203**
野火 193
叶柄 146
叶绿素 46, 47, 55, 61, 132, 146, 147

叶绿体 46, 47, 55, 60, **61**, 146, 147
叶脉（叶子）146
叶肉 146, 147, 148
叶子 46, 77, 132, 133, 142, **146–147**, 148–149
　　颜色变化 147
　　非光合作用 146
液泡 54, 55, **62–63**, 127, 142
衣壳 16
宜居带 26
胰岛素206
胰腺 162
移码突变 96–97
遗传 **94–95**, 104
遗传漂变 113
遗传学
　　细胞分裂 68–69
　　以及生物分类120
　　遗传一致性 80
　　遗传多样性 84
　　基因组 **92–93**
　　遗传 **94–95**
　　突变 **96–97**, 204
　　性染色体 **98–99**
　　物种形成 **106–107**
　　病毒 16, 17
乙烯 140, 141
义肢 214–215
异花授粉 151
异养细胞 125
异域物种形成 106–107
异源核酸（XNA）216
疫苗 **202–203**, 206
意识感知 176
阴道 100
阴茎 100
银杏133
引蛭 136
隐性等位基因 94, 95
鹦嘴鱼 101, 179
营养繁殖 **81**, 211
营养级 182, 187
营养物质 19, 30, 57, 160
　　碳水化合物 **32–33**
　　微量元素 **44–45**
　　植物 148–149
　　蛋白质 39
　　径流 130
　　营养 10
　　若虫 80, 135
营养循环 **20–21**, 182
硬骨鱼 120, 137
蛹 135
油 34
鱿鱼 165
有毒废物 192
有机废物 21

有色体 **61**
有丝分裂 68–69, 82, 84
有性生殖 80, 82, **84–85**, 100
　　遗传 94–95
有氧呼吸 **48**, 60
幼虫 135
诱变剂 96, 97
鱼 15, 80, 87, 100, 101, 104, 137, 157, 160, 164, 173, 174–5, 179, 186
玉米 197
域 **14**
原核生物 14, 69, **122–123**, 125
原生生物 14, 15
原生生物 66, 125, **126–127**
原始汤 24
原始细胞 25
原子 11
运动 11, 30, **156–157**
运动 49, 73
运输系统
　　细胞 **64–65**
　　植物 142, 144, **148–149**

Z

杂交 106–7
杂交 196
杂交种 **95**
杂食动物 163, 187
藻类 126, 129, **130–131**
蚱蜢 161
展示 108
战斗或逃跑反应 176, 177
章鱼 165
蟑螂 159
蔗糖 149, 152
针叶树 133, 150, 151
针叶树球果 **151**
真核生物 59, 68, 90, **124–125**, 130
真核生物（域）14, 124
真菌 15, 21, 125, **128–129**, 142, 178, 183
真皮 173, 179
真社会性190–191
真正的灭绝114
蒸腾作用 146, 149
知更鸟 15
肢体语言 191
脂肪 34–5, 64
脂肪酶41
脂质 **34–35**, 41
蜘蛛 108, 163, 176
蜘蛛猴 156
直肠 162
植物 14, 125, **132–133**
　　世代交替 **84**
　　无性生殖 81, 211

碳水化合物 32, 33
细胞 47, **55**, 56, **61**, 63, 65, 125
克隆 211
进化 130
灭绝 132
花 **150–151**
果实 **152–153**
和真菌 129
转基因 207
雌雄同体 **100–101**
稳态 13
激素 141
叶子 46, 77, 132, 133, **146–147**
药物 200
矿物质 45
光合作用 **46–47**
作为生产者 182
根 **142–143**
种子 132, 133, **140–141**, 188
选择性育种 196, 197, 206
有性生殖 84
社会群体 190
干细胞 88–89
茎 42, 77, 81, **144–145**
组织和器官 **76–77**
运输 **148–149**
植物维管系统 144
质壁分离 149
质粒 122, 123, 207
质体球61
中间丝 62
中脉 146
中期 68, 82, 83
中枢神经系统 165, 177
中心粒 63
中心体 62, **63**, 82
中性粒细胞 74
中央液泡 63
螽斯 169
种群 104, 105, 112–113, 188, 189
种子 100, 130, 132, 133, **140–141**, 143, 149, 150, 151, 188
种子传播 152–153

种子自我传播 153
重力 140, 141
重组 207
轴突 70
蛛形纲动物 134
主动运输系统 64, 65
主根 143
贮藏器官 143, 149
驻颜疗法 212
柱头 100, 150
转录 90
转运RNA（tRNA）36, 91, 93
装死 177
子宫 99
子实体 128–129
子细胞 68–69, 82–3
子叶 133, 140
紫外线 166, 167
自催化 25
自然发生 24
自然杀伤细胞 74
自然选择 25, **104–105**, 107, 108, 112, 114, 115, 120
自然资源的利用 192
自体受精 100-101
自养生物 131
自主神经系统 165, 176, 177
组蛋白 58
组织 **76–77**
祖先 120–121
嘴 163
最后共同祖先（LUCA）121

致谢

英国DK出版社在此对以下人员在本书出版过程中所提供的帮助表示衷心的感谢：协助规划内容列表的汤姆·杰克逊（Tom Jackson）先生，为本书作进一步编辑的维多利亚·派克（Victoria Pyke）女士，精心编制索引的海伦·彼得斯（Helen Peters）女士，负责审校的安·巴格里（Ann Baggaley）女士，高级DTP设计师哈里什·阿加瓦尔（Harish Aggarwal）先生，以及负责本书护封编辑协调事务的普里扬卡·沙玛（Priyanka Sharma）女士。